**Abdelhak Rhouma, Hanane Bedjaoui,
Khaled Atallaoui, Abdulnabi A. A. Matrood &
Mohamed Seghir Mehaoua**

Le palmier dattier, le bayoud et la lutte intégrée

Abdelhak Rhouma, Hanane Bedjaoui,
Khaled Atallaoui, Abdulnabi A. A. Matrood &
Mohamed Seghir Mehaoua

Le palmier dattier, le bayoud et la lutte intégrée

une revue sur la question

Noor Publishing

Imprint

Cover image: www.ingimage.com

Publisher:
Noor Publishing
is a trademark of
International Book Market Service Ltd., member of OmniScriptum Publishing Group
17 Meldrum Street, Beau Bassin 71504, Mauritius
Printed at: see last page
ISBN: 978-620-2-79326-1

Le palmier dattier, le bayoud et la lutte intégrée: une revue sur la question....

Abdelhak Rhouma
Hanane Bedjaoui
Khaled Atallaoui
Abdulnabi Abbdul Ameer Matrood
Mohamed Seghir Mehaoua

Abdelhak Rhouma

Docteur en phytopathologie.

Institut Supérieur Agronomique de Chott Meriem.

Université de Sousse, Tunisie.

Hanane Bedjaoui

Docteur en production et amélioration végétales.

Faculté des sciences exactes et sciences de la nature et de la vie.

Université de Biskra, Algérie.

Khaled Atallaoui

Master en amélioration des productions végétales.

Faculté des sciences de la nature et de la vie.

Université de Djelfa, Algérie.

Abdulnabi Abbdul Ameer Matrood

Docteur en phytopathologie.

Collège d'agriculture.

Université de Bassorah, Irak.

Mohamed Seghir Mehaoua

Docteur en protection des cultures.

Faculté des sciences exactes et sciences de la nature et de la vie.

Université de Biskra, Algérie.

Dédicaces & Remerciements

Ce travail n'aurait pu être réalisé tel qu'il apparaît aujourd'hui sans le précieux concours de nombreuses personnes auxquelles j'exprime ici ma sincère gratitude.

Mes dédicaces ne seraient pas commencées si je n'avais une pensée émue pour mes chers parents (Radwan Rhouma et Samira Ben Ali), ma grand-mère (Manoubia Ben Ali), mes frères (Houssam Rhouma et Hamza Rhouma) et ma sœur (Rabeb Rhouma) qui ont traversé avec moi chacune des étapes de mon parcours professionnel, qui m'ont aidé, avec la force de leur amour, à cheminer tant sur le plan intellectuel que sur le plan spirituel, qui se sont associés avec tendresse et compréhension aux hauts et aux bas inhérents à ma quête professionnelle, et qui m'ont toujours encouragée à relever des défis. C'est à eux que je dédie ce travail avec ma reconnaissance la plus profonde pour toute cette énergie qu'ils m'ont insufflée et pour m'avoir appris que l'humidité est l'une des plus belles richesses de la vie.

Mes plus sincères remerciements s'adressent à Pr. Rida Jawadi pour son suivi continu, ses conseils judicieux et ses encouragements m'ont été d'un grand soutien. Qu'il trouve dans ce travail l'expression de mon très profond respect.

Je voudrais témoigner ma profonde reconnaissance aux auteurs qui ayant contribué au succès et à la qualité de ce livre, en ces quelques mots ma très profonde gratitude. Ils illustrent pour moi l'idée de la recherche scientifique est une activité non seulement passionnante (pour le chercheur) mais également primordiale (pour la société).

Je remercie également toute personne ayant contribué de loin ou de près afin de réaliser cet ouvrage et de croiser mon chemin un jour où l'autre.

Sans oublier les amis(es) qui m'ont soutenu, ne serait ce que moralement. Les noms sont bien inscrits en moi, mais la liste en est trop longue, qu'ils excusent la brièveté de ce propos.

Je ne peux trouver les mots justes et sincères pour vous exprimer mes affections et mes pensées.

Abdelhak Rhouma

Je dédie cet ouvrage aux personnes qui n'ont jamais été lasses de me soutenir, qu'elles trouvent en ces mots l'expression de mes sentiments les plus distingués: mes parents, mon époux Imed, mes enfants, mes frères et sœurs et toute ma grande famille ainsi qu'à mes amis(es).

À la mémoire de mon très cher frère Djamel...toujours présent dans mes pensées.

À la mémoire de mon cher collègue Pr. Mohamed Belahamra...un grand monsieur parti bien trop tôt.

Mes remerciements les plus vifs s'adressent à Dr. Mohamed Seghir Mehaoua pour son soutien inconditionnel tout au long de l'élaboration de ce livre.

Je remercie profondément mon mari « Imed » pour son aide précieuse et sa patience. Il m'est particulièrement agréable de remercier Dr. Abdelhak Rhouma d'avoir initié cet ouvrage et aussi de m'avoir donné l'occasion de participer à sa réalisation, qu'il trouve ici l'expression de ma grande estime.

Mes sincères remerciements s'adressent aux chercheurs éminents: Dr. Moulay Hassan Sedra, ex-directeur de recherche et directeur régional-INRA-Marrakech Maroc et expert international en production et protection du palmier dattier & biotechnologie/oasis; Dr. Jose Romeno Faleiro, ex-Indian council of agricultural research, Goa, India; et Dr. Laâla Djekiref, enseignant chercheur, département des sciences agronomiques, université de Biskra, Algérie, pour leur aide précieuse.

Je tiens à remercier également Pr. Mohamed Aziz Elhoumaizi et tous les membres du groupe WhatsApp «date palm group» pour leur réactivité et la qualité de leurs échanges.

Je ne manquerai de remercier tous les collègues qui ont contribué à la rédaction de cet ouvrage. Qu'ils trouvent ici l'expression de mon très profond respect.

Qu'il me soit aussi permis de remercier tous les membres du laboratoire promotion de l'innovation en agriculture dans les régions arides «PIARA», département des sciences agronomiques, université de Biskra, Algérie.

Je n'omettrai de remercier toutes les personnes ayant contribué de près ou de loin à l'élaboration de ce document.

Hanane Bedjaoui

Tout d'abord, je remercie Dieu qui m'a donné la patience, la foi et la force pour atteindre mon but.

Je dédie mon modeste travail à mon pays l'Algérie et lui souhaite des jours meilleurs.

À ma très chère mère Braika, qui m'a donné la vie, le symbole de tendresse, qu'est sacrifiée pour l'affection et l'amour qu'elle m'a donné et pour ses sacrifices pour mon éducation.

À mon cher et honorable père Belkacem, école de mon enfance, qui a été mon ombre durant toutes les années d'études, et qui a veillé tout au long de ma vie à m'encourager, à me donner l'aide et à me protéger. Que Dieu le garde et le protège.

À ma chère épouse Aicha, qui a fourni toujours toutes les formes de soutien, l'amour et à la sincérité.

À mes chers frères: Omar, Meftah et Abedelkarim

À mes adorables sœurs: Souad, Hannane et Siham

J'exprime mes profonds remerciements à Monsieur Radhouane Benmehaia, docteur en Biologie végétale à l'université de M'sila, Algérie pour m'avoir assisté dans l'élaboration du présent ouvrage et pour sa précieuse aide, ses conseils, sa patience et son encouragement.

Mes sincères remerciements vont également à Monsieur Abdelhak Rhouma, docteur en protection des plantes et environnement (spécialité : Phytopathologie) à l'institut supérieur agronomique de Chott Mariem, Sousse, Tunisie pour l'aide fructueuse qu'il m'a portée ainsi que ses conseils très précieux.

Enfin, je remercie mes proches et tous ceux que je n'ai pas cités ici, mais qui m'ont aidé de près ou de loin dans la réalisation de ce travail.

Khaled Atallaoui

Cet ouvrage a été réalisé sous la direction de Monsieur Abdelhak Rhouma docteur en phytopathologie à l'institut supérieur agronomique de Chott Mariem, Sousse, Tunisie. Je suis très heureux de lui exprimer ma très grande reconnaissance et de lui témoigner mon profond respect pour l'honneur qu'il m'a fait en me permettant de participer à la rédaction de cet ouvrage. Je le remercie également pour ses conseils et sa rigueur dans le travail. J'ai eu le privilège de bénéficier de son savoir et de sa grande expérience qui, alliés à ses qualités humaines resteront pour moi un modèle.

Il m'est particulièrement agréable de pouvoir exprimer mes vifs et mes sincères remerciements à Monsieur Mohammad Imad Khrieba chercheur au centre de recherche de Lattaquié, Syrie.

Je suis reconnaissant envers tous mes collègues enseignants et chercheurs de la biologie de l'université de Bassorah, Irak. Je tiens également à remercier tous le personnel administratif.

Mes remerciements à Monsieur Azhar Hamid Faraj professeur en phytopathologie à l'université de Wasit, Al-Kut, Irak.

Enfin, ces remerciements ne seraient pas complets sans mentionner toutes les personnes qui me sont chères et qui m'ont accompagné et soutenu tout au long de ces années, je pense plus particulièrement à ma femme et à mes enfants.

Abdulnabi Abbdul Ameer Matrood

Je dédie cet ouvrage…

À toutes les personnes qui m'ont toujours soutenu et poussé à aller de l'avant.

À mon père, ma femme «Narjess», mes enfants, mes frères et sœurs et toute ma grande famille et mes amis(es).

À la mémoire de ma très chère mère «Khadidja».

À la mémoire de mon très cher collègue professeur Mohamed Belhamra.

Également, je tiens à adresser mes sincères remerciements aux Pr. Mohamed Laïd Ouakid, Pr. Mahdi Sellami, Pr. Mohamed Biche.

Mes vifs remerciements s'adressent à ma collègue Dr. Hanane Bedjaoui pour les discussions fructueuses que nous avons échangées lors de la rédaction de cet ouvrage.

Je tiens aussi à exprimer ma reconnaissance et mon profond respect envers Dr. Abdelhak Rhouma pour m'avoir permis de participer à la rédaction de ce livre.

J'adresse mes remerciements les plus distingués aux auteurs ayant contribué à l'élaboration de cet ouvrage et pour lesquels j'exprime ma grande estime et mon respect le plus profond.

Je ne manquerai de remercier tous les membres du laboratoire de génétique, biotechnologie et de valorisation des bio-ressources, université de Biskra, Algérie.

Mohamed Seghir Mehaoua

Sommaire

Avant-propos

Ce que j'aime dans la recherche scientifique moderne, c'est qu'elle est aujourd'hui ce qu'ont toujours été la haute mer, la haute montagne, la grande forêt, le désert, ce qu'ont été autrefois la guerre et l'exploration: l'occasion incessante donnée à l'homme de faire face à l'imprévu.

R. P. Bruckberger

Préface

Le palmier dattier (*Phoenix dactylifera* L.) constitue, pour les régions sahariennes et présahariennes l'élément essentiel de l'écosystème oasien où son rôle est vital non seulement en raison de son importance économique, mais aussi de sa grande adaptation écologique. La présence du palmier dattier au milieu du désert a permis de créer un microclimat favorable au développement de cultures sous-jacentes, constituant ainsi l'axe principal de l'agriculture dans les régions désertiques. D'autre part, le palmier dattier produit des fruits riches en éléments nutritifs, fournit une multitude de produits secondaires et génère des revenus nécessaires à la survie des phœniciculteurs et des habitants des oasis pour lesquels, cette espèce assure la principale ressource vivrière et financière.

Comme toute culture, le palmier dattier est exposé à un ensemble de stress biotiques et abiotiques qui se produisent avec différents niveaux d'intensité dans toutes ses zones de culture à travers le monde entraînant généralement une réduction des rendements. Ce livre traite essentiellement de la maladie de la fusariose vasculaire (le bayoud) causée par le champignon imparfait d'origine tellurique *Fusarium oxysporum* f. sp. *albedinis*.

Plusieurs travaux de recherche sur divers aspects du palmier dattier ont été publiés au fil des années, mais il n'y a pas de collection complète d'informations disponibles pour le palmier dattier en Afrique du Nord. Pour cela nous avons élaboré ce livre qui s'intéresse aux spécificités de la culture du palmier dans cette région, en commençant par les oasis et en s'attardant particulièrement sur la maladie du bayoud.

À cet égard, cet ouvrage fruit d'un travail de longue haleine et d'une expérience accumulée en terrain et en laboratoire ainsi que dans le cadre de consultations internationales, est riche en informations scientifiques, techniques et pratiques. Les détails présentés au lecteur englobent une description générale du palmier dattier et plus particulièrement son importance aux niveaux mondial et régional, ses exigences écologiques, son cycle biologique et de développement ainsi que les contraintes majeures d'origine biotique (charançon rouge, pyrale des dattes, dubas du palmier, boufaroua, cochenille blanche, foreur des palmes, oryctе, khamedj, belâat, dépérissement noir des palmes, taches foliaires, dessèchement apical des palmes, maladie des feuilles cassantes) et abiotique (salinité, sécheresse, froid, chaleur, toxicité minérale) auxquelles il fait face en Afrique du Nord. Ce livre oriente le lecteur vers les pratiques les plus appropriées relatives aux choix de variétés et de techniques d'exploitation, de production et de protection contre la maladie de fusariose vasculaire, pouvant garantir aux phœniciculteurs l'obtention d'une production abondante et de haute qualité. Ce document contribuera sans doute au développement de la culture du palmier dattier dans les pays phœnicicoles où cette spéculation constitue l'ossature du développement et de la valorisation des écosystèmes oasiens menacés de dégradation.

Le présent ouvrage est une ressource précieuse, il peut être considéré comme un document de référence en matière de phœniciculture. Nous espérons qu'il sera bénéfique aux étudiants, aux scientifiques de diverses disciplines et en particulier aux vulgarisateurs et phœniciculteurs et de manière générale pour tous ceux qui s'intéressent au palmier dattier notamment les décideurs politiques chargés du développement de la phœniciculture.

Nous remercions tous les auteurs ayant contribué au succès et à la qualité de ce livre. Nous sommes reconnaissants à la maison d'édition de nous avoir donné l'opportunité de compiler ce livre.

Dr. Abdelhak Rhouma

Dr. Hanane Bedjaoui

Liste des figures

Liste des tableaux

Résumé

Les oasis sont des écosystèmes spécifiques adaptés aux zones extrêmement arides, elles possèdent une diversité floristique et faunique importante qui fait l'objet d'une grande attention de la part de la communauté scientifique. L'écosystème oasien remplit de nombreuses fonctions écologiques et est caractérisé par des systèmes de polyculture-élevage, des systèmes de cultures intensives et un étagement de la végétation dont la strate dominante est constituée de palmier dattier, plante qui symbolise l'eau dans les régions sahariennes et présahariennes. *Phoenix dactylifera* représente la composante fondatrice de l'écosystème oasien du fait de sa remarquable adaptation aux conditions climatiques extrêmes, la haute valeur nutritive de ses fruits et les multiples usages de ses produits. Cependant, ce patrimoine mondial, est sujet à plusieurs contraintes d'ordre abiotiques et biotiques dont la plus importante est incontestablement le bayoud, causé par *Fusarium oxysporum* f. sp. *albedinis* qui est depuis plus d'une centaine d'années la maladie la plus mortelle et la plus dévastatrice du palmier dattier dans les zones phœnicicoles d'une partie de l'Afrique du Nord et représente, par conséquent, un véritable péril et une menace potentielle aussi bien pour les palmeraies tunisiennes que celles des autres pays producteurs de dattes qui sont encore indemnes. Le bayoud, sévit uniquement dans les palmeraies du Maroc, de la Mauritanie (Adrar et Tagant), et dans la majorité des palmeraies du sud-ouest Algérien y causant des pertes économiquement considérables en raison de la mort de plusieurs millions de palmiers. Cette maladie a aussi aggravé l'appauvrissement du germplasme à travers la disparition de nombreuses variétés importantes sélectionnées au fil du temps par les populations locales à travers plusieurs générations. Cet ouvrage s'adresse aux enseignants, chercheurs, ingénieurs, étudiants, professionnels, techniciens et industriels de la filière datte. Il se veut un recueil d'informations actualisées sur le palmier dattier et un outil de travail pour toutes les personnes s'intéressant à sa culture. Les thèmes abordés couvrent l'importance de l'écosystème oasien et la situation de la culture du palmier dattier ainsi qu'une synthèse des travaux éminents sur les stress majeurs qu'ils soient abiotiques ou biotiques auxquels cette culture fait face en Afrique du Nord tout en s'attardant sur les recherches menées sur la fusariose vasculaire du palmier dattier ainsi que sur les différents essais de lutte intégrée réalisés contre cette maladie meurtrière.

Mots-clés: Afrique du Nord, Bayoud, *Fusarium oxysporum* f. sp. *albedinis*, Lutte intégrée, Oasis, *Phoenix dactylifera* L., Stress abiotiques, Stress biotiques.

Introduction générale

Depuis leur existence, les oasis ont joué un rôle primordial dans le développement de l'économie locale et dans le maintien de la sécurité écologique. L'oasis fait partie intégrante de l'écosystème saharien. Généralement, les oasis qui représentent un espace cultivé intensivement dans un milieu désertique se développent tout au long des cours d'eau et des nappes phréatiques. Il s'agit d'un système séculaire qui perdure depuis des siècles grâce à une gestion rationnelle, parcimonieuse et durable des ressources en eau et en sol. Les oasis sont aujourd'hui confrontées à plusieurs contraintes.

L'importance des oasis est liée aux activités agricoles, mais aussi à leurs positions stratégiques et géopolitiques, leur potentiel industriel, commerces et services, leurs atouts touristiques. L'agriculture oasienne repose sur la culture du palmier dattier à laquelle sont associées d'autres cultures: arboricoles fruitières, maraîchères et fourragères, pour former ce qu'on appelle écosystème oasien. Ce dernier étant souvent organisé en strates constitue un biotope idéal qui fournit l'alimentation et l'abri pour de nombreuses espèces végétales et animales.

Le palmier dattier (*Phoenix dactylifera* L.) est la principale espèce cultivée de l'oasis, il offre en plus des dattes, une multitude de sous-produits à usages domestique, artisanal et industriel. Le palmier dattier est une plante d'intérêt écologique, économique et social majeur pour de nombreux pays des zones arides qui comptent parmi les plus pauvres du globe. Il représente non seulement la base de l'agriculture saharienne mais assure aussi la sauvegarde de la biodiversité des zones arides, devenant ainsi indispensable au maintien, la survie et la stabilité des populations qui vivent dans les oasis.

L'évolution économique, la croissance démographique et la demande croissante en dattes de qualité supérieure, ont conduit la phœniciculture d'un système de culture traditionnel riche et diversifié vers un système industriel axé sur une oligo-culture voire monovariétale. Ainsi, cette reconversion des palmeraies a entraîné une érosion génétique sévère de la diversité génétique du patrimoine phœnicicole aggravée davantage par les contraintes biotiques et abiotiques auxquelles sont soumises les palmeraies.

Malgré son évolution, le secteur phœnicicole reste confronté à un certain nombre de contraintes qui limitent son développement et sa préservation, dont les plus importantes et qui pourraient affecter les performances obtenues sont celles liées aux problèmes de stress abiotiques (salinité, sécheresse, froid, chaleur, carence minérale, toxicité, etc.) et biotiques (charançon rouge, pyrale des dattes, dubas du palmier, boufaroua, cochenille blanche, foreur des palmes, orycte, khamedj, belâat, dépérissement noir des palmes, taches foliaires, dessèchement apical des palmes, maladie des feuilles cassantes, bayoud, etc.). Ces contraintes constituent les principaux problèmes du palmier dattier tant par les dégâts qu'ils occasionnent que par les restrictions commerciales qu'ils imposent.

Au cours de la dernière décennie, la productivité des palmiers dattiers a décliné dans les zones de cultures traditionnelles et les plantations modernes reposent, souvent, sur des systèmes de production fragiles et à haut risque économique et écologique. La production peut être perdue sous l'effet conjugué de plusieurs facteurs qui menacent la durabilité du système oasien. Cette situation est aggravée par une dégénérescence du palmier dattier causée par le bayoud, la maladie la plus destructive et la plus menaçante dans l'Afrique du Nord.

La maladie du bayoud est une trachéomycose (maladie vasculaire) mortelle causée par le champignon tellurique *Fusarium oxysporum* f. sp. *albedinis*. Le bayoud affecte les différents stades de croissance du palmier dattier, en attaquant aussi bien les palmiers matures que les plus jeunes et même les rejets. Ce champignon tellurique vit dans le sol et s'attaque par les racines aux palmiers de tout âge. Après une période plus ou moins longue le cœur de l'arbre finit par flancher causant sa mort.

Le bayoud sévit uniquement en Afrique du Nord, les pertes ont été estimées à plus de 10 millions de palmiers détruits au Maroc, et à plus de 3 millions de palmiers en Algérie. Depuis son apparition vers 1870, la maladie sévit dans toutes les principales oasis marocaines y causant des pertes économiquement considérables et une érosion génétique ayant fait disparaître un certain nombre de génotypes de qualité. Par ailleurs, le bayoud constitue un véritable fléau des zones phoénicicoles d'une partie de l'Afrique du Nord (Maroc, Algérie et Mauritanie) et aussi une menace potentielle pour la Tunisie et les autres pays producteurs de dattes.

Les caractéristiques biologiques du *F. oxysporum* f. sp. *albedinis* et de son hôte le palmier dattier, rendent toute tentative de lutte très difficile à cause, en partie, de la fragilité des écosystèmes oasiens et l'inefficacité de la lutte chimique qui devient irréalisable. Par ailleurs, les mesures prophylactiques et la mise en quarantaine des palmiers malades n'ont pas pu arrêter la propagation du bayoud, ce qui fait de l'utilisation d'un programme de gestion intégrée en combinant plusieurs techniques (à savoir utilisation des extraits végétaux et des antagonistes, amendement organique, solarisation, résistance variétale, etc.) pourrait être une solution aux divers problèmes phytosanitaires entre autres la maladie du bayoud. Ainsi, la sélection des variétés résistantes représente la seule issue comme c'est le cas pour la plupart des fusarioses. Toutefois, la difficulté chez le palmier dattier, réside dans la sélection de cultivars résistants avec des dattes de bonne qualité. Dans cette optique, la sélection de palmiers productifs, de bonne qualité dattière et résistante à la maladie du bayoud est jusqu'ici la voie privilégiée, qui exige une méthodologie rigoureuse.

Ce livre résume l'importance de l'écosystème oasien et la situation de la culture du palmier dattier, traite des stress majeurs abiotiques et biotiques auxquels cette culture fait face en Afrique du Nord et décrit les recherches menées sur la fusariose vasculaire du palmier dattier et les différents essais de lutte contre cette dangereuse maladie. Il doit être perçu comme un ouvrage de référence destiné à tout enseignants, chercheurs, ingénieurs, étudiants, professionnels, aux techniciens et aux industriels de la filière datte désireux de mieux approfondir leurs connaissances sur le rôle des écosystèmes oasiens dans la préservation de la biodiversité, et les différents stress abiotiques et biotiques en particulier la fusariose vasculaire qui demeurera d'ici longtemps la maladie la plus redoutable qui met en péril la culture du palmier.

Chapitre I- Oasis tunisiennes et positionnements dans le secteur des dattes

---

Abdelhak Rhouma

Chapitre I- Oasis tunisiennes et positionnements dans le secteur des dattes

1. Introduction

Les écosystèmes oasiens constituent des systèmes adaptés au développement durable. Ce sont des systèmes viables et vivables à travers leurs différentes composantes: climat, eau, sol, végétation, microorganismes, animaux et hommes (Zebldi, 1976; Lasram, 1990). Ils sont très riches sur le plan de la diversité biologique en assurant la stabilité socio-économique à travers les activités que génère l'oasis en permanence pour la vie quotidienne des populations, de leurs élevages et de leurs agricultures locales (Romdhane *et al.,* 2004). Le milieu oasien rend une série de services en faveur, entre autres, de la sécurité alimentaire (réduction des risques face aux aléas climatiques, diversification des revenus, etc.) (Lazarev, 1988; Haj Naceur *et al.,* 2002). La large biodiversité des variétés de fruits et légumes est d'un grand intérêt pour répondre aux besoins et aux usages variés (Rabhi, 1995).

Les oasis tunisiennes possèdent des atouts et des potentialités qui laissent ambitionner le développement de plusieurs activités telles que les activités agricoles, pastorales, touristiques et artisanales (Belhedi, 1998). Ces potentialités se situent, certes, dans un espace contraignant et un environnement fragile (Kadr et Adri, 2002). Par ailleurs, ces oasis constituent un refuge pour une faune riche en petits mammifères, reptiles, mollusques, insectes, etc., et pour une faune associée, peu encore connue, composée essentiellement des oiseaux migrateurs d'intérêt international (Heinzel *et al.,* 1996; Selmi, 2001; Selmi et Boulinier, 2003). Vu l'importance de ces oasis à l'échelle nationale et mondiale, il paraît indispensable de les étudier. Pour cela, ce chapitre contribue à souligner les fonctions multiples des systèmes oasiens et attirer l'attention sur la richesse du patrimoine oasien, essentiellement dans la filière de dattes.

2. Définition des oasis

Le terme oasis est d'origine égyptienne signifiant un lieu d'habitation, il a été utilisé semble-t-il par le géographe Hérodote vers 450 avant J. -C, il a été également conservé en arabe *'auaha'* (DGEQV, 2012). L'oasis (Fig.1) est une zone intensivement cultivée dans un milieu désertique, prédésertique ou fortement marquée par l'aridité (El Marzougui, 1962). C'est un îlot de survie dans un environnement hostile. Depuis l'antiquité, elle joue dans le monde des fonctions aussi diverses que l'échange, le refuge et la production agricole (Rhouma, 2017; Rhouma *et al.*, 2020).

L'oasis (Fig.1) est une source d'eau dans un milieu aride très fragile avec une très grande capacité de production agricole. Ses composants sont: le sol, l'eau, le climat, l'Homme, la faune et la flore (Lasram, 1990). En conclusion, les oasis sont des écosystèmes originaux qui jouent de multiples et importants rôles sur les plans économique, écologique, social et patrimonial (Romdhane *et al.*, 2004; GDA Kettana, 2009). Les oasis occupent une place importante au niveau régional, national et planétaire. Les instances et organisations nationales leurs accordent une grande importance mondiale (Haj Naceur *et al.*, 2002).

Les agrosystèmes oasiens contrôlent 30% des terres émergées habitées par seulement 1% de la population mondiale (PGDEO, 2014a). On les trouve principalement sur le pourtour du Sahara au Maghreb, au Sahel, au Moyen Orient, en Amérique latine et en Asie centrale (Rabhi, 1995; PGDEO, 2014b).

Fig.1. Oasis murée par un milieu désertique (Rhouma, 2017).

3. Cadre géographique et géologique des oasis tunisiennes

La Tunisie se situe à l'extrémité orientale du Maghreb. Elle est limitée au nord et à l'est par la Méditerranée, à l'ouest par l'Algérie, au sud et à l'est par la Libye. Les structures et l'histoire géologique de la Tunisie sont très comparables aux différents pays du Maghreb, vu leur position charnière entre la plaque africaine et la plaque eurasienne (El Marzougui, 1962; Servonnet et Laffite, 2000).

La Tunisie est séparée de la Sicile par le détroit siculo-tunisien qui sépare: au Nord-Ouest, le bassin Algero-provençal, et à l'Est, la mer pélagienne, bordure occidentale du bassin ionien. En Tunisie, la chaîne alpine (Atlas Tellien) occupe l'extrême Nord du pays. Elle est caractérisée par un empilement de nappes de charriage avec des chevauchements de vergence SE dont la mise en place date du Miocène moyen. Plus au Sud, il s'agit de l'Atlas tunisien, formé d'anticlinaux NE-SO à NS, et dont la partie nord est bordée par une large bande d'affleurements triasiques, dite «zone de diapirs». Les formations géologiques essentielles sont d'âge secondaire (jurassique et crétacé) et aussi tertiaire et quaternaire (El Marzougui, 1962; Servonnet et Laffite, 2000; DGEQV, 2012).

Comme celles des autres pays maghrébins, ces roches nous livrent un patrimoine géologique exceptionnel par sa diversité et sa conservation (roches très fossilifères). Au nord de la Tunisie, les contreforts peu élevés de l'Atlas traversent le pays dans une direction sud-ouest / nord-est. L'altitude des pics oscille entre 610 et 1520 m. Des vallées et des plaines fertiles se dissimulent entre les montagnes de cette région. Le seul cours d'eau majeur du pays, la Medjerda, traverse la région d'ouest en est, pour déboucher sur le golfe de Tunis (Servonnet et Laffite, 2000).

Plus au sud, les montagnes font place à un plateau dont l'altitude moyenne est d'environ 600 m qui s'abaissent progressivement au sud jusqu'à une succession de dépressions salées, connues sous le nom de sebkhas situées en bordure du désert. Ce dernier constitue près de 40% de la superficie de la Tunisie. Généralement, les oasis sont situées dans le sud du pays particulièrement dans les gouvernorats de Gabés, Gafsa, Kébili, Tozeur, Médenine et Tataouine (Fig.2) (Servonnet et Laffite, 2000).

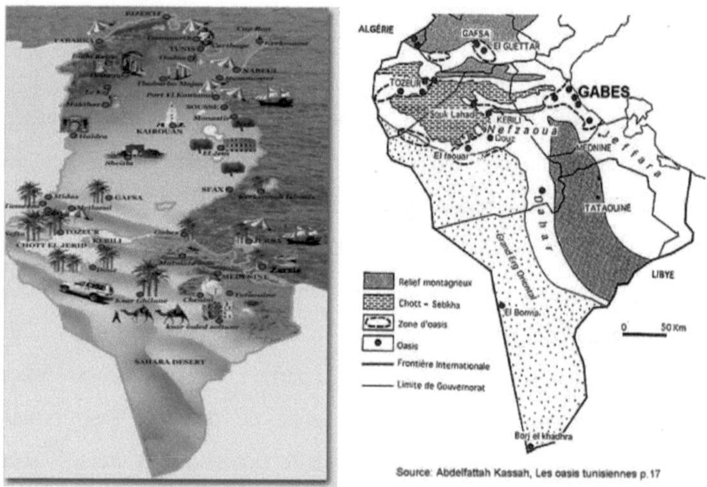

Fig.2. Localisation des oasis tunisiennes (Rhouma, 2017).

4. Repères historiques

La période allant du milieu du 7ème siècle jusqu'à la fin du 18ème siècle est celle de l'épanouissement des oasis sahariennes à travers le commerce qu'elles entretenaient entre la Méditerranée et le Sud du Sahara. Depuis le milieu du 7ème siècle et notamment grâce à l'établissement des routes des caravanes transsahariennes (commerce, pèlerinage), à l'expansion de la culture du palmier dattier et la mise au point d'une gestion équitable et contrôlée des ressources en eaux (Ibn Chabbat 14ème siècle), les oasis vivaient grâce à l'utilisation de l'eau fournie par le jaillissement des sources naturelles ainsi que par les puits captant la nappe phréatique ou les premiers niveaux captifs artésiens. Cette situation reflète un certain équilibre entre la démographie au sein de ces oasis et leur production économique qui n'est perturbée que par les calamités naturelles (sauterelles et sècheresses) et la pression des impôts du pouvoir central (Servonnet et Laffite, 2000; Sghaïer, 2010).

Entre le début du 19ème siècle et le milieu du 20ème siècle, le développement du commerce vers les lieux saints, qui a compensé en partie la régression des échanges avec le Sud du Sahara, suite notamment à l'occupation de l'Algérie au milieu du 19ème siècle, n'a pas empêché le processus de régression économique des oasis sous l'effet de la pression étouffante de la fiscalité (Servonnet et Laffite, 2000; Sghaïer, 2010).

Dès la fin du 19ème siècle, l'introduction de la technique du forage par les autorités coloniales, a permis de s'affranchir des contraintes du site et de créer de nouveaux terroirs oasiens tout en enclenchant un processus de sédentarisation des populations nomades et semi-nomades. Des nouveaux centres urbains ont été progressivement implantés (Médenine, Tataouine, Zarzis, Ben Gardane, Douz et Kébili) de manière à contrôler les vastes étendues sahariennes. Cette dynamique a été également marquée par la création des périmètres plantés exclusivement en palmiers «*Deglet*», destinés à des colons ou à des anciens nomades et semi-nomades dans le but de s'assurer leur allégeance et collaboration (Bazma, El Faouar et Douz). Ces aménagements, bien qu'ils eussent rétabli un certain équilibre écologique, n'ont pas permis d'assurer l'amélioration des revenus des populations et de leurs conditions de vie. Depuis, le rôle économique des oasis s'est principalement limité à assurer la survie à leurs populations. Cette situation concrétisée par l'émigration et l'exode massifs, s'est poursuivie jusqu'au début des années 1970 dates à laquelle a été entamée la relance économique dans le cadre des Plans de développement économique et social (Sghaïer, 2010).

Au cours de la décennie 1970-1980, une nouvelle relance a été engagée avec la mise en œuvre d'un vaste programme de réhabilitation de 20 000 ha d'ancienne oasis et la création de 4500 ha nouvelles oasis; ces oasis ont été assimilées à des périmètres publics irrigués en poursuivant le creusage des forages et la mise en valeur agricole dans des perspectives de développement régional et d'équité socio spatiale (Sghaïer, 2010).

Depuis, le milieu des années 1970, l'État a eu systématiquement recours au forage pour satisfaire les besoins en eau des oasis. Le passage de l'Artésianisme vers le pompage a également largement contribué à changer la valeur économique du produit agricole de l'oasis. Ainsi, le gain économique est devenu une ligne directrice de la production agricole au sein des oasis. Ce gain est recherché à travers la production de dattes de variétés nobles destinées à l'exportation (*Deglet Nour*), des primeurs et des produits laitiers (Servonnet et Laffite, 2000; Sghaïer, 2010).

Dès le début des années 1980, l'État a engagé une politique d'appui au secteur privé pour mobiliser les ressources en eau (creusage des puits et forages) et la création des périmètres irrigués privés à base de palmier dattier (essentiellement avec la *Deglet Nour*). Ce processus s'est progressivement traduit par l'affaiblissement du contrôle de la gestion des ressources en eau par l'État qui n'avait plus le monopole de la mise en valeur agricole. Malgré l'interdiction de creuser des puits de plus de 50 m de profondeur, les forages illicites «mais tolérés» se sont multipliés dans l'ensemble du Sud tunisien provoquant une mise en valeur anarchique qui a dépassé les prévisions de l'État dans le cadre du plan directeur des eaux du Sud. Désormais, ce nouveau rapport de l'homme avec son milieu naturel, axé sur le profit économique s'est engagé aux dépens des ressources naturelles. La généralisation de la technique de forage et le développement de la monoculture du palmier dattier avec la variété «*Deglet Nour*» ont donc constitué un véritable tournant dans l'occupation et l'aménagement de l'espace ainsi que dans la gestion des écosystèmes oasiens traditionnels (ou historiques). Ce rapport a été marqué à la fois par son dynamisme mais aussi par sa précarité et demeure tributaire de l'eau qui continue à constituer un enjeu crucial et déterminant pour le développement, l'occupation et l'aménagement de l'espace. C'est la loi de celui qui est économiquement plus fort qui s'est développé pour accéder aux ressources eau et terres selon un concept «Eau amie du puissant et Eau coule en direction de l'argent». L'ensemble des mutations subies par l'organisation de la vie sociale de la population des oasis tunisiennes et l'intégration de cette région dans le devenir commun du pays, constituent les «garde-fous» permettant à cette région d'assurer sa contribution future au développement souhaité. Le long acquis d'adaptation de l'homme et du «savoir-faire» est un atout de base dans la continuation du processus historique de la présence de l'homme dans ces régions (Servonnet et Laffite, 2000; Sghaïer, 2010).

5. Classification des oasis tunisiennes

Les oasis du Sud tunisien sont classées suivant certains critères dont principalement:

- Leurs localisations géographiques, en oasis «côtières» ou «littorales» et oasis «continentales»; les «oasis continentales» sont elles-mêmes classées en «oasis sahariennes» et «oasis de montagne»;
- Leurs systèmes de production agricole, en oasis «mono culturales», «bi culturales» et «multi culturales» en fonction des étages de cultures pratiquées qui sont dans le cas des «oasis multi culturales» au nombre de trois dont le plus élevé est celui du palmier dattier abritant les deux étages des arbres fruitiers et des maraîchages ou du fourrage;
- Leurs systèmes hydrauliques, se référant aux aquifères profonds dont l'eau est mobilisée par l'intermédiaire d'émergences naturelles, forages jaillissants ou sondages pompés (MEDD, 2015; Rhouma, 2017).

5.1. Classification géographique

Les oasis du Sud tunisien, situées au Nord du Sahara, couvrent une superficie d'environ 40803 ha et se classent parmi les oasis à palmier dattier. Elles abritent 10% de la population tunisienne totale (estimée 11,57 millions de personnes en 2018) (El Marzougui, 1962; Servonnet et Laffite, 2000).

Ces oasis s'étendent depuis la côte méditerranéenne à l'Est jusqu'aux jalons de verdures les plus Occidentaux des régions du Djérid (Hazoua, Mides et Tamerza) et du Nefzaoua (Redjem Maatoug et El Matrouha). Elles se répartissent principalement, entre les gouvernorats de Gabès, Gafsa, Kébili et Tozeur et accessoirement dans le gouvernorat de Tataouine (Bordj El Khadra et El Borma en Extrême-Sud) (Fig.3). Certaines de ces oasis ont déjà été complètement désagrégées comme celles de l'île de Djerba, de Ghomrassen (à Médenine) et d'El Ferch (à Tataouine) (Maatallah, 1970; Rhouma, 2017).

Ces oasis sont communément classées en trois catégories (Fig.3). Les oasis côtières ou littorales (7080 ha) représentées par celles de Gabès s'étendant entre celles d'Ouedhref au Nord et Arram au Sud, et comprenant celles de Ghannouch, Metouia, Bou Chemma, Chenini, Téboulbou, Kéttana, Zérig-Sidi Sellem et Mareth-Zarat-Arram. À cette catégorie s'apparentent les oasis d'El-Hamma de Gabès (El-Hamma, Guelib Doukhane, Ben Ghilouf, Bechima et El Khébayet) localisées à une cinquantaine de kilomètres à l'intérieur de la plaine côtière de la Djeffara (Fig.6) (Servonnet et Laffite, 2000; Rhouma, 2017).

Les «oasis côtières» se développent dans la plaine de la Djeffara. Celles qui sont directement sur la côte, sont souvent le lieu de développement axé sur la pêche et l'agriculture oasienne (Romdhane *et al.*, 2004). Elles trouvent dans leur localisation côtière et la complémentarité de ces activités socio-économiques une ouverture plus développée sur les échanges commerciaux. Cette ouverture leurs a permis d'être moins enclavées et plus accessibles aux changements. D'autres oasis, en position intermédiaire entre la côte méditerranéenne et l'intérieur du pays, comme l'oasis d'El-Hamma et d'El-Bahaïer (Ben Ghilouf, Oued Nekhla, Limaguess et Seftimi), trouvent dans l'agriculture la principale activité lucrative. Les oasis littorales s'alignent à travers la plaine de la Djeffara, le long de certains axes tectoniques auxquels est associée l'émergence de plusieurs sources ayant permis l'entretien de ces oasis avant le creusement des premiers sondages d'eau (Maatallah, 1970; Servonnet et Laffite, 2000).

Les oasis continentales (33723 ha) localisées dans les gouvernorats de Gafsa, Kébili, Tozeur et Tataouine, sont réparties en deux principaux types: «les oasis sahariennes» (31343 ha) (Fig.4) et «les oasis de montagne» (2380 ha) (Fig.5). La répartition géographique des oasis tunisiennes montre la prédominance des «oasis sahariennes» dans les régions limitrophes des dépressions des Chotts Djérid, Fedjej et El-Gharsa. En réalité la répartition des oasis sahariennes est tributaire de celle des sources d'eau naturelles qui étaient à l'origine de leur existence. Celle des oasis de montagne est beaucoup plus en liaison avec les reliefs montagneux de la chaîne de Gafsa et le développement de vallées alluvionnaires comme celles des oueds Bayech, Thalja, Midès et El-Khangua (Abouaomar, 1995; Servonnet et Laffite, 2000).

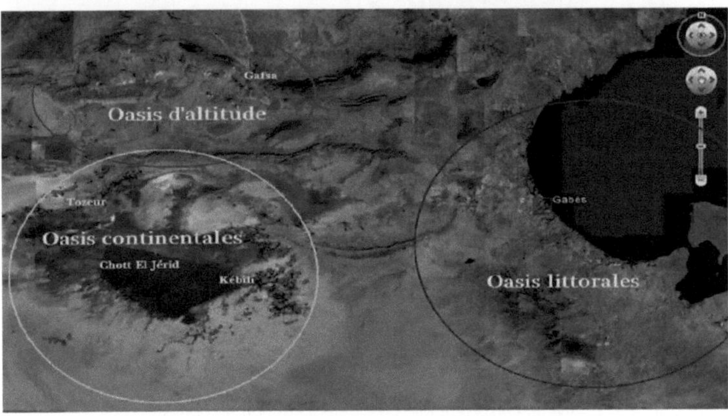

Fig.3. Localisation géographique des oasis tunisiennes.

Fig.4. Oasis saharienne dans la région de Djérid.

Fig.5. Oasis de montagne dans la région de Gafsa.

Fig.6. Oasis littorales dans la région de Chenini Gabés.

Les oasis littorales sont l'unique oasis littorale de la Méditerranée et l'un des derniers exemples d'oasis dans le monde (Fig.7) (Abdeldaiem, 1997; Rhouma, 2017; Rhouma *et al.,* 2020). Généralement, les oasis de Gabès se caractérisent par trois étages de cultures: strate supérieure constituée de palmier dattier, strate moyenne constituée de différents arbres fruitiers, et strate basse composée de différentes plantes maraîchères, industrielles et fourragères (Fig.8) (Kouki et Bouhaouach, 2009; Rhouma *et al.,* 2020).

Ces trois étages vitaux engendrent un climat favorable au développement d'une flore naturelle très diversifiée, et donc l'enfantement d'un paysage exceptionnel et la création d'un écosystème unique et original de l'oasis qui intimement lié à l'action de l'homme qui par l'utilisation judicieuse de l'espace (cultures en étages) mais aussi raisonné de l'eau (système de partage des eaux) a permis depuis des siècles de favoriser l'émergence d'espaces relativement grands de végétation luxuriante dans des régions arides qui ont fixé les populations alentour (El Fekih, 1969; Cloutet et Dolle, 1998).

Fig.7. Oasis de Chott Sidi Abdel Salam est l'oasis la plus proche de la mer.

Fig.8. Différentes strates de cultures rencontrées dans l'oasis de Chott Sidi Abdel Salam, Gabés.

5.2. Classification selon le mode de culture

L'agriculture oasienne est dépendante d'une manière générale, des modalités de mobilisation et d'exploitation des ressources en eau ou d'accès à l'eau d'irrigation. En ce sens, l'enquête du Ministère de l'Agriculture (2009) distingue trois types des oasis, qui sont les oasis traditionnelles, les extensions privées et les extensions publiques.

Les oasis anciennes, ou «traditionnelles», qui couvraient en 2009, environ 37% de la superficie totale des oasis tunisiennes. Elles sont localisées dans les gouvernorats de Gabés, Tozeur, Gafsa et Kébili, se caractérisent, globalement, par (Figs.9 et 10):

- Un grand morcellement du foncier avec des exploitations de très faibles tailles (la moyenne se situant à près de 0,5 ha);
- Un déficit en eau plus ou moins accentué;
- Une densité élevée des palmiers atteignant souvent les 400 pieds à l'hectare avec un mélange variétal de palmiers dattiers et la prédominance de variétés dites secondaires ou communes associées à des cultures intercalaires fruitières et/ou annuelles (fourrages, céréales, maraîchage, tabac, henné);
- Un bas niveau de rendement moyen (20 kg de dattes par palmier productif), une commercialisation de proximité et des modalités d'exploitation basées sur des montages basés sur l'apport des associés et le partage de la récolte (Reynes *et al.,* 1994; Selmi et Boulinier, 2003)

Fig.9. Image par Google Earth des oasis traditionnelles tunisiennes.

Fig.10. Oasis traditionnelle dans la région de Douz.

Les oasis «modernes», situées dans le Jérid et le Nefzaoua, se caractérisent par (Figs.11 et 12):

- Des exploitations de plus grandes tailles et des exploitants plus jeunes;
- Des plantations rationnelles de palmiers dattiers avec une densité entre 100 et 120 pieds à l'hectare avec une prédominance et même une monoculture de la variété *Deglet Nour*, avec un nombre très réduit de pieds mâles pour la production des pollens;
- Un rendement des palmiers variant entre 24,5 kg/palmier dans les systèmes collectifs à 38,4 kg/palmier dans les exploitations situées dans les extensions privées, fortement influencé par la salinité et la quantité d'eau utilisée;
- Un aménagement des réseaux hydrauliques conduisant à une tarification de l'eau (relevage);
- Une commercialisation sur le marché export et le recours à une main-d'œuvre salariée (Reynes *et al.*, 1994).

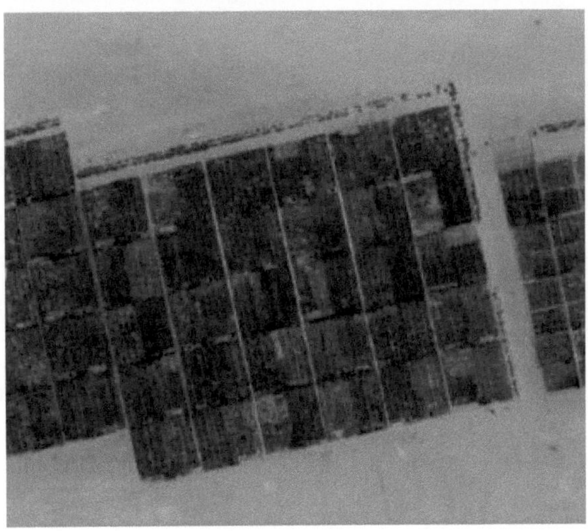

Fig.11. Image par Google Earth des oasis modernes tunisiennes.

Fig.12. Oasis moderne dans la région de Kébili Nord.

5.3. Classification hydraulique

La classification hydraulique des oasis résulte de l'évolution des pratiques de l'irrigation des oasis faisant appel aux eaux des aquifères sahariens captifs. Historiquement l'exploitation de ces aquifères n'était accessible qu'à travers les émergences naturelles (sources). L'introduction dans le domaine des oasis sahariennes de la technique du forage profond, à la fin du 19ème siècle, a permis d'avoir accès à l'eau profonde jaillissante par artésianisme et depuis, trois étapes sont considérées dans l'évolution des oasis, en liaison avec l'évolution des techniques de forage et de pompage d'eau.

Initialement l'unique disponibilité des eaux jaillissantes des sources naturelles (jusqu'au début du 20ème siècle) a été réservée à l'irrigation des oasis. De ce fait, les anciennes oasis se trouvent ainsi toutes localisées à proximité des sources. Leur extension est restée tributaire de la variation du débit des sources et de la topographie gravitaire. À cette situation est rattaché le creusement des «foggaras» qui sont des galeries drainantes qui vont chercher l'eau de la nappe par gravité, loin en amont de l'oasis (cas d'El Guettar, El Ouediane et de la presqu'île de Kébili).

Avec le creusement des forages d'eaux jaillissantes (entre la fin du 19ème siècle et les années 70 du siècle dernier), l'eau jaillissante provenant de ces forages, a permis la libération de la localisation des surfaces irriguées de celle des sources, mais l'extension de ces oasis est restée toujours dépendante de l'écoulement gravitaire de l'eau du point d'eau vers la parcelle à irriguer.

Avec le tarissement graduel du débit des sources et l'affaiblissement du jaillissement de l'eau des forages, le recours progressif au pompage a permis la libération de la localisation des oasis de celle des points d'eau. Ainsi, sont apparus des projets pour l'adduction interrégion (Chott Fedjej-Gabès, Presqu'île de Kébili, etc.) afin de combler le déficit et de maintenir en production les anciennes oasis. C'est ainsi qu'on peut expliquer la création durant ces trois dernières décennies, des nouvelles oasis dans le Sud tunisien qui sont à l'écart des anciennes dont la localisation est principalement associée à celles des sources ou des forages jaillissants. Ces nouvelles oasis, assimilées aux périmètres irrigués, sont positionnées en se référant à la disponibilité de l'eau, de la terre et de la volonté d'en faire un moyen de production agricole (Reynes *et al.,* 1994).

6. Fonctions multiples des systèmes oasiens

6.1. Rôle environnemental des oasis

Les oasis, ces îlots de verdure en plein désert, étaient d'une beauté impressionnante, certaines sont encore. Elles sont de véritables petits paradis. Une symbiose existe entre l'oasis, les régions désertiques, les régions de montagnes (Fig.13) et même avec la mer pour le cas des oasis de Gabès

(Fig.14). Cette relation de l'espace oasien avec son environnement se renforce et se relâche au gré de plusieurs facteurs. Dans l'oasis existe un microclimat particulier contrastant avec un environnement désertique hostile et des conditions climatiques rudes et où la vie de l'homme est très difficile. Ces oasis font obstacle à l'avancée de la désertification, jouent un rôle dans l'équilibre écologique, maintiennent la biodiversité et constituent de véritables poumons d'oxygène pour les villes et villages qui leurs sont proches (Chapoutot, 2007).

Fig.13. Paysage oasien à Nafta.

Fig.14. Paysage oasien à Gabes.

L'effet oasis permet la pratique de diverses cultures dont la liste est longue. Les oasis comprennent une richesse exceptionnelle de la biodiversité de la flore (Figs.15 et 16) et la faune (Figs.17 et 18). On y trouve plus de 300 variétés de palmiers dont certaines sont à maturité échelonnée, plusieurs variétés d'oliviers, et de grenadiers dont la variété *Gabsi* très réputée ayant obtenu «l'appellation d'origine contrôlée», plusieurs variétés de figuiers, de vignes, d'abricotiers (dont la variété locale *Mechmech*) et d'autres espèces arboricoles comme le pommier, le poirier, le pêcher, le prunier, le mûrier, le cognassier, le citronnier, le pistachier réputé d'El-Guetar, le ricin et quelques variétés locales de bananiers. Il existe aussi les cultures fourragères, on trouve la luzerne et le sorgho ainsi qu'une longue liste de cultures maraîchères dont certaines variétés sont locales. Céréale, henné, tabac, corète, plantes condimentaires, menthe et plantes florales comme le rosier et diverses autres cultures de moindre importance comme le bigaradier, le jujubier, le caroubier, le néflier et le cerisier poussent à l'abri de ces oasis. On y trouve aussi une longue liste d'espèces fauniques dont certaines sont à l'état naturel et d'autres sont domestiquées (Chapoutot, 2007).

Fig.15. Richesse exceptionnelle de la biodiversité de la flore cultivable des oasis tunisiennes.

Fig.16. Richesse exceptionnelle de la biodiversité de la flore spontanée et floristique des oasis tunisiennes.

Fig.16. Richesse exceptionnelle de la biodiversité de la flore spontanée et floristique des oasis tunisiennes (continuation).

Fig.17. Richesse exceptionnelle de la biodiversité de la faune domestique des oasis tunisiennes.

Fig.18. Richesse exceptionnelle de la biodiversité de la faune sauvage des oasis tunisiennes.

6.2. Rôle économique des oasis

Les oasis jouent un rôle économique important au niveau national et surtout dans les gouvernorats oasiens, en premier lieu dans les 2 gouvernorats de Kébili et de Tozeur. Au niveau national, la production des dattes participe pour 13 à 16% dans la production arboricole, pour 5 à 7% dans la production végétale et pour 16% dans les exportations agricoles occupant ainsi la troisième place après l'huile d'olive et les produits de la pêche. Dans les oasis, est pratiqué un élevage de caprins, ovins, bovins et de basse-cour qui valorise les cultures fourragères dont principalement la luzerne. Cet élevage assure un revenu régulier aux oasiens et produit le fumier pour les cultures. Les oasis sont valorisées pour le tourisme saharien et la recréation (Fig.19). L'activité de tourisme a été développée ces dernières années (Chapoutot, 2007).

Fig.19. Modèle économique sans complexe industriel polluant à Ras El Oued Gabés.

6.3. Rôle social des oasis

Les oasis jouent un rôle social non négligeable. On estime que l'agriculture oasienne fait vivre directement et indirectement 10% de la population tunisienne. Environ 50000 agriculteurs produisent les dattes. Les oasis assurent environ 10 millions de journées de travail par an pour 71796 exploitants et aides familiaux et pour environ 100000 ouvriers occasionnels, Khammès (intermédiaires) et salariés permanents et ce, sans compter les emplois indirects dans le domaine du commerce, du transport et du conditionnement.

L'attachement sociologique au palmier est fort. Il est entouré de beaucoup de croyances religieuses (Reynes *et al.,* 1994).

6.4. Rôle patrimonial des oasis

Les oasis peuvent être considérées à plusieurs titres comme un bien public. Elles constituent un patrimoine historique et culturel riche et varié. Ce patrimoine est relatif à la culture, à la biodiversité (Fig.20), à l'architecture, à la religion, au savoir-faire des agriculteurs dans l'irrigation et la conduite des cultures, à la littérature, à la poésie, à la théologie, à l'art, à l'artisanat (Fig.21) et aux habitudes culinaires originales (Chapoutot, 2007; Rhouma *et al.,* 2020).

Les régions oasiennes sont le berceau de la civilisation préhistorique. Les oasis ont connu les civilisations capsiennes, romaines, byzantines et musulmanes (Figs.22 et 23). Elles étaient au carrefour du commerce avec les régions sahariennes d'Afrique et entre l'orient et l'occident musulman et étaient un lieu de brassage culturel (Reynes *et al.,* 1994).

Fig.20. Jardin de la biodiversité à l'oasis de Chenini Gabés.

Fig.21. Développement d'activités artisanales dans l'oasis.

Fig.22. Pont Romain (El Gouss) à l'oasis de Chenini Gabés.

Fig.23. Sabbat à l'oasis de Chenini Gabés.

7. Importance du palmier dattier dans les oasis tunisiennes

Contrairement aux oasis continentales, le palmier dattier est d'importance secondaire. Le palmier dattier est l'espèce la plus exigeante en eau et en chaleur pour produire des fruits de qualité. C'est le cas de variété de *Deglet Nour* qui exige pour murir convenablement une somme de températures élevées et une atmosphère sèche (degrés hygrométriques (H%) faibles). En effet, il exige au moins 1800 heures sommées de températures supérieures ou égale 18°C ($\sum T>=18°C$) et un degré hygrométrique faible. Or les oasis littorales sont caractérisées par un degré hygrométrique supérieur à 66% et $\sum T>=18°C$ inférieures à 1375 ne permettant pas de produire la variété *Deglet Nour.* Les variétés les plus répandues dans ces oasis sont typiquement littorales. En effet seules les variétés communes de palmier dattier sont cultivées. Dont les plus fréquents sont *Hammouri*, *Garen Ghazel*, *Bouhattam*, *Kenta*, *Lemsi*, *Halway*, *Ammari* et *Rochdi* (Rhouma *et al.,* 2020). Leurs fruits sont précoces et en majorité consommés à l'état frais au stade *blah*. La variété *Bouhattam* est présente dans les oasis littorales dans presque toutes les exploitations. C'est l'une des variétés les plus répandues dans l'oasis. Cette variété est productive, mais du fait que ses fruits mûrissent après *Lemsi* et *Rochdi*, elle rencontre un problème de commercialisations (El Fekih, 1969; Ferry et Toutain, 1990; Mars *et al.,* 1994; Reynes *et al.,* 1994).

Ce qui caractérise les oasis continentales tunisiennes au plan national voire même à l'échelle mondiale est la prédominance de la variété *Deglet Nour* connue par la performance de la qualité de ses dattes. Il est la plus commercialisée par rapport à différentes variétés de dattes tunisiennes. En Tunisie, la principale variété de dattes produite (essentiellement dans les oasis continentales) et exportée est la variété de *Deglet Nour*, puis les dattes communes telles qu'*Allig*, *Khouat Allig*, *Kenta*, etc. (Ayari *et al.,* 2012; Allani Gharbi, 2019).

8. Positionnement de la Tunisie dans le commerce international des dattes

Ces dernières décennies, le commerce international des dattes a commencé à prendre de l'essor, après qu'il ait été massivement destiné à la consommation locale. D'après les statistiques compilées du CIRAD, une datte sur dix est exportée, représentant ainsi une quantité deux fois plus que celle exportée au début des années 2000 (Fages, 2015). Les dattes s'exportent vers, presque, tous les pays du monde, essentiellement au mois de Ramadan puisqu'il entre dans les habitudes alimentaires des consommateurs musulmans qui se trouvent partout dans le monde. L'Égypte est le premier producteur mondial de dattes, suivie par l'Iran, l'Arabie Saoudite et les Émirats Arabes Unis (CIRAD, 2003; FAO, 2003); ces pays consomment presque toutes leurs productions. Le Pakistan, quant à lui, occupe la première place dans les exportations mondiales des dattes, dont la majorité est orientée vers l'Inde, premier importateur mondial de ce produit (Fages, 2015).

Sur le marché international des dattes, les pays fournisseurs peuvent être classés selon les types de comportements commerciaux qu'ils adoptent; Arfa (1998) en distingue quatre types. Il s'agit de *(i)* pays producteurs-exportateurs approvisionnant le marché mondial en dattes de qualité moyenne à un prix inférieur au prix mondial (Iran, Irak, Pakistan et Égypte), *(ii)* pays producteurs-exportateurs qui vendent au prix moyen mondial (Arabie Saoudite), *(iii)* pays producteurs-exportateurs offrant des dattes de très bonne qualité à des prix supérieurs au prix mondial (Tunisie, Algérie, Palestine et les États-Unis), et enfin, il s'agit de *(iv)* pays réexportateurs (principalement la France suivie de la Hollande).

Sur le marché européen, la demande en matière de dattes est caractérisée par la présence de deux types de consommateurs (Chebbi et Gil, 2002). Il s'agit de consommateurs constituant la population immigrante de l'Afrique du Nord (essentiellement en France, Italie et Espagne) et de l'Asie (surtout au Royaume-Uni et en Allemagne) et ayant une connaissance assez bonne sur le produit (généralement capables de faire la différence entre les différentes qualités et variétés) et un mode de consommation éthique (les variétés nobles sont, surtout, consommées pendant le mois de Ramadan). Le deuxième type de consommateurs est formé par les Européens qui concentrent leurs achats en dattes (surtout conditionnées et biologiques) dans les fêtes de Noël (Allani Gharbi, 2019).

En tant que pays producteur-exportateur, la Tunisie maintient encore ses positions sur le marché international des dattes notamment avec l'augmentation de ses productions en ce produit. Elle occupe actuellement la première place dans les exportations mondiales de dattes en termes de valeur (CTD, 2008; Ayari *et al.,* 2012) et contribue avec 8% dans les exportations mondiales en termes de volume emportant ainsi la quatrième place entre les pays exportateurs. De plus, la Tunisie demeure le premier fournisseur de l'Europe en termes de quantité grâce à la variété *Deglet Nour*, la préférée par les Européens (Chebbi et Gil, 2002), et à haute valeur marchande. Les exportations vers le marché européen sont surtout orientées vers la France, le marché traditionnel de la Tunisie qui, à son tour, réexporte 40% de ses importations en dattes en toutes provenances vers d'autres pays du monde (Fages, 2015; Allani Gharbi, 2019).

L'évolution à la hausse, en quantité et en valeur, qu'affichent les exportations tunisiennes des dattes (Fig.24) est due, en fait, à plusieurs facteurs tels que l'augmentation de la production, l'amélioration de la qualité et la valorisation du produit, l'accentuation des efforts promotionnels, les orientations stratégiques d'incitation aux exportations et l'amélioration des services d'assurance et de la qualité des prestations fournies, etc. (Ayari *et al.,* 2012). À titre indicatif entre les compagnes 2016/2017 et 2017/2018, les exportations tunisiennes de dattes en termes de quantités et de valeur ont augmenté de, respectivement, 18 et 34% pour atteindre plus de 127 mille tonnes d'une valeur de plus de 748 millions de dinars (Allani Gharbi, 2019).

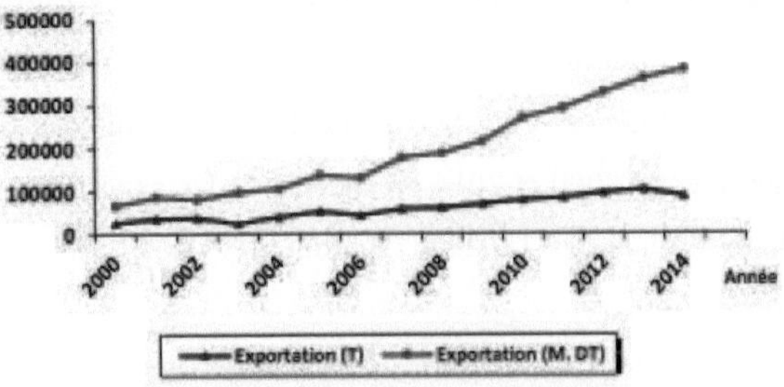

Fig.24. Évolution, en quantité et en valeur, des exportations tunisiennes de dattes (2000-2014) (Allani Gharbi, 2019).

Depuis des décennies, les exportations agricoles de la Tunisie représentaient une concentration sur quelques produits traditionnels dont le pays dispose certains avantages comparatifs, tels que l'huile d'olive, les dattes et les agrumes. De plus, ces produits ont été accaparés par un nombre très limité de pays importateurs à l'instar de certains pays Européens (Allani, 2011). À travers sa politique d'ouverture commerciale vers l'extérieur, la Tunisie a exprimé ses ambitions de promotion de ses exportations agricoles par la mise en place de stratégies qui visent la diversification des produits et des marchés de destination (Allani et Laajimi, 2010). De nouvelles opportunités sont, alors, offertes à la Tunisie à travers l'extension des marchés traditionnels et l'accès à de nouveaux marchés rémunérateurs et durables à la fois (Ayari *et al.,* 2012) que ce soit par le ciblage de marché en forte croissance ou par l''identification de nouvelles niches de marché (Thabet, 2010).

En comparaison avec les autres produits phares dans les exportations agricoles et agroalimentaires de la Tunisie, on constate que les dattes ont manifesté un certain niveau de diversification exprimé par l'augmentation du nombre de pays importateurs au niveau mondial au fil des années. Toutefois, en termes de quantités exportées, cette diversification cache, en réalité, une persistance de la concentration des exportations de dattes sur des pays importateurs traditionnels qui sont principalement des pays Européens. À titre d'exemple, les exportations de dattes sont majoritairement orientées vers seulement quatre pays, à savoir, l'Allemagne, la France l'Italie et l'Espagne. Ces pays ont absorbé entre 2000 et 2014 presque 50% des exportations totales de la Tunisie en dattes (Allani, 2011; Allani Gharbi, 2019) (Fig.25).

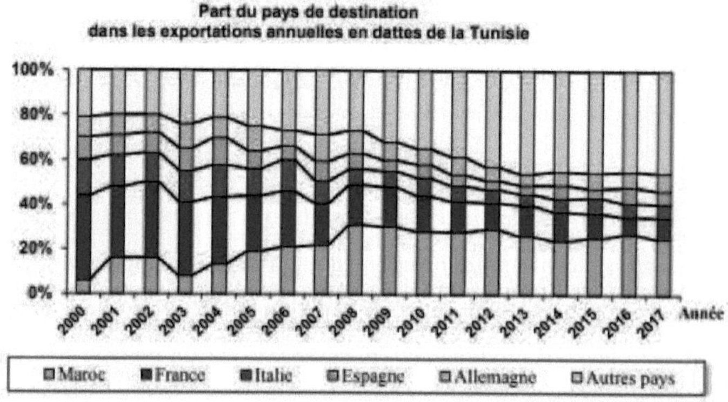

Fig.25. Évolution de la structure des importateurs de dattes tunisiennes (2000-2017) (Allani Gharbi, 2019).

Dans la période (2000-2006), la France a présenté une moyenne annuelle de 31% des exportations totales de dattes et a gardé la première place en tant que principal client de la Tunisie. Cette moyenne est de 63% pour l'ensemble représentant les quatre pays Européens susmentionnés. Pour le cas du Maroc, sa part a enregistré une nette évolution, passant de 6% en 2000 pour atteindre 21% en 2006 et a gagné, de ce fait, la deuxième place en tant que principal client de la Tunisie après la France. Ce classement s'inverse depuis l'année 2007 suite à l'augmentation de la part du Maroc (de 22% en 2007 à 24% en 2014) et la diminution de celle de la France (de 19% en 2007 à 13% en 2014). Entre 2014 et

2017, on constate qu'il y a une certaine stabilisation des parts (Allani Gharbi, 2019).

Globalement, durant les ces dernières années, la part des quatre principaux pays clients européens dans les exportations en question a chuté, en passant de 73% en 2000 à 31% en 2014 et 30% en 2017, alors que pour le Maroc, cette part a grimpé de 6% en 2000 à 24% en 2014 et 25%. De plus, les exportations tunisiennes de dattes dédiées à l'ensemble « Autres pays» prennent de l'importance au fil des années. En effet, leur part a remarquablement augmenté pour passer de 21% en 2000 à 45% en 2014 et 46% en 2017. Ce résultat traduit bien une concrétisation de la politique d'ouverture adoptée par le gouvernement par la diversification de ses marchés de destination. L'ensemble des pays dits «Autres pays» regroupe presque 70 pays de destination ayant une part dans les exportations annuelles des dattes tunisiennes (en quantité) strictement inférieur à 5% chacune. À l'exception des marchés russe et américain (USA) dont les parts ont atteint, respectivement, un peu plus de 5%, à partir de 2010 (Allani Gharbi, 2019).

De façon générale, Ayari *et al.* (2012) distinguent trois catégories de marchés, les marchés traditionnels qui deviennent de plus en plus saturés et relativement moins rémunérateurs (surtout le Maroc et la France), les marchés en développement qui sont généralement rémunérateurs (la Russie, la Malaisie, l'Indonésie, la Turquie, le Canada, etc.) et les nouveaux marchés (l'Inde, l'Azerbaïdjan, la Roumanie, le Japon, etc.). Pour certaines destinations, la part de marché en valeur est significativement supérieure à celle en volume. Ces marchés appelés «riches» paient leurs importations en dattes un peu plus cher mais, généralement, ils sont plus sensibles et plus exigeants en matière de sécurité sanitaire des aliments (cas du marché nord-américain et de certains pays importateurs européens non traditionnels).

Bien qu'elle soit le leader en termes de valeur des exportations en dattes, la Tunisie rencontre une concurrence de plus en plus vive sur le marché international. Il s'agit, d'une part, de la concurrence directe sur la *Deglet Nour* (surtout en Europe) et, d'autre part, de la concurrence indirecte sur les autres variétés à positionnement qualitatif (APIA, 2008).

Sur le marché européen et durant les quinze dernières années, la Tunisie est de loin le premier fournisseur de ses principaux clients traditionnels, à savoir, la France, l'Italie, l'Espagne et l'Allemagne, suivie en deuxième position par l'Algérie (premier producteur mondial en termes de quantités de la variété *Deglet Nour*) (Fig.26) (Allani Gharbi, 2019).

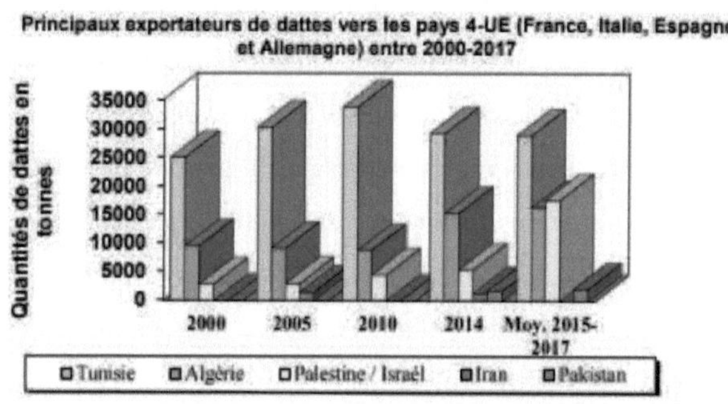

Fig.26. Principaux exportateurs de dattes vers les pays 4-UE (France, Italie, Espagne et Allemagne) entre 2000 et 2017 (Allani Gharbi, 2019).

Les exportations tunisiennes de dattes sont constituées principalement de la variété *Deglet Nour* qui demeure la variété «haute gamme» la plus appréciée par les Européens et dont la production prospère essentiellement au niveau de ces deux pays Nord Africains. Quoique l'Algérie soit au niveau international le premier producteur de cette variété et le sixième producteur de dattes en général, sa filière rencontre encore des contraintes qui sont majoritairement d'ordres structurel et institutionnel (Benziouche et Cheriet, 2012). Dans le tableau 1, une brève comparaison entre la filière tunisienne et la filière algérienne de dattes *Deglet Nour* (APIA, 2008).

Tableau 1. Points forts et points faibles des filières *Deglet Nour* en Tunisie et en Algérie (APIA, 2008; Allani Gharbi, 2019).

Points forts de la *Deglet Nour* de Tunisie	**Points forts de la *Deglet Nour* d'Algérie**
- Produit mieux travaillé et mieux conditionné; - Filière structurée avec des opérateurs organisés.	- Production très importante; - Possibilités de tri et d'expédition de produit sélectionné; - Prix moins élevé; - Datte plus solide, mieux adaptée au conditionnement.
Points faibles de la *Deglet Nour* de Tunisie	**Points faibles de la *Deglet Nour* d'Algérie**
- Non-respect des normes de contrôle d'infestation; - Trop d'opérateurs à l'export et auto-concurrence; - Dattes plus humides, plus glucosées.	- Difficultés d'organisation; - Difficultés logistiques; - Délais portuaires; - Palmeraies peu entretenues.

À titre indicatif, en comparant l'évolution de la quantité des dattes exportée par la Tunisie entre l'année 2010 et l'année 2014 vers les marchés 4-UE (toutes variétés confondues), on constate que cette quantité a diminuée de 14% alors, qu'en valeur, elle n'a diminué que de 6%. En revanche et pour les mêmes années 2010 et 2014, la quantité de dattes exportée par l'Algérie vers ces mêmes marchés a augmenté de 74% en volume et n'a augmenté que de 57% en valeur, ce qui reflète une meilleure valorisation commerciale des dattes tunisiennes par rapport à celles algériennes (APIA, 2008; Allani Gharbi, 2019).

Il convient de signaler qu'une forte promotion de sa filière d'exportation de dattes ainsi qu'une plus grande valorisation de la variété *Deglet Nour* pourrait rendre l'Algérie un concurrent puissant de la Tunisie, non seulement sur les marchés traditionnels, mais aussi sur d'autres marchés potentiels dont ceux qualifiés de «rémunérateurs». Cette situation est en mesure de créer une menace au niveau de la commercialisation des dattes tunisiennes qui pourrait même toucher les différents maillons de la filière d'exportation des dattes en Tunisie, en particulier pour le cas du marché français (premier client européen de la Tunisie). En effet, ce marché est caractérisé par une grande compétitivité-prix entre les exportateurs tunisiens et algériens et ces derniers vendent leurs dattes moins chères aux importateurs français dont ceux qui, à leur tour, génèrent de la valeur ajoutée au produit et le vendent à des prix compétitifs sur d'autres marchés (Chebbi et Gil, 2002).

Par conséquent, la Tunisie, à travers la promotion de sa filière d'exportation des dattes, est appelée à fournir plus d'efforts non seulement pour diversifier ses marchés de destination mais aussi pour ne pas perdre sa part de marché au niveau des pays importateurs traditionnels à l'instar de la France, l'Italie, l'Espagne et l'Allemagne. Ces marchés sont relativement «saturés» en importations de dattes (Chebbi et Gil, 2002) par rapport aux marchés non traditionnels et tendent, en tant que pays de l'Union Européenne, vers un renforcement des réglementations et des normes de qualité et de sécurité sanitaire, notamment au niveau de l'importation de produits agricoles et agroalimentaires (Allani Gharbi, 2019).

Pour évaluer la position compétitive des exportations tunisiennes de dattes sur le marché européen, Chebbi et Gil (2002) ont opté pour une méthode d'analyse shift-share de la demande d'importation des dattes par les cinq premiers importateurs européens (la France, l'Italie, l'Espagne, l'Allemagne et l'Angleterre) pour les deux périodes 1989-1992 et 1994-1997. Analyse shift-share ou analyse de parts est une analyse utilisée dans la science régionale, l'économie politique et les études urbaines. Elle détermine quelles portions de la croissance ou du déclin économique régional pouvant être attribuées à des économies nationales et sectorielles et aux facteurs régionaux. L'analyse permet d'identifier les secteurs dont l'économie régionale pourrait avoir des avantages concurrentiels par rapport à toute l'économie. L'étude vient imposer l'hypothèse d'un «marché européen saturé dans son ensemble», ayant la Tunisie comme premier fournisseur (surtout pour la France et l'Italie). Selon des tendances mises en évidence par les chercheurs, la filière tunisienne d'exportation des dattes se trouve confrontée à une concurrence qui est, d'une part, de plus en plus accrue entre les producteurs/exportateurs traditionnels sur ces marchés et, d'autre part, accentuée par une émergence de nouveaux exportateurs (comme la Palestine et les États Unis) et un renforcement du commerce de dattes français basé sur l'activité de réexportation et qui bénéficie «d'un système de distribution performant et de la proximité» (Allani Gharbi, 2019).

Dans cette optique, une réflexion stratégique approfondie a été lancée par l'Agence de Promotion des Investissements Agricoles (APIA, 2008) qui s'intitule «Étude du positionnement stratégique de la *Deglet Nour* et de la promotion de ses exportations à long et moyen termes», une analyse quantitative et qualitative de l'offre tunisienne et de son positionnement concurrentiel sur ses principaux marchés traditionnels (cinq pays européens: la France, l'Italie, l'Espagne, l'Allemagne et le Royaume-Uni) a été effectuée. Par conséquent, pour préserver et, dans les meilleurs des cas, pour augmenter la part de la Tunisie sur les marchés susmentionnés, une adaptation au nouveau contexte du commerce international s'avère une action incontournable. En particulier, s'adapter aux restrictions liées aux questions sanitaires et phytosanitaires devenues de plus en plus accrues (parfois spécifiques et même individuelles) est en mesure d'assurer la durabilité et la continuité de l'accès des dattes tunisiennes à ces marchés (Allani Gharbi, 2019).

9. Conclusions

Les oasis du Sud tunisien, considérées parmi les plus importants écosystèmes des zones arides et sahariennes, qui ont toujours constitué d'importants centres de production agricole et commerciale liant des régions très distantes les unes aux autres. Il s'agit d'assurer à l'avenir un rôle multifonctionnel agricole (production des dattes), écologique, patrimonial, touristique. Ceci implique nécessairement une stratégie de protection de ce précieux patrimoine national contre les diverses menaces y compris celles liées au changement climatique. La valorisation des pratiques et techniques locales forgées par l'histoire ainsi que le recours aux acquis modernes de la science et la technologie s'inscrivent parfaitement dans cette stratégie de préservation et d'adaptation de l'écosystème oasien aux nouvelles exigences du contexte économique, social, environnemental et climatique. L'oasis et son arbre mythique, le palmier, sont le produit d'une conjugaison remarquable entre le génie agronomique de l'homme et les aptitudes et ressources de la nature en milieu aride et saharien. Le palmier dattier "*Phoenix dactylifera*" est l'axe principal de sa structure, autour duquel gravite un ensemble d'autres cultures arboricoles, légumineuses et fourragères, formant ainsi un mélange anarchique d'espèces, de variétés et de classes d'âge.

Le palmier dattier est l'une des plus importantes des cultures domestiques dans le Nord d'Afrique, dont la distribution géographique en Tunisie est dans le sud tunisien. Le secteur palmier dattier joue un rôle très important à l'échelle nationale tant sur le plan socio-économique que sur le plan écologique. D'ailleurs, la production nationale des dattes, surtout la variété *Deglet Nour*, constitue une source importante du revenu des agriculteurs oasiens. II forme le pilier de l'économie des oasis continentales (oasis sahariennes et oasis de montagnes). Ainsi, l'exportation des dattes constitue une activité stratégique pour l'économie tunisienne.

À ce terme, une description générale du palmier dattier, ses intérêts agro-écologiques, socio-économiques et culturels, ses exigences écologiques, son cycle biologique et de développement, ses diversités génétiques et qui fait l'objet du chapitre suivant.

Références Bibliographiques

Abdeldaiem S., 1997. La gestion de l'eau et son impact sur la dynamique des systèmes de production dans les oasis littorales du sud tunisien. Cas de l'oasis de Gabès. Mémoire pour l'obtention de diplôme d'Ingénieurs des Techniques Agricoles des Régions Chaudes. Centre des Etudes des Régions Chaudes (CNEARC), Montpelier. Institut Agronomique Méditerranéen (IAM) Montpelier, 90 pp.

Abouaomar M., 1995. Contribution à l'étude écologique à l'analyse de l'impact socio-économique et à l'évaluation financière des méthodes de lutte contre la désertification et l'ensablement dans le sud est marocain : cas du canal de H'Mida, Région d'Errachidia. Mémoire de 3ème cycle, Ecole Nationale Forestière d'Ingénieurs de Salé, Maroc, 176 pp.

Allani Gharbi H., 2019. Comportement d'adoption de référentiels de sécurité sanitaire des aliments chez les exportateurs de dattes en Tunisie et impact sur la performance à l'export. Quel scénario d'intervention en amont ? Approche par la nouvelle économie industrielle. Thèse de doctorat en sciences agronomiques. Institut national agronomique de Tunisie, 354 pp.

Allani H., 2011. Analyse des flux des exportations tunisiennes des dattes, de l'huile d'olive et des produits de la mer dans le cadre de la libéralisation des échanges. Un essai d'explication par le modèle de gravité. Mémoire de Mastère en Economie de l'Agriculture, de l'Agroalimentaire et de l'Environnement. Département d'Economie Rurale, Institut National Agronomique de Tunisie (INAT).

Allani H. & Laajimi A., 2010. Analyse des flux des exportations d'huile d'olive tunisienne dans le cadre de la libéralisation des échanges, une application du modèle de gravité. Revue d'Economie Méridionale (REM) N°232 – 4 / 2010.

APIA, 2008. Etude de positionnement stratégique de la *Deglet Nour* tunisienne et de la promotion de ses exportations à long et moyen termes. APIA : Agence de Promotion des Investissements Agricoles. GEM (Etudes et Stratégies pour l'Agroalimentaire). Décembre 2008.

Arfa L., 1998. Les échanges agroalimentaires entre la Tunisie et l'Union Européenne. Thèse de doctorat. Université de Montpellier I, Faculté des Sciences Economiques de Montpelier.

Ayari I., Laajimi A., Ben Slimane S. & Bezzai N., 2012. Attitude et comportement des opérateurs à l'égard des risques à l'export : Cas des exportations des dattes tunisiennes. New Médit N. 4/2012, 41-48 pp.

Belhedi A., 1998. Stratégies et contre-stratégies aux prises des problèmes de développement à Souk Lahad (Nefzaoua). Les oasis au Maghreb, Mise en valeur et développement. Cahiers du CERES, Série Géographique, (12): 229-246.

Ben Hassine H., 2005. Effets de la nappe phréatique sur la salinisation des sols de cinq périmètres irrigués en Tunisie. Etude et Gestion des Sols, 12(4): 281-300.

Benziouche S.E. & Cheriet F., 2012. Structure et contraintes de la filière dattes en Algérie. New Medit N. 4/2012.

Chapoutot J.M., 2007. Le Sud tunisien: objets, enjeux et perspectives dans le domaine touristique. In : Actes du Colloque International: Tourisme Saharien et Développement Durable : enjeux et approches comparatives. Edition J.P. Milveille, M. Smida et W. Mahjoub, 67-83 pp.

Chebbi H.E. & Gil J.M., 2002. Position compétitive des exportations tunisiennes de dattes sur le marché européen : une analyse shift-share. New Medit N.3/2002, 40-47 pp.

CIRAD, 2003. Le marché mondial des dattes. Article publié FruiTrop, la revue de la CIRAD (La recherche Agronomique pour le Développement). En ligne: http://publications.cirad.fr

Cloutet Y. & Dolle V., 1998. Aridité, oasis et petite production, exigence hydraulique et fragilité sociale. Sécheresse spécial Oasis, 9(2): 83-94.

CTD, 2008. Centre Technique des dattes (http://www.ctd.tn).

Direction Générale de l'Environnement et de la qualité de la Vie – DGEQV, 2012. Le Golfe de Gabès: caractérisation écologique et socio-économique et enjeux de développement. Document élaboré dans le cadre du Projet de Protection des Ressources Marines et Côtières du Golfe de Gabès (2005-2012). Min. Environnement, DGEQV-Tunis, 212 pp.

El Fekih M., 1969. Le palmier dattier : Ecologie et conditions de culture. Sols de Tunisie. Bulletin de la direction des sols, 1: 50-63.

El Marzougui M., 1962. Gabes- Paradis de la vie : Son oasis, son golfe, sa ville ses habitants, son histoire et ses hommes. Edition: El Khandji-Le Caire et El Methni, Bagdad, 308 pp (en arabe).

Fages C., 2015. Le commerce international des dattes prend de l'essor. Article basé sur les statistiques compilées par FruiTrop (la revue du CIRAD). Chronique des matières premières, diffusée le jeudi 25 juin 2015. En ligne : http://www.rfi.fr

FAO / OMS, 2003. Garantir la sécurité sanitaire et la qualité des aliments : Directives pour le renforcement des systèmes nationaux de contrôle alimentaire. En ligne: http://www.rlc.fao.org/fr/publications-et-documents/

Ferry M. & Toutain G., 1990. Concurrence et complémentarité des espèces végétales dans les oasis. Option méditerranéennes, Sér.A/ n°11-Les systèmes agricoles oasiens.

G.D.A., Kettana, 2009. Orientations de développement agricole oasien dans l'oasis littorale de Kettana. Diagnostic participatif pour l'établissement d'un projet de développement du secteur Kettana1. FEM/CRDA 2009.

Haj Naceur A., Boukraa C. & Ben Hmida F., 2002. Inventaire de la biodiversité végétale dans l'oasis de Metouia. GDA Metouia-FEM-PNUD.

Haj Naceur A., Boukraa C. & Ben Hmida F., 2002. Inventaire de la biodiversité végétale dans l'oasis de Metouia. GDA Metouia-FEM-PNUD.

Heinzel H., Fitter R. & Parslow J., 1996. Oiseaux d'Europe, d'Afrique du Nord et du Moyen Orient. Ed. delachaux et niestlé, 384 pp.

Kadr A. & Adri E.V.R., 2002. Contraintes de la production oasienne et stratégies pour un développement durable. Cas des oasis de Nefzaoua (Sud tunisien). Sécheresse, 13(1).

Kouki K. & Bouhaouach H., 2009. Etude de l'oasis traditionnelle Chenini Gabès dans le Sud Est de la Tunisie. Tropicultura, 27(2): 93-97.

Lasram M., 1990. Les systèmes agricoles oasiens dans le Sud de la Tunisie. In: Dollé V. (ed.), Toutain G. (ed.). Les systèmes agricoles oasiens. Montpellier: CIHEAM, (Options Méditerranéen n es : Série A. Séminaires Méditerranéen, 11: 21- 27.

Lazarev G., 1988. L'oasis, une réponse à la crise des pastoralismes dans le sahel. Actes du séminaire Les systèmes Agricoles oasiens, Tozeur (Tunisie), 19-21 Novembre: 77-89 pp.

Maatallah S., 1970. Contribution à la Valorisation de la Datte Algérienne, Thèse Ing. INA, El Harrach, 103 pp.

Mars M., Carraut A., Marrakchi M., Gouiaa M. & Gaaliche F., 1994. Ressources génétiques fruitières en Tunisie (poirier, oranger, figuier, grenadier). Plant genetic Resources Newslette, 74(100): 1-4.

Ministère de l'Environnement Et du Développement Durable, MEDD (Direction Générale de l'Environnement et de la Qualité de la Vie), 2015. Elaboration d'une monographie complète des oasis en Tunisie, identification et caractérisation des Oasis en Tunisie. Consulting en Développement Communautaire et en Gestion d'Entreprises, 200 pp.

Projet de gestion durable des écosystèmes oasiens en Tunisie (PGDEO), 2014a. Plan de Développement Participatif de l'Oasis de Tameghza (Gouvernorat de Tozeur), 50 pp.

Projet de gestion durable des écosystèmes oasiens en Tunisie (PGDEO), 2014b. Plan de Développement Participatif de l'Oasis de Zarat (Gouvernorat de Gabès), 65 pp.

Rabhi P., 1995. Projet de réhabilitation économique et écologique de l'oasis de Chenini-Gabès, CRDA Gabès, 24 pp.

Reynes M., Bouabidi H., Piombo G. & Risterucci A.M., 1994. Caractérisation des principales variétés de dattes cultivées dans la région du Djérid en Tunisie. Fruit, 49(4): 289-298.

Rhouma A., 2017. L'oasis de Chott Sidi Abdel Salam, Gabés, Tunisie: Réalités et défis. Editions universitaires européennes, 144 pp.

Rhouma A., Mougou I. & Rhouma H., 2020. Determining the pressures on and risks to the natural and human resources in the Chott Sidi Abdel Salam oasis, southeastern Tunisia. Euro-Mediterranean Journal for Environmental Integration 5, 37. https://doi.org/10.1007/s41207-020-00176-w

Romdhane A., Abdeladhim M.A. & Bachar N., 2004. Systèmes de production et développement durable dans les oasis littorales. Résultats et analyses statistiques. Document interne. Laboratoire d'Economie et Sociétés Rurales. IRA Médenine, 61 pp.

Selmi S. & Boulinier T., 2003. Breeding bird communities in southern Tunisian oases: The importance of traditional agricultural practices for bird diversity in a semi-natural system. Biological conservation, 110: 285-294.

Selmi S., 2001. Diversité et fonctionnement des peuplements d'oiseaux nicheurs des oasis tunisiennes; Thèse de Doctorat n° 01PA06 6224. Résumé CAT.INIST, 262 pp.

Servonnet J. & Laffite F., 2000. Le Golfe de Gabès en 1888. 2eme Edit. ECOSUD, 235 pp.

Sghaïer M., 2010. Etude de la gouvernance des ressources naturelles dans les oasis. Cas des oasis en Tunisie, UICN, 2010, 69 pp.

Thabet B., 2010. Promotion des exportations agricoles et des produits de la pêche tunisiennes: problématique et enjeux. Document de travail. Ministère de l'agriculture et des Ressources Hydriques (DG/EDA) et Agence Française de développement (AFD).

Zebldi H., 1976. Caractéristiques hydrogéologiques du Sud tunisien: Problèmes et Perspectives. Séminaire sur la recherche scientifique et développement des zones arides, de Tunisie. Tozeur, nov.

Chapitre II- Culture du palmier dattier (*Phoenix dactylifera* L.)

Abdelhak Rhouma & Khaled Atallaoui

Chapitre II- Culture du palmier dattier (*Phoenix dactylifera* L.)

1. Introduction

Phoenix dactylifera L. (*Arecaceae*), est une plante monocotylédone anciennement domestiquée (Munier, 1973). Il est largement cultivé pour ses multiples usages et ses services écosystémiques, en particulier pour ses fruits comestibles dont des milliers de variétés ont été sélectionnées (Bouguedoura, 1979) et pour sa capacité d'adaptation aux conditions des climats arides les plus sévères (Ben Aissa *et al.,* 2008). Son existence crée un microclimat provoquant le développement de diverses formes de vie animale et végétale indispensables pour le maintien et la survie des populations du désert (Elhoumaizi, 2002).

Le palmier dattier a une grande importance économique pour beaucoup de pays aride et semi-aride, et il est considéré comme la composante principale de l'écosystème oasien. Cette culture, qui exige beaucoup d'eau, est installée soit le long des oueds, soit autour des puits, parfois l'existence d'une nappe d'eau à faible profondeur permet à l'arbre de trouver lui-même son eau dans le sol (Ozenda, 1991). Les palmiers dattiers fournissent les dattes, très nutritives, consommées fraîches, sèches ou sous forme de produits dérivés (sirop, pâte, farine…); celles peuvent être aussi intéressantes pour l'alimentation du bétail. Toutes les autres parties de la plante sont également utilisées: le stipe comme matériau de construction, les feuilles pour couvrir les toits ou fabriquer des clôtures ainsi que la vannerie. Le palmier dattier apparaît essentiellement dans les agrosystèmes oasiens en créant des conditions climatiques locales plus fraîches et humides, permettant l'installation des autres cultures (arboricultures fruitières, culture maraichères, industrielles, condimentaires, etc.) (Rhouma, 2017; Rhouma *et al.,* 2020). C'est pourquoi, ce chapitre est consacré à une description générale du palmier dattier, ses intérêts agro-écologiques, socio-économiques et culturels, ses exigences écologiques, son cycle biologique et de développement, ses diversités génétiques.

2. Origine du palmier dattier

Le palmier dattier a été désigné *P. dactylifera* par le naturaliste suédois Carl Von Linné en 1734 (Munier, 1973). *Phoenix* découlerait de *phoinix*, nom du dattier chez les Grecs de l'antiquité qui le considéraient comme l'arbre des Phéniciens; cette notion s'appliquait également à l'espèce *P. theophrasti*, endémique des bords de la mer Égée et longtemps considérée comme une forme ensauvagée de *P. dactylifera*. Une autre hypothèse veut que les Grecs aient appelé phœnix l'oiseau renaissant de ses cendres et qu'il ait été attribué au dattier en raison de sa capacité à survivre après avoir été partiellement brulé. Le terme *dactylifera* fait référence au doigt (*dactylus* en latin, dérivant de dachel en Hébreu) en raison de la forme des fruits et à fero, «qui porte» en latin.

Le palmier dattier est cultivé depuis l'Antiquité, et leur origine géographique précise paraît très controversée, selon Munier (1973) et Pintaud *et al.* (2011), l'origine du palmier dattier est aboutie de l'hybridation de plusieurs types de *Phoenix*. Bien que, plusieurs hypothèses ont été abordées sur son origine, mais toujours ont révélé que son origine fréquemment dans la Bible (4000 ans avant Jésus. Christ). Le palmier dattier était primitivement cultivé dans les zones arides et semi-arides chaudes de l'ancien monde vers 4500 avant J.-C entre l'Euphrate et le Nil. Les fossiles de palmiers à feuilles pennées ne remontent qu'au début de tertiaire (Munier, 1973). De la basse Mésopotamie, la culture de palmier dattier se propage vers le Nord pour gagner la région côtière du plateau iranien puis la vallée d'Égypte, elle progresse vers l'Ouest, gagne la Libye puis les autres pays du Maghreb: Tunisie, Algérie et Maroc ainsi que la Mauritanie.

Avec l'intensification du trafic commercial à travers le monde, le palmier dattier se répand dans beaucoup de pays (Drira, 1985). Ce n'est qu'au milieu du

XIXème siècle que les plantations furent établies dans les vallées chaudes de Californie et dans l'Arizona méridional. Au cours des siècles et au Maghreb, le palmier a fait l'objet de différentes plantations réparties dans des lieux disposants relativement d'eau. Le palmier dattier permet une pérennité de la vie dans les régions désertiques. Ses fruits sont un excellent aliment grâce à leurs effets toniques et légèrement laxatifs (Munier, 1973) (Fig.27).

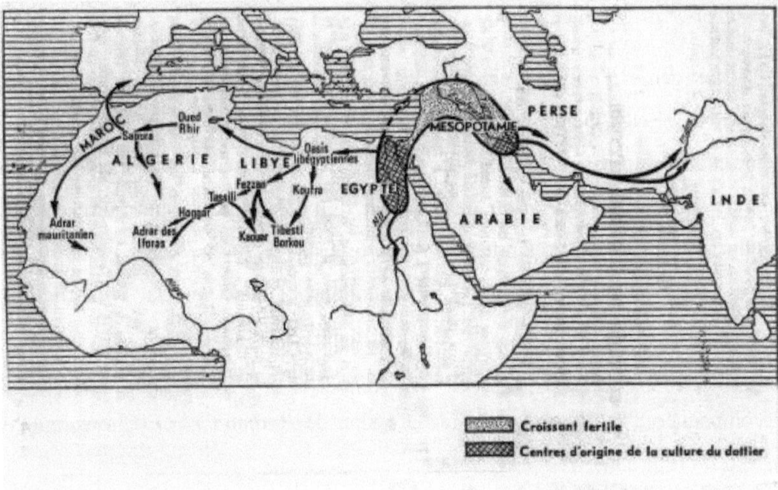

Fig.27. Propagation de la culture du palmier dattier dans l'ancien continent (Munier, 1973).

Le genre *Phoenix* est composé de 14 espèces réparties des îles de l'Atlantique à travers l'Afrique, le Sud de l'Europe, le Moyen-Orient, et l'Asie du Sud jusqu'aux Philippines:

**P. acaulis* Roxb. (1820)

**P. andamanensis* Barrow. S. (1998)

**P. atlantica* Chev. A. (1935)

**P. caespitosa* Chiov. (1929)

**P. canariensis* Chabaud. (1882)

***P. dactylifera L. (1753)**

**P. loureiroi* Kunth. (1841)

*P. paludosa Roxb., Fl. Ind. (1832)
*P. pusilla Gaertn. (1788)
*P. reclinata Jacq. (1801)
*P. roebelenii O'Brien. (1889)
*P. rupicola T. Anderson, J. Linn. Soc. (1869)
*P. sylvestris (L.) Roxb. (1832)
*P. theophrasti Greuter. (1967)

Le genre *Phoenix* regroupe 14 espèces distribuées dans les régions subtropicales et tropicales de l'ancien monde (Fig.28). Le palmier dattier est la seule espèce du genre à être cultivée pour ses fruits. *P. sylvestris* est cultivé pour sa sève transformée en sirop ou sucre et d'autres espèces sont cultivées par l'industrie horticole (notamment *P. canariensis* et *P. roebelenii*); toutes les autres sont exploitées (pour l'alimentation animale et la construction) (Chowdhury *et al.,* 2008; Newton *et al.,* 2013).

L'expansion du palmier dattier du Moyen-Orient à l'Afrique du Nord s'est accompagnée d'une hybridation introgression de *P. theophrasti* (Chowdhury *et al.,* 2008) (Fig.28).

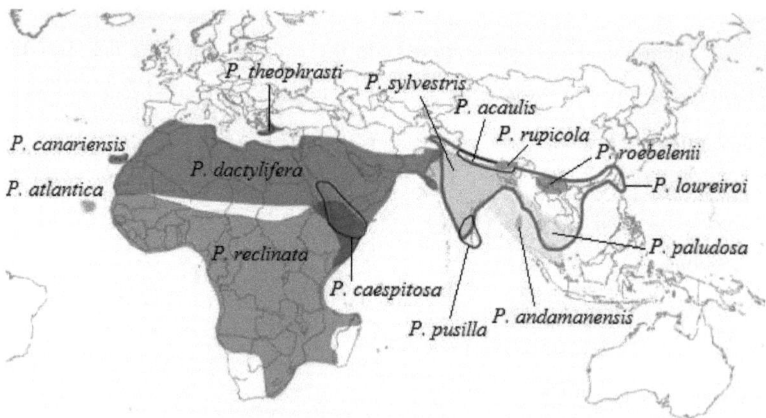

Fig.28. Carte de répartition du genre *Phoenix* (Gros-Balthazard, 2019).

3. Classification du palmier dattier (*Phoenix dactylifera* L.)

Embranchement ....Phanérogames.

Sous-embranchement.............................Angiospermes.

Classe.. Monocotylédones.

Groupe... Phoenocoides.

Famille..*Arecaceae*.

Sous-famille...*Coryphoideae*.

Genre..*Phoenix*.

Espèce.. *Phoenix dactylifera* L.

Le palmier dattier (*P. dactylifera* L.) est exploité puis cultivé depuis plusieurs millénaires au Moyen-Orient et dans le nord de l'Afrique (Munier, 1973; Barrow, 1998; Zohary *et al.*, 2012).

Le genre *Phoenix* est vraisemblablement originaire d'Europe et d'Asie occidentale, comme de nombreux restes fossiles en attestent. Il est constitué de 14 espèces distribuées des îles de l'Atlantique à travers l'Afrique, le Sud de l'Europe, le Moyen-Orient, et l'Asie du Sud jusqu'aux Philippines (Zohary *et al.*, 2012).

4. Distribution géographique de *Phœnix dactylifera* L.

Les oasis des palmiers dattiers ont distribué dans le monde avec le pourcentage suivant (Belguedj, 2010):

1- L'Asie : **66.79%**

2- L'Afrique : **32.4%**

3- L'Amérique du Nord : **0.48%**

4- L'Europe : **0.28%**

5- L'Amérique du sud : **0.05%**

5. Caractéristiques botaniques et morphologiques

Le palmier dattier mature peut atteindre 30 m de hauteur et est la plus grande des espèces de *Phoenix* (Fig.29). Le dattier est dioïque et porte des fleurs mâles et femelles sur des arbres séparés. Un palmier adulte a une frondaison moyennement dense de 100 feuilles ou plus. En moyenne, une plantation a une durée de vie économique d'environ 50 ans, bien que les arbres continuent à produire des fruits au-delà de cet âge, mais avec des rendements plus faibles. Lorsque les arbres deviennent très grands, ils sont plus coûteux à entretenir et à récolter, ce qui nuit à l'économie de la production (Fig.29) (Johnson *et al.*, 2015).

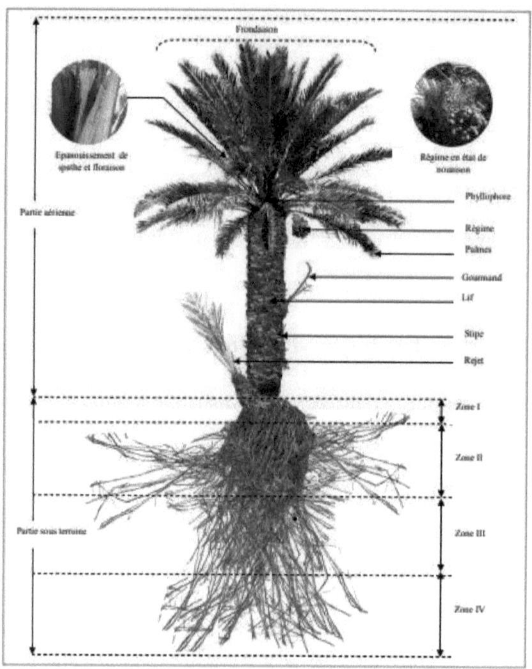

Fig.29. Représentation schématique du palmier dattier (Munier, 1973).

La topologie d'une plante décrit la hiérarchie dans le branchement des différents éléments dans son système (Hallé et Oldeman, 1970; Hallé *et al.*, 1978). Pour le palmier dattier, nous avons un seul axe orthotrope (Edelin, 1977) édifié par un seul méristème apical à croissance indéterminée (Barthélémy *et al.*, 1989). Cet axe à croissance continue (Barthélémy et Caraglio, 2007) est généralement sans ramification et à sexualité latérale. La structure résultante de cette topologie rappelle le modèle architectural de Corner (Fig.30) (Hallé et Oldeman, 1970).

Fig.30. Modèle architectural (modèle de Corner) le plus rencontré chez le palmier (Hallé et Oldeman, 1970).

5.1. Stipe

Le stipe du palmier dattier est un axe orthotrope monopodial et cylindrique issu du méristème apical de l'embryon zygotique, dont l'activité végétative est indéfinie durant toute la vie de la plante (Fig.31). Ce seul bourgeon terminal (apex ou phyllophore) assure la croissance de plante. La hauteur du stipe augmente avec l'âge et peut atteindre plus de 30 m. Le stipe est constitué d'un parenchyme amylifère dans lequel les faisceaux vasculaires sont distribués de façon dense dans la région corticale lignifiée et plus lâche dans la région centrale (Bouguedoura, 1991). Ces faisceaux sont entourés d'un tissu fibreux assurant souplesse et résistance au tronc. Le diamètre du tronc est établi grâce à la présence dans la zone apicale d'un méristème épaississeur primaire qui est responsable non seulement de son élargissement mais aussi de l'épaississement des feuilles et de l'allongement des entrenœuds (Bouguedoura, 1991). Le méristème épaississeur est fonctionné durant les premières années de la vie du jeune arbre puis cesse de proliférer. Le stipe a atteint alors son diamètre définitif tout en s'allongeant vers le haut. Du fait de cette absence d'épaississement en largeur avec le temps, les palmiers ne forment pas de véritables troncs contenant du bois mais des tiges géantes (Munier, 1973; Bouguedoura, 1991).

Le diamètre moyen du stipe adulte est d'environ 60 cm, mais il peut présenter des zones de rétrécissements, conséquences d'une perturbation de la croissance suite à une période de sécheresse ou de froid. Le stipe du palmier dattier demeure droit et élancé, avec une couronne de feuilles à son sommet (Munier, 1973).

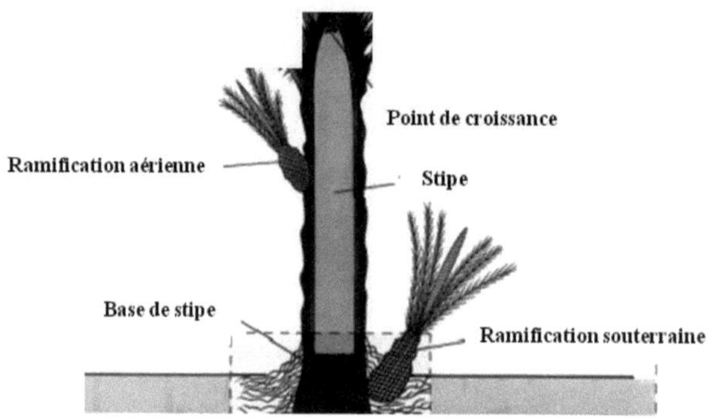

Fig.31. Représentation schématique du stipe (Munier, 1973).

Le tronc ne se ramifie pas mais le développement des gourmands ou des rejets peut donner naissance à des pseudos ramifications comme il peut atteindre et dépasser 20 m de hauteur (Fig.30) (Munier, 1973). Ainsi, la morphologie du palmier dattier peut être représentée par le modèle architectural de Tomlinson (Fig.32).

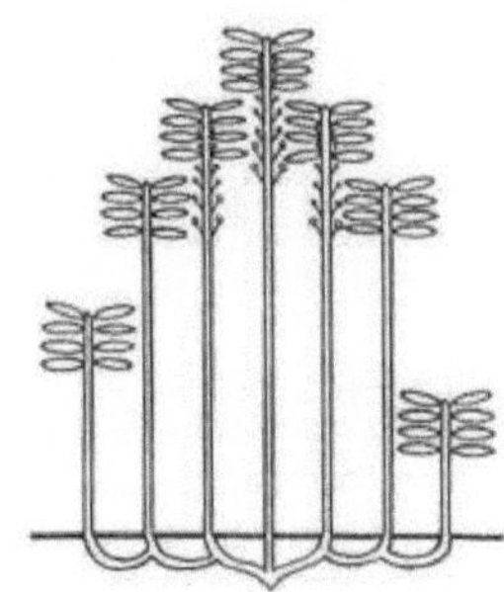

Fig.32. Modèle architectural de Tomlinson (Halle *et al.,* 1978).

5.2. Palmes

Les palmes sont des feuilles composées et pennées, longues de plus de 6 m, forment la couronne du palmier dattier au sommet du stipe. Les feuilles sont disposées sur le tronc en hélice. Les palmes adultes demeurent actives durant trois à sept ans selon la variété et le mode cultural (Peyron, 2000). Puis, elles se dessèchent et tombent en laissant sur le tronc une cicatrice correspondant aux bases pétiolaires, lesquelles servent de protection et d'escalier pour grimper sur le palmier lors de la pollinisation ou de la récolte. Les folioles sont régulièrement disposées en position oblique le long du rachis, isolées ou groupées, pliées longitudinalement en gouttière (Figs.33 et 34).

Un palmier adulte, en bon état de végétation, peut avoir, de 100 à 125 palmes actives (Munier, 1973). Mais généralement, la longueur et le nombre de palmes varient en fonction des cultivars et des conditions agroclimatiques. Elles constituent des descripteurs morphologiques variétaux (Peyron, 2000).

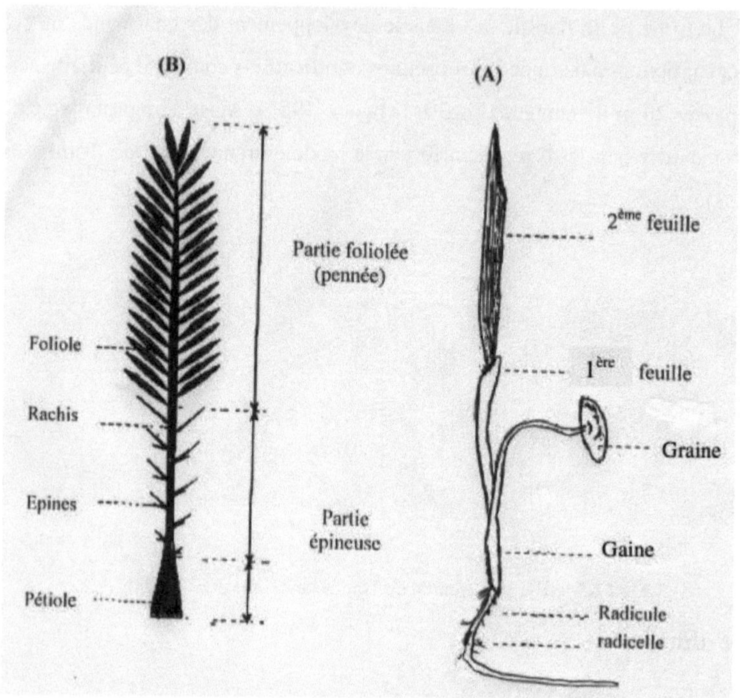

Fig.33. Jeune feuille d'un plant issu de semis de graine (A) et une palme d'un palmier dattier adulte (B) (Munier, 1973).

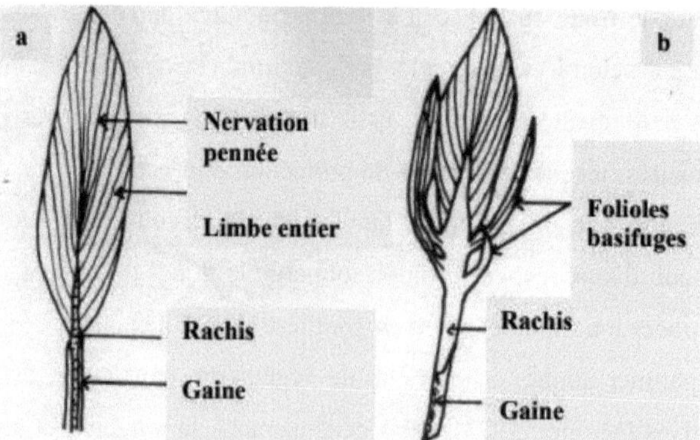

Fig.34. Représentation schématique des éophylles a : feuille juvénile; b : feuille semi-juvénile (Gatin, 1912).

La palme est reconstruite à partir de deux éléments: la nervure principale qui utilise les valeurs des paramètres de longueur, de largeur et de hauteur de sa section en fonction de la position relative des observations le long de cette nervure. La nervure est divisée en deux parties, le pétiole qui ne porte rien et le rachis qui porte des pennes. Les pennes sont disposées par groupes de 1, 2, 3, ou 4 pennes le long de la nervure. Elles utilisent les paramètres d'angle d'insertion ainsi que les valeurs des longueurs sur cette nervure. Elles utilisent aussi les paramètres de largeurs en fonction de la position relative de cette largeur le long de la foliole. Dans cette organisation les épines sont disposées en premier lieu vers la base de la nervure principale par rapport aux folioles (Fig.35) (Gatin, 1912; Munier, 1973).

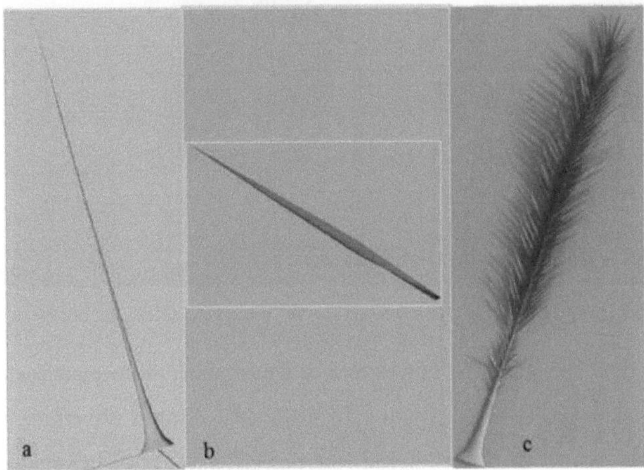

Fig.35. Reconstitution de la palme du dattier avec la nervure principale (a) et de la penne (foliole) (b) qui donne la palme entière (c) (Munier, 1973).

5.3. Spathes ou inflorescences

Le palmier dattier commence à fleurir après une longue phase juvénile, entre 5 et 8 ans après la germination des graines dans des conditions de culture favorables. La floraison est généralement annuelle et dure durant toute la vie de la plante. Les organes reproducteurs ou inflorescences naissent du développement des bourgeons axillaires situés à l'aisselle des palmes adultes. Les inflorescences mâle et femelle de palmier dattier (Fig.36), dont la longueur peut atteindre plus de 1 m, sont composées d'un axe, la hampe ou (d'un point de vue botanique) les rachis, sur lequel sont insérés de nombreux épillets (*rachillae*) portant des fleurs sessiles (sans pédoncules). L'ensemble est enveloppé dans une grande bractée ligneuse ou spathe qui s'ouvre à maturité, permettant l'épanouissement de l'inflorescence.

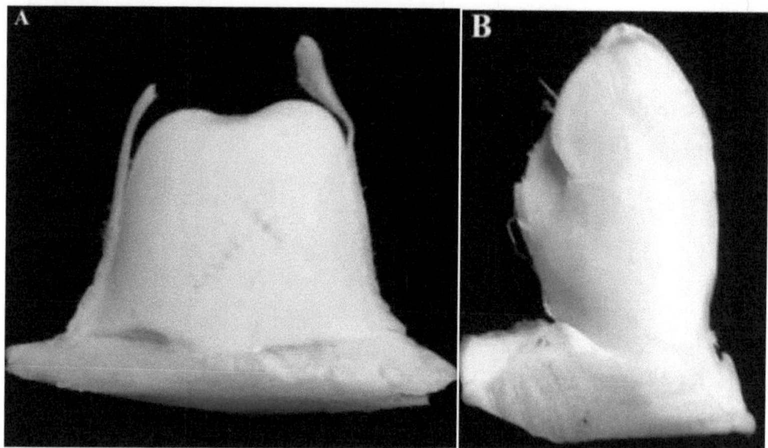

Fig.36. Bourgeons axillaires d'une palme adulte. A : bourgeon stérile, B : bourgeon végétatif.

Le palmier dattier est une espèce dioïque car les inflorescences mâles et femelles sont portées par des individus différents. Avant l'ouverture, la forme des spathes permet de reconnaitre le sexe des inflorescences. Les spathes mâles (Fig.37B) demeurent plus courtes et plus renflées que les spathes femelles (Fig.37A). Les fleurs mesurent environ 50 mm et se distinguent, à maturité, par leur forme et leur couleur. Les fleurs mâles ont une forme légèrement allongée et de couleur blanche ivoire persistante. À maturité, elles attirent de nombreux insectes, particulièrement les abeilles. Les fleurs femelles, inodores, se caractérisent par leur forme globulaire et leur couleur entre l'ivoire et le vert clair, laquelle s'estompe après l'ouverture des spathes. L'agencement des pièces florales est conforme à l'organisation trimérique des Monocotylédones (Fig.38); Fleur mâle: trois sépales, trois pétales, 2 verticilles de 3 étamines et 3 pseudo-carpelles ou pistillodes. Fleur femelle: trois sépales, trois pétales, 2 verticilles de 3 staminodes et trois carpelles (Daher, 2010).

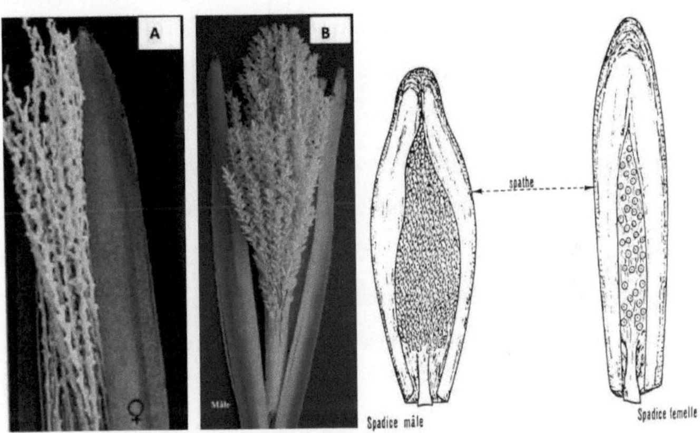

Fig.37. Inflorescences femelle (A) et mâle (B) du palmier dattier (Daher, 2010).

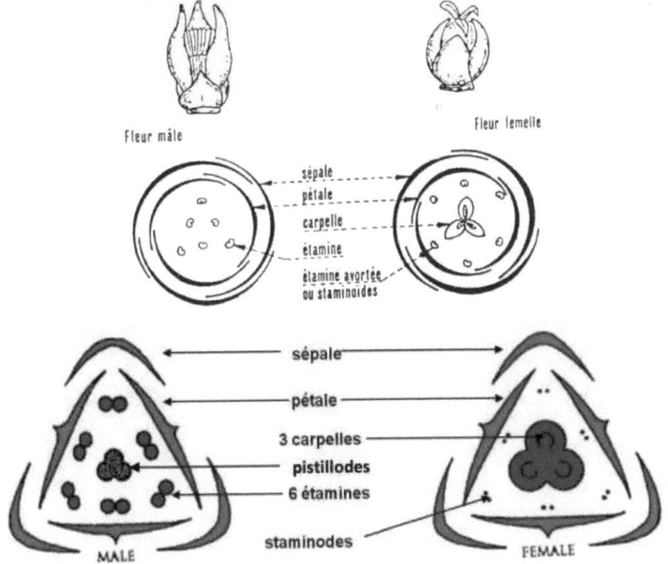

Fig.38. Diagramme floral des fleurs du palmier dattier (Daher, 2010).

L'inflorescence est munie à sa base d'une grande bractée, qui, dans un premier temps, l'enveloppe et la protège de la chaleur du soleil (Mason, 1915). Sa forme lancéolée facilite son émergence hors de la gaine qui le comprimait entre pétiole et stipe. L'inflorescence est composée d'un axe principal qui comprend une partie stérile, le pédoncule et une partie fertile, le rachis qui porte de nombreuses ramifications ou épillets (Fig.39). Les épillets sont à leur tour constitués d'une partie stérile et d'une partie fertile (f) qui porte des fleurs puis des fruits (Zango *et al.,* 2013). Les fleurs sont unisexuées, pratiquement sessiles (Daher *et al.,* 2010). Les fleurs mâles et femelles portées par des individus distincts sont morphologiquement différentes, seuls les carpelles sont bien développés au niveau des fleurs femelles alors que ce sont les étamines qui se développent au niveau des fleurs mâles (Daher *et al.,* 2010).

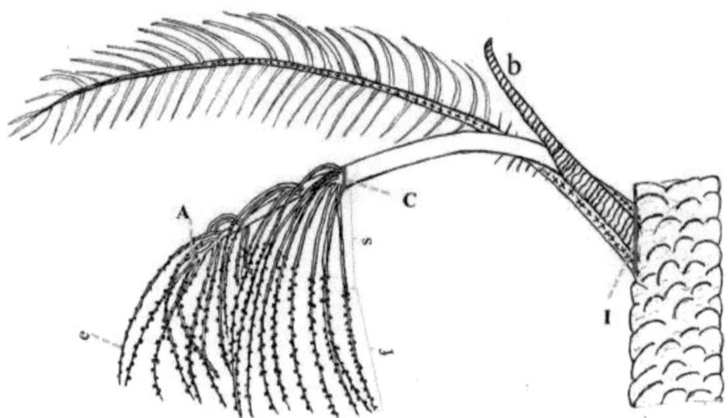

Fig.39. Inflorescence femelle du palmier dattier. (I) insertion visible de l'inflorescence au stipe, (b) bractée, (C) insertion des premiers épillets, (A) point apical de l'inflorescence, (s) partie stérile de l'épillet, (f) partie fertile de l'épillet et (e) fleur (Zango *et al.,* 2013).

5.4. Fruit

La datte, fruit du palmier dattier, est une baie de forme allongée, oblongue ou arrondie (Fig.40) possédant une graine appelée communément; noyau ayant une consistance dure, entouré de chair.

Fig.40. Quelques formes de fruits du palmier dattier (Newton *et al.*, 2013).

La partie comestible dite chair ou pulpe est constituée d'un épicarpe ou enveloppe cellulosique fine dénommée peau, avec un mésocarpe généralement charnu, de consistance variable selon sa teneur en sucre et de couleur soutenue, et en fin un endocarpe de teinte plus clair et de texture fibreuse, parfois réduit à une membrane parcheminée entourant le noyau (Espiard, 2002). Les dimensions de la datte sont très variables, de 2 à 8 cm de longueur et d'un poids de 2 à 8 grammes selon les variétés. Sa couleur va de blanc jaunâtre au noir passant par les couleurs ambre, rouges, brunes plus en moins foncées (Djerbi, 1994). Cinq stades d'évolution du fruit sont connus et prennent des appellations locales différentes (Tableau 2) en fonction des pays et des régions.

La datte, provient du développement d'un carpelle après fécondation de l'ovule. En l'absence de pollinisation, il arrive que des fruits parthénocarpiques se développent mais ceux-ci arrivent rarement à maturité complète. La datte est une baie monosperme qui conserve généralement le périanthe à sa base. Elle est constituée d'un épicarpe cireux (peau), d'un mésocarpe charnu et d'un endocarpe fin et parcheminé entourant la graine (Fig.41).

La graine contenue dans la datte porte sur une face une fente longitudinale ou sillon, à l'opposé de cette fente se trouve généralement l'embryon en position médiane. Une coupe transversale de la graine montre qu'elle est constituée d'un tégument et d'albumen (Fig.41) (Djerbi, 1994).

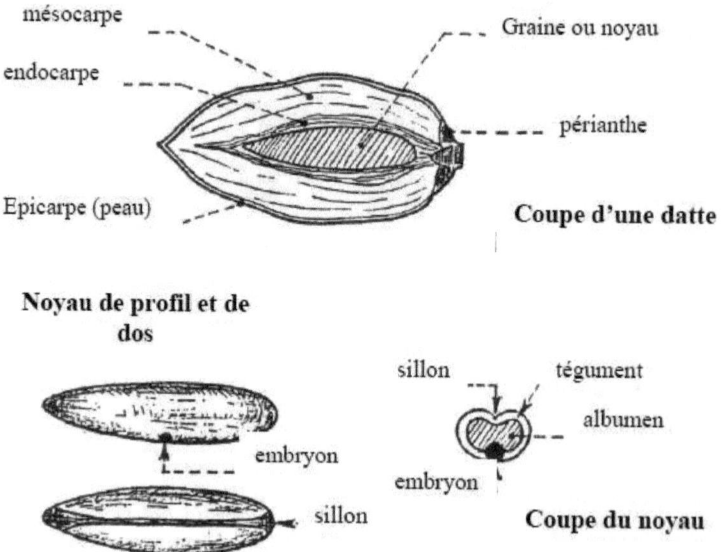

Fig.41. Fruit et graine du dattier (Munier, 1973).

Tableau 2. Stades de développement de la datte et ses appellations en langue locale (Rhouma, 2017).

Pays		**Stade I**	**Stade II**	**Stade III**	**Stade IV**	**Stade V**
Tunisie	**Gabès**	Hblallou	Ghmag	Blah	Rotob	Tmer
	Nefzaoua	Bzar	Blah	Bser	Rotob	Tmer
Maroc		Lilou	Bourchime	Bleh	Nakkar ou Rteb	Tmar
Algérie		Loulou	Khelal	Bser	Martouba ou Mretba	Tmar
Mauritanie		Zeï	Tefejena	Engueï	Bleh	Tmar
Libye		-	Gamag	Bser	Routab	Tmar
Iraq et plusieurs pays du golf arabe		Hababouk	Kimri	Khalal	Routab	Tmar

Cinq stades de maturité ont été décrits par Zaid et De Wet (1999), et Yin *et al.* (2012):

- Le **stade I** démarre peu de temps après la fécondation et se poursuit jusqu'au début du stade II (Fig.42F1); cela prend habituellement quatre à cinq semaines; Il est caractérisé par la perte de deux carpelles non fécondés et un taux de croissance très lente; le fruit à ce stade est immature et est complètement recouvert par le calice où seule l'extrémité pointue de l'ovaire est visible; son poids moyen est d'un gramme et la taille est environ celle d'un petit pois (Tableau 3);
- Ensuite, le fruit passe au **stade II** (Fig.42F2; F3; F4) qui se caractérise par une forte multiplication des cellules; le fruit est vert et sa taille, son poids et la quantité de sucre vont rapidement augmenter; sa teneur en eau est de 85% (Tableau 3);
- Suit le **stade III** (Fig.42F5; F6), le fruit devient rouge ou jaune selon les variétés; à ce stade la graine a atteint sa forme finale et pourrait d'ores et déjà germer; la quantité de sucre augmente tandis que la quantité d'eau et du tanin diminuent; le fruit est alors dur et croquant et la plupart des dattes sont comestibles à ce stade; certains cultivars (*Bouhattam*, *Garen Ghazel*, *Lemsi*, *Halway*, *Rochdi*, *Hammouri*, *Kenta*, *Ammari*, etc.) sont d'ailleurs commercialisés à ce stade. Dans le Nord-Ouest de l'Inde (Vashishtha, 2003) comme dans le sud-est du Niger (Jahiel, 1993; Jahiel, 1996; Jahiel, 1998), aussi en Tunisie dans la région de Gabés (Rhouma, 2017), la mousson qui démarre fin Mai début juin oblige les agriculteurs à récolter les dattes à ce stade alors qu'elles ne sont pas complètement mûres (Tableau 3);
- Lorsque l'extrémité du fruit devient brune, le **stade IV** (Fig.42F7) est atteint, le poids de la datte diminue à cause de la perte d'eau, la peau s'assombrit et le mésocarpe 39 se ramollit; l'humidité est alors d'environ 35% et les fruits peuvent ainsi être vendus comme dattes fraîches (Tableau 3);

- Elles peuvent également être laissées sur l'arbre afin que l'humidité descende jusqu'à 24-25%: il s'agit du **stade V** (Fig.42F8) où les dattes se préservent telles que, naturellement sèches (Tableau 3).

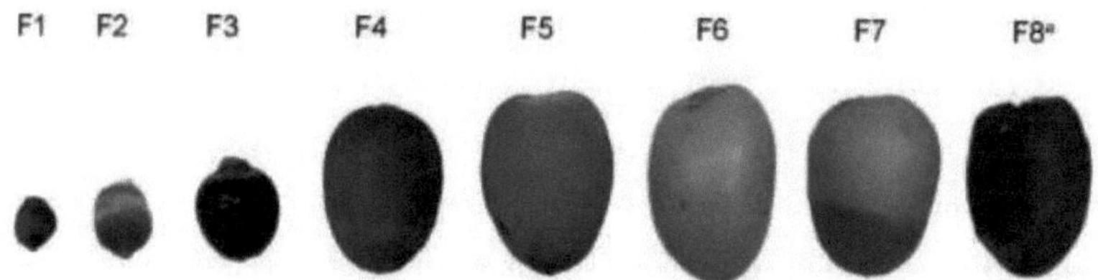

Fig.42. Stade de développement des dattes. (F1) Stade I, (F2 à F4) Stade II, (F5 et F6) Stade III, (F7) Stade IV et (F8) V (Yin *et al.*, 2012).

Tableau 3. Caractéristiques de chaque stade de développement de la datte (Djerbi, 1994; Daher, 2010).

Stade	**Stade I**	**Stade II**	**Stade III**	**Stade IV**	**Stade V**
Durée en semaines	1 à 5	5 à 17	17 à 25	25 à 28	29
Couleur	entre verte clair et blanc cassé	vert vif	jaune ou rouge	rouge	rouge foncé ou noir
Forme	sphérique	sphérique	ovoïde ou allongé	allongée	allongée
Taille et poids	léger grossissement des fruits jusqu' atteindre la taille d'un petit pois	grossissement et croissance maximales	diminution de la teneur en eau	diminution de la teneur en eau	teneur résiduelle finale en eau (variable selon les cultivars)
Sucres et autres constituants (minéraux, vitamines, fibres et tanins)	Légère accumulation de sucres	Importante accumulation de sucres	Accumulation maximale des sucres et des autres composés	Concentration des constituants	Datte mature
Consistance		dure	Demi-molle	Molle	Sec, molle, demi-molle
Graine (embryon)		Petit noyau allongé et tendre	Noyau plus allongé et dur	Graine mature et très dur	Graine mature et très dur

5.5. Racines

Munier (1973) a démontré que le système radical du dattier est fasciculé, les racines ne se ramifient pas et n'ont relativement que peu de radicelles. Le bulbe, ou plateau racinal, est volumineux et émerge en partie au-dessus du niveau du sol. Les racines présentent quatre zones d'enracinement (Fig.43).

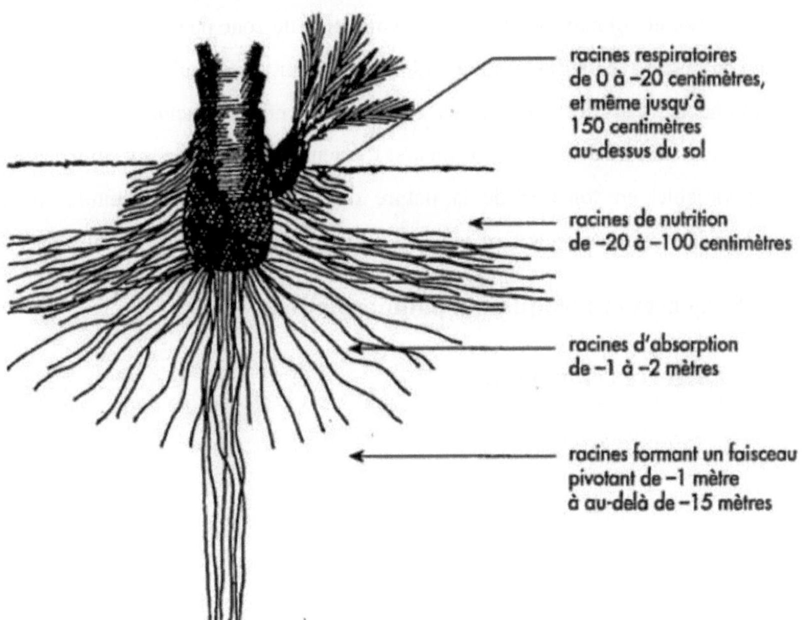

Fig.43. Différents types de racines rencontrées chez le palmier dattier (Peyron, 2000).

Racine respiratoire: localisée au pied du dattier, comporte de nombreuses racines adventives aériennes qui peuvent se développer à partir de la région basale du tronc. Ces racines jouent un rôle respiratoire grâce à la présence dans leur partie corticale de nombreux méats aérifères ou lenticelles qui permettent des échanges gazeux avec l'air de l'atmosphère du sol.

Racine de nutrition: est très étendue, surtout en culture unique, avec la plus forte proportion de racines du système. Celles-ci sont pourvues de nombreuses radicelles et peuvent se développer largement au-delà de la zone de projection de la frondaison.

Racine d'absorption: est plus ou moins importante selon le mode de culture et la profondeur du niveau phréatique.

Racine formant un faisceau pivotant: cette zone peut être très réduite et se confondre avec la précédente lorsque le niveau phréatique se trouve à faible profondeur, mais lorsque celui-ci est très profond, les racines de cette zone peuvent atteindre de grandes longueurs. L'extension de ces zones d'enracinement est variable, en fonction de la nature du sol, du mode de culture, de la profondeur du niveau aquifère, ainsi que des cultivars et de l'origine du sujet.

6. Exigences écologiques du palmier dattier

6.1. Exigences climatiques

6.1.1. Température

Le palmier dattier est une espèce thermophile. Son activité végétative se manifeste à partir de 7 à 10°C selon les individus, les cultivars et les conditions climatiques. Elle atteint son maximum de développement vers 32°C et commence à décroître à partir de 38°C. La floraison se produit après une période fraîche ou froide (Djerbi, 1994; Peyron, 2000). La somme des températures nécessaire à la fructification (indice thermique) est de 1000 à 5000°C, selon les régions phoenicicoles (Munier, 1973). La période de la fructification débute à la nouaison et se termine à la maturation des dattes, elle varie de 120 à 200 jours selon les cultivars et les régions (Djerbi, 1994).

6.1.2. Lumière

Le dattier est une espèce héliophile, et la disposition de ses folioles facilite la photosynthèse, la faible luminosité favorise le développement des organes végétatifs aux dépens de la production de dattes, ainsi les fortes densités de plantation sont à déconseiller (Munier, 1973).

6.1.3. Humidité de l'air

Les faibles humidités de l'air stoppent l'opération de fécondation et provoquent le dessèchement des dattes au stade de maturité, au contraire les fortes humidités provoquent des pourritures des inflorescences et des dattes, respectivement au printemps et à l'automne. Donc le dattier est sensible à l'humidité de l'air (Munier, 1973). Les meilleures dattes sont récoltées dans les régions où l'humidité de l'air est moyennement faible (40%) (Bouguedoura, 1991).

6.1.4. Vent

Les vents ont une action mécanique et un pouvoir desséchant. Ils augmentent la transpiration du palmier, et entrainent la brûlure des jeunes pousses et le dessèchement des dattes. Les vents ont aussi une action sur la propagation de quelques prédateurs des palmiers dattiers (Haddad, 2000).

6.2. Exigences édaphiques

6.2.1. Sol

Le palmier dattier s'accommode aux sols de formation désertique et subdésertique très divers, qui constitue les terres cultivables de ces régions. Il croît plus rapidement en sol léger qu'en sol lourd, où il entre en production plus précocement. Il exige un sol neutre, profond, bien drainé et assez riche, ou susceptible d'être fertilisés (Toutain, 1979).

6.2.2. Salinité

La sensibilité des cultures au stress salin se traduit par une réduction du rendement. Le seuil de tolérance à la concentration de sel dans la zone radiculaire est propre à chaque culture. Le plus souvent le seuil de tolérance des cultures est exprimé par la CE de l'extrait de pâte saturée du sol (CEe).

Les rendements obtenus pour la *Deglet Nour* changent avec la profondeur des nappes phréatiques et la salinité des sols (Daddi Bouhoun *et al.,* 2012). Par ailleurs, les rendements de palmier dattier dans les sols de nappes profondes varient de 22,3 à 98 kg de dattes par palmier. Cependant, les rendements des palmiers dattiers dans les zones de nappes superficielles sont compris entre 15,7 et 87,5 kg de dattes par palmier. La baisse des rendements dans les sols de nappes profondes est liée significativement à l'augmentation de la salinité des sols et des eaux d'irrigation. Cependant, dans les nappes superficielles, les rendements augmentent significativement avec l'augmentation de la profondeur de la nappe, et diminuent avec l'augmentation de sa salinité, celle du sol et celle de l'eau d'irrigation. Mais, le niveau de ces relations ne semble pas expliquer à lui seul la chute des rendements. Ces derniers restent liés à d'autres paramètres, à savoir le niveau des croûtes, la conduite culturale des palmeraies, particulièrement la maîtrise de l'irrigation-drainage.

Les sels doivent être lessivés par une bonne gestion de l'irrigation et entraînés en dehors de la zone racinaire du palmier dattier par bonne maîtrise de la pratique du drainage, combinée avec une bonne conduite agronomique pour une meilleure productivité des palmeraies (Daddi, 2012).

6.3. Exigences hydriques

Quoique le palmier dattier soit cultivé dans les régions les plus chaudes et plus sèches du globe, il est toujours localisé aux endroits où les ressources hydriques du sol sont suffisantes pour subvenir assez aux besoins des racines. Les besoins du palmier en eau dépendent de la nature de sol, des variétés ainsi que du bioclimat. La période des grands besoins en eau du palmier se situe de la nouaison à la formation du noyau de fruit (Lakhdari, 1980). Les services agricoles et de l'hydraulique du sud algérienne estiment les besoins en eau d'irrigation à 21.344 m^3/ha/an, soit 173,45 m^3/palmier/an (Munier, 1973; Lakhdari, 1980), dont les besoins en eau du palmier en sol sableux entre 22 863,6 m^3 à 25 859,5 m^3/ha/an, soit 183,95 m^3 à 210,24 m^3/palmier/an.

6.4. Exigences nutritionnelles

Les besoins nutritifs du palmier dattier varient avec l'âge. Dans la première phase de sa vie, jusqu'à 15 ans environ, l'arbre a des besoins toujours plus grands d'année en année (croissance et début de fructification). Par la suite, les besoins nutritifs sont stabilisés et à peu près égaux jusqu'à un âge avancé, compte tenu du phénomène d'alternance (ensuite ils baissent très lentement). Nous avons connu des arbres séculaires donnant encore 25 kg de dattes en moyenne par an. Le palmier dattier adulte a des besoins sérieux à couvrir car il est susceptible de produire des récoltes de 200 kg de fruits et plus ; il doit assurer sa croissance, celle de ses rejets et former chaque année des bourgeons (feuilles, fruits, rejets...). Il faut qu'il ait à sa disposition des éléments nutritifs notamment aux périodes physiologiques actives c'est-à-dire après la récolte (formation des bourgeons à fruits), à la fécondation (formation des fruits et bourgeons...) et au début de l'été (croissance des fruits). Dans la région de l'Oued Righ (Algérie), des palmeraies sont irriguées à l'aide d'eau salée titrant de 4 à 9 g d'extraits sec par litre. Il apparaît que les différents sels (chlorures, sulfates, phosphates, etc.) permettent au palmier dattier de couvrir ses besoins alimentaires uniquement par des apports d'eau d'irrigation, mais ceci est un cas très particulier. Certains accidents sur dattes semblent dus à des carences en oligo-éléments. Au Sahara, de tels troubles physiologiques sont fréquents sur d'autres arbres fruitiers et très souvent ils sont dus à des carences alimentaires (cuivre et fer surtout), il est probable que le palmier en souffre aussi. Le palmier dattier a donc des exigences bien particulières; pour produire correctement, il lui faut bénéficier d'un climat chaud, sec et ensoleillé du type saharien, d'une alimentation en eau conséquente, d'un sol neutre, profond, bien drainé, assez riche ou susceptible d'être fertilisé (Toutain, 1967).

7. Cycle de développement

Le développement du palmier dattier se caractérise par trois phases distinctes (Fig.44): phase juvénile, phase végétative et phase reproductive.

La phase juvénile durant ses 2 premières années, la plante porte des feuilles juvéniles sans produire des bourgeons axillaires.

La phase végétative de la 3ème année jusqu' à l'apparition de la première floraison. Chez un plant issu de semis, la première floraison peut survenir entre la 5ème et la 8ème année de plantation alors que, chez un vitroplant, elle est beaucoup précoce et se produit dès la 4ème année, après émission d'une dizaine de palmes actives. Les palmiers portent des feuilles adultes à l'extérieur et des feuilles juvéniles au niveau de l'apex. Les feuilles adultes portent à leur aisselle une production très hétérogène de bourgeons axillaires du type stérile et du type végétatif à l'origine des rejets et des gourmands.

La phase reproductive qui s'étend de la première floraison jusqu'à la fin de la vie de la plante. La majorité des palmes photosynthétiques portent des bourgeons axillaires inflorescentiels. Quelques rares bourgeons végétatifs fonctionnels (rejets ou gourmands) peuvent être produits.

L'ensemble des bourgeons axillaires dérivent d'un bourgeon indéterminé, structure originelle. Ce bourgeon indéterminé issu d'un méristème d'ordre II présente un haut potentiel morphogénétique. La présence de ses différents types de bourgeons dépend de l'âge la plante (Munier, 1973; Lakhdari, 1980; Daher, 2010).

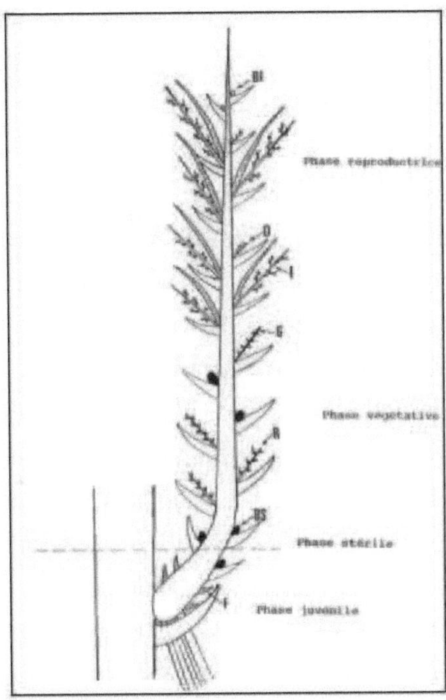

Fig.44. Schéma illustrant les différentes phases du cycle développement du palmier dattier. R: rejet; G: gourmand; I: inflorescence; BI: bourgeon inflorescentiel (Bouguedoura, 1991).

8. Pollinisation et fructification

La pollinisation est effectuée soit naturellement par le vent ou les insectes dans les jardins oasiens et dans les palmeraies spontanées, soit artificiellement par les exploitants qui placent quelques épillets de fleurs mâles (1 à 12) au sein des épillets femelles (Ben Abdalla, 1990).

Le palmier dattier a toujours été cité comme plante présentant une pollinisation entièrement anémogame. Cependant, nous avons constaté que de nombreuses abeilles viennent envahir les inflorescences mâles dès l'éclatement jusqu'à l'épuisement du pollen en deux jours. Il n'existe pas de caractère évident d'anatomie florale caractéristique de l'entomogamie, contrairement à beaucoup d'espèces de palmiers (Uhl, 1972; Uhl et Dransfield, 1984). L'importance de cette entomogamie putative reste à évaluer chez le dattier.

Dans les plantations industrielles, la pollinisation est mécanisée (poudre de pollen diluée avec du talc ou de la cendre de bois tamisé afin d'améliorer la nouaison (Monciero, 1954). À l'ouverture des spathes, le pollen des fleurs mâles est mature et peut se conserver pendant plusieurs années, à condition que l'on garde dans un endroit sec, frais et à l'abri de la lumière afin de préserver la qualité de son pouvoir germinatif. Des études de pollinisation ont montré l'absence d'incompatibilité pollen / carpelle chez le palmier dattier (Pereau-Leroy, 1958; Ben-Abdalla, 1990). Cependant, tous les pollens n'ont pas la même capacité de fécondation. Le pourcentage de nouaison dépend de la qualité du pollen, du cultivar et des conditions de températures et d'humidités régnant lors de la pollinisation. La nouaison est maximale (90 à 100%) lorsque la pollinisation est effectuée dès l'ouverture de la spathe femelle. Elle décroît ensuite car la réceptivité des fleurs femelles est limitée à une semaine au maximum (Pereau-Leroy, 1958).

La fleur femelle fécondée évolue en fruit (Daher, 2010), les dattes (Fig.45). Au cours de cette évolution vers la maturité, le jeune fruit passe par des stades distincts dont les caractéristiques sont sommairement résumées dans le tableau 3.

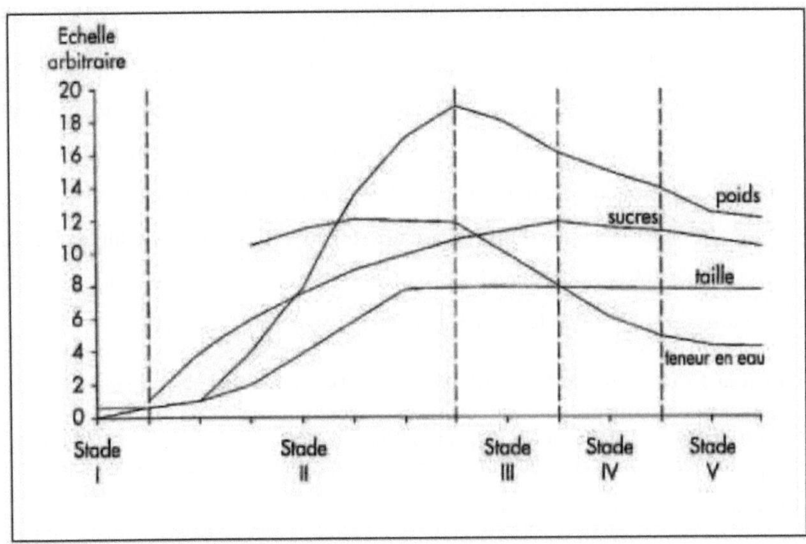

Fig.45. Stade de développement de la datte (Munier, 1973).

9. Composition de la datte

La datte est constituée de la pulpe en chair et d'un noyau. La proportion du noyau par rapport à la datte entière constitue une caractéristique qui dépend non seulement de la variété mais aussi des facteurs climatiques et des conditions de culture. Cette caractéristique est utilisée par les sélectionneurs pour évaluer la qualité d'une variété. Une datte *Deglet Nour* de qualité, pesant environ 10 g, comporte 10% de noyau et 90% de pulpe (Arnaud, 1970). Tous les travaux sur l'étude de la composition chimique de la datte, ont montré que le sucre et l'eau sont les principaux constituants de la chair. En effet, la stabilité de la datte dépend du rapport sucres/eau qui doit être d'environ de 2. La datte ne contient pas seulement des sucres et des protéines. Il y a aussi des vitamines à des quantités appréciables telles que: la vitamine B6 et la vitamine C (Tableau 4) (Husson, 1931; Matallah, 1970).

100 g de pulpe de dattes révèlent à l'analyse: 2 g de protéines; 0,9 g de lipides; 73 g de glucides; 20 g d'eau; 70 mg de soufre; 60 mg de phosphore; 250 mg de chlore; 10 mg de sodium; 650 mg de potassium; 63 mg de magnésium; 63 mg de calcium; 3,5 mg de fer; 0,25 mg de cuivre; 0,34 mg de zinc; 0,15 mg de manganèse; traces de vitamines C, D et B1: 0.099 mg; B2: 0,05 mg; PP: 2,2 mg. Composition de la graine du palmier dattier: 6,46% d'eau; 8,49% d'huile; 5,22% de protéine; 62,51% de glucides; 16,20% de fibres; 1,12% de cendres; 7,3% d'acides gras (indice d'iode = 56,3) (Toutain, 1967; Toutain, 1979).

Tableau 4. Composition de la pulpe de datte fraîche *Deglet Nour* (Devshony *et al.*, 1992).

Constituants	Pourcentage du poids à l'état frais (%)
Eau	23
Protéines	1,5
Sucres totaux	72
Saccharose	36,1
Glucose	10,4
Fructose	9,6
Cellulose	7,2
Lipides	0,05
Cendres	1,9

10. Diversité génétique du palmier dattier

Il existe près de 2000 variétés de dattes à travers le monde. Mais les agriculteurs et les responsables de secteur phœniciculture dépendent principalement sur les variétés productives (qualitativement et quantitativement) (Daher, 2010).

Compte tenu du grand nombre de variétés de palmiers dattiers, les dattes sont classées en trois catégories: dattes molles (par exemple *Barhee*, *Medjoul* et *Ghars*), demi-molles (par exemple *Deglet Nour*) et sèches (par exemple *Mech-Deglat* et *Degla Beida*). Le type de fruit dépend de sa teneur en glucose, fructose et saccharose (Figs.46 et 47) (Estanove, 1991; Daher, 2010).

Les principales variétés de palmiers dattier dans le monde sont *Deglet Nour*, *Medjoul*, *Barhee*, *Sukkari Rutab*, *Mazafati*, *Ghars*, *Degla Beida* et *Mech Degla*.

Deglet Nour est une variété très appréciée pour sa chair fondante et son goût de miel unique. *Deglet Nour*, «doigt de lumière» (arabe), doit son nom à sa couleur translucide, mais aussi à sa forme très allongée. Elle est originaire de Tunisie et d'Algérie.

Medjoul est une variété très grosse et charnue, originaire du Tafilalet dans l'est du Maroc. Avec la *Deglet Nour*, l'une des plus réputées pour son goût.

Barhee est une datte à un goût assez sucré, elles se coupent en morceaux. Les Libanais les utilisent en cuisine pour agrémenter leurs plats de viande. Elle est originaire d'Irak.

Sukkari Rutab est une variété qui pousse dans la vallée de Qassim, en Arabie Saoudite. Sa chair est particulièrement fondante avec une jolie couleur de miel. C'est une variété aux délicieux gouts de caramel et très riche en fibres.

Mazafati véritable perle de la Perse, la datte fraîche est l'un des fruits emblématiques de l'Iran. Leur forme est rondes, charnues, fondantes, gorgées de douceur et d'énergie, voilà comment nous pourrions qualifier cette variété parmi les plus prisées du monde. D'une couleur allant du brun foncé au noir.

La variété *Ghars* se caractérise essentiellement par une consistance très molle, à maturité complète. Le fruit mûr est à consistance molle de forme oblongue irrégulière (plus gros vers l'apex), la chair est peu éparse avec une peau résistante qui se décale de la chair.

Degla Beida variété se trouvant principalement dans le Sénégal et le Mali, il s'agit d'une datte sèche dont 80% du poids constitue la pulpe.

La variété *Mech Degla* se caractérise par une datte sèche dont la chaire est fermée et résistante. Elle est utilisée fortement en Algérie (Estanove, 1991; Daher, 2010).

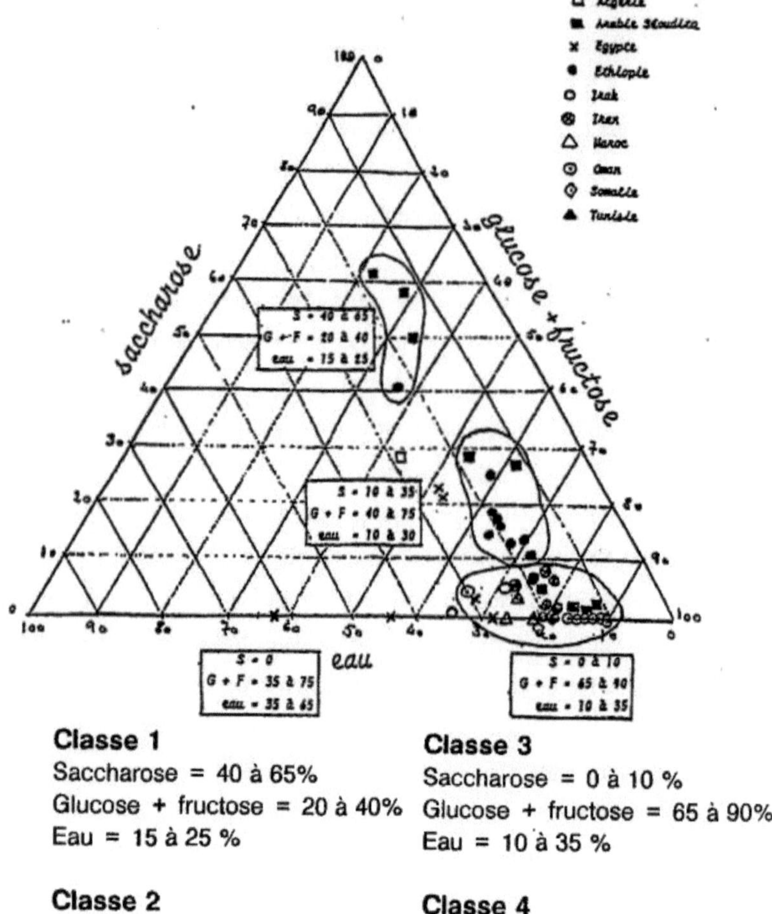

Classe 1
Saccharose = 40 à 65%
Glucose + fructose = 20 à 40%
Eau = 15 à 25 %

Classe 2
Saccharose = 10 à 35%
Glucose + fructose = 40 à 75%
Eau = 10 à 30%

Classe 3
Saccharose = 0 à 10 %
Glucose + fructose = 65 à 90%
Eau = 10 à 35 %

Classe 4
Saccharose = 0%
Glucose + fructose = 35 à 75%
Eau = 35 à 65%

Fig.46. Classement des dattes selon leur teneur en eau et en sucre. Plus la datte est grosse et plus elle contient de saccharose, meilleure est sa qualité. S: saccharose; G: glucose; F: fructose (Estanove, 1991).

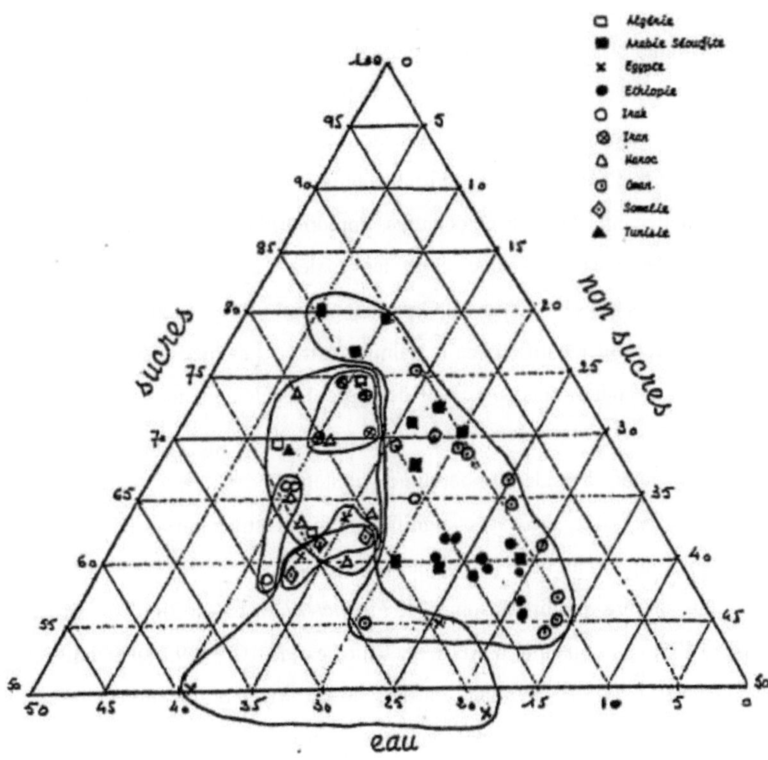

Fig.47. Classement des dattes selon leur composition (Estanove, 1991).

11. État de l'art détermination du sexe chez le palmier dattier

La famille des *palmacées* constitue un groupe d'espèces particulièrement intéressant en matière de biologie de la reproduction puisqu'elle présente une grande diversité de systèmes reproducteurs. Contrairement à la majorité des groupes d'angiospermes, plus de 85% des espèces de palmiers portent des fleurs unisexuées (Dransfield *et al.,* 2008). La distribution de la dioécie au sein des palmiers suggère qu'elle est apparue à différents moments au cours de l'évolution à partir des évènements indépendants (Weiblen *et al.,* 2000).

Chez le palmier dattier, une descendance issue de graines est composée de 50% de mâles et 50% de femelles, ce qui suggère que le déterminisme sexuel est de nature génétique. De plus, Siljak-Yakovlev (1996) sur la base d'études cytologiques réalisées à l'aide de la technique de coloration à la chromomycine A3, suggère l'existence de chromosomes sexuels qui seraient marqués différentiellement. Des chromocentres homomorphes sont observés chez les individus femelles alors que chez les mâles ce sont des chromocentres hétéromorphes qui sont observés. Cependant, aucun chromosome sexuel Y ou X n'a été clairement identifié chez le palmier dattier. Les mécanismes ou facteurs génétiques du déterminisme sexuel demeurent également inconnus pour cette espèce.

Les taux d'acide gibbérelline contenus dans les feuilles et les inflorescences sont constatés significativement supérieurs chez l'individu femelle par rapport au mâle (Lloyd et Webb, 1977).

Le nombre de chromosomes de *P. dactylifera* L. est 2n = 36 (Sharma et Sarkar, 1956). La quantité d'ADN nucléaire est de 1C = 0,95 pg (Dransfield *et al.*, 2008). Chez le palmier dattier, le *sex ratio* d'une descendance est généralement de 1 (Saaidi, 1990), ce qui suggère un déterminisme génétique du sexe. L'existence de chromosomes sexuels chez le palmier dattier a été proposée (Siljak-Yakovlev *et al.*, 1996). En effet, ces auteurs ont observé un marquage différentiel à la chromomycine des chromocentres de noyaux interphasiques de plants mâles et femelles. Des chromocentres homomorphes sont détectés chez les individus femelles alors que chez les individus mâles des chromocentres hétéromorphes sont observés. Le système chromosomique serait du type XY (Siljak-Yakovlev *et al.*, 1996).

L'utilisation des marqueurs moléculaires RAPD (Random Amplified Polymorphic DNA) est pour la contribution à l'étude de l'identification des pieds mâles et femelles chez le palmier dattier (Guettouchi, 2017). La complexité du palmier dattier caractérisée par sa dioîcité sa haute hétérozygotie et sa croissance lente rend auparavant impossible la détermination du sexe de la descendance d'un croisement au jeune âge, toutefois les techniques des marqueurs moléculaires fournissent des outils pour l'étude de ce mécanisme afin d'assister les programmes d'amélioration (Zaher *et al.,* 2006).

12. Multiplication du palmier dattier

On connaît trois méthodes de multiplication du palmier dattier, les deux premiers sont dits traditionnels (multiplication par semis et par rejet), et la troisième est la culture *in vitro.*

12.1. Multiplication par semis

La multiplication par semis de graines est la méthode traditionnelle la plus anciennement pratiquée par les phoeniciculteures. La multiplication par graine est longue; elle ne permet en effet d'obtenir des sujets productifs qu'au bout d'une dizaine d'années. C'est la méthode la plus simple et la moins coûteuse d'où son recours actuel pour la création d'oasis dans plusieurs pays sahéliens. En revanche, ce mode n'est pas approprié pour la phoeniculture commerciale à cause de la nature dioïque et du haut degré d'hétérozygotie de l'espèce. Le palmier dattier étant une espèce dioïque on obtient en moyenne par multiplication par semis de noyau 50% de sujets mâle et 50% de sujets femelles, l'hétérozygotie des plants originaux provoque une très forte hétérogénéité de descendance, il n'est donc pas possible de reproduire les caractéristiques des pieds mères par voie sexuée. Elle a permis la création de nombreuses palmeraies et l'extension des cultures en dehors de son aire d'origine. Bien que cette reproduction sexuée soit une source de la diversité génétique. Par ailleurs, les caractères agronomiques (qualité et quantité des dattes, période floraison, récolte, etc.) des plants femelles issus de semis s'avèrent différents voire inférieurs à ceux du pied-mère. Cependant, ce mode de propagation permet d'obtenir parfois des phénotypes intéressants (Munier, 1973; Ferry *et al.,* 1998).

12.2. Multiplication par rejet (reproduction asexuée)

C'est la voie de propagation végétative la plus utilisée pour la création de nouvelles palmeraies. La reproduction par rejet permet une conservation des caractères génétiques du pied mère. C'est la méthode la plus efficace de propagation utilisée pour constituer de nouvelles plantations pour la rénovation d'anciennes palmeraies. En effet, il permet de conserver, intégralement les caractéristiques du pied mère notamment le sexe, la qualité du fruit, la précocité et l'aptitude à former de rejets. Le nombre de rejets par arbre varie d'un cultivar à l'autre de 1 à 30, mais en moyenne 12 (Bouguedoura, 1991).

Les rejets sont produits pendant la phase juvénile de la plante (5 à 15 ans). Il peut produire de 0 - 3 rejets par an, en général pas plus de 10 - 40 pendant sa vie, ça dépend des cultivars et les conditions de l'environnement. Le palmier dattier commence normalement à porter les fruits dans une moyenne de 5 - 8 années après avoir planté les rejets (El Hadrami et El Hadrami, 2009; Guettouchi, 2017).

Ce mode de multiplication conforme s'avère limitant pour la création des palmeraies intensives et pour les programmes d'amélioration génétique du fait :

- de la méthode laborieuse et couteuse;
- du nombre de rejets limité;
- du risque de transmission de maladies
- de la nécessite d'un savoir-faire pour le sevrage et la transplantation des rejets (Al-Khayri *et al.,* 2001).

12.3. Multiplication *in vitro* (reproduction asexuée)

Pour contourner les faiblesses des techniques traditionnelles de reproduction (faible nombre de rejets, transfert de maladies,..) et pour mieux répondre à la demande croissante en plants pour le renouvellement et l'extension des palmeraies, le recours aux méthodes de multiplication végétative *in vitro* demeure la seule alternative permettant la multiplication en masse et la diffusion rapide des cultivars aux phœniciculteurs. Depuis 1970, de nombreux travaux de recherche ont été entrepris qui ont permis de proposer différentes stratégies de clonage *in vitro* par organogenèse (Rhiss *et al.,* 1979; Drira *et al.,* 1985; Ferry, 2001) et par embryogenèse somatique (Fki *et al.,* 2003; Sané *et al.,* 2006). Il y a deux méthodes de micro-propagation de palmier dattier qui sont actuellement en cours de recherche et de développement, il s'agit de l'organogenèse qui repose sur les capacités de bourgeonnement de plusieurs types d'explants (Bouguedoura, 1991). Et de l'embryogenèse somatique qui utilise la différenciation cellulaire pour la formation d'embryons à partir de cellules somatiques (Anonyme, 1996). Cette technique est un outil précieux qui s'intègre de plus en plus dans les schémas d'amélioration (Parveez *et al.*, 2000).

Au cours des dernières années, plusieurs auteurs ont décrit des améliorations des procédés d'embryogenèse somatique par passage en milieu liquide agité. Ainsi, des cultures de tissus embryogènes en milieu liquide ont déjà été obtenues à partir de jeunes feuilles, de rejets ou à partir d'inflorescences immatures sur quelques variétés commercialisées dans le Grand Maghreb comme *Medjoul*, *Kadrawy* (Daguin et Letouzé, 1998), et *Deglet Nour* (Fki *et al.,* 2003). Des cultivars adaptés à l'environnement sahélien de l'Afrique occidentale comme *Amsekhsi* ont été également régénérés à partir de suspensions cellulaires embryogènes issues des jeunes feuilles immatures (Sané *et al.,* 2006). Ce procédé d'embryogenèse somatique par culture des cellules en milieu liquide permet l'obtention d'embryons individuels et synchrones avec une capacité de production de masse et une durée de culture *in vitro* plus courte (Aberlenc-Bertossi *et al.,* 1999). Ainsi, cette technique optimisée demeure une méthode de choix pour la propagation à grande échelle des cultivars d'intérêt (Parveez *et al.*, 2000).

13. Intérêts agro-écologiques, socio-économiques et culturels

Les oasis, sont non seulement des palmiers dattiers cultivés intensivement dans des milieux désertiques, mais sont aussi des symboles de gestion des ressources rares et précieuses fruit de ce savoir-faire ancestral.

Leurs organisations héritées et adaptées au cours des siècles se sont traduites autant dans des techniques agronomiques que des modes de gestions écologiques, des modalités sociales, économiques et culturelles qui constituent un véritable patrimoine répondant parfaitement à la définition même du développement durable. La diversité de leurs situations a produit, entre autres, de multiples stratégies de savoir-faire et de création de richesses permettant la fixation de populations entières dans des milieux hostiles. C'est cette extraordinaire richesse qui a produit une représentation mythique des oasis largement partagée dans différentes régions.

En effet, et face aux diverses contraintes naturelles et socio-économiques et aux menaces qui pèsent sur le système oasien, les agriculteurs de ces zones ont développé des stratégies de développement «durable» et ont mis en œuvre des pratiques et approches qui leur ont permis de vivre et de s'épanouir dans ce système à équilibre fragile. Ces agriculteurs ont ainsi, à travers le temps, cumulé un savoir-faire appréciable en matière d'agriculture oasienne. Il va sans dire que l'adoption du système intensif à trois étages et l'intégration de l'élevage des petits ruminants, l'association agriculture artisanat, la pratique d'une agriculture orientée vers les cultures sélectionnées dominées par les variétés à forte valeur commerciale et la diversification des productions sont autant d'exemples qui témoignent d'un esprit d'ingéniosité de l'agriculteur oasien (Ben Hamid, 2011).

En outre, plusieurs techniques agricoles (modes de gestion des ressources naturelles et forme d'organisation) ont eu naissance non pas au sein des laboratoires de recherche, mais à l'intérieur de l'oasis suite aux pratiques, aux savoirs et aux œuvres du paysan oasien depuis la création de ce «paradis sur terre» qu'est l'oasis.

Durant des siècles, et comme nous l'avons signalé plus haut, ces populations ont exploité l'oasis sans mettre en péril la biodiversité, mieux encore ils ont toujours pris le soin de la préserver. L'oasien, à travers les temps, a su maintenir cette biodiversité pour des raisons liées à sa propre sécurité, sa nourriture, son habitat et sa culture. Du coup, nous pouvons dire que la diversité biologique et le savoir-faire local sont étroitement liés. Il est clair que le palmier dattier, qui constitue le pivot du système oasien, a une importance aussi bien écologique que socio-économique. Il fournit un aliment important pour le bétail et constitue une base pour l'exploitation artisanale par le biais de la vannerie, de la sparterie et d'autres produits utilisés comme matériaux de construction qui font vivre plusieurs familles (Elhoumaizi, 1998). D'autre part, les dattes qui sont considérées souvent par beaucoup de consommateurs comme un fruit dessert, constituent la base de l'alimentation des habitants du Sahara, et peuvent servir à l'élaboration d'une gamme très étendue de produits alimentaires de grande valeur énergétique et diététique (Djerbi, 1982).

Le système oasien a permis de créer des zones tampons se référant à des techniques et des traditions sociales assurant les meilleures conditions de gestion des ressources naturelles.

Sur le plan agronomique, le palmier dattier occupe une place stratégique dans la stabilité socio-économique et écologique du système oasien (Zehdi *et al.,* 2006).

En Tunisie, le palmier dattier occupe une place stratégique dans la stabilité socioéconomique de l'agrosystème oasien. En effet, il constitue l'axe principal de l'agriculture dans les régions désertiques et assure la principale ressource financière des oasiens. La population tunisienne vivant aux dépens de la phoeniciculture est estimée à environ 10% (EL Hadrami *et al.,* 1998). En outre, les oasis tunisiennes sont caractérisées par une richesse génétique considérable comme en témoigne la présence d'au moins 250 cultivars répertoriés (Rhouma, 1994). Cependant, avec l'évolution économique et sociale du pays, les palmeraies de Jerid et de Nefzaoua sont réorganisées pour satisfaire une demande sans cesse croissante en dattes de qualité supérieure à l'instar du cultivar *'Deglet Nour'*. Cette réorganisation a fait que la phoeniciculture est passée d'un système de culture traditionnelle riche et diversifiée à un système industriel axe sur une oligo-culture voire monovariétale (Rhouma, 1996). Ainsi, cette reconversion des palmeraies a entrainé une érosion génétique sévère de la diversité génétique du patrimoine phoenicicole. En outre, cette situation est fortement aggravée par divers stress biotiques et abiotiques. En effet, les palmeraies sont constamment menacées par une fusariose appelée localement *'Bayoud'* due au champignon tellurique *Fusarium oxysporum* f. sp. *albedinis*. De même, elles constituent le foyer de la maladie des feuilles cassantes dont les causes sont actuellement non élucidées (Takrouni *et al.,* 1988). L'ensemble de ces facteurs constitue une forte contrainte au développement de la phoeniciculture tunisienne en dépit des efforts consentis de rénovation et de reconstitution de nouvelles palmeraies (Rhouma, 1996).

13.1. Intérêts agro-écologiques

Le palmier dattier s'est adapté aux conditions extrêmes des régions chaudes et arides du globe. Selon le vieil adage arabe, «le palmier vit le pied dans l'eau et la tête au feu du soleil». Avec un maximum d'activité végétative se situant autour de 38°C, il ne produit des fruits que lorsqu'il reçoit suffisamment d'eau. Le palmier s'accommode de sols très pauvres mais à condition qu'ils soient suffisamment drainants pour limiter la toxicité des sels comme le chlorure de sodium ou de magnésium. À noter que le palmier dattier peut tolérer jusqu'à 15 g/L de chlorures de sodium, au-delà il dépérit et ne produit plus. Force est de constater que cette espèce, par sa faible exigence en ressources hydriques, et en terre fertile, pousse là où d'autres espèces ne peuvent se développer. De plus, il crée en dessous de lui un microclimat autorisant le développement des cultures sous-jacentes. Dans les oasis où la disponibilité en eau et terres arables est satisfaisante, on peut observer une stratification des cultures en trois étages : en hauteur les palmiers dattier puis les arbres fruitiers et enfin les cultures basses (céréales et maraîchage). Ainsi, le palmier constitue l'ossature de l'écosystème oasien de régions arides (Rhouma, 2017; Rhouma *et al.,* 2020).

L'oasis est une zone nettement différente de l'espace environnant et le changement des propriétés de surface s'accompagne d'un changement des propriétés de la basse atmosphère au contact de l'oasis; il y a donc modification locale du climat environnant. L'augmentation de la rugosité due à l'oasis va avoir un double effet: augmenter la turbulence au-dessus de l'oasis et réduire la vitesse du vent à l'intérieur. La turbulence est un phénomène qui favorise les échanges d'énergie et de vapeur d'eau. La réduction du vent permet de prévoir une diminution notable de l'évaporation quand il y a une forte advection (supplément d'énergie apportée par l'air chaud et sec vers les surfaces humides plus froides). Des études ont indiqué que les palmes du palmier rassemblent une quantité importante de poussières et varient selon leurs positions par rapport aux pistes agricoles (Tableau 5) (El Fekih, 1969; El Amami et Laberche, 1973; Rhouma *et al.,* 2020).

Tableau 5. Fixation de la poussière par les palmes (Rhouma, 2017).

Eloignement du palmier dattier par rapport à la piste agricole (m)	Quantité de la poussière (g/cm^3)
10	0,76
40	0,26
60	0,21
120	0,13

L'association des palmiers dattier, des arbres fruitière et des cultures basses peut se faire de plusieurs façons. Quand les palmiers dattier et les arbres constituent des rangs assez distants, certains rayons solaires peuvent atteindre directement le sol et l'énergie totale qui parvient à l'étage inférieur dépend de l'ombre portée par les arbres et de leur porosité. Quand les feuillages se rejoignent, c'est l'ensemble des rayons lumineux qui subissent une réflexion ou une absorption par les feuilles, avant de parvenir au sol. Quand un rayon lumineux a subi une ou plusieurs réflexions à la surface des feuilles ou a traversé une ou plusieurs feuilles, la composition spectrale de la lumière s'est modifiée, pour la raison simple que la part d'énergie réfléchie ou transmise (et donc de l'énergie absorbée) dépend de la longueur d'onde; il y a donc un effet de filtre et la lumière qui parvient au sol est qualitativement différente de la lumière incidente (Fig.48) (El Amami et Laberche, 1973).

Fig.48. Avantages environnementaux du palmier dattier (Rhouma, 2017).

Le rapprochement des palmiers dattiers réduit le facteur SVF (degré d'ouverture au ciel) qui est inférieure à 30%), et par conséquent le besoin de la lumière pour le développement végétal des étages inférieurs en plus de l'effet nuisible sur la qualité d'air en bloquant l'échange d'air vertical. Ainsi, une couverture dense est bénéfique pour le confort thermique humain, mais elle peut avoir un grand effet nuisible sur la qualité d'air en bloquant l'échange d'air vertical (Fig.49).

Un écartement plus grand entre les palmiers dattier et une augmentation du facteur SVF (plus de 70%) engendre une grande surface ensoleillée et par conséquent un éclairement très élevé qui dépasse 20000 lux, ce qui influe directement sur la vie végétale des étages inférieurs et accélère la sécheresse du sol (Fig.50) (El Fekih, 1969).

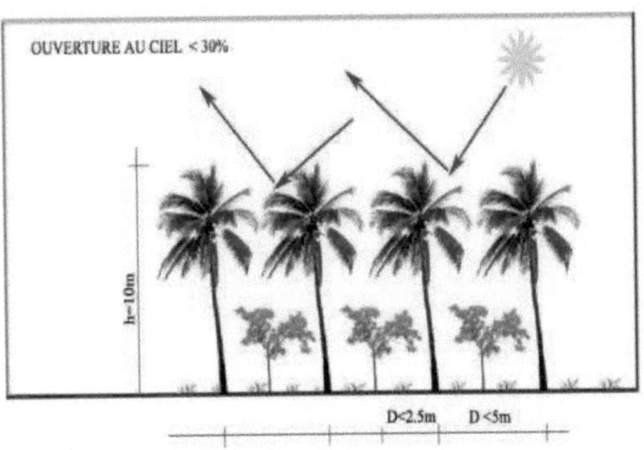

Fig.49. Résultat de rapprochement des palmiers (ombre dense, lumière non suffisante, développement des bactéries et interaction des racines) (Rhouma, 2017).

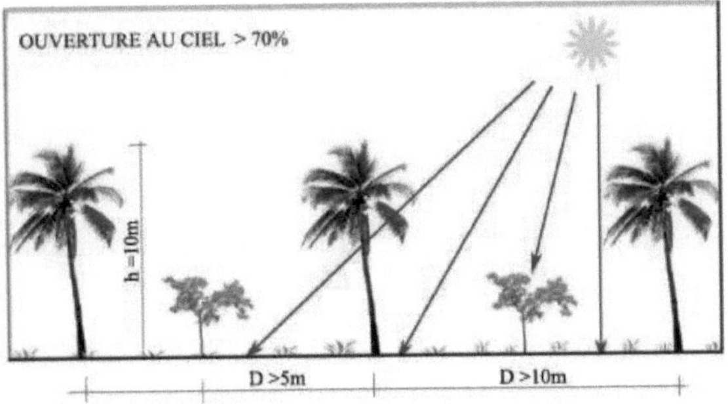

Fig.50. Résultat d'espacement entre les palmiers (absence d'ombre, éclairage très élevé, évaporation de l'eau et sécheresse du sol) (Rhouma, 2017).

On parle d'effet d'oasis pour caractériser les microclimats créés par les zones humides entourées par des régions arides. Cette définition concorde avec l'idée qu'une modification de la concentration en eau de la surface entraînant une variation progressive des flux de chaleur et de vapeur d'eau, le fait de créer au sein d'une zone sèche une tache d'humidité, modifie évidemment l'évaporation, et en conséquence tout le bilan énergétique. Ces modifications ont fait l'objet de modèles analytiques. Cet effet d'oasis est défini aussi comme changement des conditions micro-climatologiques dans le secteur vert comparé à un autre sans végétations, ce changement est manifesté par des températures plus basses et un taux d'humidité relative plus élevé. L'effet rafraîchissant des couverts végétaux est un domaine d'étude et d'intérêts nombreux de sciences appliquées: Climatologie et météorologie, sylviculture et Arboriculture, conception bioclimatique et physique de bâtiments, et notamment la planification des paysages.

Le refroidissement de la température de l'air dû à l'effet d'évapotranspiration des palmiers dattier et des arbres fruitière a été bien démontré par diverses études. La végétation travaille comme un climatiseur, elle absorbe de l'eau existant dans le sol et le lance dans l'atmosphère et par conséquent l'air en contact se refroidit. Des études décrivent qu'un arbre évapore environ 100 gallons dans un jour ensoleillé d'été et consomme 660000 unités thermiques britanniques de l'énergie et donne un effet refroidisseur extérieur égal à un refroidissement produit par cinq climatiseurs chacun ayant la capacité de 10000 unités. Ce taux d'évapotranspiration traduit dans un potentiel de refroidissement de 230.000 kcal/j (El Fekih, 1969; El Amami et Laberche, 1973).

Le soleil donne de l'énergie à la terre sous forme de lumière et chaleur. Cette radiation solaire vers la terre reçoit beaucoup de changements, elle va être absorbée et transformée à une chaleur qui augmente la température de l'air, la terre et les corps qui les environnent. Dans les régions arides, le rayonnement solaire est acceptable dans l'hiver, mais pendant la période estivale, elle est nuisible pour l'être humain qui reçoit et transmit de la chaleur par l'absorbation du rayonnement direct du soleil ou des radiations réfléchies par d'autres corps en contact. Le facteur principal à considérer dans l'implantation d'arbres pour un maximum d'ombre est la position du soleil. La forme et la surface de l'ombre portée diffèrent selon le genre d'arbre (Fig.51). Les palmiers dattier à feuilles persistantes maintiennent leurs feuilles tout le long de l'année et leur ombre toujours présentes, les plantes vertes ayant des feuilles larges fournissent pendant toute l'année une ombre dense, et peuvent être l'espèce le plus utile. En revanche, l'ombre portée par les palmiers dattier et les arbres à feuilles aiguille et clairsemée est plus ouverte. La forme d'arbre influence également la surface et la densité de l'ombre, donc les arbres doivent être choisis selon leurs densités foliaires, capacités de bloquer les rayons solaires d'été. Les palmiers dattier (de développement vertical) ayant de larges feuilles denses bloquent une grande quantité du rayonnement solaire. Alors que, les arbres ayant une croissance horizontale sont utilisés comme parasols contre les rayons solaires (El Amami et Laberche, 1973).

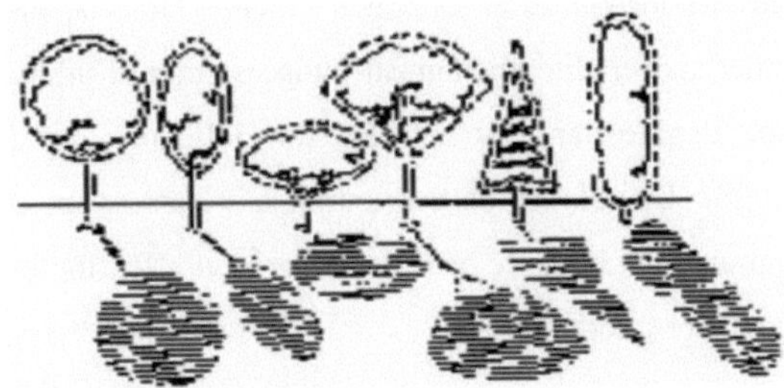

Fig.51. Forme d'arbre qui influence fortement sur le modèle d'ombre.

Le vent a un effet direct sur la température et l'humidité de l'air et par conséquent le confort thermique humain. Dans les zones chaudes et arides, il est important d'utiliser des courants d'air pour accroître le rafraîchissement par convection et augmenter l'évaporation.

Au contraire, une mauvaise gestion de la circulation de l'air peut créer un environnement non confortable. Un groupement végétal dense peut être utilisé comme brise-vent et oriente le vent vers le haut ou sur les cotes. Les arbres et les palmiers dattiers ralentissent la vitesse du vent, et par conséquent les zones situées derrière elles sont protégées.

Cette réduction de la vitesse d'air conduit à la réduction du pourcentage de changement dynamique thermique entre les couches d'air, ce qui conduit de cette protection du vent à l'élévation des degrés de température généralement dans ces zones protégées (El Fekih, 1969; El Amami et Laberche, 1973).

13.2. Intérêts socio-économiques

Le palmier dattier produit annuellement des dattes, fruits mielleux qui constituent l'aliment vital pour les populations du désert. Sa haute valeur énergétique (300 Kcal, 5 fois l'orange et 4 fois le raisin), sa richesse en fibres, en minéraux et en vitamines (A, B) font de la datte un aliment d'un grand intérêt nutritif. Sur le plan pharmaceutique, les dattes pourraient être utilisées comme calmantes contre les insomnies et les ballonnements. Des suspensions de pollen de palmier dattier sont traditionnellement utilisées contre l'infertilité masculine dans l'ancienne Égypte dans les contrées du Golfe persique (Djerbi, 1982; Elhoumaizi, 1998). Le palmier dattier fournit aux oasiens en complément de cheptel, une gamme très large de produits vitaux. En effet, toutes les parties de la plante peuvent être valorisées.

13.3. Intérêts culturels

Le palmier dattier a bénéficié auprès de générations successives d'hommes, de beaucoup d'admiration, d'estime et de louanges. En terre d'Islam, le palmier dattier jouit d'une considération singulière. Il est l'ami sincère de l'homme, son allié et son compagnon de tout le temps lorsque tous les autres végétaux s'éclipsent devant l'immense agressivité de l'environnement. Le palmier demeure un don du ciel, un arbre béni. Ses fruits sont la denrée la plus convoitée par les jeûneurs pour son caractère sacré et pour sa valeur nutritionnelle. Dans la Bible, le palmier dattier est riche de bénédictions divines. C'est ainsi qu'on rapporte que l'enfant chrétien portant dans sa septième année un collier de sept noyaux de dattes enfilées sur un fils rouge ne sera jamais victime d'injustice tout au long de sa vie. Enfin, le palmier dattier est sans conteste l'un des supports les plus importants du symbolisme. Il est l'image naturelle de la solidité et de la force et de la victoire. Il constitue un signe de reconnaissance social et un facteur déterminant de l'identité oasienne (Ben Hamid, 2011).

13.4. Intérêts économiques

Les dattes constituent la principale production de rente des palmeraies. Elles font l'objet d'un marché international important par son volume et par les revenus en devises qu'elles permettent d'obtenir pour les pays exportateurs (Grenier, 1998).

Bien que la production de datte représente 1% du produit national brut (PNB) pour les principaux producteurs, la datte occupe une place importante dans les productions fruitières des régions arides et semi-arides. La production de datte détient le cinquième rang après les olives, les agrumes, les rosacées, les raisins au Maroc (Harrak et Chetto, 2001). En Tunisie, elle constitue la troisième exportation agricole (Greiner, 1998).

Le marché de la datte reconnaît un regain d'intérêt avec les produits de transformation. Ainsi de nouveaux produits à haute valeur ajoutée sont développés, parmi lesquels on distingue le milk-shake, les glaces, les biscuits aux dattes, les confitures et surtout le nakhoil, un bioéthanol à base de dattes.

Ce sont autant d'initiatives qui pourraient entraîner une extension de la culture du palmier dattier. Du fait de ses intérêts socio-économiques multiples et de sa bonne adaptation aux conditions sahéliennes, plusieurs pays dont le Mali, le Niger, le Sénégal et le Djibouti ont placé le développement de la phoeniciculture comme priorité nationale, pour lutter contre la pauvreté et améliorer les conditions de vie des populations les plus vulnérables.

14. Production mondiale de datte

Le palmier dattier est cultivé sur une vaste zone du monde s'étendant du 44°N (San Remo, Italie) jusqu'à 33°S (Petrabore, Australie). L'aire de prédilection du palmier dattier se situe principalement entre le 24°N et le 35°N. Sur un patrimoine phoenicicole couvrant 1264611 ha, environ 98% (soit 1257649 ha) correspondent aux zones arides et semi-arides d'Asie (67%) et d'Afrique (31%) (Fig.52). Ces régions sont composées essentiellement de pays arabo-musulmans (Tunisie, Algérie, Irak, Libye, Maroc, Arabie Saoudite, Bahreïn, Émirats, Iran, Kuwait, Oman, Pakistan, Yémen, Égypte) lesquels se partagent la majeure partie de la production mondiale des dattes (estimé à 7 millions de tonnes en 2008). Les pays du Moyen-Orient et d'Asie Mineure totalisent 67% de la production totale suivie des pays d'Afrique du Nord avec 36%, c'est une production à caractère traditionnel et culturel (Fig.52). Le palmier dattier est cultivé à moindre degré dans d'autres régions désertiques d'Afrique notamment au Sahel, région subsaharienne allante du Sénégal à Djibouti. La limite méridionale de l'aire de culture en Afrique serait située vers la Namibie et l'Afrique du Sud. Dans toutes ces régions intertropicales, la culture du palmier dattier est présente sous forme de peuplements oasiens caractérisés par une faible productivité.

Le palmier dattier se rencontre :

- En Amérique principalement aux États-Unis (Californie, Arizona, Texas) et au Mexique, au chili et au Pérou;
- En Australie (au Queensland, Northern Territory). Dans ces régions, la création récente de grandes plantations de dattier est exclusivement à vocation commerciale;
- En Europe, particulièrement en Espagne (Elche) et Italie (Bordighera, San Remo). Dans ces régions, la culture du palmier dattier est marginale (hormis en Territoire palestinien occupé où existent des plantations industrielles). Les dattes ne murissent pas ou partiellement à cause des conditions climatiques inférieures au seuil du coefficient thermique nécessaire pour la maturation. Ainsi le dattier est plutôt cultivé comme plante ornementale et est associé à des pratiques religieuses ou traditionnelles (Daher, 2010).

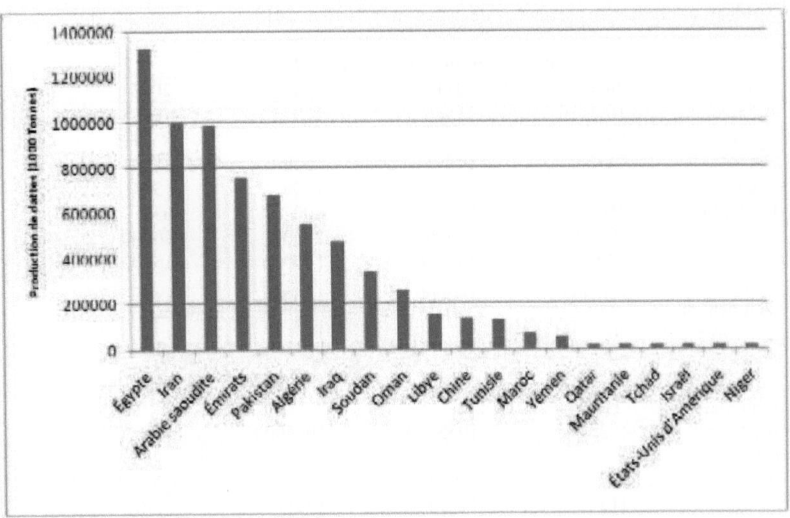

Fig.52. Principaux pays producteurs de dattes. La figure représente la production annuelle de dattes en milliers de tonnes par pays pendant la campagne agricole 2007/08 (Daher, 2010).

La production mondiale de datte est de l'ordre de 7627624,4 tonnes en 2013 et de 7557553 tonnes en 2010. Par ailleurs, les quatre les plus gros producteurs du monde de la datte sont l'Égypte, l'Iran, l'Arabie Saoudite et l'Algérie, et d'autres pays qui ont une production considérable telle que l'Irak, Pakistan et le Soudan (Tableau 6) (Guettouchi, 2017).

L'essentiel de la production mondiale est consommé par les pays producteurs, qui constituent ainsi le principal marché de la datte. Les niveaux de consommation varient très largement d'un pays à un autre. Ce sont les pays du Moyen-Orient qui enregistrent la plus forte consommation, suivi par l'Afrique du Nord et quelques pays sahéliens.

Tableau 6. Productions annuelles de dattes entre 2010 et 2013 (Guettouchi, 2017).

Production mondiale de dattes (Tonnes)				
Pays	**2010**	**2011**	**2012**	**2013**
Albanie	10921	11586	12935	10488
Algérie	644741	724894	789357	848199
Bahreïn	14156	14591	15000	15041
Bénin	1260	1286	1300	1320
Cameroun	450	559	600	630
Tchad	19400	19500	20000	20000
Chine	140000	150000	140000	150000
Chine continentale	140000	150000	140000	150000
Colombie	30	30	12	12
Djibouti	87	86	86	86
Égypte	1352954	137357	1470000	1501799
République islamique d'Iran	1023126	1053870	1066000	1083720
Irak	567668	619182	655450	676111
Jordanie	11241	11213	10417	11981
Kenya	1216	1068	1100	1100
Koweït	32561	33562	34600	36978
Libye	161000	165948	170000	17040
Mauritanie	21000	21438	22000	18857
Mexique	4150	6811	6012	6828
Maroc	101351	102961	101862	107611
Namibie	375	380	400	372
Niger	39684	16444	17000	22154
Palestine	3400	3500	3600	3601
Oman	276405	268011	270000	269000
Pakistan	524041	557279	524612	526749
Pérou	337	379	168	230,4
Qatar	21491	20696	21843	22100
Arabie saoudite	991546	1008105	1050000	1065032
Somalie	12935	12713	13000	13000
Espagne	4002	3741	4000	4000
Soudan	431000	432100	433500	437835
Swaziland	300	320	330	319
Syrienne, République arabe	4373	4013	3986	4039
Tunisie	174000	180000	193000	195000
Turquie	26277	28295	31765	33232
Émirats arabes unis	825300	239164	250000	245000
États-Unis d'Amérique	26308	30028	28213	21768
Yémen	57849	55828	55181	54197
Monde	**7557553**	**7210159**	**7460195**	**7627624,4**

Les dattes sont préférentiellement consommées à l'état naturel dans 90% des cas et le reste (10%) est consommé après transformation en sirops, farines, gâteau, etc. Le pic de consommation se situe aux moments festifs notamment le Ramadan, les fêtes religieuses, les festivités et lors de la récolte des dattes (Chetto *et al.,* 2005).

15. Valorisations et sous-produits de palmier dattier

Le palmier dattier constitue le pivot de l'écosystème oasien dans les régions sahariennes. Il fournit les dattes, pour la consommation et divers matériaux destinés à l'artisanat, à la construction, à la production d'énergie, ou même pour des utilisations thérapeutiques et cosmétiques (Figs.55 et 56). Avec les mutations socio-économiques, les populations des oasis s'orientent de plus en plus vers les nouveaux produits alimentaires, les médicaments et les produits chimiques, en délaissant un savoir-faire très intéressant (Rhouma, 2017).

15.1. Fruits (dattes)

L'utilisation des dattes est transcende la consommation directe des dattes frais, il y a plusieurs utilisations qui différer selon les critères physico-chimiques. On peut distinguer deux types de transformations de dattes: Transformations technologiques (techniques basées sur des procédés industriels de transformation de la datte) et transformations biotechnologiques (techniques visant à réaliser des applications industrielles de la bioconversion et de la transformation des substances organiques de la datte) (Harrak et Boujnah, 2012).

15.1.1. Transformations technologiques

La technique de transformation de datte est un moyen adéquat pour valoriser, conserver et améliorer la qualité de la datte. Elle recouvre toutes les opérations qui, de la récolte à la commercialisation, ont pour objet de conserver aux fruits toutes leurs qualités et de transformer ceux qui ne sont pas consommés, ou consommables, en l'état, en divers produits, bruts ou finis, destinés à la consommation humaine ou animale et à l'industrie. Les techniques les plus utilisées et connues à l'échelle internationale sont résumées dans la Figure 53.

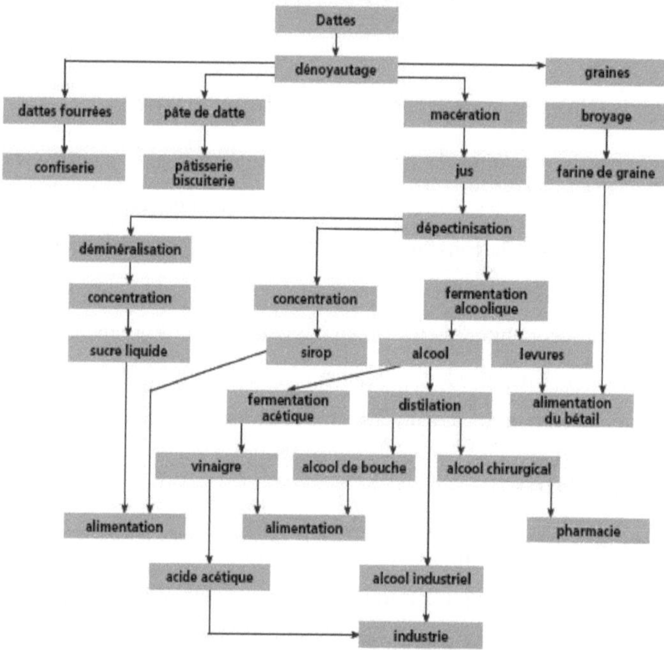

Fig.53. Possibilités de valorisation agro-industrielle des dattes (Estanove, 1987).

Pâte de dattes

Les dattes molles, demi-molles ou ramollies par humidifications donnent lieu à la production des pâtes. Ces pâtes sont des pulpes ou des marmelades concentrées et rendues fermes par dessiccation. On ajoute alors de la farine de dattes ou du sirop de dattes pour leur donner une consistance convenable. Ces pâtes permettent d'utiliser en mélange des fruits ne pouvant pas être commercialisés en raison de leurs caractéristiques trop diversifiées ou en raison de leur qualification de déchets ou écarts de tri (Espiard, 2002).

Confiture et marmelade de dattes

La confiture de dattes est préparée selon les étapes suivantes:

- Triage;
- Nettoyage et lavage;
- Dénoyautage;
- Broyage et raffinage;
- Cuisson et concentration;
- Emballage, stabilisation thermique et étiquetage.

La préparation de la marmelade est similaire à celle de la confiture sauf que dans ce cas on utilise de la pulpe de dattes broyées qu'on ajoute, avant cuisson, à un sirop de sucre préalablement préparé (Abaibia et Rachedi, 2018).

Jus, sirop et miel de dattes

Des produits liquides, obtenus par épuisement à l'eau de certaines variétés, de préférence des variétés molles ou susceptibles de le devenir après trempage, des écarts de tri et des déchets de dattes de bonne qualité, ont été préparés afin de les valoriser : jus sucré plus ou moins purifié, sirop épais, etc.

Les dattes après triage, nettoyage et dénoyautage sont mises à tremper jusqu'à ramollissement complet dans un volume d'eau chauffée à 65-70°C. L'eau ajoutée à la pulpe de dattes facilite la diffusion des composés sucrés et des composés d'arôme dans la phase aqueuse. Le taux d'extraction des sucres augmente avec l'augmentation de la proportion «eau/pulpe». Un blanchiment préalable permet la destruction de certains germes, l'inactivation enzymatique et l'attendrissement des fruits. Dans certaines usines, l'extraction se fait à contre-courant dans un cylindre conique de 8 à 15 m de longueur et menée d'une vis sans fin. Les dattes sont introduites à la partie supérieure du cylindre et l'eau est expulsée dans le sens inverse. La durée d'extraction est de 25 à 30 min et la température d'extraction est généralement d'environ 75-80°C (Maatalah, 1970; Mimouni, 2009).

Pour l'extraction du jus de dattes, trois techniques ont été expérimentées: le pressurage des dattes entières et dénoyautées, la diffusion et le tamisage. Les résultats ont permis de sélectionner le procédé de pressurage à partir de la pâte comme étant le mieux adapté à une ligne de fabrication de jus à petite échelle. En effet, l'investissement est peu élevé, les manipulations sont faciles et l'opération est polyvalente (fabrication de pâte ou de jus). Par ailleurs, le pressurage permet également de garder une saveur et un goût spécifique du jus naturel. De plus, les gâteaux de presse et les noyaux peuvent être recyclés séparément (farine, aliments pour le bétail). Ce procédé peut être réalisé sur des sacs remplis de pulpes juteuses pour être énergiquement pressées manuellement ou à l'aide d'une presse hydraulique (25 kg/cm^2). L'enzymage peut être pratiquée pour faciliter le pressurage (Maatalah, 1970; Mimouni, 2009).

Pour l'élimination de matières insolubles et de certaines matières solubles (matières colorantes) ou semi-solubles (pectines), différentes méthodes de clarification des jus de dattes ont été comparées. La filtration est parmi les meilleurs traitements testés (pureté du jus de 97,7%). À cet effet, un tissu dont l'ouverture des mailles est très faible (environ 200 μm), est utilisé. La microfiltration tangentielle a montré également son intérêt (Maatalah, 1970; Mimouni, 2009).

Après filtration, le jus obtenu a une couleur brune dorée et une concentration en sucres de 30 à 35°Brix. Pour l'obtention du sirop, ce jus est ensuite concentré dans un bol de concentration chauffé à la vapeur générée par une chaudière fonctionnant au gaz ou dans des marmites. L'opération de concentration est arrêtée lorsque le Brix atteint 70 à 72 degrés (Maatalah, 1970; Mimouni, 2009).

Pour obtenir des sirops de meilleure qualité que ceux fabriqués actuellement par la plupart des unités installées au niveau des oasis marocaines, il faut procéder à la concentration du sirop sous vide à basse température (de 40 à 50°C).

Le sirop est un produit stable. Sa viscosité est identique à celle des miels d'abeilles qui peuvent être utilisées pour l'aromatiser. En outre, pour protéger le sirop contre tout éventuel brunissement et assurer sa conservation, on ajoute soit 0,1 g/L de bisulfite de sodium, soit 0,03% d'acide ascorbique et 0,2% d'acide citrique. Le miel de dattes n'est pas un sirop, mais l'exsudat des dattes molles, sa composition et ses utilisations sont semblables à celles du sirop (Maatalah, 1970; Mimouni, 2009).

Le jus et le sirop de dattes peuvent être consommés directement ou être utilisés dans différentes préparations. Le jus concentré de dattes est utilisé également avec succès dans la fabrication des crèmes et des desserts glacés et des boissons à base du lait (Maatalah, 1970; Mimouni, 2009).

Les jus de dattes doux et concentrés peuvent servir également à la fabrication du caramel. Le sirop est utilisé soit comme additif soit comme substitut de saccharose dans la pâtisserie, la biscuiterie et pour confectionner des boissons énergétiques comme la boisson gazeuse édulcorée avec un mélange de sirop de dattes et de sirops de gousses de tamarinier (Maatalah, 1970; Mimouni, 2009).

Sucre de dattes

Le sucre est obtenu à partir d'un broyage suivi d'un malaxage des dattes dans de l'eau chaude. Il n'est pas question de pressurage direct des dattes car l'obtention d'un jus sucré débarrassé des constituants autres que les sucres (matières pectiques, éléments minéraux, protéines, composés phénoliques, etc.) est très laborieux. Le jus de presse étant très chargé en particules, la clarification et la purification sur colonnes échangeuses d'ions sont difficiles. Il est préférable d'utiliser un procédé de diffusion qui permet de récupérer l'essentiel des sucres tout en limitant la diffusion des non-sucres dans le jus. La concentration du sirop se fait jusqu'à 30 à 35°Brix à basse température (de 40 à 50°C) et sous vide. On obtient un concentré brun clair ou jaune vif selon s'il est décoloré ou non. Ce concentré représente un produit sucré d'emploi facile. S'il a été épuré, il n'apporte pas de couleur, ni d'astringence aux boissons diluées ce qui permet de l'utiliser directement dans le thé ou le café. Il se présente sous un état amorphe. Son pouvoir édulcorant, comme celui du sirop, dépend des sucres qui le composent, surtout le lévulose qui a un pouvoir sucrant bien supérieur à celui des sucres invertis (Maatalah, 1970; Harrak et Boujnah, 2012).

Farine et semoule de dattes

La préparation de la farine ou de la semoule de dattes exige des variétés dures et cassantes ou susceptibles de le devenir après dessiccation, ou des dattes séchées naturellement. Après nettoyage, les dattes sont dénoyautées puis séchées jusqu'à une humidité inférieure à 5%. Le broyage se fait à froid avec des broyeurs ne produisant aucun échauffement de la matière et dans une atmosphère sèche, car la matière très hygroscopique et très sucrée devient pâteuse. Le blutage permet d'obtenir ensuite des farines, des semoules blanches et des semoules enrobées (ou vêtues). Il doit également être effectué à l'abri de toute humidité. Par sassage, ces trois produits sont séparés. Les semoules blanches peuvent être utilisées directement ou converties en farines. Les semoules vêtues peuvent subir un désagrégement suivi d'un blutage donnant à nouveau des farines blanches, des semoules nues et des semoules vêtues qui sont ainsi traitées jusqu'à épuisement, le résidu ou «son» est formé par de menus débris de péricarpe. Riche en sucres, la farine, ou la semoule, de dattes est utilisée en biscuiteries, en pâtisseries et dans la préparation de nombreux produits alimentaires: entremets, petits déjeuners, aliments pour enfants, etc. (Touily et Belloula, 2003; Djouab, 2007).

Gelée de dattes

Ce produit est fabriqué par gélification du sirop de dattes tel qu'il est obtenu selon la technique décrite plus haut. Il est caractérisé par sa haute valeur énergétique et peut-être utilisé à des fins multiples comme matière première dans la pâtisserie et pour les tartines (Mimouni, 2009; Belguedj, 2014).

Nectar de dattes

La fabrication du nectar des dattes est une opération rentable et convenable pour toutes les variétés de dattes. Un kilogramme de dattes donne deux litres et demi de nectar. Le procédé mis au point permet d'obtenir un produit de bonne qualité nutritionnelle et organoleptique. La technique adoptée consiste dans un premier temps à préparer une purée après trempage des dattes et passage dans une raffineuse. La purée est ensuite reprise dans l'eau sucrée afin d'obtenir un jus consistant qui correspond au nectar (Espiard, 2002).

Pâtes à tartiner de dattes

Diverses techniques de fabrication des pâtes à tartiner ont été mises au point aux laboratoires de l'institut National de la Recherche Agronomique du Maroc (INRAM). Il s'agit de nouveaux produits de diversification de dérivés de dattes. Trois technologies sont disponibles pour la fabrication de trois types de pâtes à tartiner. Il s'agit de techniques pour la préparation de:

- la pâte à base de dattes et d'amandes;
- la pâte à base de dattes et d'arachides;
- la pâte à base de dattes et du sésame.

Toutes ces pâtes ont de bonnes qualités organoleptiques et nutritionnelles (richesse en acides gras, oméga-3 et protéines). Ces pâtes sont stabilisées par un procédé thermique et ne contiennent pas d'additifs et de conservateurs chimiques (Harrak et Boujnah, 2012).

Crème de dattes

Deux techniques ont été mises au point par l'INRA du Maroc pour la fabrication de ce nouveau produit. Il s'agit de techniques basées sur l'émulsification d'une matière grasse. Deux types de crème ont été fabriqués respectivement à base des dattes et de l'huile d'argan, et des dattes et du fromage. La première était caractérisée par sa richesse en acides gras poly-insaturés qui sont bénéfiques pour la santé. Les deux crèmes ont de bonnes caractéristiques organoleptiques et nutritionnelles et sont conservés sans additifs ni conservateurs chimiques (Abaibia et Rachedi, 2018).

Pain de dattes

Le pain de dattes est constitué de deux couches de dattes dénoyautées séparées par une couche d'amandes blanchies. L'ensemble enveloppé par de la cellophane, se présente comme une galette cylindrique de 250 g. La forme standard du produit est obtenue grâce à l'utilisation d'un moule et d'une presse appropriés (INRAT, 2002).

15.1.2. Transformations Biotechnologiques

Vinaigre de dattes

Le vinaigre a été connu par la plupart des anciennes civilisations. Les Babyloniens l'ont fabriqué 5000 ans avant J.-C. à partir du vin du palme dattier. Il est défini comme étant tout produit obtenu par fermentation acétique de boissons ou de dilution alcoolique. Généralement, on distingue plusieurs types de vinaigre:

- Vinaigre d'alcool: la matière première utilisée est l'alcool pur dilué;
- Vinaigre de vin: c'est un vin de table de faible degré alcoolique qui est utilisé comme matière première;
- Vinaigre de bière ou de malt;
- Vinaigre de produits amylacés: une étape de saccharification de l'amidon est indispensable avant la fermentation alcoolique. L'origine de l'amidon était les produits céréaliers;
- Vinaigre des jus de fruits: on distingue les vinaigres de pamplemousses, de kiwis, de mangues, de citrons, de cidres et de dattes.

Les dattes constituent une bonne matière première pour la fabrication du vinaigre. À cette fin, les dattes doivent subir une double fermentation: alcoolique et acétique.

La fermentation alcoolique est réalisée par des levures, principalement des *Saccharomyces*. Ces dernières agissent par décarboxylation de l'acide pyruvique à la suite du glucose, puis réduction de l'acétaldéhyde formé en éthanol. En plus de l'éthanol, plusieurs autres produits se forment en faibles quantités (alcools supérieurs, acides gras, esters, aldéhydes et cétones). Ces produits secondaires de la fermentation interviennent dans les caractéristiques organoleptiques.

La fermentation acétique permet d'oxyder l'éthanol en acide acétique par le biais des diverses espèces d'acétobacter (Slimani et Harma, 2018).

Ces deux fermentations sont pratiquées sur les dattes écrasées auxquelles on ajoute de l'eau à une température de 35-40°C jusqu'à l'obtention d'un liquide ayant une concentration en sucre de l'ordre de 220 g/L. Après macération, les ferments sont ajoutés. On obtient 300 à 400 L de vinaigre à 6-7° pour 100 kg de dattes. Un autre procédé consiste à rajouter des acétobacters au jus sucré fermenté de dattes. L'acétification se poursuit pendant six à sept jours à 30°C. Le produit fini titre 8,5°, ce qui est supérieur aux normes minimales légales. Le rendement est de deux litres de vinaigre par kilogramme de dattes traitées. On peut trouver deux types de vinaigre: le vinaigre ordinaire pigmenté, c'est à dire non décoloré et le vinaigre balsamique de dattes qui est très prometteur (Abaibia et Rachedi, 2018).

Alcool de dattes

La fabrication de l'alcool de dattes est soumise à une réglementation sévère, lorsqu'elle n'est pas prohibée. Cet alcool de dattes est soumis à des taxations qui le rendent onéreux. Cependant, sa fabrication est autorisée dans certains pays comme alcool médical. On obtient environ 25 L d'alcool pur pour 200 kg de dattes. Il a été rapporté également que 100 kg de dattes peuvent fournir de 30 à

34 L d'alcool pur. À l'instar d'autres pays comme le Brésil, le Canada, les États-Unis, qui ont développé des programmes industriels intégrés pour la production d'éthanol à partir de canne à sucre, de blé, de maïs, etc., la Tunisie, qui possède un potentiel non négligeable en déchet et sous-produits de dattes, pourrait lancer un pareil programme. La production d'éthanol (Fig.54) à partir des déchets de dattes constitue une solution intéressante sur le plan économique. Cet alcool peut remplacer avantageusement celui obtenu par voie chimique à partir des produits pétroliers et peut remplacer le pétrole léger comme carburant ou au moins permettre le coupage de l'essence (5 à 10% d'éthanol). En outre, l'intérêt de produire de l'éthanol vient du fait que c'est une substance énergétique stratégique et son utilisation couvre un champ étendu d'activités industrielles : fabrication de spiritueux, d'intermédiaires chimiques (produits de beautés, parfums, cosmétiques, produits pharmaceutiques, etc.), de solvants, de détergents, de désinfectants, d'acides organiques, etc. (Barreveld, 1993; Slimani et Harma, 2018).

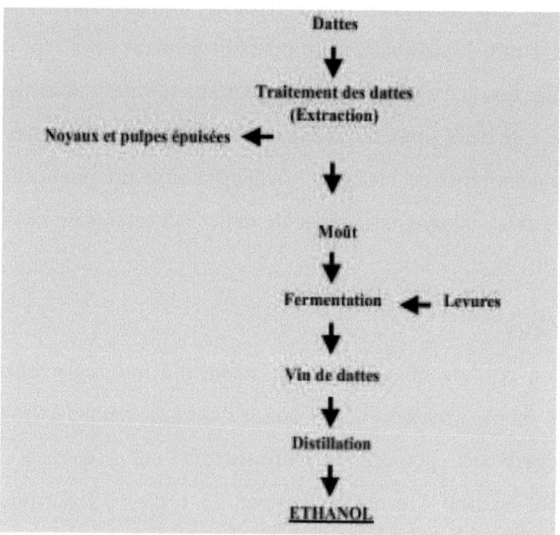

Fig.54. Différentes étapes de fabrication de l'éthanol (Kaidi et Touzi, 2001).

Levures à base de dattes

Les dattes peuvent servir de base à la fabrication de levures alimentaires, produits de haute teneur en protides (de 40 à 50%), très intéressants pour entrer dans la composition d'aliments pour les populations présentant des carences protidiques. Elles peuvent aussi fournir de la levure boulangère (*S. cerevisiae*). En effet, le moût issu de rebuts de dattes, de par sa richesse en sucres simples constitue un milieu favorable pour le développement des levures. Toutefois, sa faible teneur en azote et en éléments nutritifs est un facteur limitant. Elle doit être comblée par des sels minéraux (sulfate d'ammonium, phosphate d'ammonium et sulfate de magnésium) et de l'urée (Estanove, 1987).

Adjuvant au café à base de dattes

L'adjuvant au café est un genre de caramel de dattes qui semble avoir des propriétés amélioratrices du goût du café et qui peut être utilisé pour la préparation de boissons chaudes similaires au café (Passat, 1971; Harrak et Boujnah, 2012).

Biomasse et protéines unicellulaires

La production de protéines reste essentielle afin de subvenir aux besoins mondiaux. À cet égard, des essais de production de protéines d'organismes unicellulaires par culture de la levure *S. cerevisiae* sur un milieu à base de dattes ont été réalisés. Des analyses des biomasses produites montrent leur richesse en protéines à raison de 32 à 40% de poids sec (Kaidi et Touzi, 2001).

15.2. Noyaux de dattes

Les noyaux de dattes ont été utilisés après torréfaction et broyage, comme un succédané du café et donne une décoction d'une saveur et d'un arôme agréables. Cette poudre de noyaux est désormais produite par des usines de dattes (notamment aux Émirats Arabes Unis et en Arabie Saoudite). Elle est également produite par des coopératives de dattes au Maroc, en l'occurrence au Tafilalet et à Guelmim. La poudre extraite à partir des noyaux de dattes contiendrait également un agent gélifiant.

Les noyaux de dattes entrent également dans la composition des aliments de bétail; la valeur fourragère d'un kilogramme de noyaux est équivalente à celle d'un kilogramme d'orge. Ces noyaux constituent donc un sous-produit intéressant qui ne doit pas être négligé et doit être récupéré au niveau des ateliers de traitement, conditionnement et transformation des dattes. La digestibilité des noyaux est souvent améliorée par réduction de ces dernières en poudre fine ou en semoule. Certains agriculteurs donnent les noyaux au bétail après trempage dans l'eau pendant plusieurs jours en vue d'augmenter leur digestibilité et leur valeur nutritive. En effet, la cylase participe dans la transformation de la cellulose en dextrose lors de la germination. Cette transformation peut aussi être effectuée à la chaleur sous l'action d'un acide.

Les noyaux de dattes trouvent leur emploi, plus spécifiquement, chez les ruminants. En effet, ils ont une bonne valeur énergétique, par conséquent, ils conviennent parfaitement à l'engraissement et ont une place de choix pour la production laitière. Leur pauvreté en matières azotées et leur richesse en parois, limitent, cependant, leur emploi en grande quantité et incite leur enrichissement avec une source azotée. La composition des noyaux de dattes réunit à la fois les caractéristiques d'un aliment de lest par leurs teneurs élevées en parois, mais aussi celles d'un concentré énergétique économique, par leurs valeurs fourragères appréciables (Harrak et Boujnah, 2012).

L'huile de noyaux de dattes a démontré des propriétés protectrices à l'égard des rayons UVA et UVB responsables des dommages cellulaires. Cette propriété serait intéressante à étudier pour un éventuel emploi futur dans les crèmes solaires. Le niveau de protection mesuré est comparable à celui du dioxyde de titane. Par ailleurs, les propriétés anti-âges de la crème de noyaux de dattes ont été observées *in vivo*. Des essais devraient se multiplier sur ses propriétés et être réalisé à plus grand échelle (Estanove, 1991; Harrak, 2001; Harrak et Chetto, 2001).

15.3. Utilisations traditionnelles

Utilisation du pollen en cosmétique

Certaines préparations à base de pollen sont utilisées pour nourrir les cheveux, d'autres pour éclaircir le visage, traiter les acnés et les points noirs. Les préparations sont faites avec du miel, huile d'olive ou simplement du pollen mélangé avec de l'eau. L'utilisation des spathes est limitée aux traitements du diabète et de l'hypertension. Dans les deux cas, la spathe est macérée dans l'eau chaude. La boisson est utilisée à jeun (Babahani et Senoussi, 2016).

Utilisation des pennes et des épines

Les pennes sont surtout utilisées dans l'artisanat (vanneries, gabions en folioles, etc.) et les épines, comme cure-dents. Les pennes sont utilisées pour les traitements des conjonctivites et du trachome. Les épines sont utilisées pour traiter les orgelets, la conjonctivite et les plaies du talon (Rhouma, 2017).

Utilisation de la sève du palmier dattier (*Legmi*)

Le *legmi*; Il s'agit d'une extraction de la sève du palmier. Il est consommé en frais ou transformé en vin de palme par fermentation locale. Il est utilisé surtout comme boisson rafraîchissante et comme fortifiant ou pour soigner certaines maladies gastriques (Rhouma *et al.,* 2020).

Utilisation du *Lif* du palmier dattier

Le *Lif* est ne présente qu'une faible importance dans les remèdes traditionnels, il est utilisé pour traiter les allergies de la peau chez les enfants, la glycémie et les brûlures. Le *Lif* utilisé aussi pour la filtration de *legmi* et pour la construction des cordes (Rhouma, 2017).

Utilisation du stipe du palmier dattier

En thérapie traditionnelle, le stipe est utilisé principalement pour traiter les brûlures et les plaies. En cosmétique, les préparations à base du stipe sont utilisées pour nettoyer les dents et pour traiter les cheveux. Le miel est mélangé à la poudre du tronc pour traiter les cheveux. Ces préparations ne sont signalées qu'à Ouargla (Algérie). Le stipe, pour la confection de porte de maison et aussi utiliser avec les rachis pour les toits (Babahani et Senoussi, 2016). Utilisation des rachis, pour la confection des lits et aussi pour faire des articles à base du rachis des palmes (Kachmoula, 1982).

Les régimes de dattes sont utilisés comme balais traditionnels. Les palmes sèches, utilisées comme clôtures, brises-vent, etc., ils peuvent même servir en industrie de papier (Rhouma, 2017).

Fig.55. Produits à base de datte et de noyaux de datte.

Fig.56. Sous-produits de palmier dattier.

16. Conclusions

Les oasis sont l'axe de la vie saharienne, ils représentent un abri contre les rayons du soleil, dont les palmiers dattiers forment la couverture supérieure de ce microclimat merveilleux, et fournissent les sources principales de la vie humaine, agriculture et animal. Les dattes, présentant des propriétés nutritives, fonctionnelles, pharmacologiques et cosmétiques très intéressantes, exhibent d'autres voies prometteuses de valorisation par les industries alimentaires, pharmaceutiques et cosmétiques. Par ailleurs, ces oasis peuvent fournir des produits à base de dattes et de noyaux de dattes, et des divers sous-produits de palmier dattier qui sont très importants pour cette vie unique.

La culture de palmier dattier revêt aussi une importance socio-économique et culturelle dans le plusieurs pays du monde entre autres les pays du grand Maghreb. Cette culture stratégique permet la subsistance de nombreuses familles dont les moyens d'existence reposent sur les produits générés directement et indirectement par les palmiers. Bien que la production de datte représente 1% du PNB pour les principaux producteurs, la datte occupe une place importante dans les productions fruitières des régions arides et semi-arides. La production de datte détient le cinquième rang après les olives, les agrumes, les rosacées, les raisins au Maroc. En Tunisie, elle constitue la troisième exportation agricole. Le palmier dattier est sans conteste l'un des supports les plus importants du symbolisme. Il est l'image naturelle de la solidité et de la force et de la victoire. Il constitue un signe de reconnaissance social et un facteur déterminant de l'identité oasienne.

Malgré leur importance, la culture de palmier dattier est menacée par le freinage de leur développement dans certaines régions productrices. Cela est dû principalement aux facteurs abiotiques tels que les conditions climatiques, le stress salin et hydrique, et les carences en éléments nutritifs, et aux facteurs biotiques représentés par les champignons, les bactéries, les acariens, les insectes et les mauvaises herbes. Cette culture stratégique a besoin de patience et aussi des grands investissements pour développer ce secteur. D'où, l'objectif du troisième chapitre qui porte sur les études de ces contraintes biotiques et abiotiques.

Références Bibliographiques

Abaibia H. & Rachedi H., 2018. Caractérisation nutritionnels et morphologiques de trois variétés de dattes: «*Deglet-Nour*», «*Mech-Degla*», «*Ghars*». Master en sciences agronomiques (Spécialité : Contrôle de Qualité des Aliments). Faculté des sciences de la Nature et de la Vie, Université Abdelhamid Ibn Badis-Mostaganem, 97 pp.

Aberlenc-Bertossi F., Noirot M. & Duval Y., 1999. BA enhances the germination of oil palm somatic embryos derived from embryogenic suspension cultures. Plant Cell, Tissue Organ Cultures, 56(1): 53-57.

Al-Khayri J.M., 2001. Optimization of biotin and thiamine requirements for somatic embryogenesis of date palm (*Phoenix dactylifera* L.). In vitro Cellular and Développemental Biology Plant, 453-456.

Anonyme, 1996. Le palmier dattier dans l'agriculture d'oasis des pays méditerranéens série A, N° 28 Options Méditerranéens, Ciheam, Station de recherche *Phoenix dactylifera* L., 167- 175 pp.

Arnaud J., 1970. Récolte et conditionnement de la datte, programme de l'enseignement professionnel, Biskra, 60 pp.

Babahani S. & Senoussi A.H., 2016. Valorisation domestique des produits du palmier dattier dans des oasis du Sud-est algérien. Séminaire National sur les Agrosystèmes Sahariens, université d'Adrar, Algérie.

Barreveld W .H., 1993. Date palm products. *In* FAO, Agricultural services.

Barrow S., 1998. A monograph of Phoenix L. (*Palmae* : *Coryphoideae*). Kew bulletin, 53: 513-575.

Barthélémy D. & Caraglio Y., 2007. Plant architecture: a dynamic, multilevel and comprehensive approach to plant form, structure and ontogeny. Annals of Botany, 99(3): 375-407.

Barthélémy D., Edelin C. & Hallé F., 1989. Architectural concepts for tropical trees. Tropical Forests: Botanical Dynamics, Speciation and Diversity. Academic Press, London, 89-100 pp.

Belguedj M., 2010. Préservation des espèces oasiennes et stratégie à mettre en œuvre. Cas du palmier dattier (*Phoenix dactylifera* L.). Institut Technique de Développement Agricole Saharienne, ITDAS. OADA 13-14/12.

Belguedj N., 2014. Préparations alimentaires à base de dattes en Algérie: Description et diagrammes de fabrication. Mémoire de Magister en Technologie Alimentaire, Université Constantine, 243 pp.

Ben Abdallah A., 1990. La phoeniciculture. Options méditerranéennes, Série. A/N°11: 105-120 pp.

Ben Aissa I., Bourfa S. & Perrier A., 2008. Utilisation de la mesure thermique du flux de sève pour l'évaluation de la transpiration d'un palmier dattier "Economies d'eau en systèmes irrigués au Maghreb, Mostaganem: Algérie.

Ben Hamid F., 2011. La filière des dattes communes dans les oasis de Gabés dans le contexte des aléas climatiques et économiques: fonctionnement, atouts et contraintes. Institut national agronomique de Tunisie-Master.

Bouguedoura N., 1979. Contribution à la connaissance du palmier dattier. *Phoenix dactylifera* L. étude des productions l'axillaires. Thèse de fin de 3ème cycle en science biologique, Université Montpellier II, France.

Bouguedoura N., 1991. Connaissance de la morphogenèse du palmier dattier (*Phoenix dactylifera* L.). Etude *in situ* et *in vitro* du développement morphogénétique des appareils végétatif et reproducteur. Thèse de doctorat d'Etat de l'Université des Sciences et de la Technologie Houari Boumediene (USTHB) d'Alger, 201 pp.

Bouhoun M.D., Saker M.L., Boutoutaou D., Brinis L., Kemassi A. & El Hadj M.D.O., 2012. Impact des eaux phréatiques sur la salinité et le rendement du palmier dattier à Ouargla. Algerian Journal of Arid Environment, 2(2): 7-17.

Chetto A., Harrak H. & Elhachami N., 2005. Le marketing des dattes au Maroc. Edition INRA, Maroc.

Chowdhury M.S.H., Halim M.A., Haque F. & Koike M., 2008. Traditionnal utilisation of wild date palm (*Phoenix sylvestris*) in rural Bangladesh: an approach to sustainable biodiversity management. Journal of forestry research, 19(3): 245-251.

Daguin F. & Letouze R., 1988. Régénération du palmier dattier (*Phoenix dactylifera* L.) par embryogenèse somatique: amélioration de l'efficacité par passage en milieu liquide agité. Fruits, 43: 191-194.

Daher A., 2010. Détermination du sexe chez le palmier dattier: Approches histo-cytologiques et moléculaires, Thèse de doctorat, sciences biologiques, UM2, IRD Montpellier et CERD Djibouti, 146 pp.

Devshony S., Eteshola E. & Shani A., 1992. Characteristics and some potential applications of date palm (*Phoenix dactylifera* L.) seeds and seed oil. Journal of the American Oil Chemists' Society, 69(6): 595-597.

Djerbi M., 1982. Bayoud disease in North Africa, history, distribution, diagnosis and control. Date Palm Journal, 1(2): 153-197.

Djerbi M., 1994. Précis de phoéniciculture. FAO, 192 pp.

Djouab A., 2007. Préparation et incorporation dans la margarine d'un extrait de dattes des variètes sèches. Mémoire de Magister en génie Alimentaire, Université M'Hammed Bougara Boumerdes.

Dransfield J., Uhl N.W., Amussen C.B., Baker W.J., Harley M. & Lewis C.L., 2008. Genera Palmarum. The evolution and classification of palm. *Royal Botanic Gardens*, Kew publishing, Kew, UK.

Drira N. & Benbadis A., 1985. Multiplication végétative du palmier dattier (*Phoenix dactylifera* L.) par réversion, en culture *in vitro*, d'ébauches florales de pieds femelles adultes. Journal of Plant Physiology, 119: 227-235.

Edelin C., 1977. Images de l'architecture des conifères. Retrieved from http://agris.fao.org/agris-search/search.do?recordID=FR19900124676

El Amami S. & Laberche J.C., 1973. Climats et micro-climats des oasis de Gabès comparés à l'environnement déserfique. Annales de I'INRAT, 46(3).

El Hadrami I. & El Hadrami A., 2009. Breeding date palm. In breeding plantation tree crops: tropical species. *Springer*, New York, NY, 191-216 pp.

El Hadrami I., El Bellaj M., El Idrissi A., J'Aiti F., El Jaafari S. & Daayf F., 1998. Biotechnologies végétales et amélioration du palmier dattier (*Phoenix dactylifera* L.), pivot de l'agriculture oasienne marocaine. Cahiers Agricultures, 7(6): 463-468.

Elhoumaizi M.A., 2002. Modélisation de l'architecture du palmier dattier (*Phoenix dactylifera* L.) et application à la simulation du bilan radiatif en oasis. Thèse de fin d'étude du troisième cycle, Université Cadi-Ayyad, Marrakech au Maroc, 129 pp.

Elhoumaizi M.A., Oihabi A. & Saaidi M., 1998. La palmeraie de Marrakech: ses contraintes et ses atouts de développement. Science et changements planétaires/Sécheresse, 9(2): 163-166.

El Fekih M., 1969. Le palmier dattier: Ecologie et conditions de culture. Sols de Tunisie. Bulletin de la direction des sols, 1: 50-63.

Espiard E., 2002. Introduction à la transformation industrielle des fruits. Tech & Doc, Lavoisier, Paris, 147-155 pp.

Estanove P., 1987. Technologie de la datte: Le palmier dattier. Séminaire de l'Association du Grand Ismaïlia, 26-28 novembre 1987. Dar Al Thakafa édition, Meknès, Maroc, 104-113 pp.

Estanove P., 1991. Note technique: Valorisation de la datte; Les systèmes agricoles Oasiens. Options Méditerranéenne, Série A N°11.

Ferry M., 2001. Le palmier dattier et les systèmes de production en zones arides, recherché et expérimentation à Elche (Espagne), INRA mensuel N°110.

Fki L., Masmoudi R., Drira N. & Rival A., 2003. An optimised protocol for plant regeneration from embryogenic suspension cultures of date palm, *Phoenix dactylifera* L., cv. *Deglet Nour*. Plant Cell Reports, 21(6): 517-524.

Gatin G.L., 1912. Les palmiers. Histoires naturelles et horticoles des différents genres. Editeurs Octave Doin et fils, 338 pp.

Greiner D., 1998. Le marché de la datte, produit de rente des oasis: enjeux, diversité, tensions. Sécheresse, 9(2): 13-26.

Gros-Balthazard M., 2019. History and genetic architecture of date palm domestication. Conference: Third Jack R. Harlan International Symposium Dedicated to the Origins of Agriculture and the Domestication, Evolution, and Utilization of Genetic Resources.

Gros-Balthazard M., Newton C., Ivorra S., Pintaud J.C. & Terral J.F., 2013. Origines et domestication du palmier dattier (*Phoenix dactylifera* L.). État de l'art et perspectives d'étude. Revue d'ethnoécologie, 4.

Guettouchi A., 2017. Caractérisation Botanique et moléculaire du palmier dattier (*Phœnix dactylifera* L.) de la région de Bou-Sâada. (Doctoral dissertation, Université Frères Mentouri Constantine).

Hallé F. & Oldeman R., 1970. Essai sur l'architecture et la dynamique de croissance des arbres tropicaux. Retrieved from http://www.documentation.ird.fr/hor/fdi:04497

Hallé F., Oldeman R.A. & Tomlinson P.B., 1978. Opportunistic Tree Architecture. In Tropical trees and forests *Springer*, 269-331 pp. Retrieved from http://link.springer.com/chapter/10.1007/978-3-642-81190-6_4

Halle F., Oldeman R.A. & Tomlinson P.B., 1978. Tropical trees and forests - an architectural analysis. Berlin: *Springer* Verlag, 441 pp.

Harrak H. & Boujnah M., 2012. Valorisation technologique des dattes au Maroc. INRA édition.

Harrak H., 2001. Qualité et Valorisation technologique des dattes. Actes du Colloque National sur le Palmier dattier, Zagora, Maroc, 6 octobre, 7-34 pp.

Harrak H. & Chetto A., 2001. Valorisation et commercialisation des dattes au Maroc. Edition INRA, Maroc.

Husson M., 1931. Contribution à la technologie de la datte. Semaine du dattier, Biskra, 31(1): 16.

INRAT (Institut National de Recherche Agronomique Tunisie), 2002. Sauvegarder la diversité génétique du palmier dattier dans l'oasis de Degache (Tunisie), Problèmes et perspectives. Série Document de Travail N°107, PNDR (P), FEM (Fonds Mondial pour l'environnement), CIRAD (Centre International pour la Recherche Agricole orientée vers le Développement), IPGRI (International Plan Genetic Ressources Institute), 74 pp.

Jahiel M., 1993. Effet des récentes perturbations climatiques sur la phéniciculture dans le sud-est du Niger. Science et Changements planétaires/Sécheresse, 4(1): 7-16.

Jahiel M., 1996. Phénologie d'un arbre méditerranéen acclimaté en région tropicale : le dattier au sud du Niger et son appropriation par la Société Manga. Université de Montpellier II, Montpellier.

Jahiel M., 1998. Rôle du palmier dattier dans la sécurisation foncière et alimentaire au SudEst du Niger. Secheresse, 9(2): 167-174.

Johnson D.V., Al-Khayri J. M. & Jain S. M., 2015. Introduction: Date Production Status and Prospects in Africa and the Americas. In Date Palm Genetic Resources and Utilization. *Springer*, Dordrecht, 3-18 pp.

Kachmoula T., 1982. Etude du Papier Fabriqué des Palmes de Dattier selon la Méthode de Polysulfide. 1er Symposium sur le Palmier Dattier. Université El Hassa. Arabie Saoudite, 23-25 mars (pub-arabe).

Kaidi F. & Touzi A., 2001. Production de Bioalcool à Partir des Déchets de Dattes. Rev Energ Ren: Production et Valorisation- Biomasse, 75-78 pp.

Lakhdari F., 1980. Influence de l'Irrigation goutte à goutte et par rigole sur l'évolution de la salinité dans le sol, le rendement et la qualité des dattes «*Deglet-Nour*». Mémoire d'ing. agr., Inst. nat. agro., El-Harrach.

Lloyd DG. & Webb C.J., 1977. Secondary sex characters in seed plants. Botanical Review, 43: 177-216.

Maatallah S., 1970. Contribution à la valorisation de la datte Algérienne. Thèse ing INA El Harrach, 103 pp.

Mason S.C., 1915. Botanical characters of the leaves of the date palm used in distinguishing cultivated varieties /by Silas C. Mason. : Mason, Silas C. : Free Download & Streaming. Available at https://archive.org/details/mobot31753000367893

Mimouni Y., 2009. Mise au point d'une technique d'extraction de sirop des dattes, comparaison avec les sirops à haute teneur en fructose (HFCS) issus de l'amidonnerie. Mémoire de Magister en Biochimie et Analyse des Bio-Produits, Université Kasdi Merbah Ouargla.

Monciero A., 1954. Contribution à l'étude du pollen et de la fécondation du palmier dattier. Annales de l'Institut national agronomique El Harrach, Algérie, 8(4): 3-28.

Munier P., 1973. Le palmier-dattier. Maisonneuve et Larose, Paris, 221 pp.

Newton C., Gros-Balthazard M., Ivorra S., Paradis L., Pintaud J.-C. & Terral J.-F., 2013. *Phœnix dactylifera* and *P. sylvestris* in Northwestern India: A Glimpse of their Complex Relationships. Palms, 57(1). Available at http://search.ebscohost.com/login.aspx

Ozenda P., 1991. Flore et végétation du Sahara. Ed. CNRS, Paris, 130 pp.

Parveez G.H, Masri M.M., Zainal A., Majid N.A., Yunus A.M., Fadilah H.H., Rasid O. & Cheah S.C., 2000. Transgenic oil palm: production and projection. Biochemical Society Transactions, 28(6): 969-972.

Passat F.F., 1971. The industrialization of date palm products. Baghdad, Irak, Al-Adib, Printing Press, 240 pp.

Pereau-Leroy P., 1958. Le palmier dattier au Maroc. IFAC, Paris.

Peyron G., 2000. Cultiver le palmier dattier. Groupe de Recherche et d'Information pour le Développement de l'Agriculture d'Oasis, Editions Quae, 109 pp.

Pintaud J.C., Ludeña B., Aberlenc-Bertossi F., Zehdi S., Gros-Balthazard M., Ivorra S. & Daher A., 2011. Biogeography of the date palm (*Phoenix dactylifera* L., Arecaceae): insights on the origin and on the structure of modern diversity. International Symposium on Date Palm, 994: 19-38.

Rhiss A.C., Poulain G. & Beauchesne A., 1979. La culture *in vitro* appliquée à la multiplication végétative du palmier dattier (*Phoenix dactylifera* L.). Fruits, 34(9).

Rhouma A., 1994. Le palmier dattier en Tunisie. Le patrimoine génétique. INRA de Tunisie. PNUD/FAO/RAB/88/024.

Rhouma A., 1996. Le palmier-dattier en Tunisie: un secteur en pleine expansion. Cahiers Options Méditerranéennes, 1(28): 85-104.

Rhouma A., 2017. L'oasis de Chott Sidi Abdel Salam, Gabés, Tunisie: Réalités et défis. Editions universitaires européennes, 144 pp.

Rhouma A., Mougou I. & Rhouma H., 2020. Determining the pressures on and risks to the natural and human resources in the Chott Sidi Abdel Salam oasis, southeastern Tunisia. Euro-Mediterranean Journal for Environmental Integration 5, 37. https://doi.org/10.1007/s41207-020-00176-w

Riou C., 1990. Bioclimatologie des Oasis. Les systèmes agricoles oasiens. *In:* Dollé V. & Toutain G. (Eds.). Actes du colloque de Tozeur (19-21 novembre 1988), Paris, CIHEAM, 207-220 pp.

Saaidi M., 1990. Amélioration génétique du palmier dattier, Critères de sélection, techniques et résultats, Les systèmes agricoles oasien. Options méditerranéennes, série A / N° 11.

Sané D., Aberlenc-Bertossi F., Gassama-Dia Y.K., Sagna M., Trouslot F., Duval Y. & Borgel A., 2006. Histological analysis of callogenesis and somatic embryogenesis on cell suspension of date palm (*Phœnix dactylifera* L.). Annals of Botany, 98: 301-308.

Sharma A.K. & Sarkar S.K., 1956. Cytology of different species of palms and its bearing on the solution of the problems of phylogeny and speciation. Genetica, 28: 361-488.

Siljak-Yakovlev S., Cerbah M., Sarr A., Benmalek S., Bounaga N., Coba de la Pena T. & Brown S., 1996. Chromosomal sex determination and heterochromatin structure in date palm. Sexual Plant Reproduction, 9: 127-132.

Slimani A. & Harma M., 2018. Valorisation des différents produits secondaires des dattes Cas de la Wilaya d'ADRAR. Mémoire De Master Académique (Spécialité : Systèmes de Production Agro-écologiques). Faculté des Sciences et de la Technologie, Université Ahmed Draïa Adrar, 90 pp.

Takrouni L., Rhouma A., Khoualdia O. & Allouchi B., 1988. Observations préliminaires sur deux graves maladies d'origine inconnue du Palmier dattier en Tunisie. Annales de l'INRA de Tunisie, 61: 2-16.

Touily Z. & Belloula A., 2003. Valorisation du sirop de dattes dans la fabrication des boissons gazeuses. Thèse d'ingéniorat d'état en biologie. Centre universitaire de Mascara.

Toutain G., 1967. Le palmier dattier, culture et production. Al Awamia, 25: 84-146.

Toutain G., 1979. Éléments d'agronomie Saharienne. Cellules des zones arides. Institut national de la recherche agronomique. Groupe de recherche et d'échanges technologiques.

Uhl N.W. & Dransfield J., 1984. Development of the inflorescence, androecium, and gynoecium with reference to palms. In R. A. White and W. C. Dickison [eds.], *Contemporary problems in plant anatomy*, 397–449. Academic Press, New York, USA.

Uhl N.W., 1972. Inflorescence and flower structure in NYPA FRUTICANS (*Palmae*). American Journal of Botany, 59: 729-743.

Vashishtha B.B., 2003. Date palm culture in India. In The Date Palm: From Traditional Resource to Green Wealth. The Emirates Center for Strategic Studies and Research, Abu Dhabi, 227-240 pp.

Weiblen G.D., Oyama R.K. & Donoghue M.J., 2000. Phylogenetic Analysis of Dioecy in Monocotyledons. The American Naturalist, 155: 46-58.

Yin Y., Zhang X., Fang Y., Pan L., Sun G., Xin C. & Yu J., 2012. High-throughput sequencing-based gene profiling on multi-staged fruit development of date palm (*Phœnix dactylifera* L.). Plant Molecular Biology, 78(6): 617-626.

Zaher H. & Baaziz M., 2006. Contribution à l'identification des pieds mâles et femelles chez le palmier dattier par l'utilisation des marqueurs RAPD ». Congrès international de biochimie, Agadir, 9-12 mai 2006, Maroc.

Zaid A. & De Wet P.F., 1999. Chapter I botanical and systematic description of date palm. FAO Plant Production and Protection Papers, 1-28 pp.

Zango O., Littardi C., Pintaud J.C. & Rey H., 2013. Comparative study of architecture and geometry of the date palm male and female's inflorescences. Acta Horticulturae. Available at http://agris.fao.org/agrissearch/search.do?recordID=US201400131530

Zehdi S., Pintaud J.C., Billotte N., Ould Mohamed Salem A., Sakka H., Rhouma A. & Trifi M., 2006. Etablissement d'une clé d'identification variétale chez le palmier dattier (*Phoenix dactylifera* L.) par les marqueurs microsatellites.

Zohary D., Hopf M. & Weiss E., 2012. Domestication of plants in the Old World. 3rd edition. New York, Oxford University Press, 264 pp.

Chapitre III- Stress majeurs associés au palmier dattier en Afrique du Nord

Hanane Bedjaoui, Mohamed Seghir Mehaoua & Abdelhak Rhouma

Chapitre III- Stress majeurs associés au palmier dattier en Afrique du Nord

1. Introduction

Le palmier dattier est considéré comme l'une des plus importantes cultures fruitières des régions arides et désertiques du Moyen-Orient, du sud d'Asie et de l'Afrique du Nord où les conditions agro-écologiques sont favorables à son développement. Au cours des trois derniers siècles, les dattes ont également été introduites dans de nouvelles zones de production en Australie, en Inde, au Pakistan, au Mexique, en Afrique australe, en Amérique du Sud et aux États-Unis (Tchao et Krueger, 2007).

Domestiqué depuis 3000 ans avant J. -C en Mésopotamie (Nixon, 1959), aujourd'hui encore, le palmier dattier demeure une composante fondatrice de l'agrosystème oasien qui a permis de maintenir la vie dans le désert pendant des siècles grâce aux nombreuses et variables utilisations dont ses parties font l'objet. Il s'agit incontestablement d'une espèce qui continue de jouer un rôle économique, social et environnemental patent. Effectivement, le palmier dattier sert comme matière première pour la fabrication de logements, de meubles et la confection d'outils et ustensiles, en plus il fournit des fruits délicieux à consommer frais, séchés ou transformés d'une valeur nutritive et énergétique très importante et dont les vertus médicinales sont confirmées. Sur le plan économique, le palmier dattier constitue une source de revenus majeure pour les phœniciculteurs et les industries associées dans les communautés où il est cultivé (Zohary *et al.*, 2012; Bedjaoui, 2019).

Le palmier dattier, plus que de nombreuses autres espèces de plantes fruitières, est une plante des régions arides et semi-arides par excellence et constitue l'ossature principale de l'agrosystème oasien. En effet, il semble être la seule plante sauvage indigène du désert définitivement domestiquée dans ses environnements durs (Lunde, 1978; Zohary et Hopf, 2000). Cependant, il fait face à de nombreux stress qui sont des facteurs exogènes ayant un impact négatif sur sa croissance et son développement ou un effet néfaste sur sa biomasse ou son rendement (El Hadrami *et al.*, 2011). D'origine abiotique suite aux conditions désertiques hostiles qu'il endure à savoir la sécheresse, la salinité et les températures extrêmes (Shabani *et al.*, 2012) ou biotique causé par des organismes vivants en particulier la maladie du bayoud causée par *F. oxysporum* f. sp. *albedinis* et le charançon rouge du palmier (*Rhynchophorus ferrugineus* Oliv.) qui représentent les deux menaces les plus mortelles pour le palmier dattier (Jaradat, 2011; Al-Khayri *et al.*, 2018). Notons que l'occurrence simultanée de différents stress, c'est-à-dire biotiques et abiotiques, est très fréquente dans l'environnement et la plante, dans ce cas, doit faire face à des types d'interactions variés et complexes (Ben Rejeb *et al.*, 2014) qui induisent la perturbation du métabolisme des plantes entrainant ainsi des désordres physiologiques (Heil et Bostock, 2002; Massad *et al.*, 2012), et conduisant à une réduction de la productivité (Shao *et al.*, 2005) occasionnant ainsi des pertes de rendement estimées approximativement à 50% (Ben Rejeb *et al.*, 2014) et augmentées davantage par l'action des changements climatiques (Mahalingam, 2015; Pandey *et al.*, 2017; Kumar *et al.*, 2020). En effet, les stress abiotiques tels que la sécheresse, les inondations, la salinité, les températures élevées, etc. influencent non seulement la physiologie des plantes, mais accompagnent également l'apparition et la propagation de divers agents pathogènes, insectes et mauvaises herbes (Peters *et al.*, 2014).

Dans de nombreuses zones de production du dattier dans le monde de graves stress entraînant des pertes considérables ont été signalés comprenant entre autres les maladies, la sécheresse, la désertification et les inondations (Baaziz *et al.*, 2000; Zaid *et al.*, 2002; Jaradat et Zaid, 2004; Bouguedoura *et al.*, 2010). Des millions de palmiers dattiers ont été perdus en une décennie en Afrique du Nord en raison de ces catastrophes naturelles (Djerbi, 1998; Baaziz *et al.,* 2000). Le charançon rouge du palmier (*R. ferrugineus* (Olivier)) est une menace réelle des palmiers dattiers de la région arabe. D'autre part, la sécheresse, due à une longue période sans pluie et l'assèchement de nombreux puits d'eau et, par conséquent, l'augmentation de la salinité de l'eau et du sol mettent en péril les plantations de palmiers dattiers en expansion dans la plupart des régions de la péninsule arabique (Jaradat et Zaid, 2004).

Ce présent chapitre décrit brièvement les principales contraintes d'ordre biotique et abiotique rencontrées par le palmier dattier en Afrique du Nord, et résume les études menées par les différentes équipes de recherche notamment en ce qui a trait aux réponses des différents cultivars du palmier dattier à ces stress en interaction avec l'action anthropique.

2. Stress abiotiques du palmier dattier

Le mot stress est apparu autour de 1940. Il s'agissait d'un mot anglais, employé en mécanique et en physique, qui voulait dire « force, poids, tension, charge ou effort ». Ce n'est qu'en 1963 que Hans Seyle utilise ce mot en médecine, où il définit «des tensions faibles ou fortes, éprouvées depuis toujours, et déclenchées par des événements futurs désagréables ou agréables». Claude Bernard fut le premier à dégager une notion physiologique du stress en 1868. Selon lui, les réactions déclenchées par le stress visaient à maintenir l'équilibre de notre organisme. L'ensemble de ces réactions internes a été nommé homéostasie par le physiologiste américain Bradford et Yang (1915), à partir du grec stasis (état, position) et homoios (égal, semblable à). Il y inclura en outre la notion de stress. Le lien stress-homéostasie adaptation va perdurer jusqu'à nos jours et les recherches menées concernant ces processus sont à la base d'une littérature abondante. L'association de ces trois notions constitue l'approche biologique du stress et permet notamment d'expliquer l'influence du stress qui est de permettre, lorsqu'il est appliqué dans certaines limites, l'adaptation à l'environnement, et donc au maintien de la vie. D'une façon plus générale, on peut dire qu'au niveau cellulaire, un stress est causé par la variation d'un paramètre environnemental qui entraîne la mise en place des mécanismes de régulation de l'homéostasie. Les organismes sont généralement soumis à deux types de stress: les stress biotiques (dus à une agression par un autre organisme) et les stress abiotiques (qui sont dus principalement à des facteurs environnementaux) (Levitt, 1980).

D'un point de vue agronomique, l'action des stress abiotiques est définie en termes de leur impact sur le rendement des cultures en tant que valeur économique. Les stress abiotiques tels que salinité, sécheresse, froids, chaleur, carence minérale et toxicité sont devenus des menaces majeures pour la production agricole mondiale. Ces stress qu'ils agissent de manière isolée ou combinée influent non seulement sur la croissance et le développement des plantes mais aussi sur la productivité en provoquant des troubles physiologiques, une toxicité ionique et déséquilibres hormonaux et nutritionnels (Latef *et al.*, 2016; Satisha *et al.*, 2020). Ils entrainent une baisse des substances pigmentaires photosynthétiques, en particulier la chlorophylle (Shareef *et al.*, 2020) réduisant ainsi et de manière sévère les rendements à environ 70% (Kumar *et al.*, 2013; Saxena *et al.*, 2013). La récurrence et la durée de ces stress abiotiques seront encore intensifiées avec le réchauffement du climat mondial (Lamaoui *et al.*, 2018).

Les réponses des plantes au stress abiotique sont complexes étant donné que le stress pourrait être perçu dans une partie de la plante et la réponse se produisant dans une autre partie (Tester et Davenport, 2003). Face au stress, les plantes développent souvent un mécanisme d'évitement et de tolérance. Par exemple, le développement du système profondément enraciné pendant la sécheresse représente un mécanisme d'évitement tandis que le changement dans l'expression des gènes et la régulation des voies métaboliques font partie de la composante de tolérance pour améliorer ou maintenir la fonctionnalité des plantes dans des conditions de stress. Bien qu'il n'y ait pas de mécanisme général applicable à toutes les plantes et que des différences peuvent être observées entre les génotypes de la même espèce (Welfare *et al.,* 2002).

La réponse des plantes vis-à-vis des stress abiotiques peut se produire à différents niveaux: morphologiques, physiologiques et changements biochimiques / moléculaires. Au niveau morphologique, le stress abiotique peut provoquer des altérations de la croissance des pousses, des racines et des feuilles, ainsi que le développement. Les processus physiologiques sont également affectés, tels que le taux de photosynthèse, la transpiration, la respiration, la partition des assimilés à différents organes dans la plante et l'absorption minérale. Au niveau cellulaire, les membranes cellulaires peuvent être endommagées, les structures thylakoïdes désorganisées, la taille des cellules réduite. Et enfin, à un niveau biochimique / moléculaire, les effets incluent l'inactivation d'enzymes, dommages osmotiques, changements dans les métabolites primaires et secondaires, changements de l'absorption ou du mouvement d'eau (Rao, 2016).

Les pressions provenant de diverses sources de stress abiotique sont parmi les plus grands défis auxquels est actuellement confrontée la productivité des cultures dans le monde. Ces défis sont amplifiés dans les régions arides et semi-arides où sévit la désertification qui est étroitement liée à la sécheresse et la salinité. En termes de conditions de l'environnement, les zones arides sont caractérisées par des précipitations faibles, peu fréquentes, irrégulières et imprévisibles, de grandes variations entre les températures du jour et de la nuit, des sols contenant peu de matière organique (Yukie *et al.,* 2011). La sécheresse et la chaleur excessive provoquent inéluctablement l'accumulation de grandes quantités de sels solubles dans le sol. Ces conditions, ainsi que d'autres sources de stress abiotique tels que l'exposition aux métaux lourds et le stress nutritionnel constituent de plus en plus une menace pour les rendements des cultures et la sécurité alimentaire (Hazzouri *et al.,* 2020).

Les palmiers dattiers vivent dans des environnements désertiques difficiles, ils supportent les sols salins et survivent de longues périodes avec un approvisionnement en eau limitée (Nixon, 1951; Maas et Grattan, 1999; ElShibli *et al.,* 2016; Müller *et al.,* 2017). En dépit de sa haute tolérance aux stress abiotiques, les palmiers dattiers nécessitent de grands volumes d'eau pour produire des fruits de bonne qualité commerciale, cette dernière sera pénalisée aussi bien que la productivité en cas de sécheresse et de stress salin (Al Hammadi et Kurup, 2012; Hussain *et al.,* 2012). Ce qui rend la salinité et la sécheresse comme étant les principales conditions environnementales défavorables, pour la culture de palmier dattier (Zohary et Hopf, 2000; Johnson, 2011).

Les contraintes abiotiques majeures qui pénalisent la production du palmier dattier dans la région Nord Africaine sont présentées en ce qui suit où des contextes de bases sont définis en étalant les facteurs qui sont à l'origine de ces stress ainsi que leur action sur le comportement du dattier.

2.1. Salinité

Les sols salés sont principalement situés dans les zones arides (Marlet et Job, 2006). La présence de sels sur le sol est généralement associée à des effets négatifs osmotiques et ioniques, ce qui diminuera alors l'activité biologique. De plus, les sels ont un effet significatif sur la fertilité du sol ainsi que sur ses caractéristiques physiques, chimiques et biologiques (Srour *et al.,* 2010).

La salinité des sols constitue un facteur limitant en agriculture, car elle inhibe la germination et le développement de la plante avec un impact sur son comportement biochimique (Hopkine, 2003). Et ce par la combinaison de trois processus majeurs à savoir, les effets osmotiques, les effets toxiques spécifiques des ions formant le sel sur le métabolisme et le déséquilibre de l'absorption des nutriments (Karim et Dakheel, 2006; Maathuis, 2006; Al-Abdoulhadi *et al.,* 2012). Elle peut même entraîner la mort des plantes (Rao, 2016).

Le potentiel hydrique et le potentiel osmotique des plantes deviennent de plus en plus négatifs avec l'augmentation de la salinité ainsi que la pression de la turgescence (Parida et Das, 2005). Dans les conditions de concentrations élevées de salinité accrue, le potentiel hydrique de la feuille et la vitesse d'évaporation diminuent significativement chez l'halophyte *Suaeda salsa* alors qu'il n'y a pas de changement dans le contenu relatif en eau (Parida et Das, 2005). La plante ne pourra plus puiser l'eau qu'à partir d'une certaine concentration en sel où la pression de la plante est égale à la pression osmotique du milieu. Le sel diminue la transpiration des glycophytes et de nombreux halophytes en absence de toute diminution de turgescence. Marih (1991) a montré que l'augmentation de la pression osmotique de la solution du sol se traduit inévitablement au niveau de la plante par la difficulté d'absorber cette solution. Même si le végétal a adapté la pression intérieure avec la pression extérieure, en absorbant suffisamment de sel, la transpiration est diminuée par le fait que l'eau s'évapore des feuilles plus difficilement; la tension de vapeur d'une sève salée étant plus faible que celle d'une sève normale.

Une concentration élevée de sel dans le sol crée un stress osmotique et rend plus difficile pour les racines l'absorption d'eau et des nutriments du sol (Munns et Tester, 2008). En effet, à partir d'une certaine concentration en sels, la pression osmotique de la plante est égale à la pression osmotique du milieu, celle-ci ne pourra plus puiser l'eau, elle va se faner et se dessécher (Hopkine, 2003). D'autre part, la salinité accentue les effets de la sécheresse en limitant les prélèvements de l'eau par la plante. Dans ce cas, l'énergie biologique des plantes utilisée dans la production de la biomasse va être consommée pour extraire l'eau de la solution saline du sol (Gale et Zeroni, 1985; Daddi Bouhoun, 2010). La toxicité résultant d'une salinité extrême conduit à des dommages cellulaires (Abass, 2016). À ce niveau, le stress hydrique comme le stress salin agit en augmentant la teneur en proline dans les différents organes de la plante qui peut atteindre 100 fois la quantité normale que l'on trouve dans les tissus en turgescence (Senni, 1995).

Senni (1995) a noté une accumulation de proline dans plusieurs plantes soumises à un stress salin. Senni (1995) a constaté que des conditions élevées de salinité provoquent chez la plante une augmentation de proline qui peut aller jusqu'à 1000 fois la quantité normale dans les tissus en turgescence. Par ailleurs, Ouinten (1989) a montré que la proline ne s'accumule de manière significative, que lorsque les plantes sont sévèrement stressées. Senni (1995) a étudié le rôle de l'accumulation de la proline dans l'adaptation des diverses espèces halophytes dans un environnement salin. Ils montrent que l'accumulation de la proline commence brutalement au-delà d'un seuil de salinité. À ce seuil, correspond un point de rupture, un groupe qui accumule la proline à 0,25 M dc NaCl, avec une accumulation supérieure à 63 μM/g de poids frais; un groupe qui accumule 27,4 μM de proline avec 0,7 M de NaCl. Ils ne concluent que la signification de l'accumulation de la proline, comme étant une adaptation à un environnement salin qui est propre à chaque espèce (Senni, 1995).

Les principales causes de l'augmentation de la salinité des sols dans les zones arides et semi-arides sont les faibles précipitations associées à une sur irritation en utilisant des eaux souterraines saumâtres ou salines (Hillel, 2000; Pitman et Lauchli, 2002; Malash *et al.,* 2008). Ceci contribue, en mauvaises conditions de drainage, à une augmentation de la concentration des sels toxiques dans les couches supérieures du sol et retarde ou empêche le développement et la croissance et diminue les rendements des palmiers (Furr, 1975; Daddi Bouhoun, 2013). Par ailleurs, dans le cas où les eaux phréatiques salées sont proches du niveau des racines, ces dernières puisent l'eau salée, ce qui diminue la croissance et le rendement du palmier dattier (Alhammadi et Kurup, 2012; Daddi Bouhoun, 2013; Yaish et Kumar, 2015) du fait que la salinité des eaux phréatiques dépasse la limite supérieure de tolérance du palmier dattier en conditions de sols sableux (Durand, 1958).

Au niveau racinaire, l'impact du stress salin sur le système racinaire du dattier se traduit par une accumulation faible de Cl et Na par rapport à la concentration des eaux d'irrigation dans la partie racinaire, de plants issus de noyaux de *Deglet Nour* et de *Medjhoul*. Les racines du dernier cultivar contenant un taux de Cl et Na légèrement plus fort que le premier. Le cas inverse est observé pour les organes végétatifs (Furr et Ream, 1967). Pareils résultats ont été obtenus par une étude similaire qui a montré qu'un taux de Cl et Na dans les racines du cv. *Baratmuda* était légèrement plus grand par rapport à la plantule du cv. *Sakkoti* et l'inverse pour les organes végétatifs (Hussein *et al.*, 1996). Les deux travaux précités ont estimé que la concentration de Cl dans les racines était de 2 à 3 fois supérieure à celle des organes végétatifs, et de 5 à 10 fois pour le Na. Des travaux plus récents dans une étude sur la descendance (plants issus de semis) de 10 cultivars, Al Kharusi *et al.* (2017) ont suggéré que ces derniers peuvent être séparés en cultivars sensibles et tolérants au sel en se reposant sur les caractéristiques de croissance de leurs parties aériennes et racinaires. Ils ont rapporté que les cultivars les plus sensibles avaient une teneur en Na^+ élevée dans les racines et les parties aériennes, en K^+ réduite dans la partie aérienne, et une faible teneur relative en eau des pennes. Des issus de noyaux de deux cultivars; le premier tolérant au sel, *Umsila* et le second *Zabad* sensible ont fait l'objet d'une étude menée par Al Kharusi *et al.* (2019). Ils ont rapporté que les plants tolérants au sel ont répondu à salinité par des changements d'ordre biochimique, notamment l'augmentation des concentrations de la proline, associés à une augmentation des taux de photosynthèse et au développement d'un système racinaire et d'une surface foliaire plus larges. Ces résultats suggèrent que bien que le palmier dattier soit tolérant à une salinité élevée, il existe une variation de tolérance entre les différents cultivars. L'exclusion du Na^+, la photosynthèse et la stabilité de la membrane sont apparemment les principaux déterminants de la tolérance et peuvent être utilisées dans le screening de la tolérance à la salinité du palmier dattier. Les deux nouveaux cultivars étudiés se sont montrés très tolérants (*Manoma* et *Umsila*); ils pourraient servir de ressources génétiques pour une l'amélioration de la tolérance du palmier dattier à la salinité. Furr (1975) a signalé qu'il est évident que le palmier dattier est plus tolérant au sel que l'orge et qu'il peut être le plus tolérant au sel de toutes les plantes cultivées puisque l'orge est connue comme l'une des cultures de plein champ les plus tolérantes au sel cultivé pendant la saison fraîche; Par contre, les palmiers dattiers poussent plus vite au climat chaud, lorsque la salinité a l'effet le plus négatif sur les plantes. D'un autre côté, l'augmentation de la salinité du sol commence à avoir un impact négatif sur l'agro-écosystème du palmier dattier dans la région aride, en particulier au Moyen-Orient (Dakheel, 2005). En général, la salinité peut réduire la croissance des plantes par des effets osmotiques, la toxicité des ions, déséquilibre de l'absorption des nutriments, ou une combinaison de ces facteurs (Karim et Dakheel, 2006; Maathuis, 2006). La dynamique observée dans les plantes juvéniles est aussi observée dans les palmiers dattiers juvéniles (cv *Medjool*). Khudairi (1958) a évalué la germination des graines du cultivar Zahedi cultivé dans des solutions de Na Cl (0,5, 1 et 2%). Il a constaté que le Na Cl a éliminé la germination des graines pendant les premiers stades et la germination maximale ne dépasse pas 50%. Aljuburi (1992) a étudié la croissance de quatre cultivars de palmiers dattiers (*Lulu*, *Khalas*, *Boman* et *Barhee*), en utilisant quatre concentrations de salinité (0, 0,6, 1,2 et 1,8%). Il a trouvé que le cultivar *Lulu* était plus affecté par la salinité que les autres cultivars. La recherche faite par Hewitt (1963) a testé l'effet des différents sels et la concentration des sels sur la germination des graines de *Deglet Noor* en utilisant différentes combinaisons de Na Cl, chlorure de calcium ($CaCl_2$), sulfate de sodium (Na_2SO_4), Na Cl + $CaCl_2$ et Na Cl + Na_2SO_4 avec les concentrations de sel de 10 000 à plus de 30 000 ppm. Il a indiqué que la croissance de *Deglet Noor* diminuait légèrement à 10 000 ppm, diminuait considérablement à 20 000 ppm et a été empêché à 30 000 ppm, sauf pour trois semis en Na Cl + Na_2SO_4 à

34 000 ppm. Le comportement du dattier mature a été étudié par Furr et Armstrong (1962); Ils ont examiné la croissance des cultivars de 17 ans *Halawy* et *Medjool* en utilisant des salinités comprises entre 2 500 et 3 300 ppm. Ils ont trouvé peu ou pas d'effet sur le taux de croissance des feuilles, le rendement, la taille ou la qualité des fruits, ou sur la teneur en chlorure des pennées des feuilles. D'autres par Furr et Ream (1968) ont étudié l'effet de sels compris entre 520 et 24 000 ppm sur la croissance et l'absorption des sels des variétés *Deglet Noor* et *Medjool*; Le résultat de leur étude montre que le taux moyen de croissance des feuilles était réduit avec l'augmentation de la salinité et que la baisse de la croissance était plus liée à la salinité de l'eau d'irrigation qu'à la teneur en sel des plantes. Ben Saada (2015) a montré des modifications dans la morphologie des plantules de palmier dattier (cv. *Deglet Nour*) des lots stressés, notamment par un ralentissement de la croissance du système racinaire, une diminution du nombre des racines secondaires et tertiaires et par, d'autre part, l'absence, le jaunissement ou malformations foliaires (Figs.57 et 58).

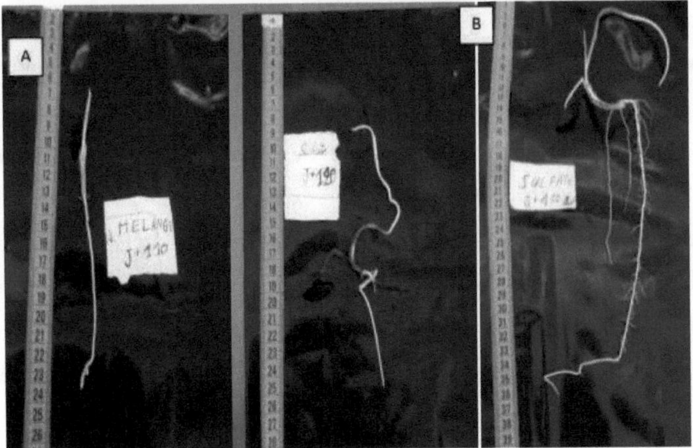

Fig.57. Plantules du palmier dattier inoculées par des sels combinés (A) et celui du $CaSO_4$ (B) (plantules en difficultés de croissance et dépourvues de racines secondaires et tertiaires) (Ben Saada, 2015).

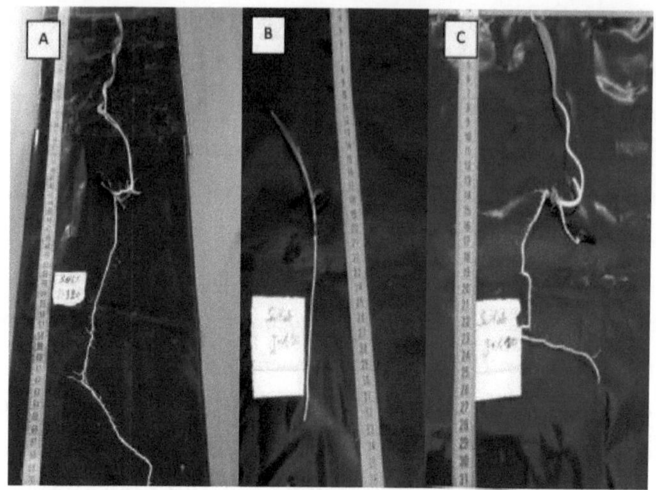

Fig.58. Plantules du palmier dattier inoculées au $CaSO_4$ à120 jours après inoculations (A) et (B), et à 110 jours après inoculations (C), montrant des malformations foliaires (Ben Saada, 2015).

Une autre étude menée sur trois cultivars *Khalsa, Khunaizy* et *Abunarinjah* a révélé que ces derniers peuvent être irrigués avec de l'eau saline pendant la croissance végétative. Cependant, une baisse significative de la croissance lorsque la conductivité électrique (CE) de l'eau d'irrigation dépasse 9 dS m^{-1} qui peut atteindre les 50% si la CE augmente jusqu'à18 dS m^{-1} (dans un sol sableux avec un très bon drainage). Un excès d'ions Na^+ accumulés dans les feuilles des plantes a été observé. La base physiologique de la tolérance au sel dans le palmier dattier repose sur un contrôle strict de la concentration de Na^+ et Cl^- dans les feuilles et un maintien du contenu du K^+. En absence d'une grande différence entre le potentiel de tolérance au sel des trois cultivars précités, *Khunaizy* a montré une légère supériorité dans sa tolérance. Ainsi, le palmier dattier pourrait être considéré comme hautement tolérant au sel (Alrasbi *et al.*, 2010). Selon Greenway et Munus (1980), les différences de tolérance à la salinité entre les cultivars de palmier dattier semblent être liées aux mécanismes d'exclusion du sel par les racines.

Les effets néfastes de l'irrigation de jeunes palmiers issus de noyaux *Deglet Nour* par des solutions salées sur leur croissance ont également été mis en évidence par Hewitt (1963). Des études similaires sur des palmiers issus de noyaux des cultivars *Deglet Nour* et *Medjhoul* aux USA (Furr *et al.,* 1966), et les cultivars *Sakkoti* et *Baratmuda* en Égypte (Hussein *et al.,* 1996b) ont révélé que l'augmentation de la salinité des eaux d'irrigation diminue la croissance des palmes jeunes palmes plus que les palmes âgées. Par ailleurs, le taux de croissance varie avec les saisons, il augmente en été et diminue en hiver. Le cultivar *Medjhoul* s'est montré plus tolérant au sel que *Deglet Nour* dont la croissance était la plus lente dans tous les traitements (Furr *et al.,* 1966). D'un autre côté, le cultivar *Sakkoti* était le plus tolérant au sel par rapport à Baratmuda (Hussein *et al.,* 1996b). En Tunisie, Ghazouani (2009), Dhaouadi *et al.* (2015), et Rhouma *et al.* (2020) ont souligné une baisse significative de la croissance et du rendement suite à une augmentation de la salinité de l'eau et du sol.

Chez les plantes traitées avec le Na Cl, la microscopie électronique a montré que la structure du thylacoïde du chloroplaste devient désorganisée, le nombre et la taille des plastoglobules augmentent et le taux d'amidon diminue (Parida et Das, 2005). Dans le mésophylle d'*Ipomoea batatas*, les membranes des thylacoïdes sont gonflées et la plupart sont perdues sous un stress salin sévère (Parida et Das, 2005). Ben Saada (2015) a révélé que l'histologie du système racinaire a montré de différences significatives entre les plantules (palmier dattier cv. *Deglet Nour*) exposées au stress salin et les plantules (palmier dattier cv. *Deglet Nour*) traitées uniquement par l'eau distillée (témoin négative) (Figs.59, 60, 61 et 62).

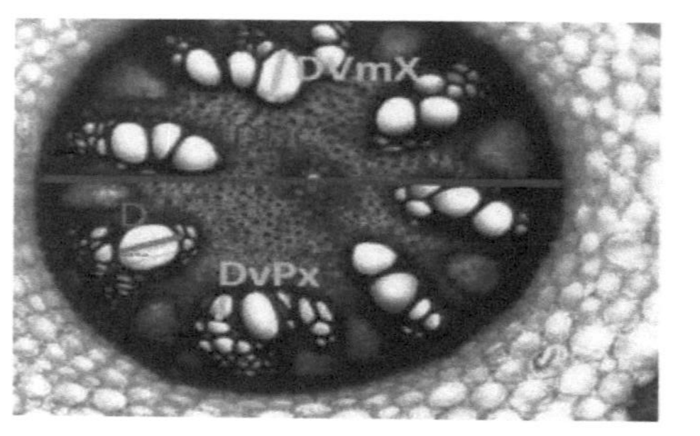

Fig.59. Coupes transversales de la radicule d'une plantule de palmier dattier du lot témoin, Grx40 à 4 cm de la base racinaire à 100 jours après inoculations, montrant les paramètres histologiques suivants; en rouge DCC: diamètre du cylindre central; en bleu DVmX: diamètre des éléments de vaisseau du méta xylème; en rose DVpX: diamètre des éléments de vaisseau de protoxyléme (Ben Saada, 2015).

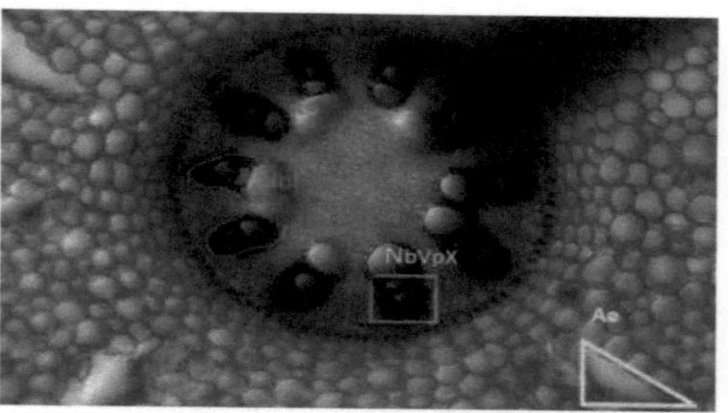

Fig.60. Coupes transversales de la radicule d'une plantule de palmier dattier du lot des sels combinés, Grx40 à 4 cm de la base racinaire à 100 jours après inoculations, montrant les paramètres histologiques suivants; en vert NbVpX: le nombre d'éléments de protoxyléme; en rose NnVmX: le nombre d'éléments de métaxyléme (Ben Saada, 2015).

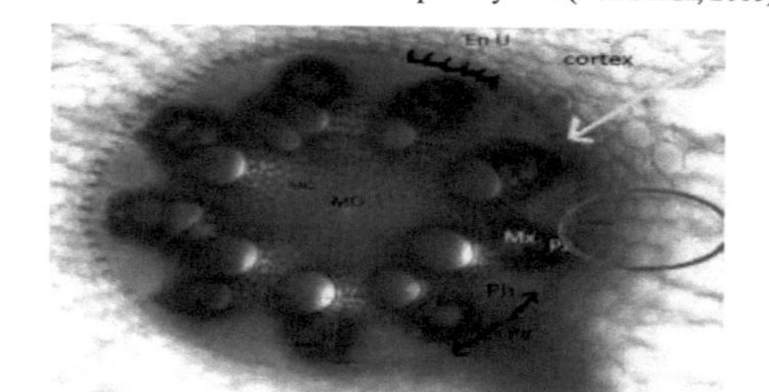

Fig.61. Coupes transversales de la radicule d'une plantule de palmier dattier du lot témoin, Grx40 à 4 cm de la base racinaire 100 jours après inoculations, montrant les paramètres histologiques suivants; En U: endoderme en U; Ph: phloème; Mx: Méta xylème; Px: Protoxyléme; Mo: Moelle; Pe: péricycle (Ben Saada, 2015).

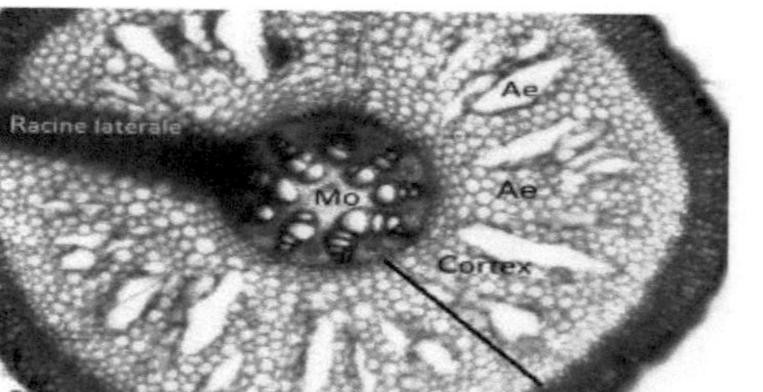

Fig.62. Coupes transversales de la radicule d'une plantule de palmier dattier du lot de sulfate de calcium. Grx40 à j+110, à 8 cm de la base racinaire montrant des paramètres histologiques suivants; Mo: Moelle; Ae: Aérenchyme (Ben Saada, 2015).

Le palmier dattier n'est pas une espèce halophyte, mais il a la capacité de résister à des conditions extrêmes de sécheresse, de chaleur et de salinité (Al-Khayri *et al.,* 2018). Il supporte des eaux présentant une certaine salure, mais il donne de meilleurs rendements lorsqu'il est irrigué avec de l'eau douce. Cependant, Maas et Grattan (1999) ont rapporté que pour chaque unité d'augmentation de la salinité au-dessus de 4 dS m^{-1}, le rendement du palmier dattier enregistre une baisse de 3,6%. Effectivement, la salure de l'eau affecte le rendement en dattes en termes de quantité et de qualité (Alhammadi et Kurup, 2012) et conduit à des pertes économiques importantes (Cookson et Lepiece, 2001; Dakheel, 2005). D'autre part, la salinité a aussi un impact sur des caractéristiques agronomiques importantes, notamment l'allongement du stade juvénile de 2 ans et le retard du développement des fruits chez les palmiers adultes (Tripler *et al.,* 2007; Tripler *et al.,* 2011). Dans certaines situations extrêmes, la salinité a provoqué la mort de beaucoup de palmeraies et la disparition d'oasis entières, faute de mesures appropriées pour limiter la gravité de ce phénomène dangereux et réduire ses conséquences néfastes (Daddi Bouhoun, 2010).

Les rendements relatifs atteignent 100% à une salinité de sols idéale de 1,2 dS.m^{-1} et une salinité des eaux d'irrigation variable. Les rendements relatifs deviennent nuls si la salinité des sols et des eaux d'irrigation est comprise entre 6,9 et 18,9 dS m^{-1}, et entre 4,1 et 10,3 dS m^{-1}, respectivement. Au-dessous de ces seuils, le palmier dattier présente le meilleur potentiel nutritif lui permettant un rendement optimum, conditionné par l'âge de plantation, les stress hydro halomorphes de nappes et mécaniques de croûtes gypseuses, et d'autres paramètres agronomiques, comme la conduite culturale, particulièrement les amendements organiques et la gestion de l'irrigation-drainage (Armstrong, 1960; Ramoliya et Pandey, 2003).

La présence du dattier dans les régions sahariennes renseigne sur son extraordinaire adaptation aux rudes conditions du désert. La notion d'adaptation est définie comme des modifications héréditaires des structures ou des fonctions qui augmentent la probabilité qu'un organisme survive et se reproduise dans un environnement particulier (Kramer, 1980). Plusieurs travaux ont pu mettre en exergue la grande capacité du palmier dattier à supporter la présence excessive du sel en mettant l'accent sur sa réponse face à ce stress et qui s'est traduit de différentes manières. Les pieds de palmiers dans les parcelles très salées ont peu de palmes, peu de régimes. Les palmes sont petites et jaunâtres (Fig.63). La salinité diminue la croissance végétative (Armstrong, 1960). Les travaux de Durand (1958) ont montré que cette plante peut tolérer une salinité maximum de sol, en extrait de pâte saturée (C.E.e) de 30 dS m^{-1}, et une eau d'irrigation de salinité maximum (C.E.i) de 20 dS m^{-1} en sol sableux à 3 dS m^{-1} en sol argileux. Plusieurs issues de semis de la variété *Rita* de palmier dattier ont été examinés pour leur capacité d'adaptation à la salinité durant leur émergence du sol et croissance. Le pourcentage de germination des graines et la concentration en sel n'étaient pas liés. Aussi, les issus de semis n'ont pas germé lorsque la salinité du sol dépassait 12,8 dS m^{-1} alors que, à la même concentration, ils ont survécu et continué leur développement. L'allongement de la tige et de la racine a été retardé par l'augmentation du stress salin. Les tissus des jeunes racines et foliaires étaient les plus tolérants, tandis que ceux de la tige étaient les plus sensibles au stress salin (Ramoliya et Pandey, 2003). Quatre variétés reconnues par les agriculteurs comme étant tolérantes au sel ont fait l'objet d'évaluation morphologique (la hauteur de la plante, la production de feuilles et circonférence du stipe) et physiologique (analyse de pigment) en phase végétative de croissance. Soumises à l'irrigation à salinité élevée, elles ont montré des réponses différentielles et un seuil que chaque variété peut tolérer sous la progression de la salinité (Kurup *et al.,* 2009). Également, le rendement et la transpiration de palmiers dattiers juvéniles (cv. *Medjhoul*) ont été étudiés dans des conditions de salinité croissante et de bore.

Fig.63. Effet de la salinité sur la croissance et le développement du palmier dattier (Armstrong, 1960; Ramoliya et Pandey, 2003; Kurup *et al.*, 2009).

Les dynamiques d'absorption d'eau par les plantes et de croissance des pieds observées ont été résumés par une diminution de l'absorption d'eau mais pas d'accumulation de sels alors que le bore s'accumule dans les feuilles entrainant la réduction de la taille de la plante. Il est suggéré que si les mécanismes de la réponse des plantes à la salinité sont dominés par un bas potentiel hydrique du sol (stress osmotique) et le bore devient toxique car il s'accumule à un niveau seuil dans les tissus végétaux. L'excès du bore se produit généralement avec l'augmentation de la salinité. Dans ces situations, la salinité pourrait être le facteur dominant qui détermine la croissance des palmiers dattiers plutôt que le bore (Tripler *et al.*, 2007).

En outre, l'influence de la salinité sur l'activité photosynthétique a été étudiée sur trois cultivars suivants *Khalas*, *Madjol* et *Barhy* soumis à quatre concentrations croissantes de Na Cl (0, 50, 100, 200 ou 400 mM NaCl). De toutes les parties du palmier le système racinaire a été le plus touché surtout à de fortes concentrations de sel. Les trois cultivars de palmiers dattiers se sont montrés tolérants au sel. Toutefois, l'assimilation du CO_2 était la moins affectée par le stress appliqué pour le cultivar *Khalas* qui a montré les plus importantes activités photosynthétiques et tolérance au sel par rapport à *Madjol* et *Barhi* (Al-Abdoulhadi *et al.,* 2012). Youssef et Awad (2008) ont mené une étude pour améliorer l'échange gazeux photosynthétique chez les palmiers dattiers soumis à des stress de salinité (soumis à des traitements d'eau de mer à 1, 15 et 30 mS cm^{-1}) avec un engrais 5-Aminol-évulinique. Ils ont constaté que les plantules de palmier dattier accumulaient des quantités importantes de Na^+ dans le feuillage, avec l'augmentation de la salinité le Na^+ accumulé augmente trois fois environ. Une fuite d'électrolyte indiquait une réduction significative de l'intégrité de la membrane lorsque la salinité augmentait. Une forte corrélation linéaire a été observée entre le taux de chlorophylle (chl) a / b et le taux d'assimilation tout au long des traitements de salinité. La salinité n'induit aucun changement dans l'efficacité de la carboxylation de l'enzyme rubisco (Vc, max) ni dans le taux d'électrons fournis par le système de transport d'électrons pour la régénération du ribulose-1,5-bisphosphate (RuBP).

Bien que les palmiers dattiers aient la capacité de pousser sous des conditions de salinité variables, différents cultivars ont montré des niveaux distincts de tolérance. Des cultivars poussent au littoral tunisien et exposé aux courants de marée et d'autres indigènes natifs de zones relativement salines présentant des phénotypes normaux peuvent posséder des gènes responsables de mécanisme d'adaptation à la salinité plus efficace que ceux qui poussent dans des sols moins salins (Roa, 2016). Tel est l'exemple du cultivar *Ghars* qui représente l'un des plus importants cultivars en Algérie et dont les dattes sont de consistance molle. Eu égard sa grande tolérance au sel reconnu par les agriculteurs de la région des Ziban (wilaya de Biskra), il est cultivé spécifiquement dans les zones où le sol renferme de forts taux de sel tout en gardant une qualité appréciable de ses fruits.

Les études qui portent sur de la tolérance au sel sont basées essentiellement sur les réponses des plantes notamment le rendement dont l'évaluation, chez le palmier dattier, se fait généralement au champ ou sous serre afin de le soumettre à une gamme de concentrations salines. Nonobstant la taille du palmier et la difficulté d'accéder à la partie aérienne notamment les dattes, l'installation des essais et les expérimentations nécessitent beaucoup de labeur et peuvent être coûteuses, se limitant à une saison de croissance et sujette à la variabilité due aux interactions génotype-environnement. Pour ces raisons, les techniques de cultures cellulaire et tissulaire ont été utilisées avec succès pour le dépistage et le développement de variétés tolérantes aux stress de diverses cultures (Patnaik et Debata, 1997). Pour étudier le stress salin, le milieu de culture est complété par une concentration critique de sels, le plus couramment utilisé est le chlorure de sodium (NaCl) (Ibraheem *et al.,* 2012).

Parmi les travaux sur cals chez le palmier dattier, Al-Khayri (2002) a étudié la croissance et les réponses physiologiques de cals prélevées d'explants de cv. *Barhee*, au stress salin. À des concentrations plus élevées une diminution du poids du cal, par rapport au témoin, et un arrêt complet de croissance ont été observés à 125 mM de NaCl. De même, Ibraheem *et al.* (2012) ont constaté que la croissance des cals de cv. *Zaghloul* NaCl a été réduite en augmentant les doses de sel et s'est arrêtée à 225 mM. La différence dans les doses létales entre cv. *Barhee* rapporté par Al-Khayri (2002) et cv. *Zaghloul* rapporté par Ibraheem *et al.* (2012) serait dus aux différences génotypiques entre les deux cultivars. Trois types de sels différents ont été ajoutés à des suspensions cellulaires obtenues à partir d'explant du cv. *Barhee*: chlorure de potassium (KCl), chlorure de calcium ($CaCl_2$) et chlorure de sodium (NaCl). Les résultats ont montré que, à fortes doses, le NaCl a causé la plus forte réduction du poids sec des cals, suivi par KCl puis $CaCl_2$ (Al-Bahrany et Al-Khayri, 2012). L'ajout de NaCl dans le milieu a entraîné une réduction significative des pourcentages de germination des embryons somatiques et a affecté également le temps de germination (Ibraheem *et al.*, 2012; Al-Zubaydi *et al.*, 2013). Al-Mulla *et al.* (2013) ont considéré le stress salin sur cinq palmiers dattiers issus de culture tissulaire sous serre traités avec différents niveaux de salinité; après 1 an, ils ont trouvé des cvs. *Khalas*, *Kasab* et *Barhee* a toléré une salinité au niveau de 10 dS m^{-1}; alors qu'au bout de 2 ans, ils ont observé que *Khalas* a toléré jusqu'à 20 dS m^{-1}. Ils ont également noté la hauteur moyenne des palmiers et le nombre de feuilles, qui étaient inversement proportionnels à l'augmentation des niveaux de salinité.

Le sel, caractéristique des zones arides et semi-arides, est compté parmi les stress responsables de la distribution spéciale des cultures. Beaucoup d'études réalisées *in vivo* et *in vitro* ont détaillé l'impact de la salinité sur la croissance et le développement du palmier dattier et examiné ses réponses aux différents niveaux et types de sels appliqués. L'étendue des aires phœnicicoles à travers le monde et la riche biodiversité du dattier représentent deux preuves irréfutables de la capacité du dattier à tolérer la présence relativement excessive de sel à travers le recours à des mécanismes qui demeurent en quête d'étude. Du moins, beaucoup d'études ont prouvé l'existence de cultivars qui tolèrent le sel tout en préservant un rendement économique qui pourraient servir aux futures dans l'élaboration de nouveaux programmes de sélection pour améliorer la tolérance du dattier à la salinité.

2.2. Sécheresse

La sécheresse est l'un des principaux facteurs affectant négativement la productivité des écosystèmes agricoles et naturels (Sinha, 1986; Ciais *et al.*, 2005; Passioura, 2007). La plante subit un stress dû à la sécheresse soit lorsque l'approvisionnement des racines en eau devient difficile ou lorsque le taux de transpiration devient très élevé. Du point de vue agronomique, le stress hydrique pourrait être défini comme l'irrégularité de la disponibilité de l'eau, y compris les précipitations et la capacité de stockage de l'humidité du sol, en quantité et de sa distribution au cours du cycle de vie d'une plante cultivée qui restreint l'expression totale du potentiel génétique de la plante (Sinha, 1986). En conséquence, de grandes pertes de rendement sont observées dont la moyenne annuelle est estimée à 17% sous les tropiques (Edmeades *et al.,* 1992). Mais, les dégâts peuvent être beaucoup plus graves et les mauvaises récoltes surviennent souvent et ne sont pas inconnues de la part des agriculteurs (Satisha *et al.*, 2020).

Les changements dans la physiologie des plantes, l'acquisition de nutriments et le métabolisme induits par la sécheresse sont des facteurs hautement limitants pour la croissance des plantes et des rendements (Evelin *et al.*, 2009; El Rabey *et al.*, 2015; El Rabey *et al.*, 2016). Effectivement, le stress hydrique survenu à des stades critiques de la croissance peut entraîner une faible croissance végétative, une réduction de la surface photosynthétique nette et par conséquent une photosynthèse réduite, une augmentation du taux de transpiration ce qui entrainera la diminution de l'efficacité de l'utilisation de l'eau pénalisant ainsi la production de matière sèche totale (Satisha *et al.,* 2020).

Finalement, cette contrainte déstabilise la structure et la perméabilité de la membrane, la structure et la fonction des protéines, conduisant à la mort cellulaire (Bhardwaj et Yadav, 2012).

La disponibilité de l'eau est l'une des principales limites de la production agricole, en particulier dans les régions arides et semi-arides où le palmier dattier est principalement cultivé (Al-Khayri et Al-Bahrany, 2004). En dépit des grandes quantités d'eau nécessaires pour assurer à cette espèce une croissance vigoureuse, un rendement élevé et des fruits de haute qualité, elle peut supporter de longues périodes de sécheresse à des températures élevées (Chao et Krueger, 2007). Le dattier tolère la sécheresse plus longtemps que les autres espèces fruitières; mais s'il est exposé au manque d'eau pendant une longue durée intolérable (plusieurs mois), le palmier réagit par une réduction significative de la croissance et de la production et parfois même un arrêt de la production. Un palmier dont les palmes sont desséchées n'est pas automatiquement considéré comme mort. Le cœur du palmier peut survivre longtemps (plusieurs mois) et sa croissance peut redémarrer lorsque les conditions hydriques redeviennent favorables. Le stress hydrique prolongé sur l'organe végétatif, se traduit par la réduction de la taille des palmes et le développement de davantage d'épines (Sedra, 2003; Ashraf *et al.,* 2011). Cela est confirmé par les résultats d'une étude de diversité phénotypique des cultivars Algériens, le cultivar *Hamraya*, reconnu par les agriculteurs de la région des Ziban pour sa tolérance à la sècheresse. Ce cultivar a été caractérisé par une partie épineuse très bien développée; longueur importante avec une forte densité d'épines et une faible largeur de la palme facilitant l'économie de l'eau en réduisant la transpiration (Bedjaoui, 2019; Bedjaoui et Benbouza, 2020). Des résultats similaires ont montré qu'en plus de traits précités, la hauteur du dattier et le poids sec des racines peuvent être considérés comme des marqueurs morphologiques jouant un rôle dans l'adaptation de chaque cultivar (Elshibli, 2009).

Par ailleurs, le risque de réduction significative de l'eau d'irrigation survenant suite à la construction de barrages ou l'abaissement des nappes phréatiques dans les aires phœnicicoles est une cause récurrente du stress hydrique. Le dessèchement des sources d'eau dans les palmeraies des montagnes qui se situent dans la région d'Ain Zaatout (Nord de la wilaya de Biskra) en Algérie a entrainé l'abandon de la culture de palmier dattier et la disparition de plusieurs cultivars qui se sont adaptés aux hautes altitudes (1100 m environ) durant des siècles. Depuis des dizaines années ces palmeraies subissent un stress hydrique permanent notamment pendant l'été vu que seules les précipitations les approvisionnent en eau. Ceci a conduit à de grandes pertes économiques pour la population locale et l'abandon de la culture du dattier (Fig.64).

Fig.64. Effet de la sécheresse sur les palmeraies de montagne: région d'Ain Zaatout, Wilaya de Biskra, Algérie (cliché personnel).

Dans une optique d'évaluer l'effet du régime hydrique sur la qualité et la quantité des dattes au stade tamer du cultivar *Medjhoul*. Sabri *et al.* (2017) ont conclu que le déficit hydrique contrôlé au seuil de 40% ETM (évapotranspiration maximale) a un effet significatif sur le rendement des palmiers et a représenté entre 45 et 52% du rendement optimal obtenu par les palmiers ayant reçu 100% de leurs besoins en eau durant toute l'année. Ce qui met en relief l'impact négatif du stress hydrique sur la taille et la masse des fruits du palmier dattier qui sont plus petits et contiennent moins d'eau avant ou pendant le processus de déshydratation (Li *et al.,* 1995). Des résultats similaires ont été observés par Ramoliya et Pandey (2003) qui avait attribué la réduction de la croissance des composants végétatives de *P. dactylifera* soumises à des traitements en conditions de déficience d'eau au stress hydrique. Kramer (1983) a rapporté que les plantes soumises à un stress hydrique montrent une réduction générale de la taille et de la production de la matière sèche. D'après Gribaa *et al.* (2013), il est très intéressant de noter que les modifications de la composition de la paroi cellulaire du fruit du palmier dattier, soumis à un déficit hydrique, sont dans une certaine mesure comparables à celles observées chez les plantes adaptées à la dessiccation.

En outre, le développement d'un système racinaire extensif est l'un des mécanismes permettant à la plante de faire face au stress hydrique du sol en essayant d'étendre ses racines à des couches plus profondes du sol pour extraire l'eau indisponible. Par conséquent, l'augmentation du rapport de longueur et poids de matière sèche racines/partie aérienne est le mécanisme morphologique pour faire face au stress de la sécheresse et de la salinité (Elshibli, 2009; Satisha *et al.,* 2006).

Chez le palmier dattier, le développement et la répartition des racines dépendent de plusieurs facteurs à savoir les caractéristiques du sol, le type de culture, la profondeur des eaux souterraines et le génotype. Par exemple, les racines de palmier dattier se trouvent aussi loin que 25 m de l'arbre et à plus de 6 m de profondeur, 85% des racines étant répartis dans la zone de 2 m de profondeur et 2 m de part et d'autre dans un sol léger (Zaid et De Wet, 2002). Ramoliya et Pandey (2003) suggèrent que dans les régions sèches les pluies peuvent mouiller le sol de surface et les plants de *P. dactylifera* utilisent l'humidité disponible pour l'extension et la prolifération des racines dans les couches profondes du sol et continuent leur installation en saison des pluies.

La réponse de plusieurs cultivars de palmiers dattiers, en serre, au stress hydrique à travers l'examen des changements morphologiques et physiologiques, d'altération des échanges gazeux et d'activité photosynthétique a fait l'objet d'étude réalisée par Elshibli et Korpelainen (2017). Les cultivars de dattes sèches et molles ont été soumis à quatre régimes de stress hydrique à 10%, 25%, 50% et 100% de la capacité du champ, sous une concentration graduelle de CO_2. Leurs résultats ont montré que le stress hydrique réduit la capacité photosynthétique et conduit à une altération de la croissance et de la morphologie. Les auteures ont mis en cause une interaction entre les niveaux d'eau et les concentrations élevées de CO_2 et ont également souligné la présence de changements morphologiques et physiologiques variables de la part des plants de dattier en réponse à la disponibilité de l'eau. La réduction de l'eau à 50% de la capacité au champ n'a pas généré d'effet significatif sur la capacité photosynthétique des plantes testées d'autant plus que de légères modifications des indices de réaction biochimique ont été observées. Les cultivars produisant des dattes molles avaient tendance à maximiser l'absorption d'eau et présentaient des différentes morphologiques ainsi que des ajustements physiologiques spécifiques en réponse aux différents niveaux de disponibilité en eau. En effet, les cultivars de dattes sèches étaient apparemment plus sensibles au stress hydrique. Par ailleurs, à 25% et à 10% de disponibilité en eau, les changements dans les réponses deviennent plus prononcés renseignant sur l'un des nombreux mécanismes d'adaptation à la sécheresse. Une sénescence foliaire accélérée, une zone verte réduite ainsi qu'un rapport partie racinaire / partie aérienne équilibré étaient les principaux changements morphologiques observés qui contribuent d'après Munne-Bosch et Alergre (2004) à la survie des plantes en pareil cas et permettent la remobilisation des nutriments des feuilles sénescentes vers les jeunes feuilles, et la réduction de la perte d'eau au niveau de la plante entière.

La réponse des différents cultivars du palmier dattier au stress hydrique a été traitée *in vitro* par plusieurs chercheurs. Le principe pour simuler ce stress est qu'il faut augmenter le milieu de culture avec du polyéthylène glycol (PEG) (Ibraheem *et al.,* 2012). L'examen de l'effet du PEG sur la culture de cals de cvs. *Barhee* et *Hilali* a révélé une réduction du taux de croissance relative, de la masse fraîche du cal, de la teneur en eau, de l'indice de tolérance et de l'élévation de la teneur en proline libre endogène à mesure que la concentration de PEG augmentait (Al-Khayri et Al-Bahrany, 2004). Résultats similaires ont été observés par Bekheet (2015) où les paramètres de croissance tels que la survie, la masse fraîche et le rapport de tolérance osmotique diminuaient avec l'augmentation de la concentration de mannitol ou de PEG dans le milieu de culture. Généralement, les plants de palmier dattier obtenus par embryogenèse et soumis à la cryoconservation ont une teneur totale en protéines plus élevée que ceux non cryoconservés à tous les niveaux de stress. L'accumulation de protéines dans les cultures traitées au PEG était plus élevée que dans celle des cultures à stress salin. L'auteur suggère que la cryoconservation pourrait améliorer la tolérance osmotique et saline dans les cultures de tissus de palmier dattier.

Al-Ka'aby et Abdul-Qadir (2011) ont vérifié l'effet du stress hydrique sur la phase induction à la calogenèse à partir d'explant de cv. Brème. Cette étude a indiqué que l'incorporation de PEG-3000 entraînait une augmentation significative du poids frais des cals par rapport au témoin sans PEG. Aucune différence significative n'a été observée entre les deux concentrations de PEG testées (10 et 20%). Alors que le poids frais des cals obtenus de cv. *Nabout Saif* après incorporation du PEG à 0-15% dans une culture en suspension a atteint son maximum à 10% de PEG (Al-Khayri et Al-Bahrany, 2012).

Il est bien connu que la culture du palmier dattier est parmi les rares cultures qui survivent dans le Sahara grâce à un système racinaire profond. Pourtant, pour un rendement optimal, l'eau d'irrigation est nécessaire. Le dattier exprime une vaste série de réactions aux conditions de sécheresse qui se manifestent généralement par une gamme de modifications d'ordre morphologique, physiologique et biochimique. Malgré la mise en évidence d'une grande variation dans les réponses des cultivars au stress hydrique, les études restent encore peu nombreuses. Il devient impératif de puiser davantage de la riche diversité génétique existante au sein de cette espèce à la recherche de génotypes tolérants à la sécheresse et comprendre les mécanismes de leur adaptation en faisant appel aux techniques moléculaires et biotechnologiques.

2.3. Températures extrêmes

Le stress thermique est souvent défini comme l'augmentation de température au-delà d'un seuil pendant une durée spécifique, suffisante pour provoquer un changement irréversible de la croissance et du développement des plantes. Cependant, le stress thermique est un phénomène complexe et est fonction de l'intensité, de la durée et du taux d'augmentation de température. La tolérance à la chaleur est généralement définie comme la capacité de la plante à croître et à produire un rendement économique sous un stress thermique élevé (Peet et Willits, 1998).

Les changements morpho-physiologiques et biochimiques dus au stress thermique envers les plantes perturbent la croissance et le développement, la germination, la reproduction et le rendement (Hasanuzzaman *et al.,* 2013; Jalil et Ansari, 2018). De graves dommages affectant les fruits sont également causés par des températures élevées et un rayonnement solaire intense ou direct dans les zones tempérées, néanmoins, ces plantes peuvent éviter de tels dommages car les fruits sont souvent ombragés par le feuillage (Hall, 2020).

Le palmier dattier est l'une des rares espèces qui a su surmonter les conditions hostiles du Sahara notamment les températures extrêmes, il peut supporter des températures élevées pendant plusieurs jours sous irrigué. Pendant l'hiver, il peut tolérer des températures inférieures à 0°C. La croissance du dattier commence à décliner au-delà de 40°C (Mason, 1925; Nixon, 1937), cependant il peut tolérer jusqu'à 50°C sans apparition de signes d'altération (Barreveld, 1993). Les températures décroissant en dessous de 0°C provoquent des troubles métaboliques qui entraînent des dommages partiels ou totaux des palmes. Les bords des pennes deviennent jaunes et secs à -6°C. La gravité des dommages est liée à l'intensité et à la durée du gel, les palmes des parties médiane et extérieure de la frondaison seront endommagées et séchées entre -9 et -15°C. Si ces faibles températures persistent pendant une longue période (12 h à 5 jours), toutes les feuilles seront affectées par le gel et le palmier donnera l'impression d'avoir été brûlé. Ce qui impactera négativement, en plus des inflorescences qui craignent le gel, la production et la qualité des dattes récoltées (Mason, 1925; Nixon, 1937; Cohen *et al.,* 2004). En outre, un coup de chaleur ou de froid qui surgit au moment de la nouaison, peut causer la chute des fruits. En règle générale, il faut éviter la pollinisation et la transplantation aux grandes chaleurs et procéder à l'irrigation le matin de bonne heure ou après le coucher du soleil (Sedra, 2003) (Fig.65).

Il est courant d'associer le stress dus aux hautes températures à celui de la sécheresse lors des études traitant de l'adaptation du dattier aux stress abiotiques. En se référant aux travaux d'Arab *et al.* (2016), cette espèce a révélé une grande tolérance à la chaleur, à la sécheresse et à la combinaison de ces deux stress. La présence de telle tolérance ne semble pas être obtenue par une seule caractéristique physiologique, mais par un réseau bien orchestré comprenant plusieurs mécanismes importants.

Fig.65. Effet de l'alternance de la chaleur et du froid sur la sortie, l'ouverture et la taille des spathes (petite spathe qui s'ouvrent) (Sedra, 2003).

Différentes approches ont été adoptées pour comprendre les stratégies d'adaptation du palmier dattier aux stress hydrique et thermique. En se basant sur l'étude des échanges de gaz foliaires à différents climats saisonniers et niveaux de disponibilité de l'eau dans le sol de plants de palmier dattier à croissance lente, Kruse *et al.* (2019) ont souligné que le palmier dattier présente une remarquable capacité à coordonner l'acclimatation au niveau des feuilles avec la croissance des plantes qu'ils considèrent comme ''optimale'' dans les conditions environnementales auxquelles cette espèce est adaptée. Dans le même sens, la transcriptomique et la métabolomique ont été utilisées (Safronov *et al.,* 2017). Les résultats obtenus après soumission de plants issus de noyaux de palmiers aux stress précités, de manières séparée et combinée, ont montré que pour les données transcriptomiques, la chaleur et la sécheresse combinées ressemblaient à une réponse à un stress thermique, tandis que dans les données métabolomiques, elles ressemblaient davantage à la sécheresse. Ceci serait dû à une réponse plus immédiate au déficit d'eau au niveau métabolomique. Les données transcriptomiques ont dévoilé une activation transcriptionnelle des gènes liés aux espèces réactives de l'oxygène dans les trois conditions (sécheresse, chaleur et chaleur et sécheresse combinées), suggérant une activité accrue des systèmes antioxydants enzymatiques. Les auteurs ont conclu que le palmier dattier ne paraissait pas très stressé et sa réponse à la sécheresse et à la chaleur serait similaire à celle des autres plantes. De plus, certains troubles physiologiques, tels que le nain, les feuilles plus larges à port compact, les inflorescences tordues, les fruits sans pépins et la floraison tardive sont couramment observés dans les palmiers dattiers dérivés de la culture tissulaire (Zabar et Borowy, 2012). Une des études récentes a caractérisé une forme unique de dormance embryonnaire connue sous le nom de germination à distance qui protège les organes et cellules méristématiques de jeune plant à un stade précoce des sols secs et du stress thermique et peut représenter une adaptation aux conditions difficiles du désert (Xiao *et al.,* 2019).

Shabani *et al.* (2012) ont suggéré à travers des études de simulation que les pressions dues à la température et à la sécheresse joueront un rôle important dans l'adaptation et la distribution du palmier dattier au XXIe siècle, et la distribution future des palmiers dattiers sera très probablement affectée par le changement climatique.

Le stress dû aux températures extrêmes, tel que déterminé par les seuils physiologiques des processus biologiques vitaux, sera le facteur limitatif le plus important de la distribution future du palmier dattier. Les horticulteurs et les planificateurs peuvent utiliser efficacement une approche de modélisation afin de minimiser l'impact des futurs changements climatiques sur la vulnérabilité du palmier dattier. Bien que les résultats de la simulation puissent être basés sur la réponse de *P. dactylifera* au climat futur, les résultats devraient être affinés en incorporant les propriétés physico-chimiques et la variation spatiale du sol pour répondre aux besoins spécifiques de croissance et de production du palmier dattier édaphique (Jaradat, 2016).

2.4. Toxicité minérale

Le stress chimique chez les plantes fait référence au stress résultant d'une carence ou d'une toxicité en micronutriments, au stress des métaux lourds et à ces nouvelles catégories de stress des polluants atmosphériques et des contaminants émergents. Avec l'augmentation de l'urbanisation, des émissions de véhicules et de l'irrigation avec les eaux usées, la qualité du sol, de l'eau et de l'air se détériore et les plantes sont les plus touchées à cause de cela (Dubey *et al.,* 2020).

Les métaux lourds sont les plus préoccupants pour l'environnement car ils ne sont pas dégradables et persistent dans l'environnement, atteignant les plantes via le sol et finalement l'homme via la chaîne alimentaire (Sidhu, 2016). Ils sont également connus sous le nom de métaux traces, car leurs besoins par les plantes et les animaux sont inférieurs à 10 ppm. Les métaux lourds comme le cuivre (Cu), le zinc (Zn), le molybdène (Mo), le cobalt (Co), le fer (Fe) et le manganèse (Mn) sont nécessaires aussi bien aux plantes qu'aux animaux puisqu'il s'agit de nutriments indispensables au fonctionnement métabolique normal de la vie (Plant *et al.,* 2012). En plus de ceux-ci, certains métaux lourds comme le cadmium (Cd), le chrome (Cr), le plomb (Pb), l'arsenic (As) et le mercure (Hg) exercent des effets toxiques sur les plantes et le système animal et affectent leur fonctionnement métabolique (Dubey *et al.,* 2020).

La toxicité minérale, qui est définie comme l'accumulation élevée de divers ions à l'intérieur des plantes au-delà de certains seuils, est à l'origine d'une gamme de réponses variables de la part de la plante telles que: l'inhibition de la germination des graines, la diminution de l'allongement des racines, l'inhibition de la croissance rapide et la réduction de la photosynthèse et la transpiration, la chlorose foliaire et la sénescence foliaire prématurée (Drzewiecka *et al.,* 2012). La diminution de la taille de la zone photosynthétique et l'inhibition de la biosynthèse de la chlorophylle (Seregin *et al.,* 2004;

Drzewiecka *et al.,* 2012), ainsi que l'inhibition aussi bien de la synthèse des protéines que des enzymes d'activation et l'endommagement des chloroplastes et autres organites peuvent également être causés par la présence d'ions toxiques (Snapp *et al.,* 1991).

Les toxicités ioniques spécifiques sont engendrées par l'accumulation de certains ions à savoir le sodium, le chlore et le bore du sol ou de l'eau d'irrigation dans les tissus des feuilles vertes à des niveaux de concentrations assez élevés pour l'endommager et en faire baisser les rendements. La toxicité spécifique se fait par voie racinaire et foliaire, en irrigation par aspersion, pour le sodium et le chlore, et uniquement par voie racinaire pour le bore (Ayers, 1977). La brûlure des feuilles et la chlorose représentent les premiers symptômes. Ces dégâts sont souvent lents à être détectés et ils apparaissent plus rapidement en une saison chaude que sous un climat plus frais (Gouny, 1973; Ayers et Westcot, 1988), ils touchent davantage les feuilles plus âgées en raison d'une plus grande accumulation de tels ions à leur niveau (Snapp *et al.,* 1991; Al-Shayeb et Seaward, 2000a; Al-Shayeb et Seaward, 2000b).

Le bore est un élément essentiel à la croissance des plantes mais avec un besoin relativement faible. Il devient toxique lorsqu'il est présent en excès (Loue, 1986) et entraine, par conséquent, la réduction de la transpiration et le rendement (Bingham *et al.,* 1985; Ben-Gal et Shani, 2002). L'excès de bore est plus à craindre en zones sahariennes que son déficit (Durand, 1958).

La tolérance des plantes aux excès d'ions diffère d'une espèce à une autre (Aragues, 1983) et le palmier dattier est le plus tolérant des cultures pérennes à leurs effets (Gouny, 1973; Ayers et Westcot, 1988). Les travaux de Tripler *et al.* (2007) se sont intéressés aux conséquences de l'excès de bore en association avec l'augmentation de la salinité sur la croissance, l'évapotranspiration et l'absorption des ions chez de jeunes plants du cultivar *Medjool.* Ils ont montré qu'au fur et à mesure que les concentrations du bore augmentaient il s'accumulait au niveau des feuilles matures et les racines responsables de son absorption. À des niveaux plus élevés de bore (1,85 et 3,7 mmol L^{-1} dans l'eau d'irrigation) il devient toxique et cause la diminution de la taille de la plante.

La pollution métallique des sols par certains oligo-élements, comme le plomb et le zinc constitue une source de contamination pour les palmiers dattiers (Al-Shayeb *et al.,* 1995) qui peuvent également être contaminés par les eaux usées traitées, les eaux dessalées et les eaux de puits (El-Mardi *et al.,* 1995).

Le diagnostic foliaire au niveau des palmiers dattiers est un moyen pour la mise en évidence et la gestion de la pollution métallique, en particulier les métaux lourds, dans l'environnement. Dans ce sens, différentes parties ont été utilisées en qualité d'indicateur ou de biomoniteur de ce type de pollution. Des études ont concerné les pennes (Aksoy et Ozturk, 1996; Al-Shayeb *et al.,* 1995; Al-Khashman *et al.,* 2011), les fibres (Al-Shayeb et Seaward, 2000b) et les pennes et fruits (El-Mardi *et al.,* 1995). Les valeurs du baryum (Ba) et lanthane (La) dans les pennes et du thallium (Tl) et d'argent (Ag) dans les dattes du cultivar Fard du palmier dattier ont varié en fonction de leurs niveaux dans les sols (Williams *et al.,* 2005).

De tous les métaux lourds présents aux niveaux des pennes à savoir le Fer ; (Fe), Plomb (Pb), Zinc (Zn), Cuivre (Cu), Nickel (Ni) et Chrome (Cr) ayant fait l'objet d'une étude menée par Al-Khashman *et al.* (2011), les métaux Pb, Zn et Ni étaient les plus contaminants. Leurs concentrations variaient en fonction de la source du métal. Ces auteurs ont ordonné les concentrations moyennes (C) des métaux étudiés comme suit: CFe> CPb> CZn> CNi> CCu> CCr.

La toxicité du cuivre (Cu) a été abordée à travers l'exposition des noyaux de dattes à différentes solutions de cuivre pour examiner leurs réponses à ce stress. Les résultats ont montré que l'excès de Cuivre, a inhibé significativement la germination des noyaux en réduisant son indice à plus de 90%, il a également retardé l'élongation de l'hypocotyle et augmenté la mortalité des plantules issues de semis. Sur le plan biochimique une augmentation de l'accumulation d'oxydants cellulaires et une réduction de la production d'enzymes ont été observées (Chaâbene *et al.,* 2018a).

Les réponses physiologiques des plantes aux stress environnementaux sont accompagnées de changements dans les profils d'expression génique spécifique qui sont utilisés comme biomarqueurs (Brulle *et al.,* 2010). Les mécanismes moléculaires ont été étudiés à travers la quantification des niveaux d'expression de deux gènes codant pour des protéines impliquées dans la détoxification des métaux, à savoir le PCS et la MT. Les résultats de la soumission les noyaux de dattier à un stress par des métaux lourds (Cadmium (Cd) ou au Chrome (Cr)) ont montré que les gènes en question étaient régulés au niveau transcriptionnel dans le palmier dattier. De plus, l'exposition au Cd ou au Cr a clairement influencé la germination des graines et l'élongation des hypocotyles (Chaâbene *et al.,* 2018b).

Plusieurs gènes candidats impliqués dans la défense et la désintoxication ont été découverts avec succès en réponse au stress provoqué par le Cadmium. Une étude *in vitro* a été réalisée pour surveiller le modèle d'expression du gène impliqué dans la réponse du cultivar *Deglet Nour* au Cd. Une variation de l'expression génique a été observée en relation avec les différentes concentrations de métal appliquées au cours des différentes phases de développement de l'explant. La base moléculaire de la réponse au stress Cd chez *P. dactylifera* fournit une base solide pour l'étude des mécanismes de régulation moléculaire de l'accumulation de métaux lourds et de la tolérance dans les feuilles et les racines (Rekik *et al.,* 2019).

Un nombre relativement restreint d'études a documenté l'utilisation du dattier comme biomoniteur ou indicateur de la contamination par les métaux lourds dans les zones soumises à la pollution industrielle et routière (Aldjain *et al.,* 2011). Des travaux supplémentaires sont nécessaires pour évaluer leur distribution spatiale et examiner leur variation à une échelle plus petite, avec un échantillonnage plus intensif et des études plus poussées pour mesurer tout changement ou augmentation de ces éléments chimiques dans le sol (Alkhashman *et al.,* 2011). Des études futures devront porter sur la mobilité des métaux et leur action sur la croissance et le développement du dattier, traités séparément ou en interaction pour comprendre les différents mécanismes qui régissent la résistance du dattier par détoxification aux excès des métaux lourds. Ces mécanismes qui restent encore faiblement renseignés ont connu récemment l'emploi de certaines techniques moléculaires qui ont mis de la lumière sur les dispositifs de régulation moléculaire de l'accumulation et de la tolérance de métaux lourds ainsi que les mécanismes adaptatifs chez les plantes résistantes à leurs effets.

3. Stress biotiques du palmier dattier

Les stress biotiques sont nombreux et ont pour cause les insectes, les acariens, les oiseaux nuisibles, les adventices et les maladies d'origines fongique, virale et bactérienne. Il s'agit d'une composante biologique de l'environnement qui peut profondément affecter les réponses des plantes aux composants physiques, le problème est que ces composants biologiques de l'environnement sont extrêmement variables (Bradshaw, 1987). Afin de leur faire face, la plante met en place un système de défense qui fait intervenir une chaine de réactions. Les protéines végétales défensives produites font office de rempart contre les agents nuisibles (Shilpiet Narendra, 2005).

Dans certaines régions, les stress biotiques peuvent ne pas être pertinents dans une année spécifique, mais ils rebondissent les années suivantes (Pereira *et al.,* 2012). De plus, le changement climatique amène de nouveaux ravageurs et mauvaises herbes à jouer un rôle dans la production agricole de sorte que les problèmes qu'ils causent amplifient à mesure que la température accroit (Haverkort et Verhagen, 2008), car cela permet une augmentation du nombre de cycles du pathogène (Ghini *et al.,* 2011). Il est donc important de considérer les impacts possibles du changement climatique sur les maladies existantes, ainsi que le risque accru d'introduction de nouveaux agents causals (Mafia *et al.,* 2011).

Les ennemis naturels du palmier dattier sont nombreux et diversifiés. Parmi les plus courants, les insectes, les acariens, les ravageurs, les oiseaux et les maladies causent des dommages considérables aux palmiers, tant au stade végétatif que fructifère (Haldhar *et al.,* 2017). La présence du dattier dans un environnement hostile ne l'a pas épargné des attaques de plus de 40, 24 et 16 espèces de ravageurs, de maladies et de mauvaises herbes respectivement (Latifian, 2012). L'importance de ces espèces varie en fonction des caractéristiques génotypiques des cultivars et de leur âge, des pratiques agricoles suivies par les agriculteurs et de la répartition géographiquedes palmeraies. Elles entraînent une diminution de la production et de la qualité des dattes dans le monde (Carpenter et Elmer, 1978; Endongali *et al.,* 1988; Zaid *et al.,* 1999). El-Juhany (2010) cite parmi les principales causes courantes de dégradation du palmier dattier dans les pays arabes la prolifération des ravageurs et des maladies, il a estimé les pertes occasionnées par ces derniers à environ 30% de la production.

La nature particulière du biotope où se développe le palmier, fait que cette espèce soit exposée à des parasites acclimatés à ces conditions. Certains ennemis présentent une importance économique considérable, alors que d'autres, occasionnent des dégâts moindres et parfois négligeables. Ces derniers pourraient devenir dangereux si nous continuons à les ignorer (Sedra, 2005).

Les interactions biotiques, telles que les insectes ravageurs et les maladies fongiques et phytoplasmiques ont une action néfaste sur la croissance, le développement, la production et la productivité du palmier dattier (Farrag et Abo-Elyousr, 2011; Al-Deeb, 2012; El-Shafie, 2012; Latifian, 2012) et peuvent, dans certains cas, provoquer sa mort (Wakil *et al.,* 2015). Ces problèmes phytosanitaires sont le principal facteur de faiblesse de la productivité de cette culture, en particulier dans les zones arides où la culture du dattier est l'activité agricole numéro un (Idder, 2011; Al-Deeb, 2012). L'ensemble des parties qui composent le palmier dattier sont sujettes aux attaques de plusieurs bioagresseurs. Certains d'entre eux attaquent les frondaisons et certains attaquent les fruits tandis que d'autres attaquent le stipe. Ils sont bien adaptés à l'environnement oasien (Zaid *et al.,* 1999).

Dans plusieurs pays en développement, la monoculture du palmier dattier, associée au réchauffement climatique, à l'utilisation sans restriction d'insecticides chimiques et au commerce international extensif affectent le cortège de ravageurs et leurs ennemis naturels. Des changements sont observés dans l'agroécosystème du palmier dattier en termes de diversité génétique des cultivars et de densité de plantation (Wakil *et al.,* 2015). Au cours des deux dernières décennies, il y a eu une augmentation significative des superficies consacrées à la culture du palmier dattier avec de vastes étendues nouvelles caractérisées par une monoculture monovariétale basée le plus souvent sur la plantation d'un cultivar élite à l'image de *Deglet Nour* ou *Medjhoul* qui offrent une niche écologique idéale pour les stress biotiques y compris les insectes ravageurs et les maladies. Les principales contraintes biotiques auxquelles le palmier dattier fait face en Afrique du Nord ainsi que les moyens de lutte les plus utilisés feront l'objet de cette partie.

3.1. Principaux ravageurs du palmier dattier en Afrique du Nord

Le palmier dattier est attaqué par un certain nombre d'insectes et acariens ravageurs. La gravité des problèmes phytosanitaires engendrés par ces ravageurs varie d'un pays à l'autre, ce qui rend difficile de couvrir tous les détails de chaque insecte d'une manière qui s'appliquerait à chaque pays. De plus, le cycle de vie des insectes est affecté par les conditions environnementales et les pratiques agricoles locales. De tels effets peuvent entraîner des différences dans les périodes d'émergence des adultes, d'accouplement, des horaires de ponte etc. (Al-Deeb, 2012). Le statut d'infestation des ravageurs du palmier dattier est dynamique et change avec la variation des conditions climatiques et des facteurs agronomiques. Un bon exemple est la cochenille verte, *Palmaspis phoenicis*, qui est considérée comme un ravageur de moindre importance au Moyen-Orient, mais qui devient un ravageur majeur au Soudan après avoir été introduite dans le pays en 1987 (Ali, 1989). Par ailleurs, les dommages engendrés par une espèce peuvent dépendre de ceux causés par une autre (El-Shafie *et al.,* 2017).

De nombreuses espèces d'ennemis naturels sont inféodées au palmier dattier dans le monde. Pourtant, seules quelques-unes lui sont réellement spécifiques. Le charançon rouge du palmier, *Rhynchophorus ferrugineus*, a été décrit sur plus de 20 espèces de palmiers et presque sur toutes les *Arecaceae* (Dembilio et Jaques, 2015). La pyrale des dattes, *Ectomyelois ceratoniae,* est un insecte opportuniste et compte 43 hôtes de 18 familles de plantes (Perring *et al.,* 2015).

La littérature contient des rapports et listes de ravageurs du palmier dattier de plusieurs pays phœnicicoles à savoir Oman, Jordanie, Libye, Egypte, Qatar, Koweït, Bahreïn, Emirats Arabes Unis, Yémen, Soudan, Pakistan, Tunisie, Palestine, États-Unis et l'Inde. Elle est la preuve tangible que la faune arthropode du palmier dattier dans les différents pays du Moyen-Orient et du Golfe n'est pas isolée les unes des autres. Buxton (1920) a répertorié les insectes ravageurs *Oryctes elegans* en Irak et en Iran. Carpenter et Elmer (1978) qui ont signalé 54 espèces d'insectes et d'acariens ont donné la première revue mondiale sur les ravageurs du palmier dattier. El-Shafie (2012) a cité 112 insectes et acariens ravageurs associés au palmier dattier dans le monde et distribués sur 10 ordres et 42 familles différentes, il les a classés selon la partie préférée qu'ils attaquent sur l'arbre. Plus récemment, le nombre a augmenté à 132 d'espèces répertoriées (El-Shafie *et al.,* 2017) réparties sur huit ordres d'insectes et 30 familles, en plus un ordre d'acariens comprenant neuf familles. La plupart des espèces (52) ont été signalées sur la frondaison, tandis que 26 espèces étaient associées aux racines et au stipe. Les fruits verts avec leurs pédoncules et les dattes conservées abritaient chacun 27 espèces. Les coléoptères représentaient 41% des espèces de ravageurs répertoriées, suivis des hémiptères (20%), des acariens (16%) et des lépidoptères (12%). En dépit du nombre considérable de ravageurs du palmier dattier, seules quelques espèces sont considérées comme des ravageurs majeurs d'importance économique (El-Shafie *et al.,* 2017).

Les modes d'alimentation des ravageurs du palmier dattier pourraient être globalement classés en trois catégories principales; ceux qui s'alimentent de sève ont des pièces buccales piqueuses suceuses qui sucent la sève, provoquant des taches chlorotiques et une décoloration sur les parties touchées. Ce groupe comprend par exemple les minuscules acariens phytophages, les thrips, les cochenilles. On les trouve à l'extérieur du palmier dattier dans les régions de la couronne où se trouvent des tissus mous et succulents (El-Shafie, 2015). Ensuite il y a les défoliateurs qui se caractérisent par des pièces buccales broyeuses. Il s'agit entre autres des sauterelles, criquets, et chenilles de certaines noctuelles. Et enfin, les xylophages foreurs à l'image du charançon rouge, dont les dégâts sont les plus dévastateurs, le foreur des frondaisons et le scarabée rhinocéros. Ils se nourrissent à l'intérieur du stipe, de la frondaison et des régimes en creusant des galeries dans les tissus internes de la palme (El-Shafie *et al.,* 2017).

En ce qui suit, nous donnons description holistique des ravageurs les plus redoutables du palmier dattier en région Nord-Africaine où des généralités seront décrites en relation avec la répartition, la gamme d'hôtes, les symptômes, la biologie et enfin l'importance économique et dégâts qu'ils occasionnent. Egalement, seront abordées brièvement les différentes techniques de protection employées pour chaque espèce décrite dans un contexte de programme de lutte intégrée et qui s'articulent, entre autres, autour des mesures de lutte physique, de contrôle des cultures, de lutte biologique et chimique, de résistance des plantes hôtes et du recours aux produits sémiochimiques.

3.1.1. Charançon rouge, *Rhynchophorus ferrugineus* (Olivier) (*Coleoptera*: *Curculionidae*). En anglais: Red Palm Weevil (RPW)

Le charançon rouge du palmier dattier est l'un des insectes ravageurs les plus destructeurs qui attaquent le palmier dattier (Al-Deeb, 2012; Dembilio et Jaques, 2015; El-Shafie *et al.,* 2015; Faleiro et Al-Shawaf, 2018). Il est originaire d'Asie du Sud et de Mélanésie où il se nourrissait à l'origine du cocotier (Ferry et Gómez, 1998). Il a été décrit pour la première fois sur palmier dattier en 1917 (Brand, 1917). Au cours de ces dernières trois décennies, il s'est rapidement répandu dans plusieurs pays du monde principalement par le biais du transport de matériel végétal infesté (palmiers et rejets). Avec une distribution géographique étendue dans différents climats et une large gamme d'hôtes, ce ravageur est maintenant présent sur tous les continents du monde, sauf l'Antarctique. Le charançon rouge aurait attaqué, dans le monde, plus de 26 espèces de palmiers appartenant à 16 genres (Dembilio et Jaques, 2015).

L'infestation est dissimulée et n'est découverte généralement que lorsque les dommages deviennent graves (Abraham *et al.,* 1998). Le charançon rouge reste caché à l'intérieur du palmier pendant le développement larvaire et fait des tunnels donnant lieu à des blessures. Après l'accouplement, la femelle dépose ses œufs dans les tissus frais ou dans les plaies fraîches provoquées par d'autres ravageurs ou suite à l'élagage des palmes ou le sevrage des rejets (Al-Deeb, 2012). Habituellement, les palmiers dattiers de moins de 20 ans sont les plus touchés, la majeure partie de l'infestation étant limitée au tronc à moins de 1 m du sol. Cependant, chez les vieux palmiers et les palmiers mâles, l'infestation se produit au niveau de la couronne (Fig.66) (Abraham *et al.,* 1998; Faleiro et Al-Shawaf, 2018).

Il existe deux pics de vol chez la population du charançon rouge dans certains pays comme les Émirats arabes unis et l'Arabie saoudite. Après l'accouplement, la femelle pond environ 200 à 300 œufs au cours de sa vie. Les œufs sont pondus individuellement dans des cavités préalablement faites par les femelles, à la base des frondaisons ou à l'intérieur de blessures. Les larves émergent pour se nourrir des tissus mous à l'intérieur du stipe. Au fur et à mesure que les larves se développent, les dégâts augmentent. Le dernier stade larvaire quitte le tronc par un trou de sortie pour former un cocon filé avec des fibres mâchées et dure où se déroulera la nymphose. Enfin, les adultes émergent. Le cycle de vie est d'environ 3 à 4 mois. Cet insecte a trois à quatre générations par an (Fig.66) (Dembilio et Jaques, 2015; Faleiro et Al-Shawaf, 2018).

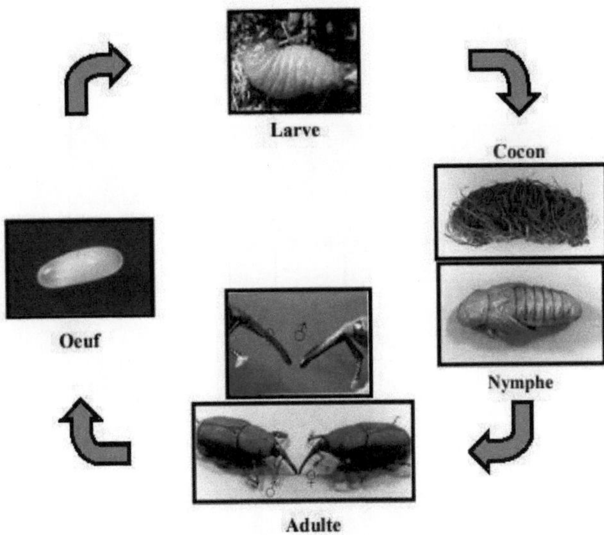

Fig.66. Stades du cycle de développement de *Rhynchophorus ferrugineus* (Al-Deeb, 2012; Faleiro et Al-Shawaf, 2018).

Seul un examen approfondi des palmiers endommagés permet de détecter ce ravageur. Des compétences de détection et une bonne expérience du personnel impliqué sont requises. Les symptômes suivants indiquent la présence du ravageur: perforations du tronc et / ou de la couronne où sont éjectées des fibres mâchées des larves (sécrétion suintement de liquide brun, visqueux et nauséabond) et un bon moment après l'infestation, la perte de la frondaison et le dessèchement des rejets. Des infections secondaires par des champignons et des bactéries opportunistes peuvent survenir dans ces tissus lésés qui contribuent davantage à la détérioration de la palme (Fig.67) (Dembilio et Jaques, 2015).

Le charançon rouge représente une menace sérieuse car il n'existe actuellement aucun cultivar de palmier qui lui résiste ni aucune technique de lutte directe efficace à 100% (Sedra, 2015). Les pertes économiques dues à l'infestation de ce redoutable ravageur dans la péninsule arabique ont été estimées à environ 1 à 5% des plantations de palmiers dattiers. Le coût des dommages a été estimé entre 5,18 et 25,92 millions de dollars US (Fig.67) (El-Sabea *et al.,* 2009).

Fig.67. Symptômes de l'attaque du charançon rouge sur le palmier des canaries et le palmier dattier (El-Sabea *et al.,* 2009; Dembilio et Jaques, 2015; Sedra, 2015).

3.1.2. Pyrale des dattes, *Ectomyelois ceratoniae* (Zeller) (*Lepidoptera*: *Pyralidae*). En anglais: Carob Moth

Cet insecte appelé aussi le ver de la datte est hautement polyphage et d'une distribution cosmopolite. D'après Heinrich (1956), ce lépidoptère est apparemment d'origine méditerranéenne puisqu'on le trouve très répandu dans tout le bassin méditerranéen (Idder *et al.,* 2009). Le nombre de plantes hôtes reconnues est de 49 espèces dans le monde, dont 32 en Algérie (Doumandji, 1981). La large gamme d'hôtes de ce ver le qualifie d'opportuniste, capable d'obtenir des nutriments suffisants pour la croissance et la reproduction à partir de diverses sources de nourriture.

Dans la plupart des cas, la pyrale des dattes infeste la culture pendant les stades de maturation et reste dans les fruits infestés après la récolte, devenant ainsi un ravageur des produits stockés (Mehaoua, 2014; Mehaoua, 2015; Perring *et al.,* 2015). Au cours de son développement, la larve des pyrales se nourrit de dattes mûres, qu'elles soient sur régime, tombées au sol ou stockées en entrepôts. Les fruits alors contaminés sont impropres à la consommation en raison des déjections des chenilles et des exuvies qui subsistent dans la datte (Bouka *et al.,* 2001). Ses dégâts sont plus marqués sur les dattes à consistance assez molle et dont la récolte se fait tardivement à l'image des principaux cultivars des États-Unis *Medjhoul* et *Deglet Noor*. Les dattes du *Medjhoul*, sont généralement récoltées en mois d'août et septembre, tandis que celles de *Deglet Nour* en octobre et novembre voire décembre pour certaines palmeraies en fonction de la maturation des fruits, de la conduite et des conditions du marché (Perring *et al.,* 2015).

La biologie saisonnière de la pyrale des dattes dans cette région et les conditions environnementales se synchronisent pour produire la plus grande densité de papillons adultes de la fin août à la mi-octobre. Ce pic d'occurrence coïncide avec l'abondance maximale de l'hôte dans les palmeraies ce qui fait de cet insecte un ravageur des dattes par excellence, dans de nombreuses régions du monde (Mehaoua, 2014; Mehaoua *et al.,* 2015; Mehaoua, 2015; Perring *et al.,* 2015; Hadjeb *et al.,* 2017). De même en Algérie, le pic de la troisième génération qui commence début Septembre et s'étale jusqu'au mois de Novembre, coïncide avec la maturité des dattes notamment celles de *Deglet Nour* et est responsable de la quasi-totalité des pertes (Hadjeb, 2017). D'après Mehaoua (2014), Idder *et al.* (2015), et Hadjeb (2017) les taux d'infestation variaient significativement selon les cultivars, stades de maturité des fruits et leur interaction. Les études des préférences alimentaires de ce papillon ont conclu que l'infestation débute à la maturation des fruits et les dattes des deux cultivars *Deglet Nour* (demi-molle) et *Mech Degla* (sèche) sont les plus infestées par la pyrale par rapport à la variété *Ghars* (molle) (Hadjeb, 2017). Par ailleurs, Mehaoua (2014) a montré que les différents stades larvaires de cette espèce sont toujours attirés par les différentes odeurs des dattes de *Deglet Nour* et de leurs extraits en comparaison aux dattes des autres cultivars précités (Fig.68).

Le cycle biologique de l'*E. ceratoniae* se déroule sur plusieurs plantes hôtes dont les principaux sont le caroubier, le néflier du japon, l'amandier, le figuier, le grenadier et le palmier dattier (Doumandji, 1981). L'insecte passe l'hiver dans les fruits momifiés sous forme de larve âgée et l'adulte apparaît au printemps suivant pour se développer sur plusieurs plantes hôtes. Il commence par l'attaque des grenades de Mai à Août, puis il s'installe sur les premières dattes non nouées se trouvant sur les régimes et à partir de Septembre, l'insecte commence à attaquer les dattes mures et s'y développe jusqu'à la récolte (Fig.68) (Dhouibi, 1991).

Les œufs sont pondus individuellement sur la surface externe des dattes dans les rides, les ouvertures et les déchirures, ainsi que sur et sous le calice (Warner, 1988). Pendant la ponte, la femelle se déplace et dépose ses œufs sur plusieurs fruits d'un même régime de datte. Le nombre d'œufs pondus vraie entre 82 et 200 œufs (Navarro *et al.*, 1986; Al-Izzi *et al.*, 1987; Mehaoua, 2014; Mehaoua *et al.*, 2015; Hadjeb, 2017). À l'éclosion, la chenille creuse des galeries en dévorant la pulpe qui est remplacée par des excréments de fil de soie et des capsules céphaliques (Vilardebo, 1975). En parallèle, elles tissent de grandes quantités de soie à pour construire une chambre nymphale et un trou de sortie qui mène vers l'extérieur de la datte. Il existe cinq stades larvaires dont la durée est assez variable, allant de 1 à 8 mois (Fig.68) (Carpenter et Elmer, 1978).

Les adultes rampent à travers le tube d'émergence soyeux jusqu'à la surface externe des dattes, où leurs ailes se dilatent et sèchent (Perring *et al.*, 2015). Les premiers papillons de la première génération apparaissent au mois d'avril et le dernier vol du cycle annuel s'effectue durant le mois de novembre par les adultes de la quatrième génération (Fig.68) (Doumandji, 1981).

La bibliographie fait ressortir clairement l'importante variation qui existe dans la biologie du développement et la forme d'*E. Ceratoniae* dont l'origine est intimement liée aux conditions abiotiques (température, humidité et photopériode) et biotiques (type et qualité de l'hôte) dans lesquelles l'insecte se développe. Exemple de cette variation nous citons le nombre de génération qui peut aller d'une génération par an à quatre (Wertheimer, 1958; Lepigre, 1963; Doumandji, 1981; Mehaoua, 2014; Mehaoua *et al.*, 2015; Hadjeb, 2017).

La pyrale des dattes cause des pertes économiques importantes aux producteurs. Les dommages causés aux dattes par la pyrale sont dus au développement des larves/chenille en particulier celles des premiers et deuxièmes stades car elles sont petites et difficiles à détecter. Cependant, ce sont les chenilles de la troisième génération qui sont responsables de la quasi-totalité des dégâts sur dattes du fait qu'elles consomment de grandes portions de datte. L'alimentation est accompagnée de grandes quantités d'excréments. L'activité du myélois se poursuit dans les entrepôts et les magasins de stockage (Doumandji, 1981; Perring *et al.*, 2015).

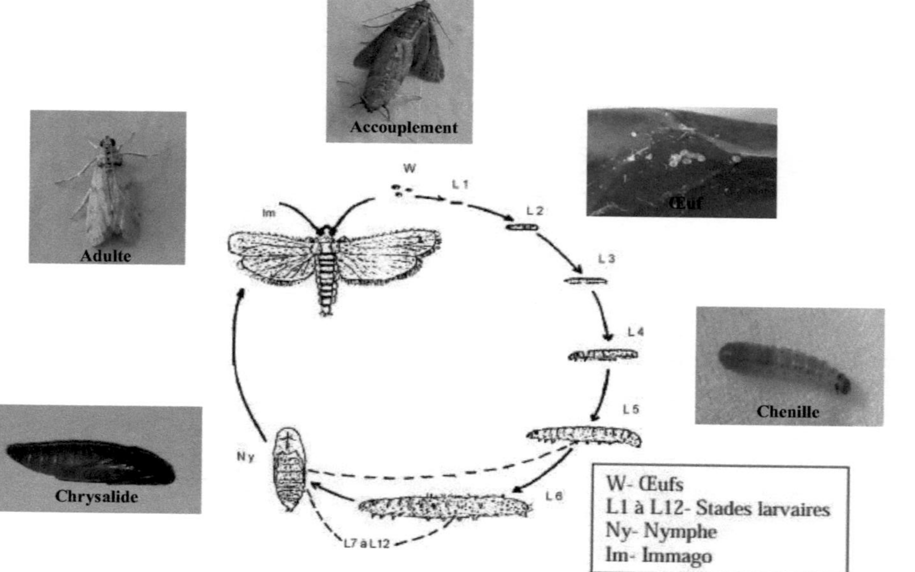

Fig.68. Cycle biologique d'*Ectomyelois ceratoniae* (Doumandji, 1981; Mehaoua *et al.,* 2015; Hadjeb, 2017).

Les dégâts sont généralement causés par les larves de cet insecte, et qui déprécient la qualité des dattes. L'infestation des fruits par la pyrale des dattes est le problème majeur pour les importateurs (Fig.69). À l'heure actuelle, la pyrale est considérée comme un danger permanent pour la phœniciculture Algérienne, les dégâts pouvant atteindre 10 à 20% de la production (Dakhia *et al.,* 2013). Doumandji-Mitiche (1983) a observé que le pourcentage d'attaque peut aller jusqu'à 96% dans les palmeraies de Sud Algérien. Les travaux de Hadjeb *et al.* (2017) ont montré une différence du taux d'infestation entre trois variétés de dattes avec un niveau d'infestation élevé chez les variétés *Deglet Nour* et *Mech Degla* avec respectivement des taux de 22 et 14% par rapport à la variété *Ghars* (1%). D'après cet auteur, cette variation serait peut-être due à la qualité nutritive des dattes de chaque hôte. Au Maroc, Madkouri (1977) a rapporté des pertes de rendement qui avoisineraient les 30%. Sur les dattes de *Deglet Nour* en Tunisie, on estime qu'environ 20% des dattes sont régulièrement attaquées (Khoualdia et Marro, 1996). Également, aux États Unies d'Amérique, la pyrale des dattes est le ravageur le plus important et les fruits infestés de larves peuvent causer des dommages compris entre 10 à 40% de la récolte chaque année (Nay *et al.,* 2006).

En Tunisie, *E. ceratoniae* reste le ravageur le plus abondant et le plus important sur le plan économique dans les zones phœnicicoles, on estime qu'environ 20% des dattes de la variété *Deglet Nour* régulièrement attaquées (Khoualdia et Marro, 1996). Ainsi Dhouibi (1989), a montré que les dégâts occasionnés sont de 15 à 18% sur dattier. Il semble que la variété *Deglet Nour* est la plus appréciée par le ravageur. Le taux d'infestation peut atteindre la moitié de la production dans stations de conditionnement des dattes qui ne bénéficient pas de traitements. En effet, le pourcentage d'infestation durant l'année 1999 varie de 40 à 49% respectivement dans les dépôts de Ben Ramdane et Degache (Dhouibi, 2000). Dans les oasis Tunisien, la culture de grenadier est en voie de disparition à cause des attaques de la pyrale qui peuvent atteindre jusqu'à 80% de la production (Khoualdia *et al.,* 1995). Alors qu'au Maroc ce ravageur cause jusqu'à 30% de perte dans les récoltes de dattes (Bouka *et al.*, 2001). Aux États Unis, le taux d'infestation varie de 10 à 40% sur la variété *Deglet Nour* (Warner, 1988; Nay et Perring, 2006).

Fig.69. Dégâts d'*Ectomyelois ceratoniae* sur les dattes (Khoualdia *et al.,* 1995; Bouka *et al.,* 2001; Nay et Perring, 2006).

3.1.3. Acarien du palmier dattier (Boufaroua, Rtila), *Oligonychus afrasiaticus* (= *Paratetranychus afrasiaticus*) (Mc Gregor), (*Arachnida*: *Tetranychidae*). En anglais: Old World date mite

Le palmier dattier est attaqué par plusieurs espèces d'acariens qui causent fréquemment des dommages d'ampleur variable selon l'espèce. L'acarien rouge du palmier: *Raoiella indica* (Hirst) (Fig.70a); *Eutetranychus palmatus* (Attiah) (Fig.70b) et l'acarien plat rouge et noir *Brevipalpus phoenicis* (Geijskes) (Fig.70c), sont considérés comme des ravageurs d'importance mineure contrairement à *Oligonychus afrasiaticus* (Fig.70d). Ce dernier est connu comme l'acarien de l'ancien monde du fait qu'il est très répandu au Moyen Orient et en Afrique du Nord alors qu'un autre acarien *O. pratensis* est considéré parmi les ravageurs les plus redoutables du palmier dans le nouveau monde, en particulier, aux États-Unis d'Amérique (Negm *et al.,* 2015; El-Shafie, 2018). *O. afrasiaticus* a été décrit pour la première fois par McGregor (1939) sur des fruits de datte récoltées à Biskra en Algérie. Communément appelé Boufaroua (ou Sadaya ou Ghobar) qui désigne souvent le terme « poussière », du fait de la présence de toiles soyeuses blanches ou grisâtres qui retiennent le sable et la poussière rendant les dattes immangeables (Bounaga et Djerbi, 1990). Cet acarien oligophage attaque principalement le palmier dattier, mais il a aussi été trouvé sur les *Arecaceae* et quelques autres hôtes des familles *Poaceae*, *Cucurbitaceae*, *Solanaceae* et *Convolvulaceae* (El-Shafie, 2018).

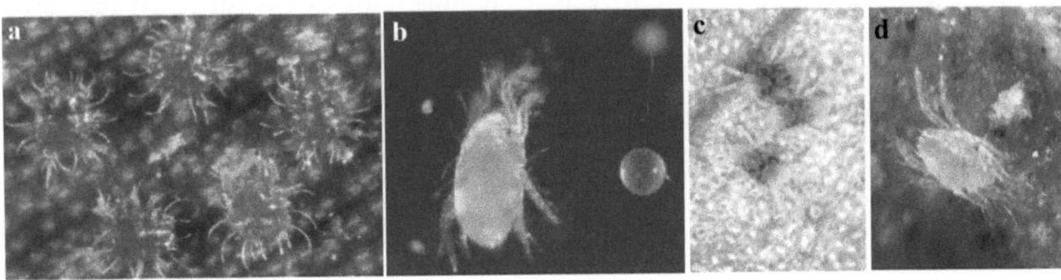

Fig.70. Quelques exemples des acariens du palmier dattier (*Raoiella indica* (a), *Eutetranychus palmatus* (b), *Brevipalpus phoenicis* (c) et *Oligonychus afrasiaticus* (d)) (El-Shafie, 2018).

O. afrasiaticus hiverne, sous différents stades, sur le palmier lui-même (à la base des palmiers, parmi les fibres du lif) ou sur certaines plantes-hôtes, notamment les mauvaises herbes et les cultures solanacées ou cucurbitacées. Au printemps, l'activité des acariens augmente rapidement et, à partir du mois de mai, elle devient très importante. À cette époque-là, les régimes portent des dattes qui n'ont encore que la grosseur d'une noisette et c'est sur elles que les populations d'acariens deviennent importantes (Vilardebo, 1975).

Boufaroua passe par quatre stades de développement distincts, à savoir l'œuf, la larve, la nymphe et l'adulte (Al-Deeb, 2012). De nombreux acariens peuvent être groupés dans une petite zone formant une colonie comprise des différents stades de développement. Une femelle peut pondre environ 50 à 100 œufs généralement sur les fruits et palmes puis meurt après la fin du processus de ponte (El-Shafie, 2018). La population augmente très vite, pouvant atteindre en quelques semaines une densité supérieure à 100 individus par régime. Les individus tissent une toile sur laquelle vont être déposés les œufs (Lepesme, 1974). Elle servira aussi à fournir un microclimat dans lequel les acariens se nourrissent et se multiplient loin des prédateurs et des conditions environnementales défavorables (El-Shafie, 2018). Lorsque cette toile couvre tout le régime, les acariens sont si nombreux qu'elle prend un aspect blanchâtre (Lepesme, 1974). Dans des conditions favorables, il y a plusieurs (10-12) générations par an (Fig.71) (Al-Deeb, 2012; Ben Chaaban *et al.,* 2017).

Munier (1973) et Guessoum (1985) ont signalé la présence de cet acarien dans le cœur du palmier, sur le lif, sur les jeunes feuilles des rejets est les dattes non fécondée.

Les infestations se produisent pendant la saison estivale chaude et sèche (El-Shafie, 2018). La population diminue progressivement en mois d'août et septembre (Ben Chaaban *et al.,* 2011). Le vent, les oiseaux et les insectes qui touchent les toiles d'acariens se trouvant sur les régimes de fruits peuvent être à l'origine de leur dissémination. Après la récolte, ces derniers migrent vers les palmes entourant le cœur de palmier et passent l'hiver entre le lif et la base des palmes. Ils peuvent également se déplacer sur les mauvaises herbes qui entourent le stipe, apparemment, après la chute de dattes infestées (Fig.71) (Ben Chaaban *et al.,* 2011; El-Shafie, 2018).

Ibrahim et Khalif (1998) ont signalé que dans les exploitations où l'écartement entre les pieds est de: 4 à 6 m, l'humidité élevée provoque des attaques par les maladies et quelques ravageurs; tandis que pour les exploitations, où l'écartement est important (7 à 10 m), le risque d'attaque par le Boufaroua est élevé, surtout au cours des stades II et III.

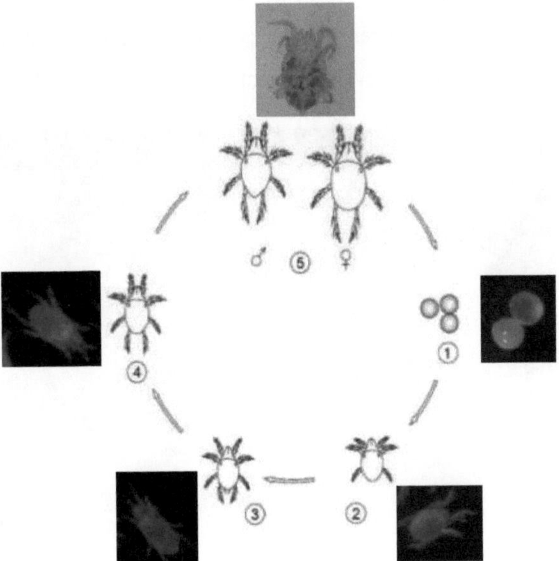

Fig.71. Cycle biologique d'*Oligonychus afrasiaticus*; (1) œuf, (2) larve, (3) protonymphe, (4) deutonymphe et (5) adulte (Mansouri, 2010; El Bouhssini et Faleiro, 2018).

Les dégâts causés par cet acarien peuvent être considérables, selon les années et les régions. Les pertes peuvent toucher la totalité de la récolte. Les nombreuses piqûres de l'acarien rendent l'épiderme des dattes rugueux, ridé, pigmenté et rougeâtre. Lorsque cet acarien s'installe sur les périanthes et les pédoncules, il provoque une chute des fruits. Les dattes attaquées restent sèches même si elles sont mûres devenant ainsi impropres à la commercialisation et à la consommation (Dhouibi, 1991).

Boufaroua attaque les fruits en développement, qui représentent la composante finale du rendement. Contrairement aux dommages sur les pennes ou d'autres parties du palmier, les dommages directs sur les dattes ne peuvent être compensés et peuvent atteindre 70% et parfois même une perte de 100% peut se produire (Ben Chaaban *et al.,* 2017; El-Shafie, 2018). La présence de l'acarien sur les fruits est révélée par l'existence de toiles soyeuses blanchâtres ou grisâtres, et qui prend la couleur du sable ou de la poussière dont elle s'imprègne et s'y attache, ce réseau soyeux relie les dattes entre elles et ainsi que les pédoncules et gène le développement du fruit (Arib, 1998).

Fig.72. Dégâts d'*Oligonychus afrasiaticus* sur les dattes (Dhouibi, 1991).

3.1.4. Cochenille blanche, *Parlatoria blanchardi* (Targioni Tozzetti) (*Hemiptera*: *Diaspididae*). En anglais: White Date Scale

Parmi les hémiptères qui attaquent le palmier ; la cochenille verte: *Palmaspis phoenicis,* la cochenille rouge: *Phoenicoccus marlatti* Cockerell et la cochenille blanche: *Parlatoria blanchardi* qui est considérée comme l'un des déprédateurs les plus redoutables du palmier dattier notamment en Nord Afrique. Connue depuis fort longtemps dans les oasis algériennes (Balachowsky, 1953), le peuplement intense de la cochenille blanche n'entrave pas seulement le développement normal de la plante, mais il cause également le desséchement prématuré des palmes et peut conduire à la perte totale d'un végétal aussi robuste et résistant que le palmier dattier (Smirnoff, 1954).

La cochenille blanche est signalée pour la première fois en 1868 par Blanchard, en Afrique du nord, dans la région de l'Oued Righe, dans le sud algérien. Targioni-Tozzetti la décrit en 1892 sous le nom d'*Aonidia blanchardi*, puis en 1905 Langreen la nomme *P. blanchardi* ou cochenille blanche du palmier dattier (Munier, 1973; Dhouibi, 1991). La cochenille blanche du palmier dattier est appelée selon les pays et les régions, Djreb, Sem, Gmel, en Tunisie, Sibana, Djerba, Sem, El-Menia en Algérie, Nakoub, Guemla, au Maroc, et Rheifiss et K'lefiss en Mauritanie (Smirnoff, 1954; Toutain, 1967; Toutain, 1979).

Cet insecte cosmopolite est actuellement présent dans toutes les régions de culture du palmier dattier (Carpenter et Elmer, 1978). En raison du mouvement du commerce international des rejets de palmier dattier, le ravageur se trouve maintenant en Europe, en Asie centrale, au Moyen-Orient, en Afrique, dans l'hémisphère occidental et en Océanie (Gharib, 1973). *P. blanchardi* est xérophile, inféodée au climat chaud et sec des régions désertiques et attaque essentiellement les palmiers et plus particulièrement les palmiers dattier (Balachowsky, 1953). Sa localisation sur les pennes de dattier se fait aussi bien sur la face supérieure que sur la face inférieure des feuilles. L'insecte est donc soumis pendant toute la saison chaude à un ensoleillement intense (Fig.73) (Balachowsky, 1932).

L'extension et le développement de l'insecte sont favorisés par la forte densité des palmiers dans les vergers phœnicicoles, l'absence d'une taille raisonnable des palmes, le développement excessif des rejets sous le palmier et l'utilisation des palmes ou rejets contaminés dans les palmeraies (Sedra, 2005).

La femelle de *P. blanchardi* est ovipare, elle pont ses œufs sous le follicule. Le nombre d'œufs disposés et groupés sous le follicule maternel ou au contact du corps varie entre cinq (Belkhiri, 2017) et quinze (Laubeda et Benassy, 1969). Leur période d'incubation est de trois à cinq jours (Smirnoff, 1957). Après éclosion, les chenilles se déposent sur les surfaces inférieures des pennes dans des endroits ombragés dans la partie inférieure de la frondaison. Bien que Parlatoria soit un insecte xérophile (adapté au climat / habitat très sec) et thermophile (aimant la chaleur), elle évite le soleil brûlant en s'installant à l'intérieur des plis à la base des pennes (Talhouk, 1983). Une fois fixée, la larve du premier stade (L1) s'élargit, s'aplatit et secrète un bouclier protecteur (Balachowsky, 1951; Balachowsky, 1953). Après une semaine environ, les larves L1 muent et donnent naissance à des larves de deuxième stade L2, ce dernier dure deux ou trois semaines, permettant ainsi une différenciation nette des larves mâles et femelles (Smirnoff, 1957). La larve du deuxième stade mâle est allongée et possède des taches oculaires pourpres. La jeune larve L_2 femelle, évolue en larve L_2 âgée, puis une deuxième mue, qui donne naissance à la femelle adulte (Smirnoff, 1954). Quant au mâle, il subit des transformations plus complexes, il passe par cinq stades pour acquérir la forme adulte. Le cycle du mâle diffère totalement de celui de la femelle (Fig.73) (Tourneur et Lecoustre, 1975).

Le cycle de la cochenille blanche s'effectue presque sans interruption au cours de l'année (Tourneur et Lecoustre, 1975). En Algérie, deux (Belkhiri,

2017) à trois générations ont été observées (Idder *et al.,* 2000). Alors qu'en Irak, Martin (1965) et El-Haidari (1980) ont signalé la présence de trois générations avec la possibilité d'une quatrième dans les régions les plus chaudes du sud.

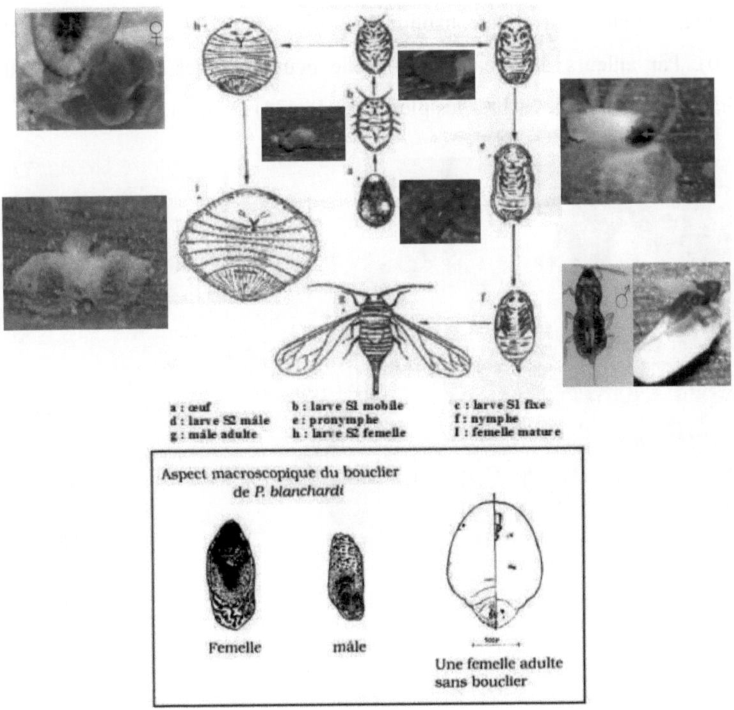

Fig.73. Cycle biologique de la cochenille blanche (Smirnof, 1954).

L'insecte attaque le palmier dattier entier (palmes, hampes florales, fruits…), mais il préfère les surfaces abaxiales des palmes. Il se nourrit de la sève de la plante et injecte une toxine qui altère le métabolisme; une zone décolorée de tissu blessé se développe dans les zones où les chenilles s'installent et se nourrissent. Ce qui conduit à une altération de la transpiration, un épuisement des nutriments, une destruction de la chlorophylle, une diminution de la respiration et un encroûtement des feuilles qui entrave à la photosynthèse. Il se trouve aussi sur les fruits dont il peut arrêter le développement. Les dattes envahies se développent mal et se dessèchent sans atteindre leur complète maturité. Ce qui entraine une réduction de plus de la moitié de la production dattière, et rend les fruits inconsommables (Bénassy, 1990; Bounaga et Djerbi, 1990). Par ailleurs, la cochenille blanche peut entraîner la mort des jeunes palmiers et affaiblit les arbres les plus âgés (Fig.74) (Munier, 1973).

Fig.74. Dégâts sur le palmier dattier dus à l'attaque de la cochenille blanche *Parlatoria blanchardi* (Bénassy, 1990; Bounaga et Djerbi, 1990).

La gravité des dommages causés par la cochenille blanche semble être variable selon la localité, le cultivar, les conditions environnementales et les pratiques de gestion. Le fait de savoir si elle est indigène ou récemment introduite dans une zone est un facteur important dans le programme de contrôle de la population de ce ravageur (El-Shafie *et al.,* 2015). En Tunisie, la cochenille blanche provoque une diminution de la productivité des palmiers dattier (Khoualdia et Zouba, 2000). Murdoch (1966), Ehrlich et Brich (1967), Rosentha et Janzen (1979), et Denno et Mcclure (1983) ont montré que la génétique, la morphologie, la nutrition et la phénologie de la plante hôte peuvent limiter l'abondance du ravageur. Ainsi, la variation de l'état du végétal suivant les conditions environnementales, affecte directement la performance de l'insecte (Flanders, 1970; Thompson, 1978; Astatt, 1983).

Des pertes considérables de rendement en qualité et en quantité ainsi que la valeur commerciale des fruits sont enregistrées suite aux attaques de cette cochenille (El-Sherif *et al.,* 2001). Les pertes de fruits dues à son alimentation directe atteignent 70 à 80% (Smirnoff, 1957). Ce ravageur a dévasté des palmiers en Algérie au cours des années 1920, tuant environ 100000 dattiers (Rosen, 1990). Récemment, les travaux de Mehaoua (2006), Maatallah (2010), et Matallah et Biche (2013), réalisés dans la région de Biskra en Algérie, ont montré quelles variétés *Ghars* et *Deglet Nour* sont plus infestées que la variété *Degla Beida.* Cette différence parait être influencée par les compositions chimiques et biochimiques des feuilles. En effet, cet insecte affecte préférentiellement les palmiers du cultivar *Ghars*, mais à défaut les autres cultivars. En cas de forte infestation, elle peut s'installer sur les dattes de tout cultivar (Dakhia *et al.,* 2013). Au niveau des palmeraies tunisiennes, Ben Chaaban *et al.* (2009) ont observé que *P. blanchardi* touche essentiellement des parcelles négligées (manque d'irrigation, de fertilisation et de maintien). Barbendi *et al.* (2000) ont remarqué que la cochenille blanche du palmier dattier préfère les endroits ombrés, à forte humidité et loin des rayonnements solaires.

L'ombre crée des conditions microclimatiques favorables, avec une évaporation très faible et une humidité plus intense, influant la population de la cochenille (Smirnoff, 1957). Idder (1992), Boussaid et Maache (2000), et Boussaid et Maache (2001) ont souligné que les orientations Est et Nord sont toujours les plus infestées pour la variété *Deglet Nour* à cause de l'effet d'insolation dont la cochenille blanche préfère les endroits ombragés. El- Bouhssini *et al.* (2004) ont noté que les folioles de l'orientation nord sont les plus infectées par rapport à celles dans les autres orientations cardinales.

3.1.5. Dubas du palmier dattier, *Ommatissus lybicus* (Bergevin) (*Hemiptera*: *Tropiduchidae*). En anglais: Dubas Date Bug

Le dubas est parmi les principaux ravageurs du palmier dattier. Il est probable qu'il provienne de la vallée du Tigris- Euphrates (Dowson, 1936). Il a été signalé au Proche et Moyen-Orient et en Afrique du Nord; Mauritanie et Lybie (Sedra, 2015b) et en Tunisie (Zouba et Raeesi, 2010; Hamza *et al.,* 2015), au Sud-est de la Russie, en Iran et en Espagne (El-Shafie *et al.,* 2015). Sa diffusion aurait été faite par le biais du transport de matériel végétal infesté d'œufs (Howard *et al.,* 2001). Cet insecte est connu pour être fortement spécifique au palmier dattier le qualifiant ainsi de monophage (El-Shafie, 2012) malgré sa présence signalée par Lepesme (1947) sur *Chamaerops humilis* (L.) D'autres auteurs considèrent que le dubas est un oligophage qui termine son cycle de vie sur les palmiers dattiers auxquels il cause des dommages directs et importants par l'alimentation, la production de miellat ou les dommages associés à la ponte (Howard et Wilson, 2001). À Oman, en Iran et en Iraq, le Dubas est considéré comme le ravageur le plus sérieux de la datte conduisant même à la mort du palmier (Hunter-Jones et Tunstall, 1972; Khalafet Khudhair, 2015).

Dubas est un insecte hémimétabole qui comprend trois stades distincts: œuf, nymphe et stade adulte (Fig.75) (Al-Khatri, 2018). Les mâles se distinguent des femelles par leurs ailes qui s'étendent au-delà de leurs abdomens (Hussain, 1963; Al-Abbasi, 1988). Les nymphes passent par 5 stades pour atteindre l'adulte (Al-Khatri, 2018) pour une durée de 6 semaines (Al-Deeb, 2012) à 7 semaines environ (Fig.76) (Shah *et al.,* 2013).

Fig.75. Trois stades distincts du dubas du palmier *Ommatissus lybicus*: œuf (a), nymphe (b) et adulte (c) (Al-Deeb, 2012; Shah *et al.,* 2013; El-Shafie *et al.,* 2015; Al-Khatri, 2018).

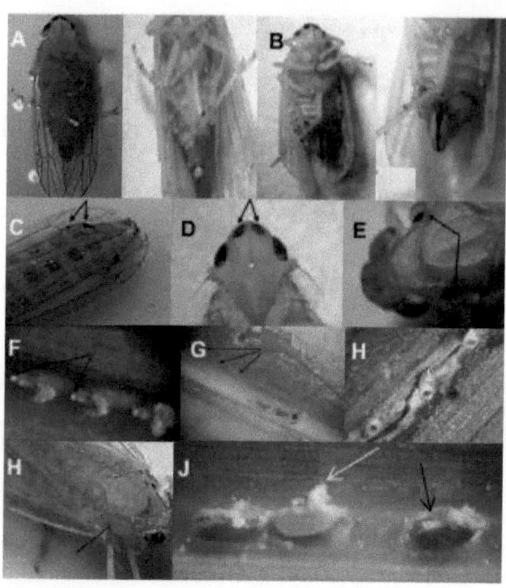

Fig.76. Morphologie d'*Ommatissus lybicus*: (A) Mâle du dubas (à gauche), organes génitaux du mâle (à droite); (B) Femelle du dubas (à gauche), ovipositeur de la femelle (à droite); (C) Taches noires sur les 7^{éme} et 8^{éme} segments abdominaux; (D) Taches noires sur les fronts; (E) Taches noires sur le pronotum; (F) Œufs avant l'éclosion (flèches); (G) Larve du dubas; Filaments blancs caudaux (flèches); (H) Dommages causés par les activités de ponte des œufs du dubas; (I) Prédateur (acarien) se nourrissant de dubas adultes; (J) Œuf non parasité du dubas (flèche blanche), œuf parasité noir du dubas (flèche noire) (Zouba et Raeesi, 2010).

O. lybicus a deux générations par an (générations d'hiver et d'été). Les femelles pondent des œufs sur toutes les parties vertes du palmier à l'exception du fruit, et la majorité sont déposés sur les pennes, en particulier sur la surface supérieure (El-Shafie *et al.,* 2015). La femelle fait de petits trous dans les tissus de la nervure médiane des pennes pour pondre ses œufs. Chaque tunnel ne contient qu'un seul œuf. En cas d'infestations sévères, les œufs ne sont pas seulement pondus à la fois sur la surface inférieure et supérieure des feuilles, mais aussi sur les tiges des fruits, et une seule femelle peut pondre entre 100 et 180 œufs (Hussain, 1963; Jassim, 2007)

Une étude sur le cultivar *Kehraba* connu pour être parmi les plus sensibles au dubas à Oman, Shah *et al.* (2013), ont cité plusieurs facteurs qui affectent de manière significative son comportement de ponte à savoir la densité des femelles adultes par unité de surface, leur fécondité, la qualité et la quantité de l'alimentation disponible et les facteurs environnementaux tels que la température et l'humidité relative. Ce qui met en relief l'influence du génotype du cultivar sur le développement et la dissémination de ce ravageur. En outre, une distribution spatiale variable des œufs, des nymphes et de la quantité de miellat secrétée a été observée entre les différentes rangées de la frondaison du cv. *Barhee* en Irak. La plus forte densité d'œufs (26 934 œufs par palme) a été observée dans la cinquième rangée et celle des nymphes (7035 nymphes par palme) dans la quatrième alors que la plus grande quantité de miellat (546,4 g par palme) a été relevée dans la septième rangée (Khalaf et Khudhair, 2015).

Les adultes et les nymphes d'*O. lybicus* causent des dégâts directs en se nourrissant de phloème et de sève (Howard, 2001) qu'ils prélèvent des palmes du dattier par leurs pièces buccales de type piqueur-suceur (Al-Deeb, 2012). Lors des fortes infestations, cet insecte peut également attaquer les épillets et les fruits, puisant une grande quantité de sève du palmier ce qui affecte sa vigueur. Aussi, la présence de grandes quantités de miellat conduit à un jaunissement des pennes (Elwan et Al-Tamiemi, 1999; Mokhtar et Al-Mjeni, 1999) et favorise le développement de champignon de la fumagine qui interfère avec la photosynthèse (Al-Deeb, 2012; Al-Khatri, 2018). Cette dernière est, par conséquent, réduite à cause du blocage des stomates et l'entrave des échanges gazeux. La présence de liquide collant (miellat) sur les palmes est une indication d'infestation par dubas (Al-Deeb, 2012) qui est également connu pour être un vecteur des maladies du palmier dattier (Gassouma, 2004). Les pertes économiques dues à l'infestation d'*O. lybicus* sur les palmiers dattiers ont été estimées à 28% à Oman (Khan *et al.,* 1983) et atteignent les 50% en Irak (Fig.77) (Talhouk, 1977).

Les nymphes et les adultes d'*O. lybicus* causent des dommages directement en s'alimentant de la sève et indirectement en produisant du miellat.

L'alimentation abondante d'*O. lybicus* affaiblit le palmier dattier, tandis que le miellat contamine les palmes fournissent un substrat pour la croissance de la fumagine noire qui réduit la photosynthèse. Après des mois d'infestation de par le dubas, les surfaces des palmes ont tendance à devenir chlorotiques (Mokhtar et Al Mjeni, 1999; Mokhtar *et al.,* 2013). On pense que des populations extrêmement importantes causent la mort de certains palmiers. De plus, la ponte dense provoque une nécrose des tissus végétaux verts où les œufs sont insérés (Howard et Wilson, 2001). Hussain (1963) et Hussain (1985) ont signalé que les fruits des palmiers infestés seraient plus petits et mûriraient plus lentement, avec un pourcentage élevé de sucres réducteurs et un faible pourcentage de saccharose (Fig.77).

Fig.77. Dégâts occasionnés par *Ommatissus lybicus* (Mokhtar *et al.,* 2013).

3.1.6. Oryctes (ou scarabée rhinocéros) du palmier dattier, *Oryctes agamemnon* (Burmeister) (*Coleoptera*: *Scarabaeidae*). En anglais: Rhinoceros Beetle

Les espèces d'oryctes rencontrées sur le palmier dattier sont *O. elegans* Prell et les sous-espèces de *O. agamemnon*, elles représentent une menace croissante au fur et à mesure qu'elles se propagent dans les palmeraies alors que *O. rhinoceros* L. attaque en particulier le cocotier et le palmier à l'huile.

O. agamemnon Burmeister est connu comme un foreur des racines du palmier dattier. L'oryctes est originaire du Moyen-Orient et maintenant rencontré dans plusieurs pays du monde (Baraud, 1985). Deux sous-espèces d'*O. Agamemnon* ont été signalées pour avoir attaqué le dattier: *O. agamemnon matthiesseni* Reitter et le scarabée rhinocéros d'Arabie, *O. agamemnon arabicus* Fairmaire, (Khalaf et Alrubiae, 2016). Cette dernière est la plus documentée étant endémique à certaines zones comme la péninsule arabique (Arabie saoudite, Oman et Émirats Arabes Unis), l'Iraq, la Tunisie et l'Inde (Khoualdia et Rhouma, 1997; Al-Deeb *et al.,* 2012b; Soltani, 2012; Khalaf *et al.,* 2013; Bedford *et al.,* 2015; Khalaf, 2018). *O. agamemnon arabicus* a été introduit accidentellement en Tunisie les années 1970s caché dans des rejets de palmier dattier provenant des Émirats Arabes Unis et faisant l'objet d'un échange de matériel variétal entre les deux pays (Khoualdia et Rhouma, 1997; Soltani, 2009). En Tunisie, *O. agamemnon* est considéré comme ravageur secondaire. Il s'agit d'un ravageur de faiblesse, n'attaquant que les pieds affaiblis ou en mauvais état physiologique (Dhouibi, 2000).

Beaucoup de travaux ont montré que *O. agamemnon arabicus* a un seul pic de vol ce qui indique la présence d'une génération par an (univoltine) (Soltani, 2010; Al-Deeb, 2012; Al-Deeb *et al.,* 2012b; Khalaf, 2018). Toutes les phases de développent de cette scarabée se font sur un palmier vivant dont toutes les parties sont sujettes à ses attaques (Khalaf et Alrubiae, 2016). Un grand nombre d'insectes, d'œufs et de larves a été prélevé à partir des racines respiratoires, du bois mort qui se trouve vers l'extérieur du stipe comme le lif ou fibrilium et l'écorce et de la partie basale des pétioles secs (Soltani, 2010). Les adultes attaquent aussi les épillets et les rachis (Fig.78) (Al-Sayed et Al-Tamiemi, 1999; Al-Deeb, 2012).

Les adultes d'*O. agamemnon* sont également des foreurs des rachis et des racines (Khalaf, 2018). Ils volent la nuit et durant le jour ils s'abritent dans leurs sites de développement. Ils se nourrissent occasionnellement du jus extrait des racines respiratoires. Leurs rôles se limitent à la reproduction et à la dispersion de l'espèce sur de courtes distances. La femelle pond environ 27 œufs. Après l'éclosion des œufs, le cycle de vie est complété par trois stades larvaires distincts et une période nymphale. Les larves représentent les stades nuisibles de l'espèce (Soltani, 2010) parce qu'elles pénètrent dans les tissus vivants des bases des palmes, du tronc et des racines respiratoires où elles forment des galeries qui peuvent faire tomber la palme (Bedford *et al.,* 2015). À des taux élevés d'infestation, cet insecte entraine la formation de cavités de différentes tailles à l'intérieur du tronc et peut entraîner la chute du tronc, surtout par un vent fort (Khalaf et Alrubiae, 2016). D'autre part, le plus grand danger causé par cet insecte est d'endommager les racines respiratoires qui représentent le support basal du palmier (Fig.79). À ce niveau, à un stade avancé de l'infestation et après plusieurs années consécutives d'attaques, les galeries larvaires peuvent se chevaucher et s'interpénétrer pour former des tunnels de dimensions importantes dans les racines ce qui rend le risque d'effondrement brutal du dattier fort probable même sous un vent modéré (Fig.78) (Soltani, 2009).

Quel que soit l'âge du palmier dattier, il est sujet aux infestations des larves d'*O. agamemnon arabicus,* en particulier au niveau de la partie inférieure du stipe (environ 1 m au-dessus de la surface du sol). Toutefois, les pieds âgés de plus de 30 ans ont observé le plus haut niveau d'infestation par rapport à ceux d'âge moyen et jeune (Khalaf *et al.,* 2014). Les dommages de ce scarabée sont localisés du bas en haut du palmier; sur les racines respiratoires, les composants externes du stipe et le niveau basal des vieilles palmes. Elle n'attaque pas la palme verte et la larve n'est jamais vue à l'intérieur du stipe (Fig.79) (Soltani, 2009; Al-Deeb *et al.,* 2012b).

Fig.78. Cycle de vie d'*Oryctes agamemnon*; 1: œufs, 2: larves, 3: nymphe, 4: adulte émergeant, 5: femelle adulte, 6: mâle adulte (Soltani, 2009; Al-Deeb *et al.,* 2012b).

Les prélèvements effectués par les larves pour leur alimentation endommagent les rejets, les racines aériennes et les pétioles secs des jeunes palmiers au-delà du stade jeune (Soltani, 2010). Le plus souvent, les jeunes palmiers attaqués sont tués dans la première année après la plantation et les pertes peuvent atteindre 100% (Fig.79) (Bedford *et al.,* 2015; Khalaf, 2018). Les zones endommagées (blessures) sur le tronc d'arbre peuvent attirer les femelles du charançon rouge du palmier *R. ferrugineus* (Al-Deeb *et al.,* 2012b).

Les cultivars Iraquiens de palmier *Brem* et *Ustaomran* (*Umrani*) se sont révélées les plus sensibles aux attaques d'*O. Agamemnon arabicus.* Environ 9 à 10 larves par arbre ont été trouvées dans les parties exposées lors de la taille annuelle des palmes. Les cultivars ayant des frondes fragiles sont préférées par les oryctes, par rapport aux cultivars à palmes solides et dures (Al-Deeb *et al.,* 2012a; Khalaf, 2018). Soltani (2010) a révélé que les palmiers dattiers vigoureux sont plus attaqués que ceux affaiblis.

Fig.79. Dégâts sur le palmier dattier dus à l'attaque d'*Oryctes agamemnon* (Khalaf, 2018).

3.1.7. Foreur des palmes (ou soussa du palmier dattier), *Apate monachus* (Fabricius) (*Coleoptera*: *Bostrichidae*). En anglais: Palm Black Borer

L'*Apate monachus* est un coléoptère *Bostrychide*. Il s'agit d'une espèce xylophage attaquant indifféremment les arbres et les arbustes en pleine vigueur, *A. monachus* est répandue partout en Afrique tropicale et dans d'autres régions du monde (Dhouibi, 2000). Au Maroc, il a été signalé par Balachowsky (1962) sur le bois des différentes espèces végétales, entre autres l'*Acacia* sp et *Sophora japonica*. Sur le palmier dattier la présence de cet insecte fut signalée en Libye par Martin en (1959), en Tunisie par Pagliano en (1951) et en Algérie par Toutain en (1967).

Elle est caractérisée par un développement typiquement holométabole (métamorphose complète) comme tout les coléoptères, c'est-à-dire jalonné par les stades: œuf, larve, nymphe et adulte, qui sont morphologiquement et physiologiquement différents (Fig.80) (Zahradnik, 1984).

L'œuf est de couleur blanchâtre avec une forme sphérique dont la longueur varie entre 3,5 et 4,5 mm, et le diamètre fluctue entre 1,5 à 1,8 mm (Damoiseau, 1981).

Après l'éclosion, la larve passe par quatre stades larvaires (Fig.80). Elle est caractérisée par des couleurs blanchâtre et jaunâtre, de forme allongée, mesurant entre 7 jusqu'à 20 mm de longueur (Bel Kadhi et Gerini, 1988; Bensalah, 2000). Le corps est segmenté et ne présente aucune ébauche de pattes ou d'ailes dans le premier stade (L_1). Les pattes et les mandibules sont visibles après le stade larvaire (L_1) (Bensalah, 2000). Le même auteur ajoute que l'activité est augmentée dans le deuxième et le troisième stade. Le stade larvaire (L_4), c'est la fin de la phase larvaire, et elle est caractérisée par des segments antérieurs plus volumineux que ceux de la partie postérieure. La tête est enfoncée profondément dans le prothorax. Une tache blanchâtre teintée de roux est visible sur la face dorsale. L'activité de la larve diminue, et elle commence à prendre la forme allongée sur sa partie dorsale (Fig.80) (Balachowsky, 1962; Bel Kadhi, 1996).

La nymphe est de couleur jaune blanchâtre. Elle mesure 20 mm de long, à téguments mous et minces. Les segments abdominaux sont munis de spinules bien développés, assurant à la nymphe une remarquable mobilité dans les galeries larvaires (Damoiseau, 1981). Elle représente une phase de repos au corps au cours de laquelle apparaissent les caractères de l'imago (Zahradnik, 1984). D'après Peretz et Cohen (1961), le stade nymphal dure de 15 à 18 jours (Fig.80).

Au terme du cycle de développement, l'adulte quitte le bois mort pour entamer ses vols crépusculaires et nocturnes. Il mesure 12 à 20 mm de longueur et présente une couleur noire. Vu de dessus le thorax est sub-carré avec des angles arrondis. Les élytres sont finement côtelés et ponctuées et se terminent par un biseau légèrement oblique. La tête en gardant la même largeur que le thorax, se trouve enchâssée dans ce dernier de telle sorte que l'avant du thorax et le front se trouvent sur un même plan vertical (Dhouibi, 2000).

Ce n'est qu'à ce stade qu'on peut différencier la femelle du mâle qui porte un front très finement ponctué plus ou moins velu (Bensalah, 2000).

Le corps du mâle est plus court et robuste que chez la femelle, à prothorax grand. Le front est ordinairement glabre, à part quelques soies dressées au voisinage de l'œil (Mateu, 1972). Les élytres sont brillants couverts de gros points enfoncés très serrés, portant chacun deux nervures dentiformes à l'apex (Lepesme, 1947).

La femelle de l'*A. monachus* caractérisée par de front toujours occupé par une brosse de poils roux, dépourvu de cornes proprement dites, mais parfois denté au bord postérieur. Les articles de la massue antennaire sont marqués de fossettes larges et peu profondes (Mateu, 1972). D'après Lepesme (1947), les élytres chez la femelle sont moins brillants (Fig.80).

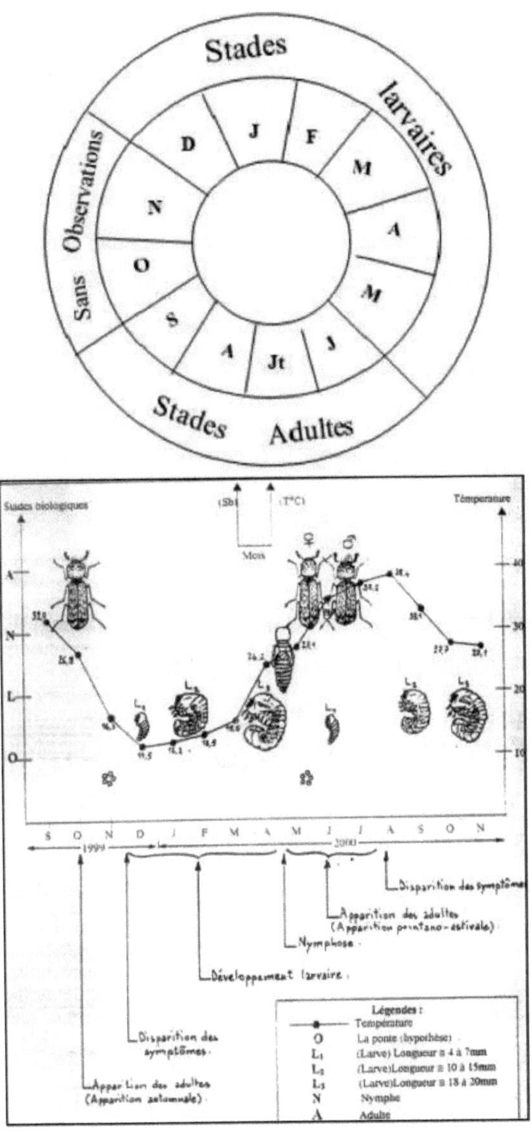

Fig.80. Chronologie des stades biologiques de l'*Apate monachus* (Ben Khalifa, 1991; Bel Kadhi, 1996; Sakhri, 2000).

L'adulte passe le printemps et l'été en creusant des galeries sur les palmiers les plus proches, pour mettre au début de l'automne ses œufs sur les palmes sèches au voisinage des pieds attaqués. L'œuf va éclore pour donner une larve qui pénètre immédiatement dans les rachis des palmes séchées où elle va creuser une galerie dont le diamètre augmente avec l'âge de la larve. À la fin de l'hiver la larve âgée s'approche de la périphérie du rachis pour préparer le trou de sortie de l'adulte (Bel Kadhi, 1996; Dhouibi, 2000). Généralement, *A. monachus* présente une seule génération par an (Bel Kadhi, 1996; Dhouibi, 2000). Par ailleurs, Bensalah et Saouli (1997) dans la région de Biskra, ont fait ressortir que *A. monachus* développe deux générations par an. Contrairement à la galerie maternelle qui se trouve vide et de couleur noire, la galerie larvaire sur le bois mort se trouve remplie par la sciure du bois (Fig.81).

A. monachus provoque l'apparition de symptômes variés: taches jaunâtres d'abord puis brunâtres et noirâtres, avec écoulement visqueux et/ou gommeux puis brunâtres et noirâtres, avec écoulement visqueux et/ou gommeux puis étiolement des pinnules, dessiccation de la région taraudée et cassure (Dhouibi, 2000). L'attaque par l'*A. monachus* sur le palmier est matérialisée par la présence d'un certain nombre de feuilles cassées situées généralement au niveau de la couronne moyenne, d'une part, et par l'existence le long de rachis, des trous, souvent bouchés d'une substance visqueuse de couleur noire d'autre part (Bel Kadhi, 1996). Une coupe longitudinale au niveau d'un rachis attaqué, montre des galeries uniformes débutant chacune par un trou circulaire. La longueur d'une galerie varie généralement entre 7 et 12 cm, mais peut atteindre dans certains cas, 20 cm, ces galeries sont généralement creusées de bas vers le haut du rachis, si on prend le trou comme un point de départ. Plusieurs galeries peuvent se succéder le long du même rachis et pourraient être aménagées par un même individu (Fig.81) (Bel Kadhi et Gerini, 1988; Bel Kadhi, 1996).

L'attaque de l'*A. monachus* sur palmier dattier se manifeste au niveau des rachis des feuilles de la couronne moyenne, où l'insecte creuse de galeries. Les feuilles perdent ainsi leur résistance, deviennent fragiles à moindre agitation du vent et casse facilement (Fig.81) (Bel Kadhi, 1996; Sakhri, 2000).

Une forte attaque peut entraver la vie normale de la plante, par diminution de l'activité photosynthétique au niveau des feuilles attaquées, provoquant ainsi un déséquilibre physiologique qui aboutit à un affaiblissement général du palmier dattier (Dhouibi, 2000). L'adulte apparaît au début du printemps à partir des palmes sèches pour s'attaquer aux palmiers les plus proches. L'insecte creuse des galeries de nutrition et de reproduction dans les rachis des palmes vertes au niveau de la couronne moyenne (Bel Kadhi, 1996). Au fur et à mesure que l'insecte avance en creusant sa galerie, le palmier réagit par la sécrétion d'une substance visqueuse. À ce moment l'insecte recule en marche arrière pour sortir avant d'être agglutiné par cette substance (Tirichine, 1993). La longueur de la galerie qui est en moyenne de 15 cm, diminue au niveau des jeunes feuilles qui ont une activité physiologique plus importante et réagissent plus rapidement à l'attaque de l'insecte (Achour, 2003). Bouktir (1999) a montré que les palmiers jeunes sont les plus sensibles aux attaques par l'*A. monachus* et cette attaque semble être plus intense au niveau de la palmeraie à plantations denses qu'au niveau de la palmeraie à plantations espacées (Fig.81).

Achour (2003) a montré que le cultivar *Degla Beida* est le plus attaqué par l'*A. monachus* avec un taux qui varie de 57 à 100% par rapport aux autres cultivars. Il est de l'ordre de 4 à 63% pour la *Deglet Nour*, 2 à 9% pour le *Ghars* et 1 à 5% pour les dattes communes. Par ailleurs, Sakhri (2000) a noté que le cultivar le plus touché par l'*A. monachus* est la *Deglet Nour* avec un taux d'attaque de 57%, suivi par le cultivar *Ghars* avec un taux d'attaque de 30%, et les autres cultivars, tels que *Dokkar* et *Takermoust*, avec un taux d'attaque de 13%. Tirichine (1993) et Ben Khalifa (1991) ont documenté que le cultivar *Deglet Nour* est le plus attaqué par rapport aux autres cultivars entre autres le cultivar *Ghars*.

Fig.81. Symptômes d'attaque de l'*Apate monachus* observés sur le palmier dattier (Sakhri, 2000).

3.2. Principales maladies du palmier dattier en Afrique du Nord

Les palmiers dattiers sont touchés par de nombreuses maladies qui ont une incidence significative sur leur rendement et la qualité de leurs dattes, et peuvent, dans certains cas, avoir pour effet leur mort. De nombreux auteurs ont abordé la pathologie du dattier et ont tous convenu que la fusariose vasculaire ou le bayoud est incontestablement la maladie fongique la plus grave rencontrées dans les palmeraies du Maroc, Algérie et Mauritanie. La catastrophe causée par le bayoud ne s'arrête pas à l'érosion génétique causée par la disparition de nombreuses variétés parmi les meilleures, mais conduit également à l'accentuation de la désertification et à l'appauvrissement des phoeniciculteurs qui finissent par céder. Elle menace sérieusement les palmeraies tunisiennes qui sont encore indemnes. Elle reste un danger permanent ainsi que pour tous les autres pays phoenicicoles (Chabrolin, 1930; Laville, 1973; Carpenter et Elmer, 1978; Djerbi, 1983; Djerbi, 1998; Zaid *et al.,* 2002; Abdelmonem et Rasmy, 2007; Abdullah *et al.,* 2010; Sedra, 2018).

Les champignons et les phytoplasmes sont connus pour être les agents pathogènes les plus nuisibles aux palmiers dattiers (Abdullah *et al.,* 2010) qui sont, au même titre que leurs rejets, soumis en pépinière et en culture dans différentes régions du monde à d'environ six genres de champignons: *Botryodiplodia*, *Diplodia*, *Fusarium*, *Pythium*, *Phytophthora* et *Thielaviopsis* (Abdelmonem et Rasmy, 2007). Au total, Sedra (2018) a fait état de 12 maladies fongiques, 2 phytoplasmiques et 2 dont l'agent causal est indéterminé. Les deux chapitres qui suivront aborderont en profondeur cette maladie encore incontournable en se focalisant sur quelques approches de lutte intégrée.

Sans reprendre en détail ces maladies, cette partie a pour objectif de fournir des informations actualisées sur les maladies les plus répandues rencontrées par les phœniciculteurs de la région Nord-Africaine en identifiant les agents pathogènes responsables, quand c'est possible, et en décrivant brièvement leurs symptômes associés, distribution, épidémiologie connue et les dégâts occasionnés sur le palmier dattier. Enfin, un résumé, nous renseignerons sur les moyens de lutte les plus recommandés pour la lutte intégrée contre leurs attaques.

3.2.1. Pourriture de l'inflorescence ou Khamedj. En anglais: date palm inflorescences rot

Communément connue sous le nom arabe «Khamedj», la pourriture des inflorescences est fréquemment causée par *Mauginiella scaettae* Mich et Sabet (*Moniliales, Moniliaceae*), elle peut également être due à la présence de la forme imparfaite de *Fusarium moniliforme* J. Sheld. (*Moniliales, Tuberculariaceae*) ou/et *Thielaviopsis paradoxa* (de Seynes) C. Moreau (*Moniliales, Dematiaceae*) (Abdelmonem et Rasmy, 2007).

Son mycélium, intercellulaire au début, devient plus abondant par la suite et pénètre alors dans les cellules mortes. De nombreux filaments mycéliens forment entre les brins et les boutons floraux du spadice un abondant feutrage blanc bien apparent à l'œil nu. Le mycélium produit cala surface des tissus envahis des filaments dressés et cloisonnés, plus larges que lui, qui se divisent en articles uni ou pluricellulaires par désarticulation au niveau des cloisons. Les spores mûres sont donc uni, bi, tri ou plus rarement pluricellulaires. Elles mesurent de 10 à 90 µ de long, suivant le nombre de leurs articles constituants. Leur largeur oscille entre o et 12 µ. Elle est le plus souvent de 7 à 9 µ. Ce champignon s'obtient aisément en culture pure sur des milieux divers. Il donne sur ces différents milieux des fructifications conidiennes identiques à celles que l'on trouve dans la nature. On ne connaît aucune autre forme de fructification du champignon. Les conidies, ou le mycélium résultant de la germination de ces conidies, doivent se conserver d'une année à l'autre, entre les gaines des feuilles de Palmier très étroitement emboîtées les unes dans les autres. Les inflorescences qui prennent naissance entre ces gaines sont ainsi contaminées dès leur naissance (Fig.82) (Chabrolin, 1930). Le Khamedj est une maladie grave qui affecte les spathes du palmier dattier dans la plupart des zones de culture situées dans les régions chaudes et humides ou dans les zones avec des périodes prolongées de fortes pluies survenant 2 à 3 mois avant l'émergence des spathes (Carpenter et Elmer, 1978; Abdelmonem et Rasmy, 2007; Sedra, 2018).

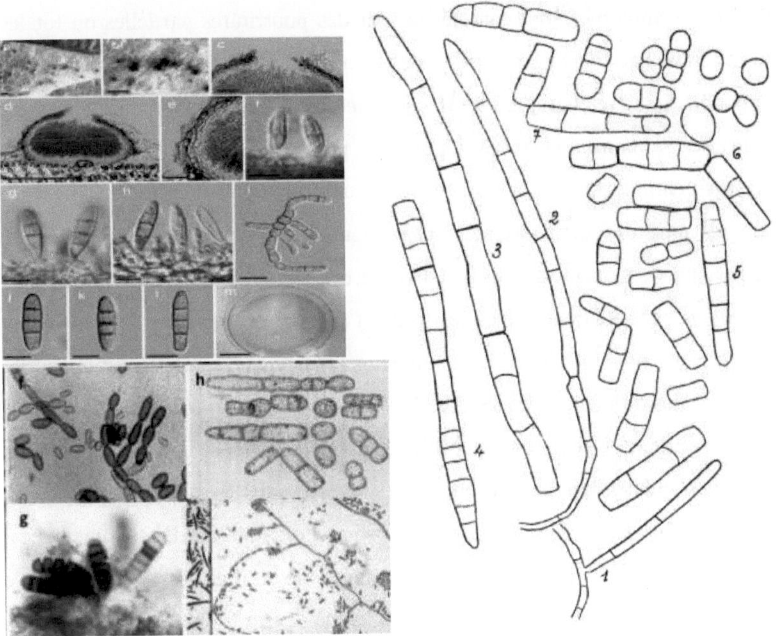

Fig.82. Jeunes chaînes de conidies et conidies entièrement différenciées de *Mauginiella scaettae*: 1, 2: Chaînes de conidies et filaments mycéliens; 3, 4: Fragments de jeune chaîne de conidies, début de désarticulation et recloisonnement des articles; 5, 6, 7: Spores. Gr. X 750 (Chabrolin, 1930).

Cette maladie grave touche la plupart des zones de culture de dattiers de l'ancien monde: Tunisie, Maroc, Mauritanie, Algérie, Libye, Égypte, Soudan, Palestine, Arabie Saoudite, Qatar, Irak, Koweït, Bahreïn, Émirats arabes unis, Italie et États-Unis (Djerbi, 1998; Sedra, 2018).

Au cours des prospections effectuées par Sedra (2003) en palmeraie marocaine, Il été constaté que cette maladie est fréquente dans certaines palmeraies comme la vallée du Ziz amont, la vallée de Tinghir et la palmeraie de Marrakech. Particulièrement en période humide, la maladie peut entraîner des pertes considérables sur les inflorescences mâles et femelles (Sedra, 2003).

Les symptômes sont caractérisés par des pourritures partielles ou totales des inflorescences de couleurs différentes permettant de connaître l'agent causal dominant. Ainsi, le champignon *M. scaettae* provoque une pourriture blanche à crème, le *F. moniliforme* développe une pourriture rosâtre alors que le *T. paradoxa* entraîne une pourriture sèche de couleur marron - brun. La présence d'un mélange des deux premiers champignons sur quelques échantillons de spathes atteintes, diagnostiqués au laboratoire, a été observée. L'agent pathogène *M. scaetae* peut attaquer les jeunes fruits et provoquer leur pourriture même au stade vert au moment où les deux autres agents pathogènes causent rarement la pourriture des inflorescences (Sedra, 2005; Dakhia *et al.,* 2013; Sedra, 2018).

Les premiers symptômes visibles de la maladie apparaissent sur les tissus des jeunes spathes lors de leur émergence sous forme des taches elliptiques ou allongées roussâtres puis brunâtres. Lorsque l'attaque est légère une partie seulement des bourgeons floraux est détruite et tombe. Les autres bourgeons se développent normalement. Dans le cas d'attaque sévère la spathe ne s'ouvre pas à cause de la destruction totale des fleurs et des pédicelles, les inflorescences dessèchent et se recouvrent par un feutrage mycélien (Fig.83) (Chabrolin, 1930; Djerbi, 1998; Sedra, 2018).

Cette maladie attaque les palmiers mâles et femelles, mais les mâles sont davantage attaqués en raison du manque d'attention et de soins qui leurs sont accordés comparés aux pieds femelles notamment dans le cas des mâles se trouvant dans les zones marginales. Ces derniers représentant une source de contamination courante du fait que leurs spathes demeurent sur le palmier plusieurs années successives (Carpenter et Elmer, 1978; Djerbi, 1998). En cas d'attaque sévère, les palmiers femelles et les mâles produisent des spathes sèches qui ne renferment ni fruits ni pollen (Sedra, 2018).

Les spathes infectées présentent les premiers symptômes de pourriture lorsqu'elles commencent à émerger au début du printemps. Ces symptômes s'observent sur la surface externe des spathes non ouvertes et se présentent sous la forme d'une zone de couleur brunâtre ou rouille. Ils sont le plus apparent sur la face interne de la spathe (Fig.83) (Djerbi, 1998; Abdullah *et al.,* 2010).

L'agent pathogène se conserve pendant plusieurs années dans le mycélium au sein des inflorescences séchées et contaminées et des bases foliaires. Les spores persistent généralement dans un palmier infecté jusqu'à la saison de floraison suivante pour infecter la nouvelle inflorescence. La transmission de la maladie d'un palmier à l'autre se fait par la contamination des inflorescences mâles pendant la période de pollinisation et par l'inoculum conservé. L'infection commence lors de la formation des spathes. Sa dispersion se fait par la pluie, le vent, le pollen contaminé, les insectes et les activités de culture impliquant la partie apicale du palmier (Abdullah *et al.,* 2010; Sedra, 2018). Ben Abdallah (1990) et Achoura (2013) ont montré qu'une forte humidité favorise les attaques de *M. scaettae* provoquant la pourriture des inflorescences, et gène la pollinisation en déclenchant la germination du pollen. Le champignon se développe au printemps, au moment où les températures commencent à s'adoucir, après les rigueurs de l'hiver. C'est à ce moment même que s'opère l'émergence des spathes puis leur éclatement. Aussi, le champignon survit d'une saison à l'autre surtout dans les palmeraies abandonnées ou mal entretenues. La maladie régresse en année sèche (Fig.83) (Bounaga et Djerbi, 1990).

Cette pourriture est l'une des plus dangereuses maladies fongiques qui affectent les palmiers dans le monde. Abdullah *et al.* (2010) ont révèle que cette maladie est la classe en deuxième rang après le bayoud en terme de pertes économiques particulièrement pendant certaines années favorables. Les pertes de rendement des palmeraies de l'Arabie Saoudite (Katif), en 1983, ont varié de

50 à 70% et ont atteint les 80% en Irak (Basra) pendant les périodes situées entre 1948 à 1949 et de 1977 à 1978 (Al Hassan et Waleed, 1977). Chabrolin (1930), de sa part, a estimé les dégâts à 30-40 kg de dattes par an sur un palmier fortement infesté. Paradoxalement, dans les conditions normales, l'épidémie est localisée et les dommages qu'elle occasionne varient de 3-10% (Fig.83).

Fig.83. Symptômes sur le palmier dattier dus à la maladie du Khamedj (Abdullah *et al.,* 2010; Sedra, 2018).

3.2.2. Dépérissement noir des palmes. En anglais: Black Scorch

Le dépérissement noir des palmes appelé «Al-Majnoona» ou «Mejnoun» (palmier fou), causé en général par *Thielaviopsis paradoxa* (De Seynes) Höhn, appelé auparavant *Chalara paradoxa* (De Beer *et al.*, 2014) représentant la forme le plus souvent rencontrée (stade asexué) et sa forme parfaite *Ceratocystis paradoxa* (ascomycètes) (Elliott, 2015). Ces dernières années, *T. punctulata* (Hennebert), connu précédemment comme *C. radicicola*. De Beer *et al.* (2014) a été signalé comme l'agent causal de la maladie du dépérissement noir des palmes sur le palmier dattier au Qatar (Al-Naemi *et al.*, 2014) et aux Émirats Arabes Unis (Suleman *et al.*, 2001; Saeed *et al.*, 2016). La colonie de *T. paradoxa* est duveteuse avec une coloration variable de blanc à marron et virant au gris selon le milieu de culture (Fig.84) (Majumdar et Chandra Mandal, 2018).

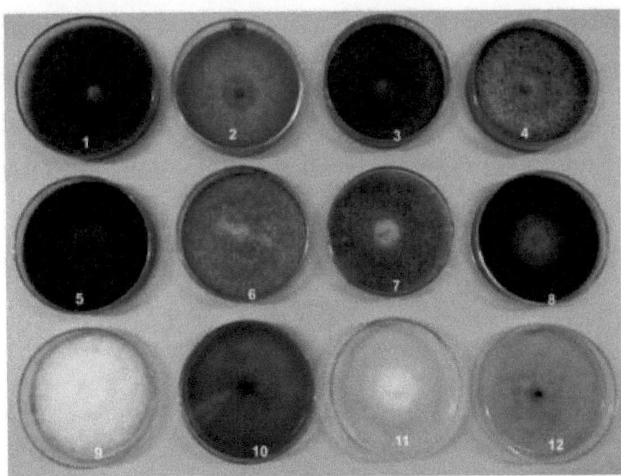

Fig.84. Croissance mycélienne de *Thielaviopsis paradoxa* sur différents milieux de culture: 1. PDA (Potato Dextrose Agar); 2.PCA (Potato carrot Agar); 3.PSA (Potato Sucrose Agar); 4.OMA (Oat Meal Agar); 5.MEA (Malt Extract Agar); 6.YDA (Yeast Extract Dextrose Agar); 7.GPA (Glucose Peptone Agar); 8.MPDA (Malt Extract Peptone Dextrose Agar); 9.RA (Richard's Agar); 10.SA (Sabouraud's Agar); 11 .CDA (Czapek dox Agar); 12.WA (Water Agar) (Majumdar et Chandra Mandal, 2018).

Le dépérissement noir se répand dans une large zone géographique, il été observé dans différentes régions du Maghreb, en Mauritanie, en Egypte, en Arabie Saoudite, en Irak, aux Emirats et à Bahreïn ainsi qu'aux Etats-Unis (Saeed *et al.,* 2016; Sedra, 2018).

Ces deux champignons que l'on trouve couramment, seuls ou en combinaison, associés à plusieurs symptômes de maladies sur les palmiers ont une large gamme d'hôtes (Saeed *et al.,* 2016) qui se limite principalement aux plantes monocotylédones cultivées dans les climats chauds. Autres que les palmiers, les champignons provoquent des maladies chez la banane, l'ananas et la canne à sucre. Même s'ils n'ont pas été signalés sur toutes les espèces de palmiers cultivées, ces dernières sont considérées comme des hôtes potentiels pour ces parasites (Elliott, 2015).

T. punctulata (Fig.85) et *T. paradoxa* (Fig.86) peuvent envahir toutes les parties du dattier y compris la partie racinaire et à tous les âges du dattier causant: le dessèchement ou dépérissement noir des palmes; la pourriture des inflorescences; la pourriture du cœur et du stipe; la pourriture du bourgeon terminal (Laville, 1966; Bounaga et Djerbi, 1990; Zaid *et al.,* 2002; Elliott, 2015; Saeed *et al.,* 2016; Sedra, 2018). Des travaux ultérieurs (Klotz et Fawcett, 1932; Saeed *et al.,* 2016) ont révélé une légère différence entre les deux espèces (Figs.84 et 85).

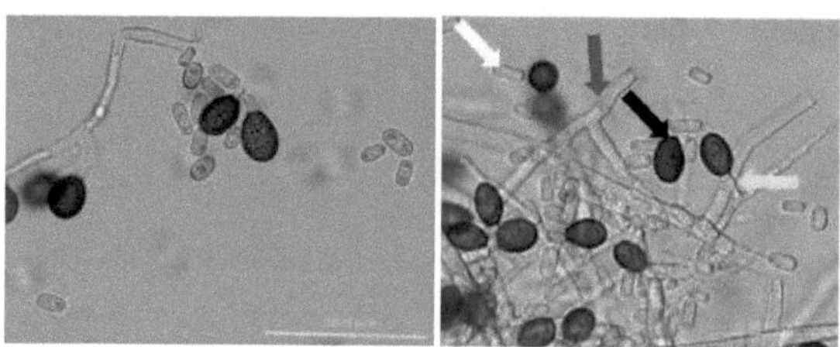

Fig.85. Observation microscopique de *Thielaviopsis punctulata* et cellules conidiogènes, y compris les aleuroconidies et les phialoconidies (flèche rouge = mycélium; flèche noire = aleuroconidies; flèche blanche = phialoconidies, et flèche jaune = conidiophores (Saeed *et al.,* 2016).

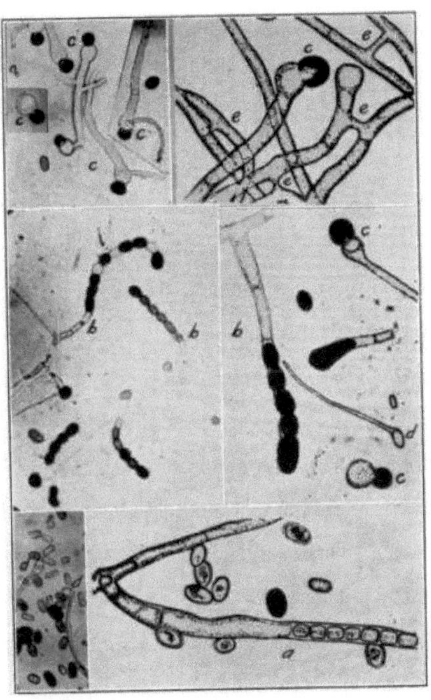

Fig.86. Observation microscopique de *Thielaviopsis paradoxa* (a: micro-conidiophore avec conidies hyalines endogènes; b: macro-conidiophores avec macro-conidies fusceuses; c: macroconidium en germination; d: microconidium germant; e: hyphes anastomoseurs, Gr. X 400) (Klotz et Fawcett, 1932).

Les infections sont toutes caractérisées par une nécrose partielle ou complète des tissus. Les dégâts dus à ces pathogènes sont relativement importants, notamment la déformation et le nanisme du bouquet foliaire (Sedra, 2005). *T. paradoxa* et *T. punctulata* attaquent la zone du cœur du palmier et sécrètent des substances toxiques. L'importance de ces symptômes dépend du niveau de résistance du palmier dattier et des conditions environnementales. Sur les palmes, les lésions typiques sont brun foncé à noires, dures, carbonisées, et, en masse, donnent aux pétioles un aspect brûlé et carbonisé. Les palmes atteintes deviennent naines et déformées. L'agent pathogène peut attaquer le spadice et les jeunes fruits et provoquer, même au stade vert, leur pourriture suivie de leur chute. Dans le cas où il affecte le bourgeon terminal et le cœur du palmier, la mort de ce dernier suivra inéluctablement (Fig.87) (Abdelmonem et Rasmy, 2007; Sedra, 2018).

Bien qu'il soit sporadique, le dépérissement noir des palmes s'associe plus particulièrement au déclin des palmiers stressés ou sénescents (Laville, 1966; Abdullah *et al.*, 2009). En effet, d'après les travaux de Suleman *et al.* (2001), la réduction de la vigueur serait responsable de la susceptibilité accrue à l'invasion de *T. paradoxa* et *T. punctulata* en raison de la stimulation de leur croissance et l'affaiblissement des défenses des palmiers soumis, *in vivo*, au stress hydrique et où les tissus nécrotiques étaient plus importants (Fig.87).

Certains palmiers se rétablissent, probablement par le développement d'un bourgeon latéral à partir des parties saines du tissu méristématique. Ces palmes forment une courbure caractéristique dans la zone de l'infection qui serait à l'origine de l'appellation de «Al-Majnoona» (Fig.87) (Zaid *et al.*, 2002).

En Égypte, comme dans de nombreux autres pays, le dépérissement noir est la maladie la plus grave du palmier-dattier. Il peut provoquer la mort des sujets fortement infectés, entraînant une perte d'environ 50% des rejets nouvellement plantés dans les zones de culture humides. Il est également à l'origine de la pourriture des fruits (Abdelmonem et Rasmy, 2007). De même, il est considéré au Maroc comme la deuxième maladie la plus sévissante après le bayoud (Sedra, 2015a). Son incidence est relativement importante en Mauritanie (Sedra, 2015b) et aux USA (Krueger, 2015). Alors qu'au Soudan, son importance économique n'est pas encore évaluée en dépit de sa présence signalée par les phytopathologistes (Khairi, 2015). Néanmoins, *T. paradoxa* a été cité par Ben Saleh (2015) comme agent causal du dépérissement noir aux pays du Sub- Sahelian African (Burkina Faso, Éthiopie, Mali, Sénégal, Tchad et Somalie).

L'agent pathogène infecte les différentes parties du palmier le plus souvent en présence d'une blessure récente où, à défaut de nettoyage et de protection, il peut être stocké pour contaminer d'autres parties saines lorsque les conditions sont favorables (Elliott, 2015). Il pénètre par les blessures dues aux opérations culturales notamment l'élagage, le sevrage des rejets ainsi que par les galeries creusées par les insectes foreurs. La transmission de la maladie d'un palmier à l'autre est facilitée par la pluie, les insectes, les outils de travail contaminés. L'agent pathogène produit des chlamydospores, spores pouvant survivre dans l'environnement, en particulier dans le sol, pendant de longues périodes afin d'assurer la dissémination des maladies (Elliott, 2015; Sedra, 2018).

Fig.87. Symptômes sur le palmier dattier dus à la maladie du dépérissement noir des palmes (Zaid *et al.,* 2002; Sedra, 2018).

3.2.3. Taches foliaires. En anglais: Leaf Spot

La maladie des taches foliaires est une maladie très commune dans les pays phœnicicoles. De nombreuses espèces de champignons sont à l'origine de son apparition, principalement de forme imparfaite : *Cladosporium herbarum* (*C. cladosporioides*) (*Moniliales*, *Dematiaceae*), *Alternaria alternata*, *A. tenuissima* (*Moniliales*, *Dematiaceae*), *Drechslera australiensis* (*Moniliales*, *Dematiaceae*), *Pestalotia palmarum* Cooke (*Pestalotiopsis palmarum* (Cooke) Steyaert) (*Xylariales*), *Helminthosporium* sp. (*Moniliales*, *Dematiaceae*) et *Thielaviopsis paradoxa* (de Seynes) C. Moreau ou *Botryodiplodia theobromae*. *Bipolaris australiensis*, *Colletotrichum sp*. (Maladie des anthracnoses), *Phomopsis* spp., *Phoma* spp., *Stemphylium* spp., *Pestalosia* syn. *Pestalotiopsis palmarum*, *Chaetosphaeria* spp. et *Mycosphaerella tassiana* (De Not) Johns (*Ascomycetes/Pyrenomycetes*, *Pseudosphaeriales*, *Mycosphaerellaceae*) qui représente la forme parfaite de *C. herbarum* (Rieuf, 1968; Carpenter et Elmer, 1978; Djerbi , 1998; Livengston *et al.*, 2002; Elliott, 2006; El-Deeb *et al.*, 2007; El-Gariani *et al.*, 2007; El Badawy *et al.*, 2016; Sedra, 2018).

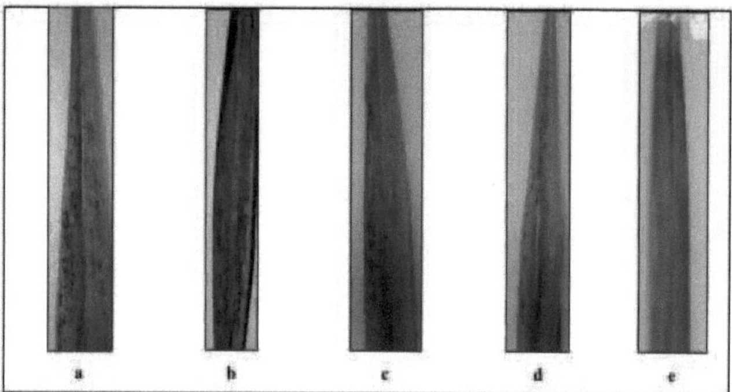

Fig.88. Symptômes sur palmier dattier inoculés avec *Alternaria alternata* (a), *A. tenuissima* (b), *Helminthosporium* sp. (c), *Thielaviopsis paradoxa* (d) et témoins négatifs (e) (Elliott, 2006; El-Deeb *et al.*, 2007; El-Gariani *et al.*, 2007; El Badawy *et al.*, 2016; Sedra, 2018).

En Irak, Fayad et Mania (2008) ont monté que *A. alternata*, *B. australicnsis*, *C. herbarum*, *Fusarium oxysporum*, *F. solani*, *P. levelly*, *P. glomerata* et *T. paradoxa* ont été isolés à partir de la maladie des taches foliaires. Ces champignons ont donné des symptômes typiques de tache foliaire des feuilles de palmier dattier lorsque leur pathogénicité a été testée en laboratoire. Des champignons comme *A. altenata*, *B. australiensis*, *F. oxysporum*, *F. solani*, *P. leveillei* et *P. glomerata* ont été considérés comme les premiers signalements comme étant l'agent causal de la maladie des taches foliaires sur le palmier dattier en Irak.

Les taches foliaires sont des maladies mineures qui affectent la plupart des zones de culture du dattier dans le monde. Du fait qu'un même palmier puisse être infecté par plusieurs agents pathogènes, il apparait une panoplie de taches foliaires qui sont parfois difficiles à distinguer. La plus courante parmi ces maladies est la maladie des taches brunes, causée par *Cladosporium herbarum* (*Mycosphaerella tassiana*, téléomorphe), qui sévit particulièrement en Nord Afrique (Abdelmonem et Rasmy, 2007) et dont l'incidence et l'intensité dépendent des conditions climatiques et de la culture des palmiers (Sedra, 2018). Une étude effectuée par Abassi et Namsi (2015) sur la bioécologie et l'épidémiologie de la maladie en question dans le sud-ouest tunisien a montré une large répartition géographique dans les quatre régions prospectées; Tozeur, Degache, Nafta et Hamma, avec un maximum d'infection enregistré à la région de Nafta. Selon les mêmes auteurs, cette maladie a été localisée dans les anciennes et les modernes palmeraies, mais essentiellement dans les anciennes. Favorisée par une humidité de sol relativement forte, elle prospère dans tous les types de sol où est cultivé le palmier particulièrement les sols Lumino-argileux.

Cette maladie est plus sévère chez les palmiers relativement âgés (de plus de 6 ans). En général, l'infection est plus grave sur les 6-8 verticilles inférieurs que sur les jeunes palmes situées dans la partie supérieure ce qui confère au palmier un aspect maladif (Livengston *et al.,* 2002; Abdullah *et al.,* 2010). Il était évident que la gravité de l'infection augmentait lorsque l'âge du palmier dattier augmentait; il atteint le taux le plus bas à 10 ans (28%), tandis que le taux le plus élevé est atteint à 30 ans (44%) (Fayad et Mania, 2008).

Les symptômes de cette maladie se caractérisent par des taches brunes de couleur brun foncé, presque noires, tranchant nettement sur le vert de palmes et se manifestent sur le rachis, les pennes et les épines sous forme de lésions rectangulaires se trouvant aussi bien sur les feuilles vertes que sèches. Disposées irrégulièrement sur la face inférieure du pétiole où elles sont plus importantes, ces taches sont de 1 à plusieurs cm de long; habituellement, dès qu'elles dépassent 1 à 2 cm, elles débordent latéralement sur le rachis (Fig.89) (Livengston *et al.*, 2002; Abassi et Namsi, 2015; Sedra, 2018).

D'autres symptômes peuvent également être observés: taches rectangulaires de couleur gris-brun pâle dont la présence est due à *A. alternata*; taches longitudinale et parallèles brun-rougeâtre caractéristiques de la présence de *Drechslera australiensis*; taches noirâtres longitudinales-circulaires causées par les champignons *T. paradoxa* ou *Botryodiplodia theobromae* et enfin les tache foliaires provoquées par le champignon *Pestalotia* syn. *Pestalotiopsis palmarummay* caractérisés par des lésions noires qui apparaissent encastrées sur le rachis. Parfois, les taches se sont agrandies pour former une zone brûlée concentrée sur la partie inférieure du rachis (Fig.89) (Carpenter et Elmer, 1978; Abdelmonem et Rasmy, 2007; Abdullah *et al.,* 2010; Ammar et El-Naggar, 2011; Sedra, 2018; Haq et Khan, 2020).

Les parasites sont conservés sur le dattier dans les parties infectées sous forme de spores et de mycélium ou sous une forme parfaite selon les maladies. Les agents pathogènes peuvent survivre sur des tissus morts et d'autres substrats. *C. herbarum* peut également être isolé de la poussière et de l'air. Lorsque les conditions environnementales sont favorables, les spores germent et attaquent les pennes, les épines et le rachis. Après incubation, les parasites sporulent et libèrent de nouvelles spores qui contaminent et infectent d'autres parties des feuilles (Sedra, 2018).

Fig.89. Divers symptômes de la maladie des taches foliaires du palmier dattier (tache sur les palmes, taches sur les folioles, taches des sur le rachis basal, etc.) (Haq et Khan, 2020).

En général, les maladies des taches foliaires ont une importance économique mineure (Djerbi, 1998). Aucun dommage grave n'a été observé jusqu'à présent par ces maladies pourtant très fréquentes dans les différentes aires de culture du dattier. La recherche est essentielle pour en déterminer les effets sur le palmier et sa production d'autant plus qu'on s'attend à une forte incidence de ces maladies qui pourrait représenter un réel problème pour la culture du palmier dattier à l'avenir (Sedra, 2018).

3.2.4. Pourriture du bourgeon à *Phytophthora* sp. ou «Belâat». En anglais: Belaat disease

La maladie de belâat (qui signifie étouffement) est causée par des *Phytophthora* sp. (*Phycomycetes*, *Oomycetes*, *Perenosporales*, *Perenosporaceae*), (Djerbi, 1983; Bounaga et Djerbi, 1990; Sedra, 2018). Appelée également la pourriture du bourgeon à *Phytophtora* sp., cette maladie peu fréquente (Fig.90) (Bounaga et Djerbi, 1990). Observée pour la première fois en Mauritanie en 1949 (Munier, 1973). Elle a été signalée pour la première fois en Algérie en 1933 par Maire et Malençon. Elle a été signalée par plusieurs auteurs dans plusieurs autres pays d'Afrique du Nord tels que la Tunisie, le Maroc, etc. (Maire, 1935; Monciero, 1947; Calcat, 1959; Toutain, 1967). Récemment, une pourriture terminale similaire affectant les bourgeons a été observée dans de jeunes plantations aux Émirats arabes unis (Sedra, 2018). Cette grave maladie entraîne généralement la mort des dattiers atteints (Maire, 1935).

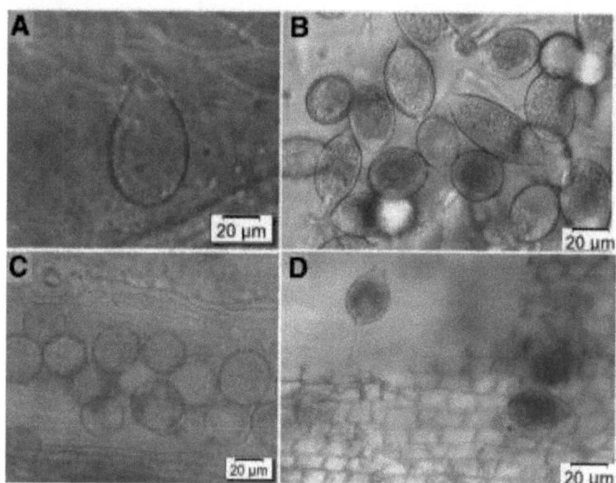

Fig.90. Structures asexuées de *Phytophthora* sp., A et D: Sporanges sur tissu de palmier; B: Sporanges sur milieu de culture; C: chlamydospores sur les tissus du palmier (Djerbi, 1983).

Cette maladie est rencontrée également chez le palmier des canaries (*Phoenix canariensis* L.). Les symptômes apparaissent dans la région de la couronne et se caractérisent par la destruction du cœur du palmier qui se traduit par la présence d'un creux en forme de crête volcanique. Au début, les jeunes frondes deviennent blanches et se fanent rapidement, suivies de la mort du bourgeon terminal. Au fur et à mesure que l'infection progresse vers le bas, elle provoque des symptômes de pourriture humide du cœur, libérant une odeur de fermentation acétique et butyrique (Bounaga et Djerbi, 1990; Zaid *et al.,* 2002; Sedra, 2005; Abdelmonem et Rasmy, 2007; Dakhia *et al.,* 2013; Haq et Khan, 2020). La pourriture terminale du bourgeon produite au début de l'attaque est similaire à celles produites par d'autres agents pathogènes comme *Thielaviopsis paradoxa* et *Botryodiplodia theobromae* (Sedra, 2018).

L'agent pathogène peut être stocké sous forme de chlamydospores (oospores) après la reproduction sexuelle. Ces structures peuvent être disséminées à d'autres palmiers. La pourriture du bourgeon se rencontre particulièrement dans les plantations denses et mal entretenues ou se trouvant encore dans des mauvaises conditions physiologiques (Djerbi, 1988). Elle est souvent liée à de mauvaises conditions de drainage (Bounaga et Djerbi, 2009).

Le champignon passe l'hiver sous forme de propagules au repos et, dans des conditions favorables, les oospores germent et produisent les sporanges. Les zoospores sont ensuite libérées des sporanges pour infecter les jeunes feuilles à leur base et les bourgeons terminaux. Les symptômes apparaissent également sur les jeunes frondes infectées (Haq et Khan, 2020). Si la lésion pathologique ne se répand pas au niveau de tous les tissus supérieurs en développement, la palme atteinte rétablit sa croissance en développant un bourgeon latéral, mais la zone infectée peut interférer de façon permanente avec le développement normal de la plante. Lorsque les conditions ne sont pas favorables, le champignon se préserve en produisant des oospores (Sedra, 2018).

Le balâat est une maladie sporadique; cependant, lorsqu'il sévit, il cause des dommages importants au cœur du palmier dattier (Djerbi, 1998; Abdelmonem et Rasmy, 2007; Haq et Khan, 2020). Il n'existe pas de données sur les pertes occasionnées par cette maladie.

Elle se caractérise par un blanchissement des plus jeunes palmes du cœur et par une pourriture molle à forte odeur acétique ou butyrique débutant au sommet du bourgeon. La partie nécrosée de teinte vireuse, s'étend vers le bas est limitée par une ligne brunâtre au contact des tissus sains. Les tissus plus ou moins lignifiés situés au dessous du bourgeon terminal prennent une teinte rouge vin et se délignifient complètement jusqu'à leur transformation en une chair jeune verdâtre (Fig.91) (Munier, 1973; Bounaga et Djerb, 1990).

Fig.91. Dégâts occasionnés par *Phytophthora* sp. (Abdelmonem et Rasmy, 2007).

3.2.5. Dessèchement apical des palmes. En anglais: Apical Drying of Palm Leaves

La maladie est causée par les champignons *Alternaria* sp. et *Phoma* sp. (champignons imparfaits, *Moniliales*, *Dematiaceae*) et d'autres agents pathogènes non identifiés (Sedra, 2005; Sedra, 2018). Au Pakistan, des symptômes similaires ont été observés par Abul-Soad *et al.* (2011) dont l'agent causal probable était *F. solani*. Ces auteurs ont rapporté qu'au cours des derniers stades de la maladie, les folioles de la palme entière finissent par virer au brun pâle et le palmier dattier meurt en quelques mois.

Cette maladie est signalée sur le palmier dattier dans de nombreux pays dont le Maroc, la Mauritanie, l'Algérie, la Libye, l'Égypte, le Yémen et l'Arabie saoudite. Elle est plus fréquente notamment dans les oasis traditionnelles et/ou marginales là où l'entretien et le niveau de conduite du palmier sont faibles où l'eau d'irrigation manque (Sedra, 2005; Sedra, 2015b; Haq et Khan, 2020).

Cette maladie est connue dans sa phase initiale par la sécheresse des feuilles apicales de palmier dattier (rachis, puis les pennes) suivie de la dessiccation des folioles apicales. Ce dessèchement se développe vers le bas de la palme et peut attaquer la base. Lorsque les conditions sont favorables le parasite peut infecter la zone superficielle du méristème puis le cœur et constituer ainsi un danger certain pour la vie du palmier (Sedra, 2005). À première vue, les symptômes ressemblent à ceux de la maladie du bayoud, en particulier les feuilles séchées qui ont l'apparence d'une plume humide. Lorsque les conditions sont favorables à la maladie (sécheresse ou manque d'eau d'irrigation), celle-ci se propage à toutes les feuilles et peut infecter la zone superficielle du méristème et la zone du cœur, menaçant ainsi la vie de palmier (Fig.92) (Sedra, 2015b; Sedra, 2018; Haq et Khan, 2020).

L'agent pathogène est stocké sur le reste des palmes infectées. Les spores peuvent être disséminées par le vent et la pluie et s'attaquent à la feuille apicale et provoquent une sécheresse des tissus, qui descendent le long du rachis et peuvent atteindre la base et même la partie apicale du méristème du stipe. Les spores produites peuvent attaquer d'autres palmes (Fig.92) (Sedra, 2018).

Bien que le dessèchement apical des palmes est une maladie à faible incidence économique, il peut réduire la production de dattes et entraîne parfois des mortalités de palmiers dattiers lorsque l'infection atteint le cœur et lorsqu'il n'y a pas de mesures de gestion de la maladie. L'incidence et l'intensité de la maladie dépendent des pays et des régions et sont liées à l'entretien du palmier dattier (El Bouhssini *et al.,* 2018).

Fig.92. Symptômes sur le palmier dattier dus au dessèchement apical des palmes causées par *Alternaria* sp. et *Phoma* sp. et spores de ces agents pathogènes: (a) début de sécheresse des palmes apicales de palmier dattier (rachis puis pennes) suivi d'une dessiccation des folioles apicales; (b, c) évolution des symptômes pour inclure toutes les palmes; (e) spores d'*Alternaria* sp.; (f) spores de *Phoma* sp. (El Bouhssini *et al.,* 2018).

3.2.6. Maladie des feuilles cassantes (MFC). En anglais: Brittle Leaf Disease

La maladie des feuilles cassantes est un trouble mortel (Sedra, 2018) dont l'origine demeure encore controversée. Apparue dans les années 1960s en Tunisie, cette maladie a attiré l'attention au milieu des années 1980 du fait que, soudainement, le nombre de palmiers touchés augmentait davantage et semblait se propager de manière épidémique (le pied nouvellement touché affecte son voisin et dans la palmeraie jusqu'alors saine, de nouveaux palmier affectés apparaissent) (Triki *et al.,* 2003). Cela émis l'hypothèse d'une origine biotique de la maladie d'autant plus que les palmiers affectés semblent se regrouper en foyers, pourtant aucun agent pathogène n'a été identifié des palmes malades et le rôle des micro-organismes isolés de la rhizosphère du palmier malade n'a pas été mis en évidence dans l'expression des symptômes observés (Triki *et al.*, 2003).

Néanmoins, la cause la plus probable de cette maladie serait liée à une carence en Manganèse observée dans des pennes affectées en comparaison à celles non affectées par la maladie des feuilles cassantes. En effet, il a été constaté que la concentration de manganèse (Mn) était dix fois plus faible dans le matériel affecté (McGrath, 1988). Cette carence en Mn observée dans les pennes touchées n'est pas due à une carence ou à une indisponibilité du Mn échangeable dans le sol (Namsi *et al.,* 2007). Les études pourraient s'orienter vers une éventuelle action de certains agents pathogènes induisant des carences en Mn et/ou en zinc (Zn) chez les plantes (Aubert, 1993).Pourtant, à ce jour, aucun agent causal tel que les nématodes, les champignons, les bactéries endogènes et exogènes, les virus et les viroïdes, n'a pu être associé à la maladie des feuilles cassantes (Triki *et al.,* 2003).Par ailleurs, les recherches ont montré que les pennes affectées par la maladie des feuilles cassantes contenaient un ARN spécifique-MFC (MFC-RNAs) qui était absent chez les pieds sains sans pour autant être lié à un pathogène connu (Namsi *et al.,* 2006; Namsi *et al.,* 2007). Ce nouveau type de ARN dérivés de l'hôte est considéré comme des marqueur moléculaire de la maladie des feuilles cassantes (Marqués *et al.,* 2008). Cette hypothèse a été soutenue par les travaux de Sghaier-Hammami *et al.* (2012) qui ont identifié à l'aide de la protéomique un biomarqueur stabilisant le manganèse (33 kDa) permettant la détection de la maladie des feuilles cassantes au niveau des palmiers atteints en particulier à un stade précoce. Beaucoup de questions resteront encore posées sur l'étiologie de cette maladie tant qu'elle n'a pas fait l'objet de travaux afin de mieux la comprendre et déterminer comment elle se transmet.

Des symptômes similaires à ceux de la maladie des feuilles cassantes ont été observés sur des palmiers dattiers en Algérie, dans la région de Ghardaia

(Chikh-Issa, 2003) et dans la région de Biskra (Saadi, 2003). Namsi *et al.* (2007), ont souligné qu'en général, les oasis touchées par la maladie des feuilles cassantes sont des oasis traditionnelles et ne reçoivent pas autant de soins que les oasis "industrielles" qui sont plus récentes, où la nutrition et la fertilisation sont plus appropriées. Les symptômes de la maladie des feuilles cassantes n'ont été que rarement observés dans ces oasis plus modernes.

Les symptômes de la maladie ont été décrits pour la première fois par Takrouni *et al.* (1988), et se manifestent sur des pieds de tous âges, y compris les jeunes rejets et les issus de semis. Ils sont en fait similaires à ceux d'une carence en manganèse. Sur les pieds ayant des symptômes précoces, certaines frondes présentent une chlorose et ont une couleur vert olive terne. Le symptôme le plus caractéristique est la facilité avec laquelle les pennes se cassent lorsqu'on les fléchit et qu'on les presse. Des stries nécrotiques se développent sur les pennes.

Des frondes symptomatiques peuvent apparaître sur la partie intérieure de la couronne (cœur), la partie médiane ou la partie extérieure, elles s'étendent par la suite jusqu'à ce que le palmier entier soit atteint. De nombreuses frondes prennent un aspect déchiqueté résultant des dommages causés par le vent aux pennes affaiblies. Dans les cas extrêmes, seules les nervures dépourvues de pennes persistent. Les palmiers affectés cessent de croître, ont des frondes plus courtes et de taille irrégulière, et finissent par mourir. La mort est plus rapide si les premières frondes symptomatiques apparaissent au cœur de la couronne. Pendant la période d'affection du palmier, les rendements chutent de manière significative. Quatre à six ans peuvent s'écouler entre l'apparition des premiers symptômes et la mort du palmier dattier (Fig.93) (Tiriki *et al.,* 2003).

La maladie des feuilles cassantes a été observée pour la première fois dans les plantations de dattiers de Nefta, Tozeur et Degache (Tunisie) et dans l'Adrar, le M'zab et Biskra (Algérie) (Djerbi, 1988). Il a été diffusé dans d'autres régions tunisiennes: Al-Hamma, Tamarza, Gafsa, Kebili et Gabès. En Algérie, la présence de la maladie a également été confirmée dans les régions de Biskra (Saadi *et al.*, 2006), Ghardaia (Chikh-Issa, 2003) et Adrar (Algérie) et a été signalée dans la région de Waddan en Libye (Ezarug Edongali, données non publiées). Dans la région du Djerid, au sud de la Tunisie, elle a affecté ou tué, depuis les années 1980, jusqu'à 40 000 palmiers dattiers (Triki *et al.*, 2003).

Fig.93. Symptômes associés à la maladie des feuilles cassantes du palmier dattier (Triki *et al.*, 2003; Namsi *et al.*, 2007).

4. Aperçu sur la lutte intégrée contre les principaux ravageurs et maladies du palmier dattier en Nord d'Afrique

Le cortège d'espèces d'insectes et d'acariens qui attaquent le palmier dattier varie largement dans son importance et distribution. La gravité des dégâts occasionnés, les cycles de vie des ravageurs influencés, entre autres, par les conditions météorologiques, le choix des méthodes de lutte, les caractéristiques génotypiques des cultivars ainsi que les pratiques agricoles locales diffèrent d'un pays à l'autre. Devant la diversité des ravageurs du palmier dattier, il ne fait aucun doute que le recours à la lutte intégrée représente la meilleure solution du fait qu'elle consiste, selon la FAO en un système de lutte aménagé qui, compte tenu du milieu particulier et de la dynamiquc des populations des espèces considérées, utilise toutes les techniques et méthodes appropriées de façon aussi compatible que possible en vue de maintenir les populations d'organismes nuisibles à des niveaux où ils ne causent pas de dommages économiques.

Ainsi, l'élaboration d'un programme de lutte intégrée contre les ravageurs nécessite des informations sur la biologie, l'écologie, l'échantillonnage et la surveillance des ravageurs, afin d'élaborer des mesures et de déterminer des seuils de nuisibilité. Les approches de lutte intégrée contre insectes et acariens combinent des éléments de résistance des plantes et de contrôle chimique, semi-chimique, biologique et microbien. Dans ce contexte, il est essentiel d'évaluer le complexe parasitaire et les agents de lutte biologique associés (Wakil *et al.*, 2015; El-Bouhssini et Trissi, 2018).

Généralement, la lutte contre les insectes et acariens du dattier débute par l'application d'insecticides et acaricides dont la contribution positive est contre balancée par de réels effets négatifs sur l'environnement, raison pour laquelle le passage vers la lutte intégrée vient constamment comme une solution notamment pour les cas de résistance aux matières actives chimiques après plusieurs applications. Dans ce contexte et en dehors de la lutte chimique, nous donnerons les méthodes de contrôle les plus en vigueur pour faire face aux ravageurs que nous avons décrits précédemment; à savoir, la lutte légale (la mise en quarantaine), la lutte biologique et microbienne, la lutte à l'aide d'attractifs et de pièges et la lutte physique. Au niveau moléculaire, la technologie des gènes silencieux ou d'interférence ARN (ARNi) est prometteuse pour fournir des traits de résistance multiples et durables aux principaux ravageurs des palmiers dattiers.

La prévention a toujours été le meilleur havre pour les cultures. La mise en quarantaine peut jouer un rôle majeur dans la lutte contre les ravageurs, elle doit être pratiquée à l'échelle nationale et internationale afin d'empêcher les déplacements accidentels par le biais d'actions anthropiques des espèces nuisibles vers de nouvelles zones non infestées. Des programmes de quarantaine rigoureux doivent être réalisés en urgence pour stopper ou du moins ralentir l'invasion de certains insectes tels que le charançon rouge et les oryctes dont la zone d'infestation s'étend davantage chaque année.

4.1. Aperçu sur la lutte intégrée contre les principaux ravageurs du palmier dattier en Nord d'Afrique

4.1.1. Charançon rouge

La lutte intégré menée dans plusieurs pays contre *R. ferrugineus*, le charançon rouge a été basée sur l'adoption de techniques agricoles visant l'atténuation de ses effets sur le palmier dattier en se focalisant sur la sélection variétale, la densité de plantation, les méthodes d'irrigation pour réguler l'humidité à l'intérieure de la palmeraie, l'identification et l'élimination des sites de reproduction cachés et l'éradication (arrachage) des palmiers dattiers gravement infestés. En outre, le piégeage des charançons adultes à l'aide de pièges à phéromones avec appât végétal (dattes mures ou fragments de cœur de palmier) pour surveiller et piéger en masse les charançons adultes et l'inspection régulière des palmiers ; notamment à l'âge sensible de moins de 20 ans, pour détecter les infestations, avant l'émergence des adultes sont deux éléments cruciaux pour assurer le succès d'un programme de lutte intégrée contre *R. ferrugineus*. Dans ce contexte, la mise au point d'un dispositif de détection fiable et facile à utiliser, capable de détecter les palmiers infestés par *R. ferrugineus* dès les premiers stades de l'attaque, demeure une urgence (Al-Dosary *et al.,* 2016). Pour ce faire, Rasool *et al.* (2018) ont observé des différences qualitative et quantitative dans les protéomes de palmes infestées et non infestées par *R. ferrugineus*. Les protéines impliquées dans le stress et la défense des plantes, la photosynthèse, l'utilisation des hydrates de carbone et la dégradation des protéines ont été affectées chez les palmiers infestés.

Par ailleurs, les applications d'insecticides préventifs et curatifs doivent être judicieuses et justifiées. La mise en œuvre de protocoles de quarantaine stricts pour réglementer l'industrie des pépinières et des plantations de palmiers est essentielle pour renforcer le programme de lutte intégrée contre *R. ferrugineus*. Les formations régulières du personnel impliqué dans le contrôle, la participation des producteurs de palmiers dattiers au programme et la lutte contre la corruption à l'échelle locale garantiraient le succès du contrôle de cet insecte mortel du palmier-dattier (Dembilio et Jaques, 2015; Wakil *et al.,* 2015; Al-Dosary *et al.,* 2016; Faleiro et Al-Shawaf, 2018).

4.1.2. Pyrale des dattes

La mise au point d'une stratégie de lutte intégrée efficace en mesure de réduire l'ampleur des dégâts de la pyrale des dattes *E. ceratoniae* reste difficile au regard de sa polyphagie, sa large distribution et la diversité de ses hôtes variés.

Pour diminuer la population de la pyrale dans les palmeraies, les lâcher des insectes parasitoïdes de la pyrale: *Phanerotoma ocuralis* sur les régimes des dattes et *Bracon hebetor* sur les lots de dattes tombées au sol sont recommandés. à titre préventif et pour diminuer éventuellement le degré d'attaque, le fait de couvrir les régimes juste après la nouaison avec un tissu *mousseline* ou d'utiliser des sacs en filets à mailles fines pour ne pas laisser passer l'insecte permet de protéger les fruits sur l'arbre avant la récolte (Bouka *et al.,* 2001; Sedra, 2005). De cette manière, les densités de pyrales se verront diminuer de 89% en comparaison à l'utilisation d'emballage en papier ouverts (Perring et Nay, 2015).

Le recours aux biopesticides est largement recommandé dans la lutte intégrée, des résultats très intéressants ont été obtenus par Hadjeb (2014; 2016) sur l'action du Spinosad sur la mortalité de la pyrale et ce pour les différents stades larvaires. De même, Mehaoua (2013; 2014) a mis en évidence les effets létaux et sublétaux de deux biopsticides: *Bacillus thuringiensis* et azadirachtine qui se sont avérés prometteurs en qualité de larvicide non toxiques pour les organismes non-visés, biodégradables et moins susceptibles de provoquer la résistance chez *E. ceratoniae*. Les huiles essentielles de *Peganum harmala* constituent une autre alternative de lutte contre cet insecte et dont les activités ovicides, larvicides et adulticides a été observée par Lebbouz *et al.* (2016). D'autre part, la liste des ennemis naturel de la pyrale a été donnée par Perring *et al.* (2015), les taux de parasitisme les plus élevés ont été signalés pour *Trichogramma cordubensis* Vargas et Cabello (64%) (Idder *et al.,* 2013). Une étude effectuée par Zouioueche *et al.* (2018) a permis de valoriser et d'optimiser le potentiel parasitaire de deux insectes: *Phanerotoma flavitestacea* Fisher, parasitoïde ovo-larvaire et *Bracon hebetor* Say parasitoïde des larves qui sont comptés parmi les auxiliaires autochtones les plus voraces de la pyrale des dattes et les plus disponibles en palmeraies Algériennes ainsi que dans les lieux de stockage. Ainsi, la combinaison de l'activité de ces deux auxiliaires représente une action complémentaire capable d'améliorer le succès des programmes de lutte biologique contre la pyrale de la datte.

Par ailleurs, l'une des stratégies les plus prometteuses pour la gestion des populations d'*E. ceratoniae* est l'utilisation de la confusion sexuelle à l'aide de phéromones sexuelles identifiée par Baker *et al.* (1989). Une seule application des produits SPLAT® (Specialized Pheromone and Lure Application Technology) donne des résultats similaires à ceux obtenus après plusieurs applications de pesticides synthétiques et avec un cout égal au coût des autres pesticides. Ce produit a été enregistré comme produit à usage biologique par l'Agence américaine de protection de l'environnement (Perring *et al.,* 2014). L'utilisation des mâles stériles a été couronnée de succès dans plusieurs programmes de lutte contre la pyrale par l'application de rayons gamma. Ces mâles stériles qui, après accouplement, ont entrainé une réduction de la progéniture (Al-Izzi *et al.,* 1993).

4.1.3. Boufaroua

Un ensemble de pratiques culturales a été recommandé par El-Shafie (2018) contre l'acarien du dattier: *O. afrasiaticus* en vue d'atténuer son impact négatif sur la qualité des dattes. Ces pratiques sont, pour l'essentiel, préventives et en relation avec le respect de l'espacement inter et intra-ligne, le bon ensoleillement, l'enlèvement des vieux régimes, frondes et fibres ainsi que les restes de spathes où hivernent les acariens, l'ensachage des régimes, l'élimination des mauvaises herbes qui représentent un hôte alternatif pour l'acarien en l'absence de fruits, la lutte contre les oiseaux, les guêpes et autres insectes qui transportent mécaniquement les acariens d'une palme à l'autre, maintien des palmiers en bonne santé, et la pulvérisation des régimes infestés avec de l'eau froide (4°C) pour enlever les toiles où adhèrent habituellement les œufs. Un modèle mathématique basé sur les analyses des corrélations et des régressions entre les paramètres relatifs à la gestion culturale des palmeraies a été élaboré par Latifian *et al.* (2014). Ce modèle a mis en exergue l'efficacité des cultures intercalaires, la lutte chimique, le désherbage, le travail du sol, l'ensachage et la taille des régimes dans la diminution de l'infestation de l'acarien.

Des efforts de lutte biologique contre *O. afrasiaticus* à l'aide d'acariens et d'insectes prédateurs ont été déployés dans quelques pays. En Tunisie, Khoualdia *et al.* (2001) ont évalué la possibilité de lutter en utilisant une souche européenne de l'acarien phytoséiide, *Neoseiulus californicus* McGregor, disponible dans le commerce dans plusieurs pays, et dont les lâchers précoces dans la saison sont recommandés afin d'obtenir une bonne maîtrise. Néanmoins, la préservation et l'encouragement des prédateurs indigènes peuvent donner des résultats prometteurs d'autant plus que ces prédateurs exotiques ne sont pas toujours capables de bien s'adapter aux conditions estivales difficiles qui coïncident avec le pic de population des acariens (Negm *et al.,* 2015; El-Shafie, 2018). Une coccinelle très vorace, *Stethorus punctillum*, a été récoltée dans six palmeraies en Algérie puis lâchée sur des palmiers afin de vérifier son efficacité prédatrice sur le boufaroua. L'infestation a été très variable et a augmenté au fur et à mesure de la maturité des dattes. Aussi, l'efficacité de la coccinelle lâchée a été significative, et cela a été d'autant plus constaté que les pieds étaient fortement infestés ce qui a permis de conclure du rôle important que joue *Stethorus punctillum* dans le contrôle de l'acarien *O. afrasiaticus.*

Certains cultivars de palmier dattier peuvent présenter différents niveaux de résistance à l'infestation par *O. afrasiaticus* qui est un ravageur saisonnier dont l'abondance est synchrone au stade kimri des dattes. De ce fait, les dattes à maturation tardive ou précoce peuvent échapper aux attaques d'acariens et présenter ainsi un certain degré de résistance El-Shafie (2018). A cet égard, des travaux ont montré des différences dans la réponse de quatre cultivars *Deglet Nour*, *Alig*, *Kentichi* et *Bsser* aux attaques de cet acarien où *Deglet Nour* s'est révélé la plus sensible (Ben Chaaban *et al.,* 2011).

4.1.4. Cochenille blanche

L'application de mesures de quarantaine efficaces et strictes contribuera à limiter la propagation de *P. blanchardi* notamment lors du transport de rejets, qui doivent être inspectés, vers de nouvelles zones (El-Shafie *et al.,* 2015).

Le ramassage et l'incinération de tous les déchets de dattes et les palmes fortement attaqués constituent un moyen efficace pour limiter la propagation de *P. blanchardi* (Dhouibi, 1991).

Trois méthodes de lutte (physique, chimique et biologique) ont été testées contre la Cochenille blanche et leurs effets sur la faune auxiliaire qu'abrite le palmier dattier ont été évalués par Idder *et al.* (2007). L'utilisation de la chaleur par le flambage semble être la plus efficace avec un pourcentage de mortalité des cochenilles de 92,2% suivi de la lutte chimique qui a eu un effet significatif puisqu'elle a provoqué des pourcentages de mortalité avoisinant les 80%. Or, la lutte biologique utilisant des coccinelles locales connues pour leurs performances prédatrices de la cochenille blanche (*Pharoscymnus ovoideus* Sicard et *Ph. numidicus* Pic) a donné des pourcentages de mortalité relativement faibles de l'ordre de 18,1 et 19,7%. Pourtant, selon les mêmes auteurs, c'est cette dernière méthode qui est la mieux adaptée à l'agro-système oasien à la fois complexe et fragile. Dans ce sens, l'impact négatif de l'application d'insecticides en palmeraie a été mis en évidence par Matallah *et al.* (2018) où des prédateurs actifs de la cochenille (*Pharoscymnus ovoideus*, *P. numidicus* et *Cybocephalus palvc marum)* ont été clairement affectés. De ce fait, concluent les auteurs, l'utilisation des pesticides en milieu oasien doit impérativement prendre en compte le rôle incontournable des ennemis naturels dans la régulation des populations de ravageurs.

L'efficacité des pièges colorés adhésifs sur la population de *P. blanchardi* a été évaluée dans les palmeraies égyptienne où une réduction des effectifs de

39% a été observée dans les arbres avec des pièges bleus en comparaison avec des arbres témoins sans pièges (Abd-El-Kareim, 1998).

Des essais de lutte biologique à base des plantes ont été menés en en Algérie à l'image de l'extrait d'*Artemisia herba alba* dont les résultats de ses effets toxiques se sont révélés prometteurs et pourrait être considéré comme bio-insecticide contre *P. blanchardi* (Belkhiri *et al.,* 2020). Egalement, Bouchoul et Idder (2017) ont utilisés des extraits aqueux du laurier rose (*Nerium oleander*), l'eucalyptus (*Eucalyptus camaldulensis*), le ricin (*Ricinus communis*) et la coloquinte (*Colocynthis vulgaris*) contre *P. blanchardi*. Les taux de mortalité de la cochenille obtenus étaient très encourageants (77,12; 77,08; 73,85 et 73,60%). Egalement, cinq ennemis naturels de la diaspine ont été répertoriés à savoir: *Pharoscymnus numidicus*, *Pharoscymnus ovoïdeus* et *Stethorus punctillum*, une espèce névroptère; *Chrysoperla carnea* ; et un acarien prédateur non déterminé.

La coccinelle *Chilocorus bipustulatus* L. a été introduite avec succès dans les oasis du massif Aïr dans le nord du Niger, où elle est devenue la cause majeure de mortalité chez les femelles adultes de *Parlatoria* (Stansly, 1984).

En Tunisie, les études de terrain menées en 1992 et 1994 dans une palmeraie de dattiers (cv. *Deglet Nour*) ont montré que l'emploi de *Chilocorus bipustulatus* var. *iranensis* (*Coccinellidae*) a permis d'obtenir un niveau acceptable de contrôle biologique de la *P. blanchardi* (Khoualdia *et al.,* 1997). Cette opération est reprise au Niger (1972-1975), où le taux d'infestation a été tombé de la note 3,5-4 jusqu'à 0,5 (Tourneur *et al.,* 1976). L'utilisation de cette même prédatrice coccinelle: *Chilochorus bipustulatus* var. *iranensis* au Maroc est conseillée en cas de nécessité, à l'échelle d'une oasis dans le cadre d'un programme global de lutte intégrée (Sedra, 2005).

4.1.5. Dubas du palmier

Les pratiques agronomiques tels que l'espacement inter et intra-lignes, l'élagage et le sevrage des rejets en excès permet de réduire les populations du dubas (*O.*

lybicus, Bergevin) qui prolifère dans les endroits humides de faibles températures. Shah *et al.* (2013) recommande, dans le cadre d'une approche de lutte intégrée, l'élimination des frondes inférieures (deux ou trois) avant l'éclosion des œufs afin de réduire les pertes de récoltes dues à l'attaque de ce ravageur.

Il n'existe pas de contrôle biologique organisé contre le dubas dans la plupart des pays arabes. Toutefois, des exemples d'ennemis naturels d'*O. lybicus* à différents stades ont été donnés par Al-Khatri *et al.* (2004): *Aprostocetus* sp. (*Hymenoptera*: *Eulophidae*), *Cheilomenes sexmaculata* (Fabricius) (*Coleoptera*: *Coccinellidae*), *Chrysoperla carnea* (Stephens) (*Neuroptera*: *Chrysopidae*), *Runcinia* sp. (*Thomisidae*: *Araneae*), *Aphanogmus* sp. (*Hymenoptera*: *Ceraphronidae*) et *Bocchus hyalinus* (*Hymenoptera*: *Dryinidae*). Parmi les plus importants prédateurs de cet insecte, un acarien *Anystis agilis* (Banks) signalé par Al-Jboor (2007) en Irak et qui se nourrit voracement de nymphes de Dubas avec un taux de consommation moyen de 21,13 nymphes de Dubas/acarien adulte/24 h (El-Shafie *et al.*, 2015). En outre, Mahmoudi *et al.* (2015) ont expérimenté la résistance de cinq cultivars de palmier dattier: *Zahdi*, *Mazafati*, *Piarom*, *Khasi*, et *Shahani* aux infestations du dubas où *Khasi* et *Shahani* se sont révélés les plus résistants tandis que *Zahdi* le cultivar le plus sensible.

4.1.6. Oryctes ou scarabée rhinocéros du palmier dattier

La lutte physique est une approche très importante dans toutes les régions de culture de dattes. Des mesures telles que l'élagage des vieilles bases des frondes suppriment les sites de ponte et par conséquent les dommages causés par les larves de beaucoup d'insectes à l'image des oryctes (Khalaf et Al-Abid, 2013). Le piégeage lumineux a été utilisé pour surveiller l'abondance saisonnière d'*O. agamemnon arabicus* et qui peut servir comme un élément de la lutte intégrée contre cet insecte (Al-Deeb *et al.*, 2012). En outre, les travaux de Khalaf (2014) ont mis en évidence différents niveaux de sensibilité à *O. agamemnon arabicus* chez quelques cultivars Iraquiens. Les nématodes entomopatogènes, *Rhabdits blumi*, et les champignons entomopatogènes: *Beauveria bassiana* et *Metarhizium anisopliae*, ont été proposés par Khalaf *et al.* (2016) comme agents de biocontrôle intéressants à intégrer dans les programmes de lutte.

4.1.7. Foreur des palmes

La lutte contre ce ravageur est souvent prophylactique. En se basant sur la biologie de l'insecte le moyen de lutte commence par le ramassage et l'incinération de toutes les palmes sèches jetées dans la parcelle. Ainsi, les larves sont éliminées totalement (Wagner *et al.,* 2008). Seulement les feuilles utilisées soit au niveau des haies ou pour la protection des palmiers, et qui peuvent héberger les larves de l'*A. monachus* doivent subir deux traitements successifs à la fin de l'hiver et au début du printemps. Une lutte biologique peut être envisagée si l'étude de l'hyménoptère (*Leucospis gigas*) vient confirmer sa prédation vis à vis les larves d'*A. monachus* (Doumandji Mitiche et Doumandji, 1985). Autres méthodes s'intéressent à la lutte chimique (Lense, 1924) conseille d'introduire dans les galeries, soit en poussant à l'intérieur de celle-ci un tampon d'ouate imbibé d'un liquide dégageant des vapeurs insecticides, tel que la benzine ou le sulfate de carbone, puis il faut boucher les trous avec des boulettes d'argile malaxé avec de l'eau (Dhouibi, 2001) préconise l'injection des produits fumigants dans les galeries tel que le paradichlorobenzène ou le bisulfite de carbone. Il faut aussi traiter les palmes desséchées juste avant l'envol des adultes en hiver et au début de printemps (Dhouibi, 2000).

4.2. Aperçu sur la lutte intégrée contre les principales maladies du palmier dattier en Nord Afrique

4.2.1. Pourriture de l'inflorescence ou Khamedj

Comme mesures prophylactiques, il faut entretenir suffisamment le palmier et assurer sa bonne conduite (Sedra, 2005). Un bon assainissement, comprenant la collecte et la combustion de toutes les inflorescences et spathes infectées, est une bonne approche pour lutter contre la maladie. Les palmiers dont les inflorescences sont malades doivent être traités avec des fongicides après la récolte et un mois au début du printemps avant l'apparition des spathes. En effet, les spathes infectées de la saison précédente restent sur le palmier et représentent ainsi la source d'infection pour la saison suivante. Dès lors, le pollen devient un facteur de transmission des spores. À cet égard, il est notoire de vérifier l'état des spathes lors de la pollinisation (Djerbi, 1998; Abdelmonem et Rasmy, 2007; Abdullah *et al.,* 2010; Sedra, 2018; Anli *et al.,* 2020).

Par ailleurs, certains cultivars sont particulièrement sensibles à la maladie comme: *Ghars* en Algérie, *Mejhoul* et *Boufeggous* au Maroc, *Khadrawy* et *Sayer* en Irak, tandis que d'autres cultivars manifestent une bonne capacité de résistance: *Hallawi*, *Hamrain*, *Takermest* et *Zahdi* (Laville, 1973; Sedra, 2015).

D'ailleurs, dans les conditions où se présente cette maladie, l'emploi de variétés résistantes ne s'impose pas et les traitements anticryptogamiques sont au contraire tout indiqués. L'expérience montre que la destruction par les substances anticryptogamiques usuelles des germes qui se conservent entre les gaines des feuilles suffit pour éviter l'infection ultérieure des inflorescences. Au point de vue pratique, ou arrive à des résultats suffisants par l'emploi d'un mélange pulvérulent constitué par une partie de sulfate de cuivre en poudre pour trois parties de chaux éteinte. Ce mélange est répandu à la main entre les gaines des feuilles, dans les régions où se formeront les futurs régimes qu'il s'agit de protéger. Le traitement ne doit porter que sur les dattiers qui ont montré des régimes attaqués. Un premier traitement est effectué après la récolte et un deuxième quelques temps avant la floraison. Ces deux groupes de mesures très simples, qui ne nécessitent l'emploi d'aucun appareil coûteux ou compliqué, qui ne portent d'autre part que sur un tout petit nombre d'arbres, arriveront aisément, partout où le besoin s'en fera sentir, à enlever au Khamedj toute importance pratique. Ces traitements sont beaucoup plus simples que les procédés de lutte qu'utilisent habituellement les indigènes. Leur efficacité est plus certaine et ils méritent par conséquent dès à présent d'être vulgarisés dans les oasis du nord de l'Afrique où le Khamedj existe à l'état endémique (Chabrolin, 1930).

Ainsi, la lutte chimique consiste à pulvériser les fongicides sur la couronne foliaire du palmier, deux applications suffissent: la première juste après la récolte et le nettoyage du palmier et la seconde au moment de l'émergence des spathes (bénomyl (100g/hl), méthylthiophanate (100g/hl), thiram, oxychlorure de cuivre (400g/hl), bouillie bordelaise (0,3-0,5%), oxychlorure du Cuivre + Triton (0,05%), tuzet (0,2-0,4%), miltox (0,4-0,6%), bénomyl (0,1%), méthylthiophanate (0,1%), thiram ou Polyram (0,1%), etc.). Un traitement chimique préventif doit être effectué après la récolte suivie d'un autre au début de la sortie des spathes de l'année suivante, exemples de variétés sensibles: *Mejhoul*, *Boufeggous* et plusieurs clones sélectionnés (Chabrolin, 1930).

Le pouvoir antifongique des différents traitements sur le taux d'inhibition de la croissance mycélienne du champignon *M. scaettae* montre que l'huile essentielle de *Mentha pulegium* est plus efficace par rapport à l'huile essentielle de *Ruta chalepensis* et d'armoise blanche avec une inhibition mycélienne totale de pathogène (100%) à partir de la dose 100 µl. Cette différence de pouvoir entre les huiles essentielles des trois plantes peut être attribuée à leurs compositions chimiques, car la menthe est dominée par la pulégone qui est une cétone ce qui provoquent une inhibition de la croissance mycélienne avec des concentrations plus élevées (Cherifi et Guezout, 2019). Fayyadh et Albadran (2012) ont révélé que Score (difénoconazole 25%), *Trichoderma harzianum* et *Pseudomonas fluorescens* étaient plus efficaces pour inhiber la croissance de *M. scaettae* avec un pourcentage d'inhibition qui dépasse 90%. Ainsi, les essais effectués en plein champ ont révélé que *P. fluorescens* seul ou en combinaison avec Score ou avec *T. harzianum* étaient les plus efficaces en réduisant le taux d'infection à 0 et 6,9%, respectivement avec une augmentation du rendement à 56% par rapport au traitement témoin.

4.2.2. Dépérissement noir des palmes

Le recours à la lutte intégrée est fortement recommandé pour combattre le dépérissement noir des palmes. Il faut veiller avec vigilance à désinfecter le matériel de sevrage et de taille des palmes ainsi que les plaies qui en résultent. Les palmiers infectés doivent être coupés, enlevés et brûlés. Le fait d'éviter les blessures des palmiers et la plantation de rejets ou de jeunes palmiers infectés peut limiter l'incidence de la maladie (Carpenter et Elmer, 1978; Abdelmonem et Rasmy, 2007; Saeed *et al.,* 2016; Sedra, 2018). Le biofongicide Mycostop a montré une grande efficacité en entraînant une réduction de la germination des spores et des sporulations de *Ceratocystis radicicola* (*T. punctulata*) (Suleman *et al.,* 2002). Al-Naemi *et al.* (2016) ont rapporté un contrôle complet de l'agent causal *T. punctulata* sur le palmier-dattier en utilisant *T. harzianum.*

Suleman *et al.* (2001), préconise, pour garantir une bonne vigueur au palmier, l'utilisation d'eau moins salée ou plus propre pour l'irrigation qui doit se faire pendant les mois chauds et secs ou après la transplantation. Aussi, la plantation de palmiers tolérants au sel ou résistants à *C. radicicola* et *T. paradoxa* pourrait représenter une alternative d'autant plus que la résistance des cultivars vis- à- vis de ces deux espèces est variable. D'après Sedra (2018), la maladie a été enregistrée sur 20 cultivars dans le monde entier, bien qu'elle semble être plus fréquente sur le cv. *Deglet Noor* en Tunisie et en Algérie. Au

Maroc, plusieurs cultivars et clones ont montré leur sensibilité à la maladie au moment où aucune infection n'a été observée chez le cultivar *Tazizoot* (Carpenter et Elmer, 1978). Néanmoins, l'exploration de la diversité génétique contenue au niveau des palmeraies permet de connaître le comportement des cultivars de palmiers dattiers face à cette maladie et appréhender l'utilisation des cultivars résistants dans un programme d'amélioration ou de lutte intégrée. Djerbi (1983a; 1983b) a monté que les variétés *Thoory*, *Hayani*, *Amhat*, *Saidy* et *Halawy* sont très sensibles. Les variétés *Medjool* et *Barhee* sont également sensibles à la maladie. *T. paradoxa* a également été isolée sur les variétés *Zahdi*, *Menakher*, *Baklany*, *Gantar*, *Halooa*, *Fteemy*, *Sukkar Nabat*, *Horra*, *Besser Haloo*, *Nakleh-Zianeh* et *Koroch* (Klotz et Fawcett, 1932).

Awadalla *et al.* (2018) ont documenté que Bayleton, Benlate, Tilt, Vitavax, Antracol, Copper-oxychloride et Soufrel ont provoqué des réductions significatives de la croissance mycélienne de *T. paradoxa* avec des variations significatives de leur efficacité. Par ailleurs, l'efficacité des fongicides systémiques s'est révélée supérieure par rapport aux fongicides non systémiques (Awadalla *et al.,* 2018).

4.2.3. Taches foliaires

Les moyens de luttes préconisées contre les maladies des taches foliaires se basent essentiellement, en premier lieu, sur la lutte physique comme par exemple l'entretien adéquat de la culture, le nettoyage de pieds et la taille des palmes infestées qui devraient être brûlées immédiatement. En second lieu, la pulvérisation de fongicides à base de cuivre après la taille afin d'd'éviter l'infection (Sedra, 2005; Abdelmonem et Rasmy, 2007). La pulvérisation doit se faire précocement ou avant l'initiation de la maladie pour un contrôle efficace de la maladie des taches brunes (Livengston *et al.,* 2002).

En outre, Abassi et Namsi (2015) ont montré l'existence d'une sensibilité variétale relativement spécifique vis-à-vis de l'attaque de la maladie des taches brunes, où les cultivars *Alig* et *Deglet Nour* se sont révélés les plus sensibles contrairement au cultivar *Besser* qui était le moins touché. Fayad et Mania (2008) ont observé que les cultivars de *Khadrawi* et *Barhee* ont réduit la croissance radiale des champignons responsables à la maladie des taches foliaires à 2,8 et 2,9 cm, respectivement, tandis que les cultivars *Sayer* et *Zahdi* ont amélioré la croissance radiale jusqu'à 5,4 cm pour chacun. Ces auteurs ont noté une corrélation négative entre la teneur en tanin des feuilles et la gravité de l'infection (r = - 0,74) et une corrélation négative également enregistrée entre la teneur en cire et la gravité de la maladie (r = - 0,85).

4.2.4. Pourriture du bourgeon à *Phytophthora* sp. ou Belâat

Un entretien efficace des plantations de palmiers dattiers est fortement recommandé pour éviter les attaques de cette maladie. Les rejets des palmes touchées restent généralement sains. Par ailleurs, il faut évitez d'utiliser l'irrigation par gravité et les godets de raccordement entre les palmiers lorsque certains d'eux sont infectés (Abdelmonem et Rasmy, 2007; Haq et Khan, 2020).

Une manière de contourner cette maladie est d'assurer le développement normal d'un bourgeon latéral, qui remplacera le bourgeon apical. En absence d'informations sur la présence de résistance chez les cultivars, il est à souligner que plusieurs cultivars commerciaux sont sensibles (Sedra, 2018).

4.2.5. Dessèchement apical des palmes

Pour lutter contre ce pathogène, il faut veiller à bien entretenir la palmeraie et subvenir au besoin en eau des palmiers. Pratiquer l'élagage est recommandée au même titre que bruler toutes les parties infectées de la palme. En cas de présence, des hôtes résistants doivent être cultivés. En cas d'aggravation de la maladie notamment dans la partie apicale de dattier, l'utilisation de fongicides demeure la seule alternative (Sedra, 2018; Haq et Khan, 2020).

4.2.6. Maladie des feuilles cassantes

De par sa propagation rapide et son action mortelle une fois elle sévit, et étant donné l'état actuel des connaissances sur l'étiologie de la maladie des feuilles cassantes, les mesures les plus rigoureuses doivent être prises notamment celles de quarantaine qui semble être l'unique moyen garant de la limitation de la propagation de cette maladie. Sedra (2018), propose, comme méthodes de lutte de bruler les palmiers infectés et d'apporter le Manganèse aux palmes soit par pulvérisation ou par injection directe. De même Namsi *et al.* (2007), suggère que la gestion des sols, y compris l'utilisation du fumier, pourrait aider à surmonter les symptômes de la maladie des feuilles cassantes.

5. Conclusions

Dans les rudes conditions du désert Nord-Africain, le palmier dattier fait face à de nombreux stress biotiques et abiotiques qui affectent sa physiologie, son fonctionnement biochimique et par conséquent sa productivité. Les oasis qui représentent l'aire de culture du dattier ont connu ces dernières décennies beaucoup de changements tant sur le plan structurel qu'organisationnel responsables, d'une part, de l'émergence de nouveaux défis telles que les exigences en matière, de qualité, de conditionnement, de transport, de rendement et de durabilité, et d'autre part, de l'aggravation de ceux déjà existants à l'image de l'apparition de nouveaux ravageurs et maladies, la sécheresse et la salinisation des sols.

Le changement climatique, l'érosion génétique et l'adoption de la monoculture monovariétale ainsi que les mauvaises pratiques culturales comme l'utilisation excessive d'engrais pour améliorer la structure du sol et de pesticides ont accéléré davantage la dégradation de l'écosystème oasien.

L'impact des différents stress sur les palmeraies Nord Africaines a été abordé dans ce chapitre, il laisse appréhender l'urgence dans le recours aux moyens de gestion de ces stress en raison du rôle que joue le palmier tant sur le plan économique qu'environnemental. A cet égard, plusieurs étude sont montré l'efficacité des champignons mycorhiziens, communément connus comme des bio-fertilisants, ainsi que les champignons endophytes dans la gestion des stress biotiques et abiotiques, et ce, dans un contexte de développement durable. En effet, l'utilisation des champignons mycorhiziens confère aux dattiers de meilleure croissance, nutrition minérale, absorption de l'eau et fournit la tolérance à diverses situations de stress comme les maladies, la chaleur, la salinité, la sécheresse, des métaux et des températures extrêmes. Au même titre, un intérêt croissant est porté aux endophytes car ils permettent l'amélioration de divers stress subis par les plantes y compris le stress biotique (comme les microbes pathogènes) et le stress abiotique (comme la sécheresse et le stress salin) à travers la production de phytohormones, fixant l'azote, de substances antagonistes, d'enzymes qui jouent un rôle important dans la réponse des plantes à ces stress.

En outre, puiser de la riche diversité variétale existante du palmier dattier constitue une protection intégrée des ressources environnementales de l'agro-écosystème oasien fragile du fait que sa durabilité dépend, en grande partie, de sa base génétique très diversifiée. Nombreux travaux ont été consultés, dans ce chapitre, exprimant des degrés variables de résistance et/ou tolérance exprimés par les différents cultivars vis-à-vis des stress biotiques et abiotiques. Une grande partie de ces cultivars sont considérés comme étant de «seconde importance» notamment en présence de cultivars élites à l'image de *Deglet Nour* et sont sujets à une extinction progressive malgré qu'ils renferment des caractéristiques non explorées et encore moins exploitées par la recherche et qui peuvent s'avérer, dans certains cas, très intéressantes. Il y a aussi lieu de souligner l'importance de la valorisation des savoirs et savoir-faire locaux tissés pendant des siècles autour du palmier dattier qui seront d'une grande utilité dans l'édification de programmes de sélection et la gestion des palmeraies. Dans ce sens, des études ont montré l'action directe des «modes agricoles anciens» dans l'atténuation de la sévérité des maladies et ravageurs dans les palmeraies et qui se basent essentiellement sur l'installation des cultures intercalaires, la diversité génétique et la densité de plantation. Des travaux supplémentaires sont nécessaires pour tirer profit des vertus des alternatives que nous venons de citer qui attestent de leur rôle essentiel dans le fonctionnement durable des écosystèmes oasiens particulièrement, avec l'avènement des biotechnologies agricoles, les techniques de biologie moléculaire, la proteomique, la transcriptomique et bien d'autres outils d'étude. Ces derniers offrent de nouvelles approches pour la compréhension des mécanismes génétiques responsables de la résistance et /ou tolérance du palmier dattier aux différents stress ce qui permettra d'avancer dans les programme d'amélioration génétique du palmier dattier.

Le palmier dattier, comme toute espèce végétale, est sous la menace de divers ravageurs et maladies parasitaires, fongiques, bactériennes, à mycoplasmes, et non parasitaires, mais la maladie connue sous le nom de bayoud, trachéomycose due à un champignon appartenant à l'espèce *F. oxysporum* f. sp. *albedinis* provoquant un dépérissement irréversible du palmier dattier et, par conséquent, des dégâts considérables et définitifs. Le bayoud sans conteste constitue la maladie la plus grave du palmier dattier. D'où, l'objectif du quatrième chapitre est de présenter une synthèse bibliographique sur l'état des connaissances sur *F. oxysporum* f. sp. *albedinis*.

Références Bibliographiques

Abass M.H., 2016. Responses of date palm (*Phoenix dactylifera* L.) callus to biotic and abiotic stresses. Emirates Journal of Food and Agriculture, 28(1): 66-74.

Abassi R. & Namsi A., 2015. Etude bioécologique et épidémiologie de la maladie des taches brunes du palmier dattier *Phoenix dactylifera* dans le sud-ouest tunisien. Journal of new sciences Agriculture and Biotechnology, 23(5): 1057-1063.

Abd-El-Kareim A.I., 1998. Swarming activity of the adult males of *Parlatoria* date scale in response to sex pheromone extracts and sticky colour traps. Archives of Phytopathology and Plant Protection, 31: 301-307.

Abdelmonem A.M. & Rasmy M.R., 2007. Major diseases of date palm and their control. Communication Institute for Biochemistry, 23: 9-23.

Abdennabi R., Triki M.A., Salah R.B. & Gharsallah N., 2017. Antifungal activity of Endophytic fungi isolated from date palm sap (*Phoenix dactylifera* L.). EC Microbiology, 13(4): 123-131.

Abdullah S.K., Asensio L., Monfort E., Gomez-Vidail S., Salinas J., Lopez-Lorca L.V. & Jansson H.B., 2009. Incidence of the two date palm pathogens, *Thielavia paradoxa* and *T. punctulata* in soil from date palm plantations in Elx, South-East Spain. Journal of Plant Protection Research, 49(3): 276-279.

Abdullah S.K., Lorca L.L. & Jansson H.B., 2010. Diseases of date palms (*Phoenix dactylifera* L.). Basrah Journal for Date Palm Research, 9(2): 1-44.

Abraham V.A., Al-Shuaibi M.A., Faleiro J.R., Abozuhairah R.A. & Vidyasagar P.S.P.V., 1998. An integrated management approach for red palm weevil, *Rhynchophorus ferrugineus* Oliv., a key pest of date palm in the Middle East. Journal of Agricultural and Marine Sciences, 3: 77-83.

Abul-Soad A.A., Maitlo W.A., Markhand G.S. & Mahdi S.M., 2011. Date Palm Wilt Disease (Sudden Decline Syndrome) in Pakistan, Symptoms and Remedy. The Blessed Tree; Khalifa International Date Palm Award, UAE, 3(4). www.kidpa.ae

Achour A.F., 2003. Etude bio-écologie de l'*Apate monachus* (Fac. 1775) (*Coleoptera, Bostrychidae*) dans la région de l'Oued-Righ. Thèse Magister, Inst. nati. agro., El Harrach, 118 pp.

Achoura A., 2013. Contribution à la connaissance des effets des paramètres écologiques oasiens sur les fluctuations des effectifs chez les populations de la cochenille blanche du palmier dattier *Parlatoria blanchardi* Targ. 1868, (*Homoptera, Diaspididae*) dans la région de Biskra. Thèse de Doctorat, Université Mohamed Kheider, Biskra, 154 pp.

Ait-El-Mokhtar M., Laouane R.B., Anli M., Boutasknit A., Wahbi S. & Meddich A., 2019. Use of mycorrhizal fungi in improving tolerance of the date palm (*Phoenix dactylifera* L.) seedlings to salt stress. Scientia Horticulturae, 253(8): 429-438.

Al Hammadi M.S. & Kurup S.S., 2012. Impact of salinity stress on date palm (*Phoenix dactylifera* L.) - A review. *In:* Crop Production Technologies (169-178 pp.). Ed. Peeyush Sharma and Vikas Abrol, in tech Open.

Al Hassan K.K. & Waleed B.K., 1977. Biological study on *Mauginiella scaettae* CAV., the cause of inflorescence rot of date palms in Iraq. Yearbook of Plant Protection Research, Ministry of Agriculture and Agrarian Reform, Iraq, 1: 184-206 (in Arabic).

Al-Abbasi S.H., 1988. Biology of *Ommatissus binotatus* de Berg (*Homoptera: Tropiduchidae*) under laboratory conditions. Date Palm Journal, 6: 412-425.

Al-Abdoulhadi I.A., Dinar H.A., Ebert G. & Büttner C., 2012. Influence of salinity levels on nutrient content in leaf, stem and root of major date palm (*Phoenix dactylifera* L.) cultivars. International Research Journal of Agricultural Science and Soil Science, 2(8): 341-346.

Al-Bahrany A.M. & Al-Khayri J.M., 2012. *In vitro* responses of date palm cell suspensions under osmotic stress induced by sodium, potassium and calcium salts at different exposure durations. American Journal of Plant Physiology, 7(3): 120-134.

Al-Deeb M.A., 2012. Date palm insect and mite pests and their management. Dates production, processing, food, and medicinal values, 113-128.

Al-Deeb M.A., Mahmoud S.T. & Sharif E.M., 2012a. Use of light traps and differing light color to investigate seasonal abundance of the date palm pest, *Oryctes agamemnon* arabicus (*Coleoptera*: *Scarabaeidae*). Journal of economic entomology, 105(6): 2062-2067.

Al-Deeb M.A., Muzaffar S. & Sharif E.M., 2012b. Interactions between phoretic mites and the Arabian rhinoceros beetle, *Oryctes agamemnon arabicus*. Journal of Insect Science, 12:128. https://doi.org/10.1673/031.012.12801

Al-Dosary N.M., Al-Dobai S. & Faleiro J.R., 2016. Review on the management of red palm weevil *Rhynchophorus ferrugineus* Olivier in date palm *Phoenix dactylifera* L. Emirates Journal of Food and Agriculture, 28(1): 34-44.

Ali A.A., 1989. Studies on *Astrolecanium phoenicis* (Rao). A date palm scale insect in El-Golid area. Mater thesis. Faculty of Agriculture, University of Khartoum.

Al-Izzi M.A.J., Al-Maliky S.K. & Jabbo N.F., 1987. Culturing the carob moth, *Ectomyelois ceratoniae* (Zeller) (*Lepidoptera, Pyralidae*), on artificial diet. Journal of Economic Entomology, 80: 277-280.

Al-Izzi M.A.J., Al-Maliky S.K. & Jabbo N.F., 1990. Effect of gamma rays on males of *Ectomyelois ceratoniae* Zeller (*Lepidoptera, Pyralidae*) irradiated as pupae or adults. Annales de la Société Entomologique de France, 26: 65-69.

Aljuburi H.J., 1992. Effect of sodium chloride on seedling growth of four date palm varieties. Annals of Arid Zone, 31(4): 259-262.

Al-Ka'aby H.K. & Abdul-Qadir L.H., 2011. Effect of water stress on callus induction from shoot tips of date palm (*Phoenix dactylifera* L.) cv. Bream cultured in vitro. Basrah Journal for Date Palm Research, 10(2): 1-14.

Al-Karaki G.N., 2013. Application of mycorrhizae in sustainable date palm cultivation. Emirates Journal of Food and Agriculture, 25(11): 854-862.

Al-Kharusi L., Sunkar R., Al-Yahyai R. & Yaish M.W., 2019. Comparative water relations of two contrasting date palm genotypes under salinity. International Journal of Agronomy. https://doi.org/10.1155/2019/4262013

Al-Khatri S.A., 2004. Date palm pests and their control. Date palm regional workshop on Ecosystem Based IPM for Date Palm in the Gulf Countries, (84-88 pp.). Al Ain, United Arab Emirate, 28-30 March.

Al-Khatri S.A., 2018. Date Palm Pests and Diseases. Integrated Management Guide. Lebanon. International Center for Agricultural Research in the Dry Areas (ICARDA), 94-104 pp.

Al-Khayri J.M. & Al-Bahrany A.M., 2004. Growth, water content, and proline accumulation in drought-stressed callus of date palm. Biologia Plantarum, 48(1): 105-108.

Al-Khayri J.M. & Al-Bahrany A.M., 2012. Effect of abscisic acid and polyethylene glycol on the synchronization of somatic embryo development in date palm (*Phoenix dactylifera* L.). Biotechnology, 11(6): 318-325.

Al-Khayri J.M. & Ibraheem Y., 2014. *In vitro* selection of abiotic stress tolerant date palm (*Phoenix dactylifera* L.): A review. Emirates Journal of Food and Agriculture, 26(11): 921-933.

Al-Khayri J.M., Poornananda M.N., Shri Mohan J. & Dennis V.J., 2018. Advances in Date Palm (*Phoenix dactylifera* L.) Breeding. *In* Advances in Plant Breeding Strategies: Fruits: Vol. 3 (727-771 pp.). Ed. Al-Khayri J.M., Shri Mohan Jain, Dennis V.J., Springer International Publishing. https://doi.org/10.1007/978-3-319-91944-7_18

Al-Naemi F.A., Nishad R., Ahmed T.A. & Radwan O., 2014. First Report of *Thielaviopsis Punctulata* Causing Black Scorch Disease on Date Palm in Qatar. Disease Notes, 98(10): 14-37. https://doi.org/10.1094/PDIS-04-14-0424-PDN

Alrasbi S.A.R., Hussain N. & Schmeisky H., 2010. Evaluation of the growth of date palm seedlings irrigated with saline water in the Sultanate of Oman. ISHS Acta Horticulturae, 882: 233-246.

Al-Sayed A.E. & Al-Tamiemi S.S., 1999. Seasonal activity of the fruit-stalk borer, *Oryctes agamemnon* (Burm.) (*Coleoptera Scarabaeidae*) in Sultanate of Oman. Egyptian Journal of Agricultural Research, 77: 1597-1605.

Al-Shayeb S.M. & Seaward M.R.D., 2000a. Sampling standardization of date palm (*Phoenix dactylifera* L.) leaflets as a biomonitor of metal pollutants in arid environments. Asian Journal of Chemistry, 12(4): 977-989.

Al-Shayeb S.M. & Seaward M.R.D., 2000b. The date palm (*Phoenix dactylifera* L.) fibre as a biomonitor of lead and other elements in arid environments. Asian Journal of Chemistry, 12(4): 954-966.

Al-Shayeb S.M., Al-Rajhi M.A. & Seaward M.R.D., 1995. The date palm (*Phoenix dactylifera* L.) as a biomonitor of lead and other elements in arid environments. Science of Total Environment, 168(1): 1-10.

Amirjani M.R., 2010. Effect of salinity stress on growth, mineral composition, proline content, antioxidant enzymes of soybean. American Journal of Plant Physiology, 5(6): 350-360.

Ammar M.I. & El-Naggar M.A., 2011. Date Palm (*Phoenix dactylifera* L.) Fungal Diseases in Najran, Saudi Arabia. International Journal of Plant Pathology, 2: 126-135.

Anli M., Symanczik S., El Abbassi A., Ait-El-Mokhtar M., Boutasknit A., Ben-Laouane R., Toubali S., Baslam M., Mäder P., Hafidi M. & Meddich A., 2020. Use of arbuscular mycorrhizal fungus *Rhizoglomus irregulare* and compost to improve growth and physiological responses of *Phoenix dactylifera* 'Boufgouss'. Plant Biosystems - An International Journal Dealing with all Aspects of Plant Biology, https://doi.org/10.1080/11263504.2020.1779848

Arab L., Kreuzwieser J., Kruse J., Zimmer I., Ache P., Alfarraj S., Al-Rasheid K.A.S., Schnitzler J.P., Hedrich R. & Rennenberg H., 2016. Acclimation to heat and drought. Lessons to learn from the date palm (*Phoenix dactylifera*). Environmental and Experimental Botany, 125: 20-30. https://doi.org/10.1016/j.envexpbot.2016.01.003

Arib H., 1998. Isolement et caractérisation des *Fusarium oxysporum* f. sp. *albedinis* de la Région de Beni Abbes, Mémoire pour l'obtention du D.I.E, Institue d'Agronomie Centre Universitaire de Mascara, 78 pp.

Armstrong W.W., 1960. Conditions affecting salt accumulation in Coachella Valley date gardens. Annual Report of Date Growers' Institute, 37: 18-22.

Ashraf M., Akram N.A., Al-Qurainy F. & Foolad M.R., 2011. Drought tolerance: roles of organic osmolytes, growth regulators, and mineral nutrients. Advances in Agronomy, 111:249-296.

Astatt P.R., 1981. Ant dependant food plant selection by the mistletoe butterfly *Ogyris amaryllis* (*Lycaenidae*). Oecologia (Berlin), 48: 60-63.

Awadalla I.A.I., Mohamed Y.A.A. & Siddig M.E., 2018. Efficacy of Fungicides for In vitro Control of Date Palm Black Scorch Disease Agent (*Thielaviopsis paradoxa*). Journal of Advances in Biology & Biotechnology, 18(2): 1-8.

Ayers R.S. & Westcot D.W., 1988. La qualité de l'eau en agriculture. Bulletin FAO d'irrigation et de drainage. 29 Rév. 1, 165 pp.

Ayers R.S., 1977. Quality of water for irrigation. Journal of Irrigation and Drainage Engineering. ASCE Library, 103: 135-154.

Baker T.C., Francke W., Lofstedt C., Hansson B.S., Du J.W., Phelan P.L., Vetter R.S. & Youngman R., 1989. Isolation, identification, and synthesis of sex pheromone components of the carob moth, *Ectomyelois ceratoniae*. Tetrahedron Letters, 30: 2901-2902.

Balachowsky A., 1962. Entomologie appliquée à l'agriculture Tome 1 Coléoptères premier, éditeur Masson, Paris FRA, 564 pp.

Balachowsky A.S., 1951. Sur deux Diaspidinae (*Hom. Coccoidae*) nouveaux de Moyenne Guinée (A.O.F.) Contribution à l'étude des Coccoidea de la France d'outre-mer, 5e note. Bulletin de la Société entomologique Française. 57: 98-101.

Balachowsky A.S., 1953. Les Cochenilles de France, d'Europe, du Nord de l'Afrique, et du Bassin Méditerranéen. VII Monographic de *Coccoidea*; Diaspidinae-IV. Actualités des sciences industrielles, 1202: 29.

Baraud J., 1985. Coléoptères *Scarabaeoidea*. Faune du nord de l'Afrique, du Maroc au Sinaï. Paris, France, Editions Paul Lechevalier, Encyclopédie Entomologique XLVI, 652 pp.

Barreveld W.H., 1993. Date Palm Products. Agricultural Services Bulletin No. 101, Food and Agriculture Organization of the United Nations (FAO), Rome, Italy.

Bedford G.O., Al-Deeb M.A., Khalaf M.Z., Mohammadpour K. & Soltani R., 2015. Dynastid beetle pests. *In* Sustainable Pest Management in Date Palm: Current Status and Emerging Challenges (73-108 pp.), Springer. https://doi.org/10.1007/978-3-319-24397-9_5

Bedjaoui H. & Benbouza H., 2020. Assessment of phenotypic diversity of local Algerian date palm (*Phoenix dactylifera* L.) cultivars. Journal of the Saudi Society of Agricultural Sciences, 19(1): 65-75. https://doi.org/10.1016/j.jssas.2018.06.002

Bedjaoui H., 2019. Étude de la diversité génétique de quelques accessions de palmier Dattier (*Phoenix dactylifera* L.) en Algérie moyennant les marqueurs de l'ADN de type SSR. These de doctorat, Universite Mohamed Khider Biskra.

Bekheet S.A., 2015. Effect of cryopreservation on salt and drought tolerance of date palm cultured in vitro. Scientia Agriculturae, 9(3): 142-149.

Bel Kadhi M.S, 1996. Bilans des études et des travaux de recherche en matière de défense des cultures dans les oasis et les serres chauffées. Acquis scientifiques et perspectives pour un développement durable des zones arides, 204-216 pp.

Bel Kadhi M.S. & Gerini V., 1988. *Apate monachus* F: *coleoptera. bostrichidae*. Un inscete qui pourra devenir un fléau aux palmiers dattiers dans les Gouvernorat de Kebili Rivista di Agricoltura subtropicale e tropicale Amo IxxxII N -1-2 germaio - guigno 371-378 pp.

Belkhiri D., 2018. Effet du Spirotetramate sur la reproduction de la cochenille blanche du palmier dattier *Parlatoria blanchardi* Targ. 1868 (*Homoptera, Diaspididae*) dans la région de Biskra. Thèse Doctorat, Université Mohamed Khider Biskra. Département des Sciences Nature et de la vie, 102 pp.

Belkhiri D., Mehaoua M.S. & Biche M., 2020. Essai de lutte contre les larves de *Parlatoria blanchardi* dans une palmeraie à Biskra. Commission for IP and Biocontrol in North-African Countries. IOBC-WPRS Bulletin, 151: 57-63.

Ben Abdallah A., 1990. La phoeniciculture: Option méditerranéens. Les systèmes agricoles oasiens. Série A.N°11. 115 pp.

Ben Chaaban S., Chermiti B. & Kreiter S., 2011. Comparative demography of the spider mite, *Oligonychus afrasiaticus*, on four date palm varieties in south western Tunisia. Journal of Insect Science, 11(136). https://doi.org/10.1673/031.011.13601

Ben Chaaban S., Chermiti B. & Kreiter S., 2017. The spatio-temporal distribution patterns of the spider mite, *Oligonychus afrasiaticus*, on date palm (*Deglet Nour* cultivar) in a pesticide free Tunisian oasis. Tunisian Journal of Plant Protection, 12: 159-172.

Ben Chaabane S., Bouain A., Koualdia O. & Kreiter P., 2009. Impact des caractéristiques chimiques du sol sur la dynamique des populations de la cochenille blanche *Parlatoria blanchardi* Targ. (*Homoptera diaspidid*) et de ses prédateurs dans le sud tunisien. Revue des Régions Arides, 22(1): 19-32.

Ben Khalifa K., 1991. Introduction à l'étude de la bio-écologie de l'*Apate monachus* Fab. avec une proposition d'un programme de lutte. Thèse. Ing. Agro., Inst. Tech. Agro. Sahar. Ouargla, 72 pp.

Ben Mefteh F., Daoud A., Bouket A.C., Thissera B., Kadri Y., Cherif-Silini H., Eshelli M., Alenezi F.N., Vallat A., Oszako T., Kadri A., Ros-García J.M., Rateb M.E., Gharsallah N. & Kadri A., 2018. Date palm trees root-derived endophytes as fungal cell factories for diverse bioactive metabolites. International journal of molecular sciences, 19(7): 1986. https://doi.org/10.3390/ijms19071986

Ben Mefteh F., Frikha F., Daoud A., Bouket A.C., Luptakova L., Alenezi F.N., Al-Anzi B.S., Oszako T., Gharsallah N. & Belbahri L., 2019. Response surface methodology optimization of an acidic protease produced by *Penicillium bilaiae* isolate TDPEF30, a newly recovered endophytic fungus from healthy roots of date palm trees (*Phoenix dactylifera* L.). Microorganisms, 7(3):74.

Ben Rejeb I., Pastor V. & Mauch-Mani B., 2014. Plant Responses to Simultaneous Biotic and Abiotic Stress: Molecular Mechanisms. Plants (Basel), 15(3-4): 458-75.

Ben Saada K., 2015. Etude du développement et architecture racinaire de plantules de palmier dattier sous stress salin. Magister en biologie végétale (Option : Physiologie des stress chez les plantes). Faculté des sciences de la nature et de la vie, Université d'Oran1 Ahmed Ben Bella, Algerie, 85 pp.

Bénassy C., 1990. Date palm. *In* Armored scale insects, their biology, natural enemies and control (4B:585–591 pp.). Ed. Rosen D., World crop pests. Amsterdam: Elsevier-Academic Press.

Ben-Gal A. & Shani U., 2002. Yield, transpiration and growth of tomatoes under combined excess boron and salinity stress. Plant and Soil, 247: 211-221.

Bensalah M.K. & Saouli N., 1997. Etude de la biologie de l'*Apate monachus* fab. dans la palmeraie de Biskra. 2[émé] journées techniques phytosanitaires. INPV / INDE de Biskra, 113-116 pp.

Bensalah MK., 2000. Etude de la biologie de l'*Apate monachus* fab. Dans la palmeraie de Biskra. 3éme journée technique phytosanitaire. INPV, 47-51.

Bhardwaj J. & Yadav S.K., 2012. Genetic mechanisms of drought stress tolerance, implications of transgenic crops for agriculture. *In* Agroecology and Strategies for Climate Change. Sustainable Agriculture Reviews. Vol. 8 (213-235 pp.), Ed. Lichtfouse E., Springer, Dordrecht. https://doi.org/10.1007/978-94-007-1905-7_9

Bingham F., Strong J., Rhoades J. & Keren R., 1985. An application of the Maas-Hoffman salinity response model for boron toxicity. Soil Science Society of America Journal, 49(3): 672-674.

Bouchoul D. & Idder M.A., 2017. Utilisation de quelques extraits végétaux dans la lutte contre la cochenille blanche du palmier dattier *Parlatoria blanchardi* Targ. (*Homoptera, Diaspididae*) dans la région de Ouargla. Thèse de Doctorat. Université d'Ouargla.

Bouguedoura N., Bennaceur M. & Benkhalifa A., 2010. Le palmier dattier en Algérie: Situation, contraintes et apports de la recherche. *In* Biotechnologie du palmier dattier (15-22 pp.). Ed. IRD, Montpellier, France. https://doi.org/10.4000/books.irdeditions.10714

Bouka H., Chemseddine M., Abbassi M. & Brun J., 2001. La pyrale des dattes dans la région de Tafilalet au Sud-Est du Maroc. Fruits, 56(3): 189-196.

Bouktir O., 1999. Aperçu bio écologique de l'*Apate monachus* (*Colioptera*: *Bostrychidae*) et étude de l'entomofaune dans quelques stations a Ourgla. Thèse Ing d'état, I.N.A. El Harrach, Alger, 90 pp.

Bounaga N. & Djerbi M., 1990. Pathologie du palmier dattier: Les Systèmes Agricoles Oasiens. Options Méditerranéennes Série A. Séminaires Méditerranéens, 11: 127- 132.

Bounaga N. & Djerbi M., 2009. Pathologie du Palmier dattier. Unité de Recherche sur les Zones Arides. URZA (Algérie). Institut National de la Recherche Agronomique. INRA. El Harrach (Algérie).

Boussaid L. & Maache L., 2000. Donné essor la bioécologie et la dynamique des populations de *Parlatoria blanchardi* Targ dans la cuvette d'Ouargla. Mémoire Ing. Agr., I.A.S.Ouargla, 94 pp.

Boussaid L. & Maache L., 2001. Données sur la bio-écologie et la dynamique des populations de *Parlatoria blanchardi* Targ dans la cuvette d'Ouargla. Mémoire Ing. Agr., I.A.S.Ouargla, 94 pp.

Boyden B.L., 1941. Eradication of the *Parlatoria* date scale in the United States (Miscellaneous Publication No. 433). Washington, DC: United States Department of Agriculture, 62 pp.

Bradford K.J. & Yang S.F., 1915. Xylem transport of 1 aminocyclopropane-1-carboxylic acid, an ethylene precursor, in waterlogged tomato plants. Plant Physiology, (65): 322-326.

Bradshaw A.D., 1987. Comparison - its scope and limits. New Phytologist, 106: 3-21.

Brand E., 1917. Coconut red weevil. Some facts and fallacies. Tropical agriculturist and magazine of the Ceylon Agricultural Society, 49(1): 22-24.

Brulle F., Morgan A.J., Cocquerelle C. & Vandenbulcke F., 2010. Transcriptomic underpinning of toxicant-mediated physiological function alterations in three terrestrial invertebrate taxa: A review, 158(9): 2793-27808.

Buxton B.A., 1920. Insect pests of date and date palm in Mesopotamia and elsewhere. Bulletin of Entomological Research, 11:287-303.

Calcat A., 1959. Diseases and pests on date palm in the Sahara and North Africa. FAG Plant Protection Bulletin, 8: 5-10.

Carpenter J.B. & Elmer H.S., 1978. Pests and diseases of the date palm. United States Department of Agriculture, Washington. Agricultural Handbook, 42 pp.

Chaâbene Z., Hakim I.R., Rorat A., Elleuch A., Mejdoub H. & Vandenbulcke F., 2018a. Copper toxicity and date palm (*Phoenix dactylifera*) seedling tolerance: monitoring of related biomarkers. Environmental toxicology and chemistry, 37(3): 797-806.

Chaâbene Z., Rorat A., Hakim I.R., Bernard F., Douglas G.C., Elleuch A., Vandenbulcke F. & Mejdoub H., 2018b. Insight into the expression variation of metal-responsive genes in the seedling of date palm (*Phoenix dactylifera*). Chemosphere, 197: 123-134.

Chabrolin C., 1930. Les maladies du Dattier. Journal d'agriculture traditionnelle et de botanique appliquée, 10(108): 661-671.

Chao C.T. & Krueger R.R., 2007. The date palm (*Phoenix dactylifera* L.): overview of biology, uses and cultivation. Hort Science, 42(5): 1077-1082.

Cherifi F. & Guezout H., 2019. La lutte biologique contre la pourriture de l'inflorescence de palmier dattier *Phoenix dactylefira* par les huiles essentielles dans la région de Biskra. Mémoire de master. Faculté des sciences exactes et sciences de la nature et de la vie, Université Mohamed Khider de Biskra, Algerie, 70 pp.

Ciais P., Reichstein M., Viovy N., Granier A., Ogee J., Allard V. et al. 2005. Europe-wide reduction in primary productivity caused by the heat and drought in 2003. Nature, 437: 529-533.

Cohen Y., Korchinsky R. & Trpler E., 2004. Flower abnormalities cause abnormal fruit setting in tissue culture-propagated date palm (*Phoenix dactylifera* L.). Journal of Horticultural Science and Biotechnology, 79(6): 1007-1013.

Da S. Pereira A., Gomes C.B., Castro C.M. & Da Silva G.O., 2012. Breeding for Fungus Resistance. *In* Plant Breeding for Biotic Stress Resistance (13-35 pp.). Springer, Berlin, Heidelberg. http://doi-org-443.webvpn.fjmu.edu.cn/10.1007/978-3-642-33087-2_2

Dakheel A., 2005. Date Palm Tree and Biosaline Agriculture in the United Arab Emirates. *In* The Date Palm: From Traditional Resource to Green Wealth (247-263 pp.). UAE Center of Studies and Strategy Researches, Abu Dhabi, UAE.

Dakhia N., Bensalah M.K., Romani M., Djoudi A.M. & Belhamra M., 2013. Etat phytosanitaire et diversite varietale du palmier dattier au bas sahara-algerie. Journal Algérien des Régions Arides, 12: 5-15.

Damoiseau R.L.A, 1981. Data sheet (Musée de la forét) IRG/WP 1105 Wamur, Belgique, 10 pp.

De Beer Z.W., Duong T.A., Barnes I., Wingfield B.D. & Wingfield M.J., 2014. Redefining Ceratocystis and allied genera. Studies in Mycology, 79: 187-219.

Dembilio Ó. & Jaques J.A., 2015. Biology and management of red palm weevil. *In* Sustainable pest management in date palm: current status and emerging challenges. Springer, Cham, 13-36 pp.

Denno R.F. & McClure M.S., 1983. Variable plants and herbivores in natural and managed systems. Academic Press, New York, USA.

Dhaouadi L., Ben Maachia S., Mkademi C., Oussama M. & Daghari H. 2015. Etude Comparative des techniques d'irrigations sous palmier dattier dans les oasis de Deguache du Sud Tunisien. Journal of new sciences, Agriculture and Biotechnology, 18(3): 658-667.

Dhouibi M.H., 1989. Biologie et écologie d'*Ectomyelois ceratoniae* Zeller. (*Lepidoptera: Pyralidae*) dans deux biotopes différents au sud de la Tunisie et recherches de méthodes alternatives de lutte. Doctorat d'état en sciences naturelles. Université Pierre et Marie CURIE, Paris VI, 176 pp.

Dhouibi M.H., 1991. Les principaux ravageurs du palmier dattier et de la datte en Tunisie. Institut National Agronomie de Tunisie, Laboratoire Entomologie-Ecologie, 27-40 pp.

Dhouibi M.H., 2000. Lutte intégrée pour la protection du palmier dattier en Tunisie. Centre de publication universitaire, 140 pp.

Dhouibi M.H., 2001. Lutte intégrée contre les ravageurs du palmier dattier. Atelier IPM Biskra 22-24 octobre 2001 FAO/SNEA, 14 pp.

Djerbi M., 1983. Diseases of the date palm (*Phoenix dactylifera*). Regional Project for Palm and Dates Research Centre in Near East and North Africa. Baghdad, Iraq, FAO.

Djerbi M., 1983a. Diseases of the Date Palm. FAO Regional Project for Palm and Dates Research Centre in the Near East and North Africa, 106 pp.

Djerbi M., 1983b. Report on Consultancy Mission on Date Palm Pests and Diseases. FAO-Rome; October 1983, 28 pp.

Djerbi M., 1988. Les maladies de palmier dattier. PRLCB, Alger, pub FAO, 127 pp.

Djerbi M., 1998. Diseases of the date palm: present status and future prospects. Journal of Agricultural and Marine Sciences, 3(1): 103-114.

Doumandji Mitiche B. & Doumandji S., 1985. La lutte biologique contre les déprédateurs des cultures. Ed, O.P.U, Alger, 71 pp.

Doumandji S., 1981. Biologie et écologie de la pyrale des caroubes dans le Nord de l'Algérie, *Ectomyelois ceratoniae* Zeller (*Lepidoptera-Pyralidae*). Thèse doctorat ès Science, Université Paris VI, 138 pp.

Doumandji-Mitiche B., 1983. Contribution à l'étude bio-écologique des parasites prédateurs de la pyrale de caroube *Ectomyelois ceratonia* en Algérie, en vue d'une éventuelle lutte biologique contre ce ravageur. Thèse. Doct. D'état. Univ. Pierre et Marie Curie, Paris VI. 253 pp.

Dowson V.H.W., 1936. A serious pest of date palm, *Ommatissus binotatus* Fieb. (*Homoptera: Tropiduchidae*). Tropical Agriculture (Trinidad), 13:180-181.

Drzewiecka K., Mleczek M., Waśkiewicz A. & Goliński P., 2012. Oxidative stress and phytoremediation. *In* Abiotic stress responses in plants, metabolism, productivity and sustainability (425-449 pp.). Ed. Ahmad P., Prasad M.N.V., Springer New York, NY. https://doi.org/10.1007/978-1-4614-0634-1_23

Dubey R., Gupta D.K. & Sharma G.K., 2020. Chemical Stress on Plants. In New Frontiers in Stress Management for Durable Agriculture. Rakshit A., Singh H., Singh A.K., Singh U.S. & Fraceto L. (Eds.). Springer, Singapore, 101-128 pp. https://doi.org/10.1007/978-981-15-1322-0_7

Durand J.H., 1958. Les sols irrigables. Étude pédologique. Impr. Imbert, Alger, 191 pp.

Ebert G., 2000. Salinity problems in (sub-) tropical fruit production. II ISHS Conference on Fruit Production in the Tropics and Subtropics. Acta Horticulturae, 531: 99-106.

Ehrlich P.R. & Brich L.C., 1967. The balance of nature and population control. American Naturalist, 97-107.

El Badawy N., El Kharbotly A., Hassanein M. & AlMarri J.M., 2016. Selection of Trichoderma spp. tolerant to abiotic stresses with antagonistic activities against date palm leaf spot diseases in Qatar. American Journal of Research Communication, 4(12): 85-101.

El Bouhssini M. & Faleiro J.R., 2018. Date Palm Pests and Diseases Integrated Management Guide. Beirut, Lebanon: International Center for Agricultural Research in the Dry Areas (ICARDA), 234 pp.

El Hadrami A., Daayf F. & El Hadrami I., 2011. *In vitro* selection for abiotic stress in date palm. *In* Date Palm Biotechnology (237-252 pp.). Ed. Jain S.M., Al-Khayri J.M. and Johnson D.V., Springer, Netherlands.

El-Badawy N., Hassanein M., Al-Marri M. & El-Kharbotly J., 2016. First Report on Four Casual Agents of Leaf Spot Diseases and the Resistance Level of Different Date Palm Cultivars to them in Qatar. American Journal of Research Communication, 7(5): 1-13.

El-Bouhssini M. & Trissi A.N., 2018. Chapter I Integrated Pest Management: Economic Threshold and Economic Injury Level. Date Palm Pests and Diseases, 14 pp.

El-Bouhssini M., Brownbridge M. & Gassouma S., 2004. Pests and easises of Date Palm (*Phoenix dactylifera*). Regional workshop on date palm developement in the Arabian Peninsula, Abou-Dhabi, UAE, 29-31 May 2004, 21 pp.

El-Haidari H.S., 1980. Date palm pest control in Yemen Arab Republic. Report.

Elliott M.L., 2006. Leaf spots and leaf blights of palm. EDIS, 218 pp.

Elliott M.L., 2015. *Thielaviopsis* Trunk Rot of Palm, Series of the Plant Pathology Department, UF/IFAS Extension, 219 pp.

El-Rabey H.A., Al-Malki A.L. & Abulnaja K.O., 2016. Proteome Analysis of Date Palm (*Phoenix dactylifera*L.) under Severe Drought and Salt Stress. International Journal of Genomics. https://doi.org/10.1155/2016/7840759

El-Rabey H.A., Al-Malki A.L., Abulnaja K.O. & Rohde W., 2015. Proteome Analysis for understanding abiotic stress (salinity and drought) tolerance in date palm (*Phoenix dactylifera* L.). International Journal of Genomics, 40: 71-65.

El-Sabea A.M.R., Faleiro J.R. & Abo-El-Saad M.M., 2009. The threat of red palm weevil Rhynchophorus ferrugineus to date plantations of the Gulf region in the Middle-East: An economic perspective. Outlooks on Pest Management, 20(3): 131-134.

El-Shafie H.A., Peña J.E. & Khalaf M.Z., 2015. Major *hemiptera* pests. *In* Sustainable pest management in date palm: Current status and emerging challenges. Springer, 169-204 pp. https://doi.org/10.1007/978-3-319-24397-9_7

El-Shafie H.A.F., 2012. Review: list of arthropod pests and their natural enemies identified worldwide on date palm, *Phoenix dactylifera* L. Agriculture and Biology Journal of North America, 3: 516-524.

El-Shafie H.A.F., 2018. Management of Mites of Date Palm. Date Palm Pests and Diseases, 75 pp.

El-Shafie H.A.F., Abdel-Banat B.M.A. & Al-Hajhoj M.R., 2017. Arthropod pests of date palm and their management. CAB Reviews, 12(49): 1-18.

El-Shafie H.A.F., Peña J.E. & Khalaf M.Z., 2015. Major hemipteran pests. *In* Sustainable Pest Management in Date Palm: Current Status and Emerging Challenges, Sustainability in Plant and Crop Protection (169-204 pp). Ed. Wakil W., Faleiro J.R., Miller T.A., Springer International Publishing, Switzerland. https://doi.org/10.1007/978-3-319-24397-9

El-Sherif S.I., Elwan E.A. & Abd-El-Razik M.I.E., 2001. Ecological observations on the date palm parlatoria scale, *Parlatoria blanchardii* (Targ.-Tozz.) (*Homoptera: Diaspididae*) in North Sinai, Egypt. *In* Second International Conference on Date Palms (25-27 pp). Al-Ain, UAE.

Elshibli S., 2009. Genetic diversity and adaptation of date palm (*Phoenix dactylifera* L.). PhD thesis. University of Helsinki. Finland. Helsinki University Print, 76 pp.

Elshibli S., Elshibli E. & Korpelainen H., 2017. Growth and photosynthetic CO_2 responses of date palm plants to water availability. Emirates Journal of Food and Agriculture, 28(1): 58-65.

Elshibli S., Elshibli M.S. & Korpelainen H., 2016. Growth and photosynthetic CO_2 responses of date palm plants to water availability. Emirates Journal of Food and Agriculture, 28(1): 58-65.

Elwan A.S.A. & Al-Tamiemi S.S., 1999. Life cycle of dubas bug, *Ommatissus binotatus lybicus* De Berg. (*Homoptera: Tropiduchidae*) in Sultanate of Oman. Egypt Journal of Agricultural Research, 77: 1547-1553.

Endongali E.L., Kerra H.M. & Gashira B.O., 1988. Distribution and control of Date mite in Libya. Arab & Near East plant protection Newsletter, 7: 25.

Evelin H., Kapoor R. & Giri B., 2009. Arbuscular mycorrhizal fungi in alleviation of salt stress: A review. Annals of Botany, 104(7): 1263-1280.

Faleiro J.R. & Al-Shawaf A.M., 2018. Management of Key Insect Pests of Date Palm. Date Palm Pests and Diseases, 51 pp.

Fayyadh M. & Albadran B., 2012. Chemical and Biological control of date palm inflorescence Rot caused by *Mauginella scattae* and *Fusarium solani*. Basrah Journal of Agricultural Sciences, 25(3): 579-604.

Ferry M. & Gómez S., 1998. The red palm weevil in the Mediterranean area. Journal of the International Palm Society, 46(4): 172-178.

Flanders S.E., 1970. Observations an host plant induced behavior of scale insects and their endoparasites. Canadian Entomologist, 102: 913-916.

Furr J.R. & Armstrong W.W., 1962. A Test of Mature Halawy and Medjool date palms for salt tolerance. Date Growers' Inst Rept, (39): 11-13.

Furr J.R. & Armstrong W.W., 1975. Water and salinity problems of Abadan Island date gardens. Annual Report of Date Grower's Institute, 52: 14-17.

Furr J.R. & Ream C.L., 1968. Salinity effects on growth on salt uptake of seedlings of the date *Phoenix dactylifera* L., Proceedings of the Amererican Society for Horticultural Science, 92: 268-273.

Furr J.R., 1975. Water and salinity problems of Abadan Island date gardens. Date Growers'Institut Report, 52: 14-17.

Furr J.R., Ream C.L. & Ballar A.L., 1966. Growth of young date palms in relation to soil salinity and chloride content of the pinnae. Annual Report of Date Growers' Institute, 43: 4-8.

Gale J. & Zeroni M., 1985. The cost of plant of different strategies of adaptation to stress and the alleviation of stress by increasing assimilation. Plant and Soil, 89: 57-67.

Gassouma M.S., 2004. Pests of date palm (*Phoenix dactylifera* L.). Proceedings of regional workshop on date palm development in the Arabian Peninsula. Dubai, UAE, 32 pp.

Gharib A., 1973. *Parlatoria blanchardi* Targ. (*Homoptera – Diaspididae*). Entomologie et Phytopathologie Appliquées, 34: 10-17.

Ghazouani W., 2009. De l'identification des contraintes environnementales à l'évaluation des performances agronomiques dans un système irrigué collectif: Cas de l'oasis de Fatnassa (Nefzaoua, sud tunisien). Thèse de doctorat (Spécialité : Sciences de l'eau). Institut des Sciences et Industries du Vivant et de l'Environnement, 182 pp.

Ghini R., Hamada E. & Bettiol W., 2011. Impacto das mudanças climáticas sobre as doenças de plantas. *In* Impactos das mudanças climáticas sobre doenças de importantes culturas no Brasil (15-39 pp.). Ed. Ghini R., Hamada E., Bettiol W., Embrapa Meio Ambiente, Jaguariuna.

Gómez-Vidal S., Lopez-Llorca L.V., Jansson H.B. & Salinas J., 2006. Endophytic colonization of date palm (*Phoenix dactylifera* L.) leaves by entomopathogenic fungi. Micron, 37(7): 624-632.

Gouny P., 1973. Observations sur le comportement du végétal en présence d'ion chlore. Revue de Potasse, Section 3, 5: 1-13.

Greenway H. & Munns R., 1980. Mechanisms of salt tolerance in non-halophytes. Annual Review of Plant Physiology, 31: 149-190.

Gribaa A., Dardelle F., Lehner A., Rihouey C., Burel C., Ferchichi A., Driouich A. & Mollet J.C., 2013. Effect of water deficit on the cell wall of the date palm (*Phoenix dactylifera "Deglet nour"*, Arecales) fruit during development. Plant, cell & environment, 36(5): 1056-1070.

Guessoum M., 1985. Approche d'une étude bioécologique de l'acarien *Oligonychus afrasiticus* Mc Gregor (Boufaroua) sur palmier dattier. 1ère journée d'étude sur la biologie des ennemis animaux des cultures, dégâts et moyens de lutte. INA, El-Harrach, 6 pp.

Hadjeb A., Mehaoua M.S. & Ouakid M.L., 2014. Test of biological control against date moth *Ectomyelois ceratoniae* Zeller (*Lepidoptera, Pyralidae*) by Spinosad. International Journal of Advanced Research in Biological Sciences, 1(7): 81-84.

Hadjeb A., Mehaoua M.S. & Ouakid M.L., 2016. Toxic effects of spinosad (bioinsecticide) on larval instars of date moth *Ectomyelois Ceratoniae* (*lepidoptera, pyralidae*) under controlled conditions. Courrier du Savoir, Université Biskra, 21: 47-52.

Hadjeb A., Mehaoua M.S., Ben Saleh K., Lebbouz I. & Ouakid M.L., 2017. Effects of the Allelochemical Compounds of the *Deglet Nour* Date on the Attractiveness of the Caterpillars of *Ectomyelois Ceratoniae* (*Lepidoptera: Pyralidae*). World Journal of Environmental Biosciences, 6(1): 7-12.

Hadjeb A., 2017. Étude bioécologique et répartition spatio-temporelle de la pyrale des dattes *Ectomyelois ceratoniae* Zeller., 1839 (*Lepidoptera, Pyralidae*) dans des oasis de la wilaya de Biskra. Étude du comportement alimentaire et essai de lutte. Thèse de Doctoral, Université Mohamed Khider, Biskra, 111 pp.

Haldhar S.M., Maheshwari S.K. & Muralidharan C.M., 2017. Pest status of date palm (*Phoenix dactylifera*) in arid regions of India. Journal of Agriculture and Ecology, 3: 1-11.

Hall A.E., 2020. The mitigation of heat stress. https://plantstress.com/heat-mitigation/

Hamza H., Jemni M., Benabderrahim M.A., Mrabet A., Touil S., Othmani A. & Salah M.B., 2015. Date Palm status and perspective in Tunisia. *In* Date Palm Genetic Resources and Utilization (193-221 pp). Springer. https://doi.org/10.1007/978-94-017-9694-1_6

Hasanuzzaman M., Nahar K., Alam M., Roychowdhury R. & Fujita M., 2013. Physiological, biochemical and molecular mechanisms of heat stress tolerance in plants. International journal of molecular sciences, 14(5): 9643-9684.

Haverkort A.J. & Verhagen A., 2008. Climate change and its repercussions for the potato supply chain. Potato Research, 51: 223-237.

Hazzouri K.M., Flowers J.M., Nelson D., Lemansour A., Masmoudi K. & Amiri K.M.A., 2020. Prospects for the Study and Improvement of Abiotic Stress Tolerance in Date Palms in the Post-genomics Era. Frontiers in Plant Science, 11: 293.

Heil M. & Bostock R.M., 2002. Induced systemic resistance (ISR) against pathogens in the context of induced plant defences. Annals of Botany, 89(5): 503-512.

Heinrich C., 1956. American moths in the subfamily Phycitinae. United States Natural Museum Bulletin, 207: 1-581.

Hewitt A.A., 1963. Effects of different salts and salt concentration on the germination and subsequent growth of "*Deglet-Noor*" date seeds. Annual Report of Date Growers' Institute, 40: 4-6.

Howard F.W. & Wilson M.R., 2001. *Hemiptera: Auchenorrhyncha. In*: Insects on Palms, Chapter 3. Sap-feeders on Palms. pp. 128-161. (Editors Howard, F. W., Moore, D. Giblin-Davis, R. M. and Abad, R.), CABI Publishing. UK.

Howard F.W., Moore D., Giblin-Davis R.M. & Abad R.G., 2001. Insects on palms. Wallingford: CABI Publishing, CAB International, 400 pp.

Hunter-Jones P. & Tunstall J., 1972. Agriculture in Oman. Centre for Overseas Pest Res., unpublished report.

Hussain A.A., 1963. Biology and control of the dubas bug, *Ommatissus binotatus* lybicus de Berg. (*Homoptera: Tropiduchidae*), infesting date palms in Iraq. Bulletin of Entomology Research, 53: 737-745.

Hussain A.A., 1985. Dare Palms and Dates with Their Pests in Iraq. Basrah University Press. Iraq. (In Arabic).

Hussain N., Al-Rasbi S., Al-Wahaibi N.S., Al-Ghanum G. & El-Sharief Abdalla O.A., 2012. Salinity Problems and their management in date palm production. *In* Dates: Production, Processing, Food, and Medicinal Value (87-123 pp.). Ed. Manickavasagan A., Essa M.M. and Sukumar E., CRC Press. https://doi.org/10.1201/b11874

Hussein F., Khalifa A.S. & Abdalla K.M., 1993. Effect of different salt concentration on growth and salt uptake of dry date seedlings. Proceedings of the Third International Symposium on the Date Palm, King Faiçal University, Al-Hassa, Saudi Arabia, 299-303 pp.

Ibraheem Y.M., Pinker I. & Böhme M., 2012. The effect of sodium chloride-stress on 'Zaghloul' date palm somatic embryogenesis. Acta Horticulturae, 961: 367-373.

Ibrahim M.A. & Khallil H.N.M., 1998. Le palmier dattier protection et production. Ed Iskandaria, 432-627 pp.

Idder M.A., 1992. Aperçu bioécologique sur *Parlatoria blanchardi* Targ. (*Homoptère, Diaspididae*) en palmeraies d'Ouargla et utilisation de son ennemi *pharoscym semiglobosus* Karsh. (Coléoptère, *Coccinellidae*) dans le cadre d'un essai de lutte biologique .Thèse de Magister en sciences agronomiques, INA, El Harrach, Alger, 102 pp.

Idder M.A., Boussaid L. & Maache L., 2000. La cochenille blanche; *Parlatoria blanchardi*. Atelier sur la faune utile et nuisible du palmier dattier et de la datte. I.A.S., 22-23 février, CUO-CRSTRA.

Idder M.A., Doumandji-Mitiche B. & Pintureau B., 2013. Biological control in Algerian palm groves. *In:* Proceedings of the first international symposium on date palm, Algiers, Algeria (347-354 pp). (Bouguedoura N., Bennaceur M. & Pintaud J.C., Eds.). ISHA Acta Horticulturae.

Idder M.A., Idder-Ighili H., Saggou H. & Pintureau B., 2009. Taux d'infestation et morphologie de la pyrale des dattes *Ectomyelois ceratoniae* (Zeller) sur différentes variétés du palmier dattier *Phoenix dactylifera* (L.). Cahiers Agricultures, 18(1): 63-71.

Idder M.A., Ighili H., Mitiche B. & Chenchouni H., 2015. Influence of date fruit biochemical characteristics on damage rates caused by the carob moth (*Ectomyelois ceratoniae*) in Saharan oases of Algeria. Scientia Horticulturae, 190: 57-63.

Jaiti F., Meddich A. & El Hadrami I., 2007. Effectiveness of arbuscular mycorrhizal fungi in the protection of date palm (*Phoenix dactylifera* L.) against bayoud disease. Physiological and Molecular Plant Pathology, 71(4-6): 166-173.

Jalil S.U. & Ansari M.I., 2018. Plant microbiome and its functional mechanism in response to environmental stress. Review Article. International Journal of Green Pharmacy, 12(1): S81-S92.

Jaradat A.A. & Zaid A., 2004. Quality traits of date palm fruits in a center of origin and center of diversity. Food, Agriculture and Environment, 2(1): 208-217.

Jaradat A.A., 2011. Biodiversity of date palm. *In* Encyclopedia of life support systems: Land use, land cover and soil sciences (1-31 pp.). Oxford, UK: EOLSS Publishers.

Jaradat A.A., 2016. Genetic erosion of *Phoenix dactylifera* L.: perceptible, probable, or possible. *In* Genetic diversity and erosion in plants. Sustainable Development and Biodiversity. Ahuja M. & Jain S. (Eds.). Springer, Cham, 131-213 pp.

Jassim H.K., 2007. Studies on the biology of date palm dubas bug, *Ommatissus lybicus* (De Bergevin) Asche and Wilson (*Homoptera: Tropiduchidae*) and its biocontrol by some isolates of entomopathogenic fungi, *Beauveria bassiana* (Balsamo) Vuil and *Lecanicillium = Verticillium*) *lecanii* (Zimm.) Zare and Oami. PhD Dissertation, College of Agriculture, Baghdad University, Iraq, 160 pp.

Johnson D.V., 2011. Introduction: date palm biotechnology from theory to ractice (1-11 pp.). *In* Date palm biotechnology. Ed. Jain S.M., Al-Khayri J.M. and Johnson D.V., Springer, Dordrecht. https://doi.org/10.1007/978-94-007-1318-5_1

Jouve P., Loussert R. & Mouradi H., 2006. La lutte contre la dégradation des palmeraies dans les oasis de la région de Tata (Maroc). Colloque international. Les Oasis: Services et bien- être humain face à la désertification. Errachidia, Maroc, 6 pp.

Karim F.M. & Dakheela J., 2006. Salt-tolerant Plants of the United Arab Emirates. International Center for Biosaline Agriculture (ICBA). Dubai, UAE, 198 pp.

Kenmore P.E., Heong K.L. & Putter C.A., 1985. Political, Social and Perceptual Aspects of Integrated Pest Management Programmes. *In* Integrated Pest Management in Asia (47-66 pp.). Ed. Lee B.S., Loke W.H. and Heong K.L., Malaysian Plant Protection Society, Kuala Lumpur.

Khairi M.M., 2015. Date palm status and perspective in Sudan. *In* Date palm genetic resources and utilization (169-191 pp.). Springer. https://doi.org/10.1007/978-94-017-9694-1_5

Khalaf M.Z. & Al-Abid M., 2013. Photographical manual for annual regular practices for date palm trees and its efficiency on palm borers. Baghdad: Ministry of Science and Technology, 23 pp.

Khalaf M.Z. & Alrubiae H.F., 2016. Impact of date palm borer species in Iraqi agroecosystems. Emirates Journal of Food and Agriculture, 1: 52-57.

Khalaf M.Z. & Khudhair M.W., 2015. Spatial distribution of dubas bug, *Ommatissus lybicus* (*Homoptera: Tropiduchidae*) in date palm frond rows. International Journal of Entomological Research, 3(1): 9-13.

Khalaf M.Z., 2018. IPM of Date Palm Borers. Date Palm Pests and Diseases, 75-93 pp.

Khalaf M.Z., Alrubaei F.H., Naher F.H. & Jumaa M.D., 2016. Biological control of the date palm tree borers, (*Coleoptera: Scarabaidae: Dynastinae*). Book of proceedings VII International Scientific Agriculture Symposium (Agrosym 2016). Jahorina, Bosnia and Herzegovina, October 06-09, 1561-1566 pp.

Khalaf M.Z., Alrubeae H.F., Al-Taweel A.A. & Naher F.H., 2013. First record of Arabian rhinoceros beetle, *Oryctes agamemnon arabicus* Fairmaire on date palm trees in Iraq. Agriculture and Biology Journal of North America, 4(3): 349-351.

Khalaf M.Z., Naher F., Khudair M.W., Hamood J.B. & Khalaf H.S., 2014. Some biological and behavioural aspects of Arabian rhinoceros beetle, *Oryctes agamemnon arabicus* Fairmaire (*Coleoptera: Scarabaeidae: Dynastinae*) under Iraqi conditions. Iraqi Journal of Agricultural Research (Special Issue), 19: 122-133.

Khan N.A., Mukhtar A. & Alam M., 1983. To assess the extent of the economic damage caused by Dubas bug *Ommatissus binotatus* on date palms with particular reference to yield and quality of fruits. *In* Annual Report of Research Work (1980-1981) (170-179 pp.). Ministry of Agriculture and Fisheries (MAF). Sultanate of Oman.

Khoualdia O. & Marro J.P., 1996. La Pyrale des dattes : essai de lutte biologique à l'aide de parasitoïdes. Rapport de synthése de l'atelier. Ed. C.I.H.E.M. Option méditerranéennes, 184 pp.

Khoualdia O. & Rhouma A., 1997. Premières observations sur *Oryctes agamemnon*, ravageur du palmier dattier en Tunisie. Fruits, 52: 111-115.

Khoualdia O. & Zouba A., 2001. Synthèse du secteur palmier dattier en Tunisie.

Khoualdia O., Rhouma A. & Hmidi M.S., 1993. Contribution to the bio-ecological study of the white scale Parlatoria blanchardi Targ. (*Homoptera, Diaspididae*) of date palm in Djerid (Southern Tunisia). Annales de l'Institut National de la Recherche Agronomique de Tunisie, 66: 89-108.

Khoualdia O., Rhouma A., Brun J. & Marro J.P., 1997. Biological control of white scale. Introduction of an exotic predator in the palm grove of Segdoud. Phytoma, 49:41-42.

Khoualdia O., Rhouma A., Jarraya A., Marro J.P. & Brun J., 1995. Un trichogramme, nouveau parasite d'*Ectomyelois ceratoniae* Zeller (*Lepidoptera - Pyralidae*) en Tunisie. Annals I.N.R.A.T, 145-151 pp.

Khudairi A.K., 1958. Studies on the germination of date-palm seeds. The effect of sodium chloride. Physiologia Plantarum, (11): 16-22.

Klotz L.J. & Fawcett H.S., 1932. Black scorch of the date palm caused by *Thielaviopsis paradoxa.* Journal of Agricultural Research, 44: 155-166.

Kramer P.J., 1980. Drought stress and the origin of adaptations. *In* Adaptation of plants to water and high temperature stress (7-20 pp.). Ed. Turner N.C., Kramer P.J., New York: John Wiley and Sons.

Krueger R.R., 2015. Date palm status and perspective in the United States. *In* Date palm genetic resources and utilization (447-485 pp). https://doi.org/10.1007/978-94-017-9694-1_14

Kumar B., Rathore M. & Ranganatha A.R.G., 2013. Weeds as a source of genetic material for crop improvement under adverse conditions: Plant acclimation to environmental stress. Tuteja N. & Gill S.S. (Eds.). Springer Science Business Media, NY, 323-342 pp.

Kumar M., Mahato A., Kumar S. & Kumar Mishra V., 2020. Phenomics-Assisted Breeding: An Emerging Way for Stress Management. New Frontiers in Stress Management for Durable Agriculture. Rakshit A., Singh H., Singh A., Singh U. & Fraceto L. (Eds.). Springer, Singapore, 295-310 pp.

Kurup S.S., Hedar Y.S., Al Dhaheri M.A., El-Hewiety A.Y., Aly M.M. & Alhadrami G., 2009. Morpho-Physiological Evaluation and RAPD Markers - Assisted Characterization of Date Palm (*Phoenix dactylifera* L.) Varieties for Salinity Tolerance. Journal of Food Agriculture and Environment, 7(3-4): 503-507.

Lamaoui M., Jemo M., Datla R. & Bekkaoui F., 2018. Heat and drought stresses in crops and approaches for their mitigation. Frontiers in Chemistry, 6(26): 1-14.

Latef A.A.H.A., Hashem A., Rasool S. et al. 2016. Arbuscular mycorrhizal symbiosis and abiotic stress in plants: A review. Journal of Plant Biology, 59: 407-426.

Latifian M., Rahnama A.A. & Sharifnezhad H., 2012. Effects of planting pattern on major date palm pests and diseases injury severity. International Journal of Agriculture and Crop Sciences, 4(19): 1443-1451.

Laudeho Y. & Benassy C., 1969. Contribution à l'étude de l'écologie de *Parlatoria blanchardi* Targ. en Adrar mauritanien. Fruits, 24(5): 273-287.

Laville E., 1966. Le palmier dattier en Iraq: Agronomier et Commerce. Fruits, 21: 211-220.

Laville L., 1973. Les maladies du dattier (95-108 pp.). *In* Le palmier-dattier, Ed. Munier P., G.P. Maisonneuve & Larose. Paris, 221 pp.

Lebbouz I., Mehaoua M.S., Merabti I., Bessahraoui K. & Ouakid M.L., 2016. Ovicidal, larvicidal and adulticidal activities of essential oils from *Peganum harmala* L. (*Zygophyllacae*) against date moth *Ectomyelois ceratoniae* Zeller (*Lepidoptera: Pyralidae*). International Journal of Biosciences, 8(5): 146-152.

Lense P., 1924. Les coléoptères Bostrychides de l'Afrique tropicale Française. Encyclopédie entomologique III. Paul Lechevalier, Presses Univ, France, 301 pp.

Lepesme P., 1947. Les Insectes des Palmiers. Paris. Ed. P. Lechevalier, 904 pp.

Lepigre A., 1963. Experimental control of date pyralid (*Myelois ceratoniae* Zeller: *Pyralidae*) on trees. Annales des Epiphyties, 14: 85-101.

Levitt J., 1980. Responses of plants to environmental stress. Water, salt and other stresses. Academic Press, New York, NY, 497 pp.

Li Y.Q., Faleri C., Geitmann A., Zhang H.Q. & Cresti M., 1995. Immunogold localization of arabinogalactan proteins, unesterified and esterified pectins in pollen grains and pollen tubes of *Nicotiana tabacum* L. Protoplasma, 189: 26-36.

Loue A., 1986. Les oligo-éléments en agriculture. Agri-Nathan International, Paris, 339 pp.

Lunde P., 1978. A History of Dates. Saudi Aramco World, 29(2): 176-179.

Maas E.V. & Grattan S.R., 1999. Crop yield as affected by salinity (55-108 pp.). *In* Agronomy Monograph, No. 38, Ed. Skaggs R.W. and Van Schilfgaarde J., Madison Wisconsin USA.

Maathuis F.J., 2006. The Role of Monovalent Cation Transporters in Plant Responses to Salinity. Journal of Experimental Botany, 57(5): 1137-1147.

Madkouri M., 1977. Notes sur deux lépidoptères (*Pyralidae, Phycitinae*) infestant les dattes en palmeraie, Al Awamia, 53: 161-167.

Mafia R.G., Alfenas A.C. & Loos R.A., 2011. Impacto potencial das mudanças climáticas sobre doenças na eucaliptocultura no Brasil. *In* Impactos das mudanças climáticas sobre doenças de importantes culturas no Brasil (211-225 pp.). Eds. Ghini R., Hamada E., Bettiol W., Embrapa Meio Ambiente, Jaguariuna.

Mahalingam R., 2015. Consideration of combined stress: a crucial paradigm for improving multiple stress tolerance in plants. *In* Combined Stresses in Plants (1-25 pp.). Ed. Mahalingam R., Springer International Publishing.

Mahmoudi M., Sahragard A., Pezhman H. & Ghadamyari M., 2015. Demographic Analyses of Resistance of Five Varieties of Date Palm, *Phoenix dactylifera* L. to *Ommatissus lybicus* De Bergevin (*Hemiptera: Tropiduchidae*). Journal of Agricultural Science and Technology, 17(2): 263-273.

Maire R. & Malençon G., 1933. Le Belâat, Nouvelle Maladie du Dattier dans le Sahara Algérien. C. Rend. Acad. Sciences, CXVI, 21: 1567-1569.

Maire R., 1935. La défense des palmeraies contre le Bayoud et le Belaat. *In* Compte Rendue de Génétique (82-93 pp.), Journées Dattier, 13-17 Novembre 1933, Biskra-Touggourt, Algérie.

Majumdar N. & Chandra Mandal N., 2018. Growth and Sporulation Physiology of Postharvest Pathogen *Thielaviopsis paradoxa* (De Seynes.) Höhn. International Journal of Current Microbiology and Applied Sciences, 7(7): 537-544.

Mansouri I., 2010. Biodiversité arthropodologique de quelques cultivars de dattes (*Phoenix dactylifera*) dans l'exploitation agricole de l'université d'Ouargla. Mémoire de fin d'études pour l'obtention Du Diplôme D'ingénieur d'Etat en Sciences Agronomiques (Entomologie). Faculté des sciences de la nature et de la vie et des sciences de la terre et de l'univers, université Kasdi Merbah-Ouargla, Algérie, 122 pp.

Marih R., 1991. Répartition saisonnière et spatiale de la salinité au niveau de la station I.N.R.A de Hamadena (Relizane). Mém. Mag. INES Tiaret, 132 pp.

Marlet S. & Job J.O., 2006. Processus et gestion de la salinité des sols. *In* Traité d'irrigation (797-822 pp.). Ed. Tiercelin J.R., Vidal A., Lavoisier Tec & Doc.

Martin H., 1959. Ravageurs et maladies du palmier dattier en Libye. 1st F.A.O. Int. tech. Meeting. date prod. and processing, 5-1 1 Dec. 1959, Tripoli, Libya. FAO, Rome, 9 pp.

Martin H.E., 1965. Note sur les coléoptères xylophages *Oryctes pseudophilus* ainsi que la cochenille *Parlatoria blanchardi* du palmier dattier. Deuxième conférence technique FAO sur l'amélioration de la production et du traitement des dattes, Bagdad, 11 pp.

Mason S.C., 1925. The minimum temperature for growth of the date palm and the absence of resting period. Journal of Agricultural Research, 31:401-414.

Massad T.J., Dyer L.A. & Vega C.G., 2012. Cost of defense and a test of the carbon-nutrient balance and growth-differentation balance hypotheses for two co-occurring classes of plant defence. PLOS ONE, 7(10):e7554.

Matallah S. & Biche M., 2013. Biological behavior of *Parlatoria blanchardi* Targioni 1892 (*Homoptera: Diaspididae*) towards three cultivars of date palm tree in the region of Biskra, Algeria. ISHS Acta Horticulturae, 994: 389-394.

Matallah S., Mehaoua M.S. & Biche M., 2018. Effet de quelques insecticides utilisés en palmeraies sur les principaux ennemis naturels de la cochenille blanche du dattier *parlatoria blanchardi* (*targioni-tozzetti*) (*hemiptera: diaspididae*) dans la région de Biskra-sud est de l'Algerie. Courrier du Savoir, 26: 429-436.

Mateu J., 1972. Les Insectes xylophages des Acacias dans les régions sahariennes. Imprensa protugvesa, Porto, 741 pp.

McGregor E.A., 1939. The specific identity of the American date mite: Description of two new species of *Paratetranychus*. Proceedings of the Entomological Society of Washington, 41: 247-256.

Meddich A., El-Mokhtar M.A., Bourzik W., Mitsui T., Baslam M. & Hafidi M., 2018. Optimizing growth and tolerance of date palm (*Phoenix dactylifera* L.) to drought, salinity, and vascular fusarium-induced wilt (*Fusarium oxysporum*) by application of arbuscular mycorrhizal fungi (AMF). *In* Root Biology (pp. 239-258). Ed. Giri B., Prasad R., Varma A., Springer, Cham. https://doi.org/10.1007/978-3-319-75910-4_9

Mehaoua M., 2006. Etude du niveau d'infestation par la cochenille blanche *Parlatoria blanchardi* Targ., 1868 (*Homoptera, Diaspididae*) sur trois variétés de palmier dattier dans une palmeraie à Biskra. Thèse de magister Sc. Agro. , Inst. nat. agro. , El-Harrach, 150 pp.

Mehaoua M., Hadjeb A., Belhamra M. & Ouakid M.L., 2015. Influence of Temperature on seasonal abundance oOf *Ectomyelois ceratoniae* Zeller, 1839 (*lepidoptera, pyralidae*) in Tolga palm grove. Courrier du Savoir, 20: 167-174.

Mehaoua M.S., 2014. Abondance saisonnière de la pyrale des dattes *(Ectomyelois ceratoniae* Zeller., 1839), bio écologie, comportement et essai de lutte. Thèse de doctorat. Université Mohamed Khider, Biskra, 125 pp.

Mehaoua M.S., Hadjeb A., Lagha M., Bensalah M.K. & Ouakid M.L., 2013. Study of the Toxicity of Azadirachtinon Larval Mortality and Fertility of Carob Moth's Female *Ectomyelois ceratoniae* (*Lepidoptera, Pyralidae*) Under Controlled Conditions. American-Eurasian Journal of Sustainable Agriculture, 7(1): 1-9.

Mokhtar A.M. & Al-Mjeni A.M., 1999. A Novel approach to determine the efficacy of control measures against dubas bug, *Ommatissus lybicus* de Berg, on date palm. Agricultural Sciences, 4(1): 1-4.

Mokhtar A.M., Al-Mjeni A.M. & Salem H.E.M., 2003. An attept to estimate honeydew production of different stages of *Ommatissus lybicus* De Berg. (*Homoptera: Tropoduchidae*) *in vitro*. Journal of Agricultural Science, 28(7): 5669-5677.

Monciero A., 1947. Etude comparée sommaire des différents types de culture du palmier dattier en Algérie. Fruits, 2: 374-382.

Müller H., Schäfer N., Bauer H., Geiger D., Lautner S., Fromm J. et al. 2017. The desert plant *Phoenix dactylifera* closes stomata via nitrate-regulated SLAC1anion channel. New Phytologist, 216(1): 150-162.

Munier P., 1973. Le palmier dattier. Ed. G.-P. Maisonneuve & Larousse, Paris, 221 pp.

Munne-Bosch S. & Alerge L., 2004. Die and let live: Leaf senescence contributes to plant survival under drought stress. Functional Plant Biololgy, 31(3): 203-216.

Munns R. & Tester M., 2008. Mechanism of salinity tolerance. Annual Review of Plant Biology, 59: 651-681.

Murashige T. & Skoog F.A., 1962. Revised medium for rapid growth and bioassays with tobacco tissue cultures. Physiologia Plantarum, 15(3):473-497.

Murdoch W.W., 1966. Community structure, population control, and competition: a critique. American Naturalist, 100: 219-226.

Naik P.M. & Al-Khayri J.M., 2016. Impact of abiotic elicitors on in vitro production of plant secondary metabolites: a review. Journal of Advanced Research in Biotechnology, 1(2): 1-7.

Navarro S., Donahaye E. & Calderon M., 1986. Development of the carob moth, *Spectrobates ceratoniae*, on stored almonds. Phytoparasitica, 14: 177-186.

Nay J.E. & Perring T.M., 2006. Effect of fruit moisture content on mortality, development, and fitness of the carob moth (*Lepidoptera: Pyralidae*). Environmental entomology, 35(2): 237-244.

Negm M.W., De Moraes G.J. & Perring T.M., 2015. Mite pests of date palms. *In* Sustainable Pest Management in Date Palm: Current status and Emerging challenges, sustainability in plant and crop protection (347-387 pp.), Ed. Wakil, W., Faleiro, J.R. and Miller, T.A., Springer. https://doi.org/10.1007/978-3-319-24397-9_12

Nixon R.W., 1937. The freeze of January 1937 - A discussion. Annual Report of Date Grower's Institute, 14: 19-23.

Nixon R.W., 1951. The date palm: "tree of life" in subtropical deserts. Economic Botany, 5: 274-301.

Oudejans J.H.M., 1969. Date palm. *In* Outlines of fruit breeding in the tropic (243-257 pp.). Ed. Ferwerda F.P., Wit F., H. Veenman & Zonen N.V., Wageningen.

Ouinten M., 1989. Etude de quelques aspectes physiologiques du déficit hydrique chez trois espèces de luzernes annuelles. Thèse. Ing. Agr. veg. El-Harrache, Alger, 62 pp.

Pagliano T., 1951. Les ennemis des vergers des olivettes et des palmeraies. - 2e e. Off. Exper. Vulg. Agric., Soc. Ed. franc. Afrique Nord, 366 pp.

Pandey P., Irulappan V., Bagavathiannan M.V. & Senthil-Kumar M., 2017. Impact of combined abiotic and biotic stresses on plant growth and avenues for crop improvement by exploiting physiomorphological traits. Frontiers in Plant Science, 8(8): 537.

Parida A.K. & Das A.B., 2005. Salt tolerance and salinity effects on plants: a review Ecotoxicology and Environmental safety, 60(3): 324-349.

Passioura J., 2007. The drought environment: physical, biological and agricultural perspectives. Journal of Experimental Botany, 58(2): 113-117.

Pathak S. & Saroj P.L., 1999. Using participatory approaches for rehabilitating salt affected lands by fruit based agroforestry systems. Indian Journal of Soil Conservation, 27(3): 220-226.

Patnaik J. & Debata B.K., 1997. *In vitro* selection of NaCl tolerant callus lines of Cymbopogon martinii (Roxb.) Wats. Plant Science, 124(2): 203-210.

Peet M.M. & Willits D.H., 1998. The effect of night temperature on greenhouse grown tomato yields in warm climate. Agricultural and Forest Meteorology, 92(3): 191-202.

Peretz I. & Cohen M., 1961. *Apate Monachus* in Israël, FAO Plant Protection Bulletin, 9(15): 76-79.

Perring T., Braverman M. & Mafra-Neto A., 2014. Pheromone-based mating disruption reduces pest attack on dates and results in new registration. United States Department of Agriculture, IR-4 Project Newsletter, 45(2): 8-9.

Perring T.M. & Nay J.E., 2015. Evaluation of bunch protectors for preventing insect infestation and preserving yield and fruit quality of dates, *Phoenix dactylifera* L., Journal of Economic Entomology, 108(2): 654-661.

Perring T.M., El-Shafie H.A.F. & Waqas W., 2015. Carob moth, lesser date moth, and raisin moth. *In* Sustainable Pest Management in Date Palm: Current Status and Emerging Challenges, Sustainability in Plant and Crop Protection (109-67 pp.). Ed. Wakil W., Faleiro J.R., Miller T.A., Springer International Publishing, Switzerland.

Perring T.M., El-Shafie H.A. & Wakil W., 2015. Carob moth, lesser date moth, and raisin moth. *In* Sustainable pest management in date palm: Current status and emerging challenges (109-167 pp.). Springer. https://doi.org/10.1007/978-3-319-24397-9_6

Peters K., Breitsameter L. & Gerowitt B., 2014. Impact of climate change on weeds in agriculture: A review. Agronomy of Sustainable Development, 34: 707-721.

Plant J.A., Voulvoulis N. & Ragnarsdottir K.V., 2012. Pollutants, human health and the environment: a risk based approach. Wiley, New York, 400 pp.

Rahnama A. & Latifian M., 2013. Intercropping relative efficiency and its effects on date palm pests and disease control. International Journal of Agriculture: Research and Review , 3(3): 617-623.

Rajkumar Singh A. & Yadav R.K., 2016. Nursery management in fruit crops in salt-affected soils. *In* Quality seed production, processing and certification of selected field and vegetable crops in salt affected areas (125-131 pp). Training manual, ICAR-CSSRI, Karnal, India.

Ramoliya P. J. & Pandey A.N., 2003. Soil salinity and water status affect growth of *Phoenix dactylifera* seedlings. New Zealand Journal of Crop and Horticultural Science, 31(4): 345-353.

Rao Srinivasa N.K., 2016. Arid Zone Fruit Crops. *In* Abiotic Stress Physiology of Horticultural Crops. Eds. Rao Srinivasa N.K., Shivashankara K.S., Laxman R.H., Springer, New Delhi, 223-234 pp.

Rao Srinivasa N.K., Laxman R.H. & Shivashankara K.S., 2016. Physiological and morphological responses of horticultural crops to abiotic stresses. *In* Abiotic stress physiology of horticultural crops. Eds. Rao Srinivasa N.K., Shivashankara K.S., Laxman R.H., Springer, New Delhi, 3-17 pp.

Rasool K.G., Khan M.A., Tufail M., Husain M., Mehmood K., Mukhtar M. & Aldawood A.S., 2018. Differential proteomic analysis of date palm leaves infested with the red palm weevil (*Coleoptera: Curculionidae*). Florida Entomologist, 101(2): 290-298.

Rekik I., Chaâbene Z., Kriaa W., Rorat A., Franck V., Hafedh M. & Elleuch A., 2019. Transcriptome assembly and abiotic related gene expression analysis of date palm reveal candidate genes involved in response to cadmium stress. Comparative Biochemistry and Physiology. Part C: Toxicology & Pharmacology, 225: 85-69.

Rhouma A., Mougou I. & Rhouma H., 2020. Determining the pressures on and risks to the natural and human resources in the Chott Sidi Abdel Salam oasis, southeastern Tunisia. Euro-Mediterranean Journal for Environmental Integration 5, 37.

Rieuf P., 1968. La maladie des tâches brunes du palmier dattier. Al Awamia, 26: 1-24.

Rosen D., 1990. Biological control: Selected case histories. *In* Armored scale insects, their biology, natural enemies and control (4B:497-505 pp.). Ed. Rosen D., World Crop Pests. Amsterdam: Elsevier.

Rosenthal G.A. & Janzen R.H., 1979. Herbivores, their interaction with secondary plant metabolites. Academic Press, New York, USA.

Saeed E., Sham A., El-Tarabily K., Abu Elsamen F., Iratni R. & Abu Qamar S.F., 2016. Chemical control of black scorch disease on date palm caused by the fungal pathogen *Thielaviopsis punctulata* in United Arab Emirates. Plant Disease, 100(2): 2370-2376.

Sakhri A.K., 2000. Contribution à la connaissance de l'*Apate monachus* (*Coléoptera; Bostrychidae*) dans la région d'Ouargla. Mém., d'Etat, I.N.A., Alger, 47 pp.

Salah M.B., 2015. Date Palm Status and Perspective in Sub-Sahelian African Countries: Burkina Faso, Chad, Ethiopia, Mali, Senegal, and Somalia. *In* Date Palm genetic resources and utilization (369-386 pp.), Springer.

Satisha J., Laxman R.H., Upreti K.K., Shivashankara K.S., Varalakshmi L.R. & Sankaran M., 2020. Mechanisms of Abiotic Stress Tolerance and Their Management Strategies in Fruit Crops. In New Frontiers in Stress Management for Durable Agriculture (576-607 pp.). Ed. Rakshit A., Singh H., Singh A., Singh U., Fraceto L., Springer, Singapore. https://doi.org/10.1007/978-981-15-1322-0_29

Satisha J., Prakash G.S., Murti G.S.R. & Upreti K.K., 2006. Response of grape rootstocks to soil moisture stress. Journal of Horticultural Sciences, 1(1): 19-23.

Saxena S., Kaur H., Verma P., Petla B.P., Andugula V.R. & Majee M., 2013. Osmoprotectants: Potential for crop improvement under adverse conditions. *In* Plant acclimation to environmental stress (197-232 pp.). Ed. Tuteja N., Gill S.S., Springer Science Business Media, NY. https://doi.org/10.1007/978-1-4614-5001-6_9

Sedra M.H., 2003. Le bayoud du palmier dattier en Afrique du Nord. FAO, RNE/SNEA-Tunis. Imprimerie Signes, Tunis, 125 pp.

Sedra M.H., 2005. Le palmier dattier base de la mise en valeur des oasis au Maroc: Techniques phoénicicoles et Création d'oasis. Edition INRA Maroc, 265 pp.

Sedra M.H., 2015a. Date Palm Status and Perspective in Morocco. *In* Date palm Genetic Resources, Cultivar Assessment, Cultivation Practices and Novel Products (257-223 pp.). Eds. Al-Khayri S.M., Jain J.M. & Johnson D.V., Vol. 1: Africa and the Americas. Springer. https://doi.org/10.1007/978-94-017-9694-1_8

Sedra M.H., 2015b. Date palm status and perspective in Mauritania. *In* Date Palm genetic resources and utilization (325-368 pp.). Eds. Al-Khayri S.M., Jain J.M. & Johnson D.V. Africa and the Americas, Springer. https://doi.org/10.1007/978-94-017-9694-1_9

Senni R., 1995. Contribution à l'étude de la résistance à la sécheresse chez le blé dur (*T. aestivement durndest*) et chez le blé tendre (*T. aestivume desman*) et chez l'orge (*Hordeum vulgarise*), étude de l'accumulation de la proline sous l'effet du stress hydrique. Mémoire d'Ingénieur en Agronomie. I.N.F.S.A.S., Ouargla, 62 pp.

Seregin I.V., Shpigun L.K. & Ivanov V.B., 2004. Distribution and toxic effects of cadmium and lead on maize roots. Russian Journal of Plant Physiology, 51: 525-533.

Shabani F., Kumar L., Taylor S., 2012. Climate Change Impacts on the Future Distribution of Date Palms: A Modeling Exercise Using CLIMEX. PLOS ONE, 7(10):e48021. https://doi.org/10.1371/ journal.pone.0048021

Shah A., Ul-Mohsin A. & Hafeez Z., 2013. Egg distribution behavior of dubas bug (*Ommatissus lybicus: Homoptera: Tropiduchidae*) in relation to seasons and some physico-morphic characters of date palm leaves. Journal of Insect Behavior, 26(3): 371-386.

Shao H.B., Chu L.Y., Jaleel C.A. & Zhao C.X., 2008. Water-deficit stress-Induced anatomical changes in higher plants. Comptes Rondus Biologies, 331(3): 215-225.

Shareef H., Abdi G. & Fahad S., 2020. Change in photosynthetic pigments of Date palm offshoots under abiotic stress factors, Folia Oecologica, 47(1): 45-51.

Shilpi M. & Narendra T., 2005. Cold, salinity and drought stresses: An overview. Archives of Biochemistry and Biophysics, 444: 139-158.

Sidhu G.P.S., 2016. Heavy metal toxicity in soils: sources, remediation technologies and challenges. Advances in Plants and Agriculture Research, 5(1): 445-446.

Smirnoff W.A., 1954. La cochenille parasite du palmier dattier en Afrique du Nord. Direction d'Agriculture et des forêts, service de la végétation, 42 pp.

Smirnoff W.A., 1957. La cochenille du palmier-dattier (*Parlatoria blanchardi* Targ.) en Afrique du Nord. Comportement, importance économique, prédateurs et lutte biologique. Entomophaga, 2: 1-99.

Snapp S.S., Shennan C. & Bruggen A.V., 1991. Effects of salinity on severity of infection by *Phytophthora parasitica* Dast., ion concentrations and growth of tomato, *Lycopersicon esculentum* mill. New Phytologist, 119(2): 275-284.

Soltani R., 2009. *Oryctes agamemnon arabicus* Fairmaire (1896): Etude bioécologique et éthologique dans les oasis de Rjim Maâtoug au sud ouest Tunisien. Thèse de Doctorat, Institut des Sciences Agronomique, Chott Mariem, Tunisie, 181 pp.

Soltani R., 2012. Laboratory rearing of immature stages of *Oryctes agamemnon arabicus* under three constant temperatures. Tunisian Journal of Plant Protection, 7: 35-43.

Srour R.K., McDonald L.M. & Evangelou V.P., 2010. Influence of Sodium on Soils in Humid Regions. *In* Handbook of Plant and Crop Stress (55-88 pp.). Ed. Pessarakli M., 3rd edition. CRC Press. Florida, USA. https://doi.org/10.1201/b10329

Stansly P.A., 1984. Introduction and evaluation of *Chilocorus bipustulatus* (*Col.: Coccinellidae*) for control of *Parlatoria blanchardi* (*Hom., Diaspididae*) in date palm groves of Niger. Entomophaga, 29: 29-39.

Suleman P., Al-Musallam A. & Menezes C.A., 2001. The effect of solute potential and water stress on black scorch caused by *Chalara paradoxa* and *Chalara radicicola* on date palms. Plant disease, 85(1): 80-83.

Suleman P., Al-Musallam A. & Menezes C.A., 2002. The effect of biofungicide Mycostop on *Ceratocystis radicicola*, the causal agent of black scorch on date palm. Bio Control, 47: 207-216.

Talhouk A.S., 1977. Family *Tropiduchidae, Ommatissus binotatus* Fieb. var. *lybicus* de Berg. *In* Disease, Pest and Weeds in Tropical Crops (304-305 pp). Ed. Kranz J., Schmutterer H. and Koch W., John Wiley Sons Ltd. Chichester, UK.

Talhouk A.S., 1983. The present status of date palm pests in Saudi Arabia. *In* Proceedings of the first symposium on the date palm (432-438 pp.), 23-25 Mar 1982, Saudi Arabia.

Tester M. & Davenport R., 2003. Na^+ tolerance and Na^+ transport in higher plants. Annals of Botany, 91(5): 503-527.

Thompson J.N., 1978. Within patch structure and dynamics in *Pastinaca sativa* and resource availability to a specialize herbivore. Ecology, 59: 443-448.

Tirichine B., 1993. Contribution à l'étude bio-écologique de l'*Apate monachus* (Fabricus, 1775) (*Coléoptera: Bostrychidae*). Mise au point des méthodes de lutte. Mém. Ing., d'état, 280 pp.

Tourneur A. & Lecoustre A., 1975. Cycle de développement et tables de vie de *Parlatoria blanchardi* Targ. (*Homoptera-Diaspididae*) et de son prédateur exotique en Mauritanie, *Chilocorus bipustulatus* L. Var. *iraniensis* (*Coleoptera-Coccinellidae*). Fruits, 7: 481-497.

Tourneur J.C., Lenormand C., Moukeila Maiguizo M., Sizaet A., Soulez P. & Vilardebo A., 1976. Intervention bio-écologique au Niger destinée à lutter contre la cochenille du palmier dattier: *Parlatoria blanchardi* Targ (*Homoptera, Diaspididae*) par l'introduction de *Chilocorus bipustulatus* L. var. *iranensis* (*Coleoptera, Coccinellidae*). Fruits, 31(12): 763-773.

Toutain G., 1967. Le palmier dattier, culture et production. Al Awamia, 25: 23-151.

Toutain G., 1979. Eléments d'agronomie saharienne. De la recherche au développement. Paris: INRAIGRET, 276 pp.

Tripler E., Ben-Gal A. & Shani U., 2007. Consequence of salinity and excess boron on growth, evapotranspiration and ion uptake in date palm (*Phoenix dactylifera* L., cv. Medjool). Plant and Soil, 297(1): 147-155.

Tripler E., Shani U., Mualem Y. & Ben-Gal A., 2011. Long-term growth, water consumption and yield of date palm as a function of salinity. Agricultural Water Management, 99(1): 128-134.

United Nations Environment Programme, 2007. Natural disasters and desertification. In Sudan: post-conflict environmental assessment. Nairobi, Kenya, 56-69 pp.

Vilardebo A., 1975. Enquêtes diagnostic sur les problèmes phytosanitaires entomologiques dans les palmeraies du Sud-Est Algérien, Bulletin d'Agronomie Saharienne, 1:1-27.

Wagner M.R., Cobbinah J.R. & Bosu P.P., 2008. Wood Borers of Living Trees. Forest Entomology in West Tropical Africa: Forests Insects of Ghana, 59-85 pp.

Warner R.L., 1988. Contribution to the biology and the management of the carob moth, *Ectomyelois ceratoniae* (Zeller) in '*Deglet Noor*' date gardens in the Coachella Valley of California. Ph.D. dissertation, Univ. of California, Riverside, 98 pp.

Welfare K., Yeo A.R. & Flowers T.J., 2002. Effects of salinity and ozone, individually and in combination, on the growth and ion contents of two chickpea (*Cicer arietinum* L.) varieties. Environmental Pollution, 120(2): 397-403.

Wertheimer M., 1958. Un des principaux parasites du palmier-dattier algerien le *Myelois decolor*. Fruits, 13: 309-323.

Williams J.R., Pillay A.E., EL-Mardi M.O., AL-Lawati S.M.H. & AL-Hamdi A., 2005. Levels of selected metals in the Fard cultivar (date palm). Journal of Arid Environments, 60(2): 211-225.

Xiao T.T., Raygoza A.A., Pérez J.C., Kirschner G., Deng Y., Atkinson B. et al. 2019. Emergent protective organogenesis in date palms: a morpho-devodynamic adaptive strategy during early development. The Plant Cell, 31(8): 1751-1766.

Yaish M.W. & Kumar P.P., 2015. Salt tolerance research in date palm tree (*Phoenix dactylifera* L.), past, present, and future perspectives. Frontiers in Plant Science, 6: 348.

Youssef T. & Awad M.A., 2008. Mechanisms of Enhancing Photosynthetic Gas Exchange in Date Palm Seedlings (*Phoenix dactylifera* L.) under Salinity Stress by a 5-Aminolevulinic Acid-based Fertilizer. Journal Plant Growth Regulation, 27(1): 1-9.

Zahradnik S., 1984. Guide des insectes. Hatier (Ed.), Paris, 318 pp.

Zaid A. & De Wet P.F., 2002. Botanical and systematic description of the date palm. *In* Zaid A, ed. Date palm cultivation. FAO Plant Production and Protection Paper no. 156. (1-28 pp). Ed. Zaid A., Rome: Food and Agriculture Organisation of the United Nations.

Zaid A., De Wet P.F., Djerbi M. & Oihabi A., 2002. Diseases and pests of date palm. *In* Date palm cultivation. FAO Plant Production and Protection (227-242 pp.). Ed. Zaid A., Rome: Food and Agriculture Organisation of the United Nations, 156 pp.

Zaid A., De Wet. P.F., Djerbi M. & Oihabi A., 1999. Diseases and Pests of Date Palm. *In* Date Palm Cultivation (223-278 pp.). Ed. Zaid A, and pand., FAO Plant Production and Protection, Roma,156 pp.

Zhang Y., Yu X., Zhang W., Lang D., Zhang X., Cui G. & Zhang X., 2019. Interactions between endophytes and plants: beneficial effect of endophytes to ameliorate biotic and abiotic stresses in plants. Journal of plant biology, 62(1): 1-13.

Zohary D. & Hopf M., 2000. Domestication of plants in the Old World: the origin and spread of cultivated plants in West Asia, Europe, and the Nile Valley, 3rd edition. Oxford University Press, Oxford, 65-169 pp.

Zohary D., Hopf M. & Weiss E., 2012. Domestication of Plants in the Old World: The origin and spread of domesticated plants in Southwest Asia, Europe, and the Mediterranean Basin. Oxford University Press. Oxford, UK. https://doi.org/10.1093/acprof:osobl/9780199549061.001.0001

Zouba A. & Raeesi A., 2010. First Report of *Ommatissus lybicus* Bergevin (*Hemiptera: Tropiduchidae*) in Tunisia. African Journal of Plant Science and Biotechnology, 4(S2): 98-99.

Zouioueche F.Z., Biche M. & Mehaoua M.S., 2018. Parasitic activity of two parasitoids *Phanerotoma flavitestacea* fisher and *Bracon hebetor* say (*hymenoptera*: *braconidae*) on the date moth *Apomyelois ceratoniae* zeller (*lepidoptera*: *pyralidae*). Journal of Fundamental and Applied Sciences, 10(3): 68-80.

Chapitre IV- Contribution à l'étude de *Fusarium oxysporum* f. sp. *albedinis* agent causal de la fusariose vasculaire du palmier dattier

Abdelhak Rhouma, Abdulnabi Abbdul Ameer Matrood & Mohamed Seghir Mehaoua

Chapitre IV- Contribution à l'étude de *Fusarium oxysporum* f. sp. *albedinis* agent causal de la fusariose vasculaire du palmier dattier

1. Introduction

La culture du palmier dattier est sujette à divers problèmes phytosanitaires qui entravent son développement et son extension (Boucenna-Mouzali *et al.,* 2018; Sidaoui, 2019). La fusariose vasculaire du palmier dattier (connue localement sous le nom bayoud), causée par un champignon d'origine tellurique *Fusarium oxysporum* f. sp. *albedinis*, est la maladie la plus destructive et la plus menaçante dans l'Afrique du nord. Elle est répandue surtout au Maroc et dans une grande partie des palmeraies de l'Algérie. En effet, au cours d'un siècle, il a détruit plus de dix millions de palmiers au Maroc et plus de trois millions en Algérie. Ces dernières années, la maladie a été découverte aussi dans les palmeraies d'Adrar et Tagant en Mauritanie (Toutain, 1965; Djerbi, 1982a; Djerbi, 1982b). La catastrophe causée par le bayoud ne s'arrête pas à l'érosion génétique causée par la disparition de nombreuses variétés parmi les meilleures, mais conduit également à l'accentuation de la désertification et à l'appauvrissement des phoeniciculteurs qui finissent par émigrer (Djerbi, 1983; Fernandez *et al.,* 1997; OEPP/EPPO, 2003). Par ailleurs, le bayoud constitue un véritable fléau des zones phoénicicoles d'une partie de l'Afrique du Nord et aussi une menace potentielle pour la Tunisie et les autres pays producteurs de dattes (Gupta *et al.,* 2009). Les études menées au cours de ces dernières années ont révélé que *F. oxysporum* f. sp. *albedinis*, est devenu un pathogène très fréquent et cause des dégâts redoutables (Ait Kettout, 2011). À ce terme, il paraît indispensable de présenter une étude approfondie décrivant la biologie, la symptomatologie, l'écologie et l'épidémiologie de ce pathogène tellurique et qui fait l'objet de ce chapitre.

2. Généralités sur les champignons

Les champignons ont presque toujours intrigué les chercheurs, mais c'est en 1795 qu'un botaniste nommé Jean-Jacques Paulet (1740-1826) définit la science du champignon comme étant la mycologie. À cette époque les champignons étaient considérés comme des plantes dépourvurent de chlorophylle. Haeckel (en 1894) découpe le monde vivant en trois règnes: animal, végétal, et protozoaire. Les champignons sont toujours classés parmi les végétaux du fait de la présence d'une paroi cellulaire et de plusieurs similitudes entre leurs cycles de reproduction et ceux des algues. C'est en 1969 que Whittaker propose un découpage en cinq règnes: animal, champignon, végétal, protistes, et monères (procaryotes). Par la suite, Woese (1977) subdivise le règne des monères en archéobactérie et eubactérie. En 1990, Woese posera les bases du système actuel découpant le vivant en trois domaines: eucaryotes, archéobactéries et eubactéries (ces deux derniers étant regroupés sous le terme de procaryote). Actuellement ces regroupements sont toujours discutés, ainsi en 2004 Cavalier-Smith a proposé un regroupement en deux empires (eu et procaryote) et six règnes: animal, champignon, végétal, chromistes, protozoaires et bactéries (Brown et Proctor, 2013).

La classification des champignons relève de la mycologie. Elle évolue, notamment en raison des progrès de la génétique, y compris pour des organismes symbiotes (exemple les lichens ont un temps été classé hors du monde fongique, et y ont récemment été réintroduits). Les champignons ont longtemps été considérés comme des végétaux, en raison de leur immobilité et de la présence d'une paroi cellulaire épaissie, végétaux dits «cryptogames» car ne produisant pas de fleurs. Mais les champignons constituent un règne à part car ils se différencient des plantes et des algues par plusieurs caractères (Abbayes *et al.,* 1963; Ozenda, 2000):

- Ils sont hétérotrophes vis-à-vis du carbone: leur incapacité à synthétiser des sucres à partir de simples ressources minérales les distingue fortement des végétaux qui eux sont autotrophes grâce à la chlorophylle et à la photosynthèse. Les champignons doivent extraire de leur environnement des composés organiques déjà constitués. Ils doivent «s'alimenter» comme le font les animaux, ce qu'ils font soit en décomposant de la matière morte (ils sont alors saprophytes), soit au détriment d'organismes vivants (ils sont alors parasites), soit en s'associant avec un organisme chlorophyllien (ils sont alors symbiotiques). Plusieurs de ces stratégies pouvant être combinées chez certaines espèces. Les recherches récentes sur l'évolution des espèces vivantes placent d'ailleurs la plupart des champignons plus près des animaux que des végétaux;
- Ils sont absorbotrophes;
- Leur appareil végétatif est ramifié, diffus et tubulaire;
- Ils se reproduisent via des spores pouvant être flagellées (*Chytridiomycota*: zoospores uniflagellées) ou non flagellées;
- Leur paroi cellulaire est chitineuse (comme celle des insectes).

On a donc logiquement créé pour les champignons le règne spécifique des *Fungi* (du latin littéraire *fungus*, champignon) pour y placer ces êtres particuliers, non seulement ceux produisant des sporophores, mais également dans les définitions les plus larges qui ont pu exister toutes sortes d'organismes eucaryotes multicellulaires ni végétaux, ni animaux, comme les moisissures, les rouilles, le mildiou, les saprolègnes, etc. et même parfois unicellulaires comme les levures (Abbayes *et al.,* 1963; Ozenda, 2000).

Les champignons représentent l'un des plus importants groupes d'organismes sur terre et jouent un rôle clé dans un grand nombre d'écosystèmes (Mueller et Schmit, 2007). Ce sont des organismes eucaryotes à mode de reproduction sexuée ou asexuée. Les spores produites peuvent avoir un rôle dans la dispersion des champignons, mais peuvent également jouer un rôle dans la survie de l'organisme lorsque les conditions environnementales deviennent défavorables (Madelin, 1994). Leur mode de nutrition se fait par absorption en libérant dans un premier temps des enzymes hydrolytiques dans le milieu extérieur. Ces organismes sont dépourvus de chlorophylle et sont tous hétérotrophes (Carlile et Watkinson, 1994; Redecker, 2002).

Classiquement, les champignons étaient regroupés dans un règne distinct, celui des eumycètes (Fig.94) ou cinquième règne (Kendrick, 2000). Les classifications les plus récentes font apparaître les champignons dans le règne unique des eucaryotes et plus précisément dans le groupe des *Opisthokonta* (Fig.95) (Simpson et Roger, 2004; Adl *et al.,* 2005). La classification des champignons est d'abord basée sur un mode de reproduction sexuée ou phase téléomorphe. Ce critère définit quatre des cinq groupes principaux: les chytridiomycètes, les zygomycètes, les basidiomycètes et les ascomycètes. Certaines moisissures sont le plus souvent ou exclusivement rencontrées à un stade de multiplication asexuée, dit anamorphe. Ces organismes sont alors classés d'après le mode de production des spores asexuées ou conidies. Ces espèces sont classées dans le cinquième ordre, les deutéromycètes ou *Fungi imperfecti*.

Les champignons filamenteux sont composés d'un appareil végétatif appelé thalle. Il est composé de filaments ou hyphes enchevêtrées les uns par rapport aux autres, et l'ensemble des hyphes constituent un réseau appelé mycélium (Gonçalves *et al.,* 2005). Les hyphes sont diffus, tubulaires et fins avec un diamètre compris entre 2 et 15 µm et sont plus ou moins ramifiées. Chez certaines moisissures, comme par exemple *Mucor*, les cellules ne sont pas séparées par une cloison transversale, le thalle est alors dit coenocytique ou «siphonné» alors que chez d'autres, comme par exemple *Aspergillus*, le thalle est cloisonné ou «septé» (Fig.96) (Girbardt, 1957; Trinci, 1969; Gregory, 1984; Bartnicki-Garcıa, 2002). Les cloisons, appelées *septa* possèdent des perforations assurant la communication entre les cellules (Justa-Schuch *et al.,* 2010). Les caractéristiques morphologiques de ces microorganismes sont liées à leur substrat nutritif. La colonisation du substrat est réalisée par extension et ramification des hyphes (Chabasse *et al.*, 1999; Chabasse *et al.*, 2002).

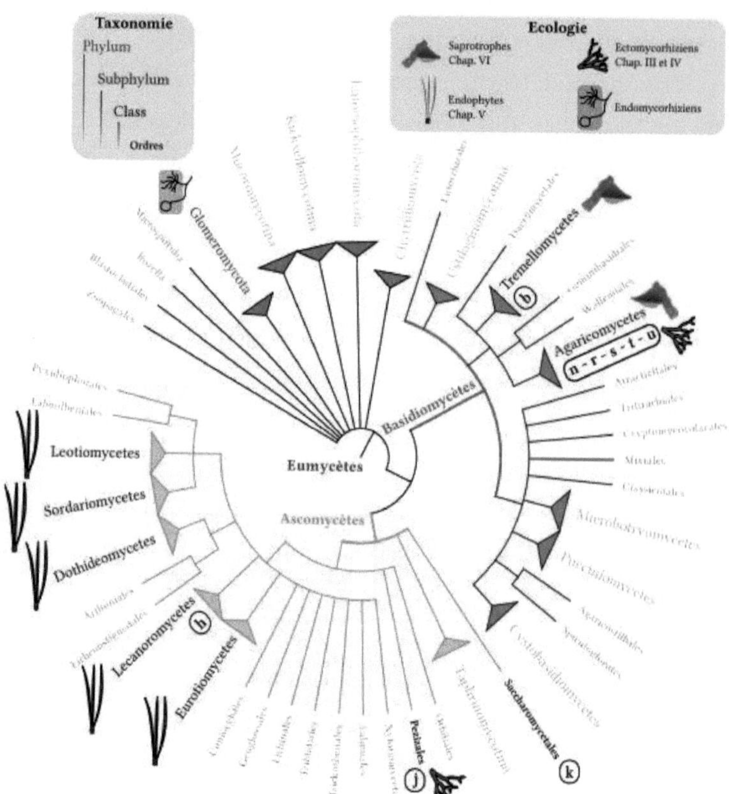

Fig.94. Classification phylogénétique des eumycètes: les symboles indiquent les principales guildes fongiques. Les données phylogénétiques proviennent de la classification de Hibbett *et al.* (2007) mise à jour en octobre 2015 (v. 12). L'arbre a été dessiné grâce au logiciel iTOL (Letunic et Bork, 2016).

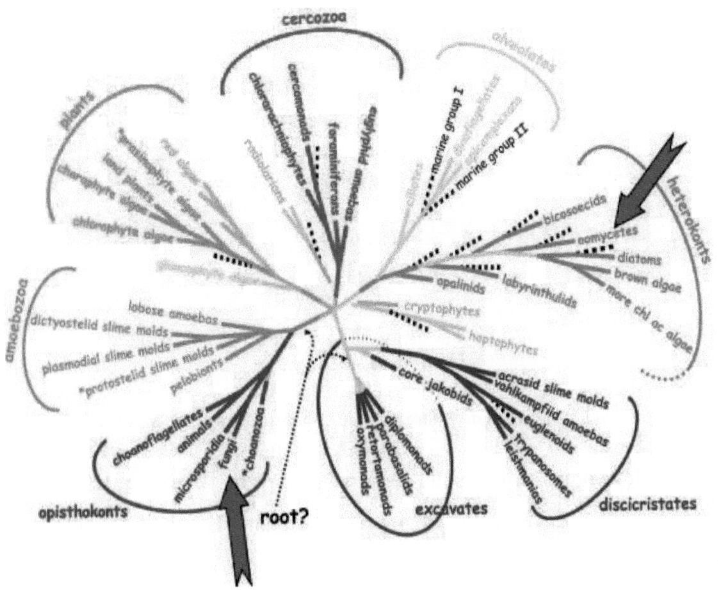

Fig.95. Arbre phylogénique des eucaryotes (Baldauf, 2003).

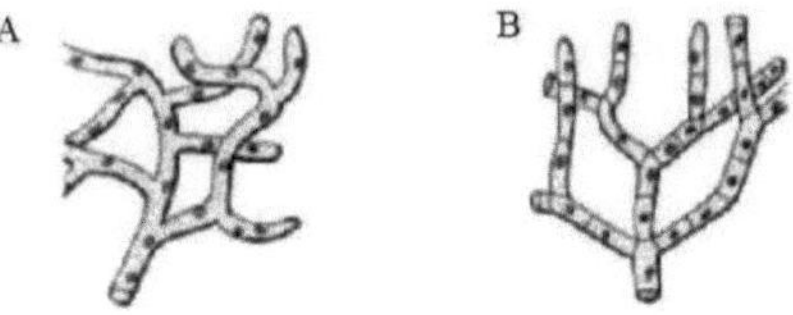

Fig.96. Structure d'une hyphe et son développement vers la formation d'un mycélium: (A), hyphe coenocytique; (B), hyphe cloisonne (Chabasse *et al.,* 2002).

Les champignons filamenteux possèdent une paroi constituée essentiellement de polysaccharides, de glycoprotéines et de mannoprotéines (Fig.97). Les polysaccharides sont majoritairement la chitine, polymère de molécules de N-acétylglucosamine liées entre elles par une liaison du type β-1,4, et les glucanes, polymères de molécules de D-glucose liées entre elles par des liaisons β. Ces deux polysaccharides assurent la protection des moisissures vis-à-vis des agressions du milieu extérieur. La chitine joue un rôle dans la rigidité de la paroi cellulaire, les glycoprotéines jouent un rôle dans l'adhérence et les mannoprotéines forment une matrice autour de la paroi (Nwe *et al.*, 2008).

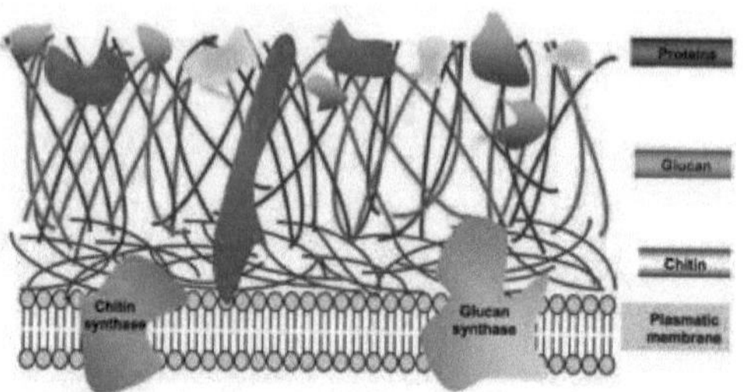

Fig.97. Schématisation de la structure de la paroi fongique (Nwe *et al.*, 2008).

Le développement des moisissures comprend deux phases: une phase végétative et une phase reproductive. Pendant la phase végétative, qui correspond à la phase de croissance, l'appareil végétatif colonise le substrat par extension et ramification des hyphes (Davidson *et al.*, 1996). Cette phase correspond également à la phase de nutrition, les hyphes absorbant à travers leur paroi, l'eau ainsi que les éléments nutritifs contenus au sein du substrat tout en dégradant le substrat par émission d'enzymes et d'acides. La forme mycélienne en expansion, qui constitue une phase active de développement, est responsable de la dégradation et de l'altération du substrat (Zyska, 1997). La phase reproductive comprend deux types de reproduction: la reproduction asexuée, correspondant à la forme anamorphe, et la reproduction sexuée, correspondant à la forme téléomorphe. La reproduction asexuée correspond majoritairement à la dispersion de spores asexuées, permettant la propagation des moisissures afin de coloniser d'autres substrats. Cette forme de reproduction asexuée est appelée la sporulation (Adams *et al.*, 1998). Il existe différentes formes de reproduction asexuée et différents types de spores (Fig.98). Les spores peuvent être le résultat de la fragmentation. Dans ce cas, un nouvel organisme se développe à partir d'un fragment parent de mycélium (arthrospores). Les spores peuvent aussi être produites de manière endogène à l'intérieur du sporocyste (sporocystiospores), ou de manière exogène en continu à l'extrémité des structures spécialisées appelées phialides (conidiospores). Ensuite, les spores se détachent du mycélium sous l'effet d'un petit choc mécanique, d'un frôlement ou d'un courant d'air (Barnett et Hunter, 1998).

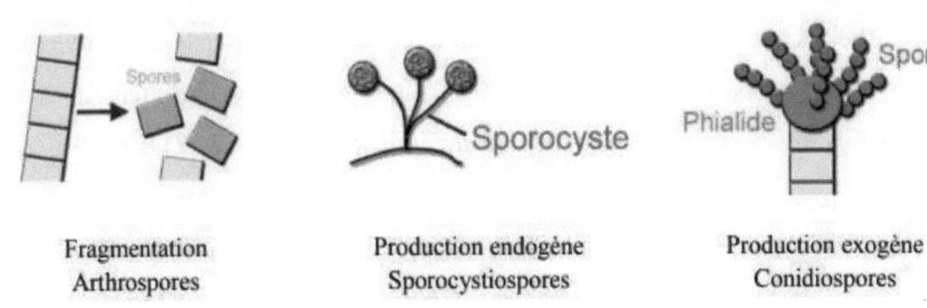

Fig.98. Différents modes de sporulation et différents types de spores associées (Barnett et Hunter, 1998).

La reproduction sexuée se déroule en trois étapes: plasmogamie, caryogamie et méiose (Howell, 2003). La plasmogamie correspond à la fusion cellulaire entre deux cellules haploïdes. La cellule résultante est appelée dicaryon car elle possède deux types de noyaux haploïdes. Les deux noyaux vont fusionner lors de la caryogamie puis la méiose va convertir une cellule diploïde en quatre cellules haploïdes (Carlile et Watkinson, 1994). On recense également des modes de reproduction différents de celui qui précède: certains organismes garderont un mode de vie haploïde, d'autres un mode de vie uniquement diploïde, tandis que certains organismes (deutéromycètes) n'ont pas de capacité de reproduction sexuée (Carlile et Watkinson, 1994).

3. Généralités sur le genre *Fusarium*

La taxinomie ou taxonomie a pour objet de décrire les organismes vivants et de les regrouper en entités appelées taxons afin de les identifier, les nommer et enfin les classer. Depuis la seconde moitié du XXème siècle, une nouvelle approche conceptuelle de ces classifications est possible grâce à la biologie moléculaire. La taxinomie en mycologie est donc en constante évolution suite aux données recueillies lors des différentes approches phylogénétiques. Ce remodelage des classifications s'applique également pour le genre *Fusarium* (Debourgogne, 2013). La taxonomie des *Fusarium* a longtemps été confuse et soumise à controverse (Messiaen et Cassini, 1968), a cause de sa complexité, elle était constamment révisée et fait l'objet de nombreuses tentatives de classification au cours de ces dernières années (Sever *et al.,* 2012) (Fig.99).

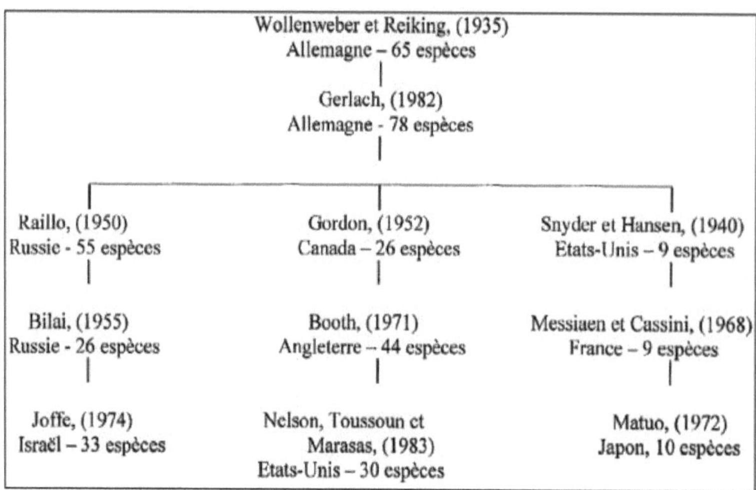

Fig.99. Principaux systèmes taxonomiques du *Fusarium* (Nelson, 1990).

En 1809, de nombreux chercheurs ont été intéressés au diagnostic et l'identification des espèces de *Fusarium* responsables des maladies des plantes. Plus de 1000 espèces de *Fusarium* ont été décrites grâce à la publication de Die Fusarien par Wollenweber et Réintégration (1935), et qui ont été dans la plupart du temps isolé à partir des plantes infectées. La taxonomie des espèces du genre

Fusarium était en plein désarroi (Leslie et Summerell, 2006; Brown et Proctor, 2013).

Wollenweber et Reiking en 1935, ont consolidé tous ces taxons en 16 sections contenant 65 espèces, 55 variétés et 22 formes spéciales. La séparation en section reposait généralement sur des caractères culturaux (Brayfod, 1989; Brown et Proctor, 2013).

Les caractéristiques qui ont été utilisés pour séparer les sections sont: (*i*) la présence ou l'absence de microconidies, (*ii*) la forme des microconidies, (*iii*) la présence ou l'absence de chlamydospores, (*iv*) l'emplacement des chlamydospores, (*v*) la forme des macroconidies, et (*vi*) la forme des cellules basales ou au pied des macroconidies (Nelson *et al.,* 1983).

Les taxons au sein des sections ont été divisés en espèces, variétés et formes spéciales basé sur: (*i*) la présence ou l'absence de sclérotes, (*ii*) le nombre de cloisons dans les macroconidies et (*iii*) la longueur et la largeur des macroconidies (Wollenweber et Reinking, 1935).

Messiaen et Cassini (1968) ont fondé leur système taxonomique basé sur des données de Snyder et Hansen (1940). Ils ont adopté l'utilisation de variétés botaniques au lieu de cultivars au niveau sous-espèce de *F. roseum*, *F. sambucinum*, *F. culmorum*, *F. graminearun* et *F. avenaceum* (Messiaen et Cassini, 1968). En 1982, Gerlach et Nirenberg ont publié un atlas qui a décrit 78 espèces de *Fusarium* et 55 variétés. Nelson *et al.* (1983) ont reconnu 30 espèces avec 16 autres espèces classées comme insuffisamment documentées (Leslie et Summerell, 2006; Brown et Proctor, 2013). Leur système est considéré comme une mise à jour du système de celui de Booth (1971).

Le genre *Fusarium* appartient au phylum des ascomycètes (champignons imparfaits, *Fungi imperfecti*), car la plupart des espèces étaient d'abord décrites sur la base de caractères morphologiques et une reproduction sexuée n'a pas été observée chez la plupart des espèces. La production de métabolites secondaires et notamment de toxines (mycotoxines et phytotoxines) est courante parmi les

Fusarium, et le profil de ces composés peut être utilisé pour la classification des espèces (Thrane, 2001; Lepoivre, 2003).

Des formes sexuées (téléomorphes) ont été maintenant observées pour certaines espèces de *Fusarium*. Elles font toutes parties des ascomycètes, de la famille des *Nectriaceae* et notamment des genres *Gibberella* et *Nectria* (Seifert, 2001). Quelques exemples sont montrés dans le tableau 7. Ainsi, *F. oxysporum* est considéré comme ascomycète mais son téléomorphe est inconnu. Il est proposé d'être plutôt proche du groupe téléomorphique *Gibberella* que *Nectria* (Di Pietro *et al.,* 2003; Michielse et Rep, 2009).

Tableau 7. Téléomorphes de différentes espèces de *Fusarium* (Leslie et Summerell, 2006; Brown et Proctor, 2013).

Espèces de *Fusarium*	**Téléomorphe**
F. graminearum	*Gibberella zea*
F. fujikuroi	*G. fujikuroi*
F. verticilloides	*G. moniliformis*
F. avenaceum	*G. avenaceae*
F. solani	*Nectria haematacocca*
F. acuminatum	*G. auminata*
F. circinatum	*G. cicinata*
F. pseudograminearum	*G. coronicota*
F. lateritium	*G. baccata*

Les champignons appartenant au genre *Fusarium* sp. sont très fréquemment retrouvés au niveau du sol, des végétaux, de l'air et de l'eau. Leur répartition géoclimatique est aussi très diversifiée puisque ces champignons filamenteux existent tant dans les régions tempérées que tropicales, mais aussi dans des zones climatiques extrêmes tels que les déserts, les montagnes et les régions polaires (Dignani et Anaissie, 2004). Récemment, l'équipe de Palmero a montré la présence de plusieurs espèces de *Fusarium* (telles que *Fusarium oxysporum*, *F. solani*, *F. equiseti*, *F. dimerum* et *F. proliferatum*) dans la poussière atmosphérique et l'eau de pluie. Ces données expliquent la dispersion, parfois à longue distance, de ce pathogène par la pluie et le vent (Palmero *et al.*, 2011).

Les champignons du genre *Fusarium* appartiennent aux hyalo-hyphomycètes et présentent un mycélium septé et incolore. En culture, les colonies présentent souvent des nuances roses, jaunes, rouges ou violettes. Les cellules conidiogènes se forment sur des hyphes aériens ou sur des conidiophores courts et densément branchés. Les conidies sont de trois types: macroconidies, microconidies et blastoconidies (Debourgogne, 2013; De Sain et Rep, 2015).

Les macroconidies sont le caractère culturel le plus important dans l'identification des espèces de *Fusarium*. Elles sont falciformes, avec plusieurs septa transverses, une extrémité apicale crochue et une base pédicellée, sont produites en basipétale (croissance à partir de la base) par les monophialides ou les sporodochia (agrégats de conidiophores) et sont accumulées en masse (Fig.100).

Les microconidies ne sont pas toujours produites par toutes les espèces de *Fusarium*, sont ellipsoïdes, ovoïdes, subsphériques, pyriformes, claviformes ou allantoïdiennes, généralement unicellulaires et présentent une base arrondie ou tronquée. Elles sont produites en séries basipétales sur des mono ou polyphialides et accumulées en petites têtes ou en chaînes (Fig.100).

Les blastoconidies sont produites séparément sur des cellules polyblastiques et présentent de 0 à 3 septa (Botton *et al.,* 1985; De Hoog *et al.,* 2011).

Les chlamydospores sont des formes de résistance, cependant, ils ne sont pas bien conservés sur le plan de l'évolution, et les espèces qui produisent des chlamydospores peuvent être très proches de celles qui n'en produisent pas. Sont de forme ronde d'une ou deux cellules, entourées d'une paroi épaisse plus ou moins pigmentée.

Elles sont observées au milieu des hyphes ou en position terminale, souvent en forme de paires, quelques fois en triplets (Fig.100), et rarement en forme rassemblée (Nelson *et al.,* 1983; Agrios, 2005; Leslie et Summerell, 2006; Brown et Proctor, 2013).

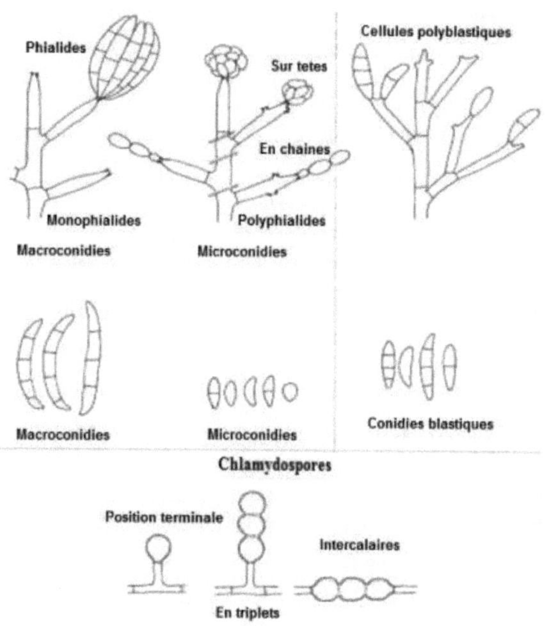

Fig.100. Terminologie pour décrire la morphologie du genre *Fusarium* (De Hoog *et al.,* 2011).

Les caractéristiques microscopiques sont particulièrement basées sur la forme des micro- et macroconidies, la présence ou l'absence d'une de ces formes, le nombre de loges, la présence, la forme et la disposition de chlamydospores. Souvent, la forme des phialides (mono ou poly) peut s'avérer déterminante à l'identification. La clé d'identification de Seifert (1996) donne un portrait exhaustif de ses caractéristiques. L'identification du genre *Gibberella* se base particulièrement sur la présence de périthèces (ronds ou ovoïdes) qui sont des structures fructifères d'asques qui renferment chacun huit ascospores. La figure 101 illustre ses caractéristiques.

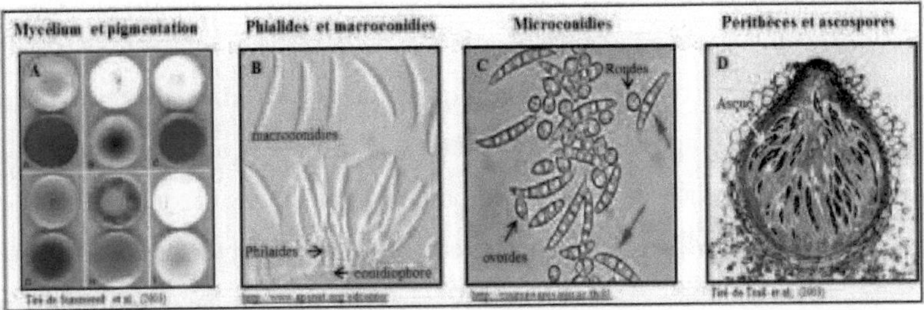

Fig.101. Caractéristiques biologiques d'identification du genre *Fusarium*. A) Différentes couleurs de mycélium et de pigmentation. B) Phialides et macroconidies spécifiques à l'espèce *F. graminearum*. Une flèche indique le conidiophore porteur des phialides. C) Différentes formes de microconidies spécifiques à l'espèce *Fusarium sporotrichioides*. La flèche rouge indique la présence de macroconidies. D) Coupe longitudinale d'un périthèce du genre *Gibberella*. La flèche blanche indique un asque qui renferme huit ascospores (Nelson *et al.*, 1983; Agrios, 2005; Leslie et Summerell, 2006; Brown et Proctor, 2013).

L'identification des espèces de *Fusarium* peut s'avérer difficile puisque certaines espèces telles que *F. graminearum* et *F. avenaceum* présentent des caractéristiques très semblables. Ainsi, les laboratoires QuéLab en collaboration avec le Dr Stephan Pouleur (Agriculture et Agroalimentaire Canada) ont développé le milieu FGA spécifique à l'identification du *F. graminearum*. Sur ce milieu, le *F. graminearum* va produire un pigment rouge foncé qui le caractérise. Cependant, il arrive que *F. avenaceum* et *F. poae* prennent sur ce milieu une coloration rose à rouge plus ou moins foncée qui vient perturber l'identification. Pour pallier ces difficultés, le recours à l'identification par des techniques moléculaires semble être nécessaire, permettant hors de tout doute d'identifier les espèces de *Fusarium* (Ben Salem, 2015).

Une des techniques les plus utilisées est l'identification à l'aide de marqueurs génétiques spécifiques à une espèce. Un marqueur génétique repose sur une différence dans le génome, laquelle est utilisée pour caractériser et pour distinguer deux individus. S'il existe plusieurs versions différentes à cet endroit dans le génome (plusieurs allèles) pour une population donnée, alors ce locus est dit polymorphe. C'est à l'aide de ces différences génétiques qu'il est possible de distinguer les espèces. Plusieurs techniques utilisent les marqueurs génétiques pour identifier des agents pathogènes dans des extraits végétaux (Nicholson *et al.,* 1998). La réaction de polymérisation en chaîne (PCR) en est une. Celle-ci emploie une amorce spécifique à la région polymorphe, ce qui permet de donner un fragment spécifique qui sera visualisé par migration sur gel d'agarose. C'est en utilisant la technique PCR couplée à des marqueurs RAPD (Random Amplified polymorphic DNA) que Nicholson *et al.* (1998) et Parry *et al.* (1995) ont réussi à développer des amorces spécifiques capables de distinguer *F. culmorum*, *F. graminearum*, *F. avenaceum* et *F. poae* dans des extraits végétaux.

F. oxysporum est l'espèce la plus dispersée dans le monde et peut-être trouvé dans la plupart des sols de l'Arctique, tropical, désertique et cultivées ou non (McMullen et Stack, 1984; Mandeel *et al.,* 1995; Chen et Swart, 2001). Bien que l'espèce soit classiquement retrouvée dans les sols, elle est également isolée d'endroits plus insolites: circuit d'eau d'hôpitaux, eau de mer, eau de rivière, eau du robinet, lentilles de contact ou nourriture (Hageskal *et al.,* 2006; Bevilacqua *et al.,* 2013; Babic *et al.,* 2015). Les *F. oxysporum* phytopathogènes sont l'une des espèces les plus importantes, sur la base économique et de son intérêt scientifique, compte tenu de ses nombreux hôtes et le niveau de perte qui peut entraîner.

Les formes spéciales de *F. oxysporum* sont des agents pathogènes vasculaires provoquant souvent le flétrissement vasculaire, la fonte de semis et les pourritures des racines et/ou du collet (Dean *et al.,* 2012). Elle se distingue des autres espèces de *Fusarium* par la production de microconidies, qui sont en général nombreuses et rassemblées en fausse tête à partir de monophialides courtes (Burgess et Lidell, 1983; Leslie et Summerell, 2006; Brown et Proctor, 2013).

Par ailleurs, *F. oxysporum* est placé dans la classe des ascomycetes qui appartiennent à la sous-classe des *Hyphomycetes* et à la famille des *Tuberculariaceae* (Assigbetse, 1993). La différenciation des souches de *F. oxysporum* et l'identification des formes spéciales sont très importantes pour pouvoir comprendre l'écologie des populations pathogènes et l'épidémiologie des maladies. De cette identification va également dépendre la mise en place de mesures de lutte adaptées, pour cela, les tests de pathogénicité sur plantes restent permis les méthodes classiques qui permettent d'identifier la forme spéciale d'appartenance d'une souche (Leslie et Summerell, 2006). Actuellement, au sein de l'espèce *F. oxysporum*, on distingue plus de 150 formes spéciales (*formae speciales*) et races en fonction de leur pathogénicité sur des plantes hôtes (Armstrong et Armstrong, 1981; Elmer et Marra, 2015) (Tableau 8). Cependant, les tests de pathogénicité sont très chronophages. Par exemple, un tel test prend entre 4 et 6 mois sur dattier des Canaries (*F. oxysporum* f. sp. *canariensis*), entre 8 à 12 mois sur palmier à huile (*F. oxysporum* f. sp. *elaeidis*) et entre 6 à 8 mois sur palmier dattier (*F. oxysporum* f. sp. *albedinis*) (Djerbi, 1990; Djerbi, 1994; Priest et Letham, 1996; Abadie *et al.,* 1998).

L'infection d'une plante par *Fusarium* peut avoir plusieurs origines soit biotique dans le cas d'un oiseau ou d'un insecte (Mongrain *et al.,* 2000) qui transporterait des spores et les dissémineraient dans la nature ou bien abiotique lorsque le vent ou la pluie permet la dissémination des spores dans la nature (Mongrain *et al.,* 2000) (Fig.102).

Tableau 8. Quelques exemples de souches de *Fusarium oxysporum* et de leurs plantes hôtes (Armstrong et Armstrong, 1981; Lamprecht *et al.*, 1986; Alves-Santos *et al.*, 2007; Elmer et Marra, 2015).

Souches	Plante hôte	Genre et espèce
F. oxysporum f. sp. *lycopersici*	Tomate	*Lycopersicon esculentum*
F. oxysporum f. sp. *cucumerinum*	Concombre	*Cucumis sativus*
F. oxysporum f. sp. *pisi*	Pois	*Pisum* spp.
F. oxysporum f. sp. *ciceri*	Pois chiche	*Cicer arietinum*
F. oxysporum f. sp. *lactucae*	Salade	*Lactucae sativa*
F. oxysporum f. sp. *melonis*	Melon	*Cucumis melo*
F. oxysporum f. sp. *phaseoli*	Haricot	*Phaseolus vulgaris*
F. oxysporum f. sp. *fabae*	Fève	*Vicia faba*
F. oxysporum f. sp. *cubense*	Banane	*Musa* spp.
F. oxysporum f. sp. *asparagi*	Asperge	*Asparagus* spp.
F. oxysporum f. sp. *raphani*	Radis	*Raphanus* spp.
F. oxysporum f. sp. *cepae*	Oignon	*Allium* spp.
F. oxysporum f. sp. *niveum*	Pastèque	*Citrullus lanatus*
F. oxysporum f. sp. *batatas*	Patate douce I	*Pomoea batatas*
F. oxysporum f. sp. *conglutinans*	Chou	*Brassica* spp.
F. oxysporum f. sp. *dianthi*	Oeillet	*Dianthus* spp.
F. oxysporum f. sp. *lilii*	Lys	*Lilium* sp.
F. oxysporum f. sp. *gladioli*	Glaïeul	*Gladiolus* spp.
F. oxysporum f. sp. *chrysanthemi*	Chrysanthème	*Chrysanthemum* spp.
F. oxysporum f. sp. *tulipae*	Tulipe	*Tulipa* spp.
F. oxysporum f. sp. *vasinfectum*	Coton	*Gossypium* spp.
F. oxysporum f. sp. *nicotianae*	Tabac	*Nicotiana* spp.
F. oxysporum f. sp. *albedinis*	Palmier dattier	*P. dactylifera*
F. oxysporum f. sp. *elaeidis*	Palmier à huile	*Elaeis guineensis*
F.oxysporum f. sp. *canariensis*	Palmier des Canaries	*P. canariensis*
F. oxysporum f. sp. *medicaginis*	Luzerne	*Medicago* spp.

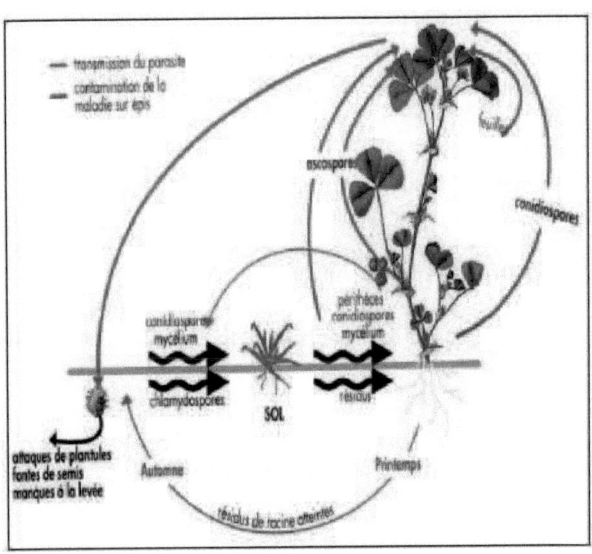

Fig.102. Cycle de *Fusarium* sp.: Illustration des différents modes d'action (Caron *et al.*, 2000).

4. Taxonomie du *Fusarium oxysporum* f. sp. *albedinis*

Le champignon *F. oxysporum* f. sp. *albedinis* est l'agent d'un flétrissement vasculaire du palmier dattier (*P. dactylifera*), appelé maladie du bayoud (CMI, 1978; CMI, 1992; EPPO/CABI, 1997).

Synonymes:

Cylindrophora albedinis (Kilian et Maire, 1930)

Albedinis fusarium (Kilian et Maire) (Malençon, 1934)

Neocosmospora vasinfecta Smith

Fusarium oxysporum var. *albedinis* (Kilian et Maire) (Malençon, 1950)

Fusarium oxysporum f. sp. *albedinis* (Gordon, 1965)

Téléomorphe: Aucun connu

Code informatique Bayer: FUSAAL

Catégorisation phytosanitaire: Liste A2 OEPP/EPPO : N° 70

Noms communs:

Bayoud (Arabe)

Fusarium wilt ou bayoud disease (Anglais)

Maladie du bayoud ou fusariose vasculaire du palmier dattier (Français)

Domaine: *Eukarya*……………………….Eucaroytes

Règne: Fungi…......................................Champignons

Fungi imperfecti………….………Deutéromycètes

Sous-règne: *Dikarya*

Phylum: *Ascomycota*…………………..…Ascomycètes

Sous phylum: *Pezizomycotina*

Classe: *Sordariomycota*………….………Sordariomycètes

Sous-classe: *Hypocreomycetidae*

Ordre: *Hypocréales*

Famille: *Nectriaceae*

Genre: *Fusarium*

Espèce: *Fusarium oxysporum*

Forme spéciale: *albedinis*

5. Aperçu historique du bayoud

Le palmier dattier, comme toute espèce végétale, est sous la menace de divers ravageurs et maladies parasitaires, fongiques, bactériennes, à mycoplasmes, et non parasitaires (Djerbi, 1982a; Djerbi, 1982b; Djerbi, 1983), mais la maladie connue sous le nom de bayoud, trachéomycose due à un champignon appartenant à l'espèce *F. oxysporum* f. sp. *albedinis* provoquant un dépérissement irréversible du palmier dattier et, par conséquent, des dégâts considérables et définitifs. Le bayoud sans conteste constitue la maladie la plus grave du palmier dattier (Djerbi, 1982a; Djerbi, 1982b; Djerbi, 1988; Sedra et Bah, 1993).

Il est difficile, voire impossible de préciser la date et le lieu de la première apparition du bayoud. Cette maladie existe depuis plus d'un siècle en Afrique du nord, répandue surtout au Maroc et en Algérie (Sedra et Maslouhy, 1995). Les témoignages des agriculteurs s'accordent cependant sur le fait que cette maladie a été observée pour la première fois dans la vallée du Draâ au nord de Zagora, au Maroc, avant 1870. Le bayoud a ensuite progressé vers l'ouest et surtout vers l'est en suivant les cordons des palmeraies (Pereau-Leroy, 1958; Toutain, 1965; Sedra et Rouxel, 1989). En 1898, ce fléau atteint les palmeraies de Figuig et Béni Onif situées côte à côte des deux côtés de la frontière algéro-marocaine (Pereau-Leroy, 1957; Pereau-Leroy, 1958). Entre 1920 et 1950, la maladie a contaminé les palmeraies du Sud algérien, puis durant la période 1960-1978, elle a gagné des palmeraies du centre de Sud algérien, la région de Mzab et El-Goléa (Figs.103 et 104) (Kada et Dubost, 1975; Djerbi, 1982a; Djerbi, 1982b).

Mises à part les palmeraies d'Ouarzazate et de Marrakech, toutes les palmeraies marocaines ont été infestées par le bayoud. D'une manière générale, la progression du bayoud, dans les palmeraies marocaines et jusqu'à la palmeraie de Beni Ounif en Algérie, ses faites de proche en proche, en suivant les vallées. Cependant, dans les palmeraies du Sahara central, en Algérie, bayoud s'est propagé en effectuant des bonds désordonnés de région en région géographiquement parfois très éloignée (700 km en quatre ans, entre Beni Ounif et Foggaret El Arab, 300 km en douze ans, entre Béchar et Fatis, et 700 km en huit ans, entre In Salah et Metlili (Figs.103 et 104) (Toutain, 1965).

Depuis 1965, date de contamination de Ghardaïa, la vallée du M'zab constitue le front avancé du bayoud dans le sens Ouest-Est, en Algérie. La dernière mise à jour de la carte de répartition de la maladie dans les palmeraies algériennes date de 1991, suite à sept années de prospections minutieusement entreprises (Figs.103 et 104) (Brac De La Perrière et Benkhalifa, 1991).

Le bayoud s'est propagé en Algérie depuis plus d'un siècle, la progression de la maladie s'est effectuée de l'Ouest vers l'Est. Au total 34 communes sont touchées et les foyers bayoudés sont parfois localisés ou dispersés «Béni Ounif, Saoura, Gourara, Touat, Tidikelt à l'Ouest et au niveau des palmeraies du M'zab au centre». Dans certaines oasis la situation est très alarmante, actuellement, il a atteint l'oasis de Zelfana, située entre Ghardaïa et Ouargla. Cette progression continue du bayoud vers l'Est constitue une menace réelle pour les plantations importantes de *Deglet Nour* d'Algérie (Ziban et Oued Rhigh) et de la Tunisie (Sedra, 2005a; Sedra, 2005b).

Au Maroc, les pertes en palmiers ont été estimées à plus de 10 millions de palmiers dattiers depuis l'apparition de la maladie, ce qui représenterait les deux tiers des palmiers productifs (Pereau-Leroy, 1958; Sedra, 2005a). En Algérie, le chiffre de trois millions d'arbres détruits, a été avancé (Djerbi, 1982a; Sedra, 2005a). Nous n'avons malheureusement pas pu avoir accès à des documents d'enquête pour confirmer ces données. Il reste néanmoins certain que le bayoud a été, et demeure, la maladie la plus destructrice du palmier dattier dans ces deux pays (Sedra, 1985). Par ailleurs, cette maladie constitue un véritable fléau des zones phoenicicoles d'une partie de l'Afrique du Nord et aussi une menace potentielle pour la Tunisie et les autres pays producteurs de dattes (Sedra, 1993; Sedra, 2003).

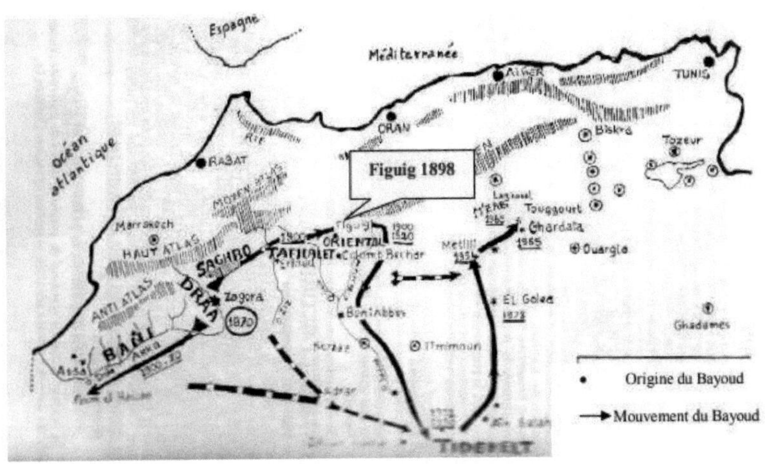

Fig.103. Origine et extension du bayoud en Afrique du Nord (Pereau-Leroy, 1958).

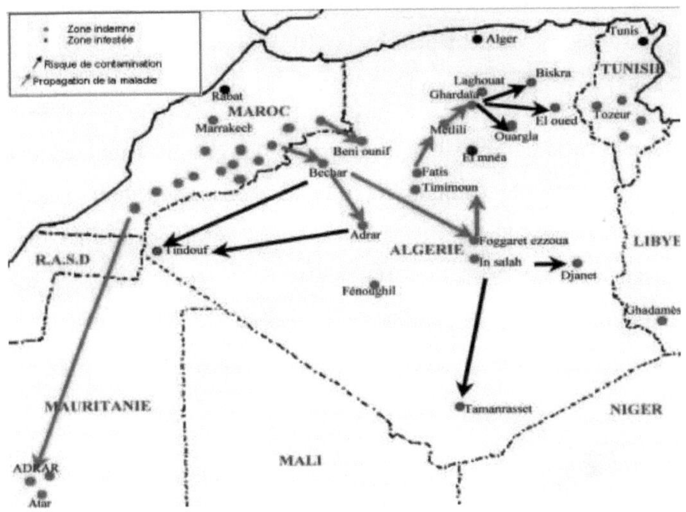

Fig.104. Progression de la maladie de bayoud en Afrique du Nord (Toutain, 1965).

La maladie a été découverte aussi dans les palmeraies mauritaniennes à Adrar et à Tagant, respectivement en 1995 et 2002 (Sedra, 1995; Sedra, 1999a; Sedra, 1999b; Sedra, 2015). Les derniers foyers déclarés au Maroc en 1996 sont situés dans la vallée d'Aït Mansour (région de Tafraoute) (Sedra, 1996).

Sa présence en Tunisie, Libye, et Égypte n'est pas confirmée. Des signalements en France et en Italie existent, mais ils concernent l'espèce *P. canariensis* (OEPP/EPPO, 2005).

6. Cycle d'infection

La maladie du bayoud affecte les différents stades de croissance du palmier dattier, en attaquant aussi bien les palmiers matures que les plus jeunes et même les rejets. *F. oxysporum* f. sp. *albedinis* a un cycle de vie complexe qui pourrait être divisé en deux phases, une vie parasitaire sur son hôte spécifique et une croissance saprophyte sur les tissues morts. La phase saprophyte commence lorsque les tissus infectés de la plante commencent à mourir. Les différentes étapes se succèdent en neuf phases (Fig.105) (Beckman, 1987; Djerbi, 1988; Sedra, 2003).

Conservation: Le champignon produit des chlamydospores lorsque les niveaux d'hydrates de carbone sont diminués dans les tissus morts. Les chlamydospores sont libérées dans le sol avec le reste des hyphes lorsque le palmier dattier meurt (Beckman, 1987). Ces structures de résistance survivent sous une forme inactive pendant de longues périodes en raison de leur capacité élevée à survivre dans le sol sous des conditions défavorables (Fig.105) (Djerbi, 1988; Sedra, 2003).

Phase saprophytique: En présence de conditions favorables pour le champignon au niveau du sol, les chlamydospores peuvent germer et commencer leur phase de vie saprophyte. La germination des chlamydospores, qui se produit en présence des débris végétaux ou des hôtes appropriés, peut être un processus rapide. En outre, la germination des chlamydospores peut produire de nouvelles chlamydospores avec réserves fraîches qui permettent la persistance de l'agent pathogène dans le sol (Figs.105, 106, 107 et 108) (Djerbi, 2003; Sedra, 2003).

Colonisation des racines: L'état de dormance des chlamydospores peut être interrompu lorsqu'elles rencontrent les racines de l'hôte, et le champignon peut coloniser la plante et produit une infection de l'hôte et entrer dans la phase parasitaire, mais si l'hôte n'est pas approprié il continue comme un saprophyte. *F. oxysporum* f. sp. *albedinis* est un colonisateur agressif et compétitif par rapport aux autres champignons filamenteux, il est capable de pénétrer dans le tissu cortical externe de la racine à travers des pointes des racines ou des blessures. Dans cette première phase se déterminé le succès ou l'échec de l'agent pathogène à entrer dans le système vasculaire (Figs.105, 106, 107 et 108) (Beckman, 1987; Djerbi, 2003; Sedra, 2003).

Pénétration et développement dans les vaisseaux vasculaires: Quand il pénètre dans un hôte susceptible se déclenche la seconde phase du cycle de vie parasitaire. Le champignon envahit les tissus du xylème qui se propage rapidement à travers la croissance des hyphes et la production des spores (conidies). Ces derniers peuvent être dispersés facilement à travers les vaisseaux de la plante. Quand ce mouvement est empêché par une paroi transversale, les conidies germent, le tube germinatif pénètre dans la paroi et la formation de conidies reprend de l'autre côté de la paroi. Les souches non pathogènes sont capables de coloniser les racines, mais ne déclenchent pas la maladie parce qu'ils sont incapables de pénétrer dans le système vasculaire de la plante (Beckman, 1987; Djerbi, 2003; Sedra, 2003). Lorsque le champignon pénètre dans un hôte non spécifique, certains mécanismes de défense se déclenchent en renforçant certaines structures cellulaires (Figs.105, 106, 107 et 108). En conséquence, la formation de nouvelles chlamydospores, en augmentant leur capacité à persister dans le sol (Beckman, 1987; El Modafar et El Boustani, 2000; El Modafar et El Boustani, 2001; El Modafar et El Boustani, 2002).

Apparition des symptômes: La troisième phase de la maladie se constater quand ils commencent l'apparition des symptômes sur la plante. Il existe une controverse sur les mécanismes qui déclenchent l'apparition des symptômes, qui peuvent être dus à l'obstruction du système vasculaire de la plante, à la production de toxines ou à la combinaison des deux mécanismes au même temps. En plus de nombreux facteurs environnementaux tels que la température, la lumière, l'aération et l'humidité du sol, la richesse du sol en calcium et en azote influencent le déclenchement de la maladie. Par ailleurs, le pH et la microflore du sol sont essentiels pour augmenter la sévérité de la maladie du bayoud (Figs.105, 106, 107 et 108) (Djerbi *et al.,* 1986; Djerbi, 2003; Sedra, 2003).

Contamination par contact des racines: Les sujets malades, par contact peuvent contaminer facilement et rapidement le reste des palmiers dattiers voisins (Fig.105) (Djerbi, 2003; Sedra, 2003).

Mort de palmier dattier: Une fois la progression du champignon se généralise, dans les systèmes vasculaires, le palmier dattier meurt progressivement ou brutalement (Figs.105, 106, 107 et 108) (Djerbi, 2003; Sedra, 2003).

Porteurs sains: En présence de cultures sous palmeraies, certaines espèces végétales (henné, luzerne, etc.), peuvent jouer un rôle important dans l'hébergement et la propagation du pathogène et deviennent des foyers de contamination (Fig.105) (Djerbi *et al.,* 1985a; Djerbi *et al.,* 1985b; Sedra, 2003).

Décomposition du végétal atteint et libération des spores: La désintégration des tissus végétaux permet la libération des chlamydospores dans le sol (Fig.105) (Djerbi, 2003; Sedra, 2003).

Lemanceau et Alabouvette (1993) décrivent que *F. oxysporum* f. sp. *albedinis* peut survivre dans le sol et sur des débris végétaux pendant plusieurs années en absence et en présence de son hôte (Tantaoui *et al.,* 1996). C'est un parasite tellurique qui persiste pendant l'hiver sous la forme de chlamydospores dans les tissus de palmiers dattiers malades (racines, rachis, etc.). La désintégration de ces tissus permet la libération des chlamydospores dans le sol où elles demeurent à l'état dormant. Il peut aussi survivre dans les porteurs sains (Fig.105) (Djerbi, 1983; IMI, 1994).

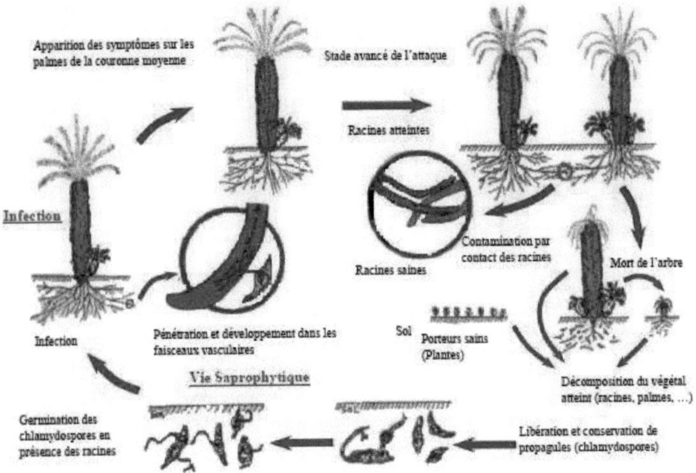

Fig.105. Cycle infectieux du *Fusarium oxysporum* f. sp. *albedinis*, agent du bayoud (Sedra, 1993).

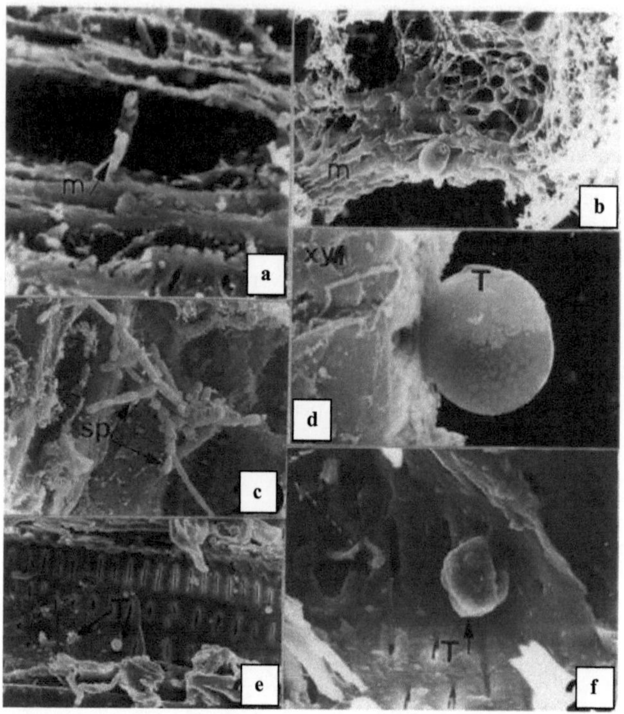

Fig.106. Pénétration et développement de *Fusarium oxysporum* f. sp. *albedinis* dans les vaisseaux vasculaires (*Takerboucht* (a, c, e et f) et *Tantabouchet* (b et d)). a. Hyphe présente dans un vaisseau de xylème (coupe longitudinale (x 1250) de racine principale); b. Lumière d'un vaisseau de xylème envahi d'hyphes engluées (coupe transversale (x 1350) de racine principale); c. Hyphes sporulant dans le parenchyme cortical, au niveau du collet (x 750); d. Thylle dans un vaisseau de xylème (coupe longitudinale (x 3500) de racine principale); e. Fond d'un vaisseau de xylème montrant des thylles en formation (coupe longitudinale (x 475) de racine principale); f. Thylle dans un vaisseau de xylème a niveau de racine principale (x 800). T: thylle; sp: spore; m: mycélium; xyl: xylème (Mathéron et Benbadis, 1994).

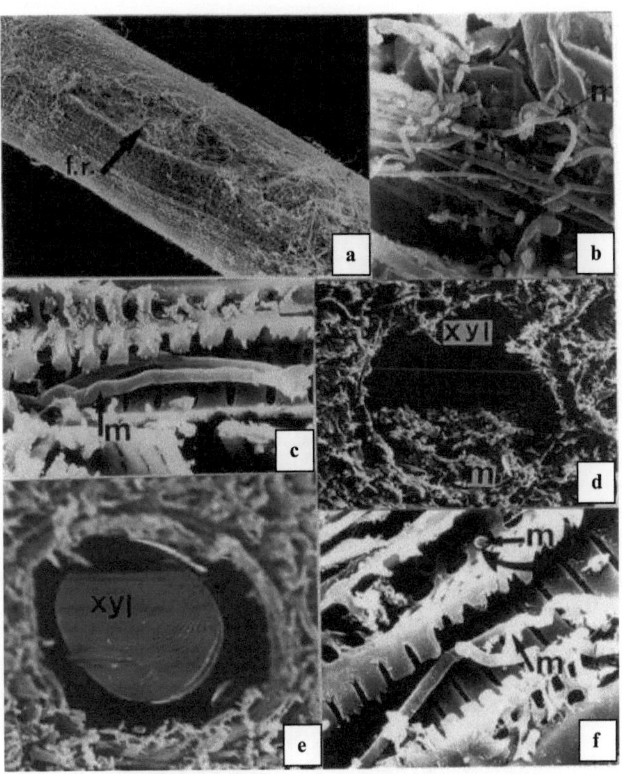

Fig.107. Développement du mycélium de *Fusarium oxysporum* f. sp. *albedinis* dans les vaisseaux vasculaires du palmier dattier. a. Portion de racine avec fenêtre racinaire envahie de mycélium (x 19,4); b. Parenchyme cortical envahi de mycélium (x 1250); c. Vaisseau de xylème racinaire contenant 2 hyphes de *F. oxysporum* f. sp. *albedinis* (coupe longitudinale (x 1336) de racine principale); d. Vaisseau de xylème racinaire partiellement rempli de mycélium (coupe transversale (x 650) de racine principale); e. Jonction entre deux vaisseaux de xylème montrant l'absence de cloisons transversales (coupe longitudinale (x 833) de racine principale); f. Mycélium passant par une ponctuation (flèche) (coupe longitudinale (x 1350) de racine principale). f.r.: fenêtre racinaire; m: mycélium; xyl: xylème (Mathéron et Benbadis, 1994).

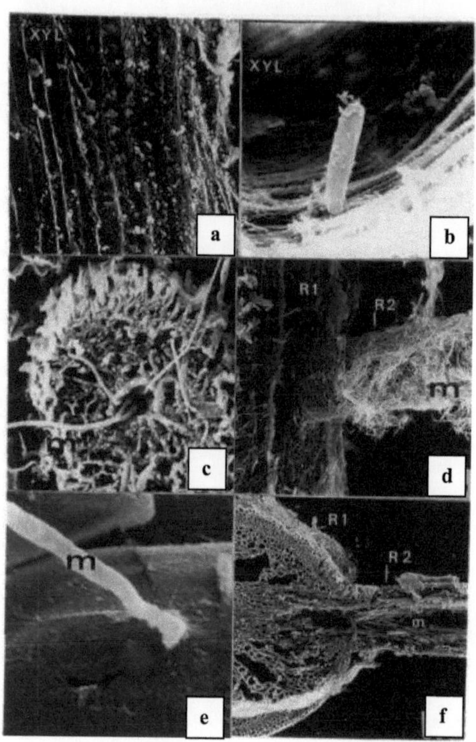

Fig.108. Développement du mycélium de *Fusarium oxysporum* f. sp. *albedinis* dans les vaisseaux vasculaires de *Deglet Nour* (a, b et c) et *Takerboucht* (d, e et f). a et d. Portion de xylème racinaire présentant de nombreuses ponctuations bouchées (coupe longitudinale (x 960) de racine principale); b et e. Spore de *F. oxysporum* f. sp. *albedinis* dans la lumière d'un vaisseau (coupe transversale (x 3000) de racine principale); c et f. Mycélium dans le xylème de la base de l'axe feuille (coupe transversale (x 514) de racine principale). R1: racine principale; R2: racine latérale; m: mycélium; XYL: xylème (Mathéron et Benbadis, 1994).

Ce champignon est très inégalement réparti dans le sol, on le trouve entre 0 et 30 cm de la surface du sol, mais parfois jusqu'à 1 m, les chlamydospores sont peu nombreuses et peuvent demeurer dans le sol pendant plus de 8 ans, même si les palmiers dattiers sont morts depuis (Tantaoui, 1989). Un petit nombre de propagules suffit pour initier la maladie et quelques racines infectées peuvent provoquer la mort de palmier dattier. Le changement des conditions défavorables en conditions favorables permet aux chlamydospores de germer et de pénétrer aux tissus vasculaires à travers les racines (Djerbi, 1983; IMI, 1994).

L'irrigation favorise aussi le développement de la maladie, mais on n'en connaît pas les mécanismes précis (plus grande diffusion du champignon dans le sol et/ou des spores dans les vaisseaux) (Fernandez *et al.,* 1995).

F. oxysporum f. sp. *albedinis* démarre son cycle de développement en affectant le système souterrain de l'hôte (racines) avant de devenir systémique dans les tissus conducteurs. Ensuite, son développement est lié aux modalités d'interaction entre la variété de palmier dattier et la race d'agents pathogènes (Mourichon, 2003). L'infection des palmiers se fait généralement à partir des pointes racinaires, le champignon pénètre dans les tissus vasculaires des racines, puis progresse et envahit tout le tronc (Tantaoui, 1989).

En contact avec l'hôte et dès que les conditions sont favorables, et dans le cas d'une interaction compatible d'une race sensible, les chlamydospores s'adhèrent, germent et pénètrent dans les tissus vasculaires des racines, à partir desquels le mycélium atteint la tige et se ramifie au niveau des cellules épidermiques (Djerbi, 1983).

Les mécanismes précis du dépérissement de palmier dattier ne sont pas connus mais, comme pour toutes les fusarioses vasculaires, la mort de la plante résulte probablement de l'effet combiné des armes chimiques déployées par le parasite, enzymes pectinolytiques et cellulolytiques qui dégradent les parois cellulaires de l'hôte, et des réactions de défense de la plante (Fernandez *et al.,* 1995).

Arrivé au niveau du cylindre central, le parasite s'installe dans les vaisseaux du xylème (tissu conducteur) et le mycélium produit des microconidies qui sont transportées vers le haut par la sève montante. Quand ce mouvement est empêché par une paroi transversale, les microconidies germent, le tube germinatif pénètre dans la paroi et la formation de microconidies reprend de l'autre côté de la paroi. La mort de palmier dattier intervient quand le champignon atteint avec ses toxines le bourgeon terminal. Au cours de sa progression, *F. oxysporum* f. sp. *albedinis* a s'échappe du xylème et colonise le parenchyme environnant par un mycélium inter et intracellulaire, c'est ce qui donne plus tard la coloration brun rougeâtre caractéristique des palmiers dattiers malades. Après la mort, le mycélium continue à se développer dans les tissus morts et forme de nombreuses chlamydospores dans les cellules du sclérenchyme (Louvet, 1977).

À l'extérieur, se forment des organes fructifères à la surface des palmes appelées sporodochies et développent des macroconidies qui à leur tour contaminent d'autres palmiers dattiers, lorsqu'elles sont transportées par le vent, l'érosion, les insectes, etc. (Jones et Woltz, 1981).

Les travaux d'Ait Kettout et Rahmania (2006) montrent que 3 semaines après inoculation par le *F. oxysporum* f. sp. *albedinis*, les plantules restent toujours vivantes, alors que celles inoculées par l'acide fusarique, subissent un flétrissement du limbe suivi de la mort, effets très rapides par rapport à ce qui est constaté pour l'inoculum. Ces résultats montrent en outre que l'acide fusarique stimule le métabolisme des anthocyanes; néanmoins, ces substances n'arrivent pas à juguler l'infection.

En général, les conditions favorables à une croissance rapide du palmier dattier favorisent aussi le développement de la maladie. La température de croissance optimale de ce pathogène est entre 21 et 27,5°C; la croissance reste importante à 18°C et à 32°C, mais s'arrête en dessous de 7°C et au-delà de 37°C (Bounaga, 1975).

7. Dissémination

La dispersion des champignons s'effectue par les spores ou le mycélium qui constitue l'appareil végétatif (Duhoux et Nicole, 2004). La propagation de la maladie se fait par des différentes manières, par des rejets infectés, par le sol contaminé, par les plantes saines porteuses du champignon (henné, luzerne, etc.), par les tissus infectés (en particulier des morceaux de rachis infectés) et par l'eau d'irrigation. La maladie peut aussi se transmettre par contact entre les racines infectées et saines (Bouizgarne *et al.,* 2004). Les mêmes auteurs rajoutent que l'ampleur de propagation de la maladie dépend des pratiques culturales (fertilisation, irrigation abondante, etc.) et des conditions climatiques (température).

L'accumulation des sous-produits du palmier dattier, utilisés jadis pour la vie quotidienne de l'oasien, constitue des points noirs de pollution dans les palmeraies. La décomposition de cette biomasse, dont une partie est contaminée par l'agent responsable du bayoud, constitue un vecteur de propagation de la maladie et une source de l'alimentation du sol en champignon pathogène (Chakroune *et al.,* 2005).

Par contre, aucune transmission par les hampes florales, les semences ou les fruits n'a été signalée (OEPP/EPPO, 2003).

8. Symptomatologie du bayoud

8.1. Symptômes externes

Le bayoud attaque aussi bien les jeunes palmiers que les sujets adultes de même que leurs rejets basaux. Les premiers symptômes de la fusariose du palmier dattier apparaissent sur une ou plusieurs palmes de la couronne moyenne (Ait Kettout Tassadit, 2011). Leurs folioles prennent un aspect plombé (gris cendré), et se fanent d'une façon particulière (Fig.109). Ensuite, les folioles se dessèchent progressivement de la base vers l'apex et se replient vers le rachis (aspect de plume mouillée) (Sedra, 1993; Alves-Santos *et al.,* 2007). Le dessèchement se poursuit de l'autre côté, en sens inverse, en progressant cette fois de haut en bas; la palme complètement desséchée prend alors une couleur blanchâtre d'où le nom arabe de "bayoud" (du mot arabe "abiad" qui signifie blanc et qui se réfère au blanchiment des palmes des arbres malades) donné à la maladie (Fig.110) (Djerbi, 1990; Sedra et Bah, 1993).

Fig.109. Premiers symptômes typiques de la maladie de bayoud (Boucenna-Mouzali *et al.,* 2018).

Fig.110. Début du dessèchement et blanchiment unilatéral des palmes du palmier dattier (début de l'aspect typique plume mouillée avec hémiplégie) (Sidaoui, 2019).

Au cours de ce processus de décoloration et dépérissement des pennes, une coloration brune qui se manifeste dans le sens de la longueur, sur le côté dorsal du rachis, avance de la base vers l'apex de la fronde: elle correspond au passage du mycélium dans les faisceaux vasculaires du rachis (Bounaga, 1970; Curir *et al.,* 2001; Daayf *et al.,* 2003). Ensuite, la feuille va prendre une forme arquée, similaire à une feuille humide, et pend le long du tronc (Arib, 1998; Bouizgarne *et al.,* 2004). Ce processus peut durer de quelques jours à plusieurs semaines (Bounaga, 1976; Bounaga, 1977).

Rapidement, d'autres palmes, souvent proches des premières présentent à leur tour les mêmes symptômes. Dans tous les cas, la maladie avance toujours vers le cœur de palmier dattier (Dihazi, 2012). À un stade avancé de la maladie, les palmes atteintes meurent et restent pendantes le long du stipe (El Fakhouri *et al.,* 1996). La maladie progresse vers les palmes du centre pour atteindre le cœur de l'arbre qui meurt quand le mycélium atteint le bourgeon terminal (Fig.111) (Djerbi, 1990). L'évolution de la maladie peut varier de quelques mois à plusieurs années (6 mois à 2 ans) et elle dépend essentiellement des conditions culturales et du cultivar (Djerbi, 1988; El Modafar *et al.,* 1999).

Fig.111. Palmeraie morte dans les zones du Sud-Ouest d'Alger (Adrar) (Sidaoui, 2019).

Les symptômes se développent parfois de façon différente. La coloration brune apparaît au milieu du rachis, côté dorsal, et progresse vers le haut jusqu'à ce que le rachis devienne si étroit que tous les tissus sont affectés, ce qui provoque le dépérissement de l'apex. Le flétrissement et la mort des pennes se poursuivent ensuite vers le bas jusqu'à la mort des feuilles. Les symptômes précoces peuvent aussi être différents, on détecte parfois un jaunissement généralisé avant l'apparition des symptômes typiques, surtout en hiver et en automne (Fig.112) (Djerbi, 1983; Fernandez *et al.,* 1997; OEPP/EPPO, 2003)

Fig.112. Symptômes typiques fréquents (1) observés sur les palmes et d'autres atypiques moins fréquents (2) (pas de caractère d'hémiplégie) qui posent une difficulté et une confusion dans le diagnostic de la maladie (Sedra, 2013).

8.2. Symptômes internes

Si on déracine un palmier malade, on ne voit qu'un petit nombre de racines malades, rougeâtres, sans proportion avec les dégâts observés sur le palmier dattier (Toutain, 1968b). Ces racines malades correspondent à plusieurs groupes de faisceaux vasculaires du stipe qui ont pris une coloration brun rougeâtre, de même que le parenchyme et le sclérenchyme environnants d'ailleurs (Ziouti *et al.,* 1996a; Ziouti *et al.,* 1996b). Vers la base du stipe, les taches sont larges et nombreuses. Au cours de leur ascension dans le palmier dattier, les faisceaux vasculaires colorés se séparent et leurs chemins tortueux, à l'intérieur des tissus sains, peuvent être suivis (Surrico et Graniti, 1977; Tantaoui *et al.,* 1996).

Les frondes qui manifestent des symptômes externes ont une couleur brun rougeâtre et des faisceaux vasculaires très colorés quand on les coupe (Figs.113 et 114) (Sedra *et al.,* 1993). Il y a donc continuité des symptômes vasculaires qui existent depuis les racines jusqu'aux feuilles apicales du palmier (Djerbi, 1983; IMI, 1994).

Les symptômes ne sont pas signalés sur les pédoncules, les fleurs ou les fruits (Koulla et Saaidi, 1985; Djerbi, 1988; Fernandez *et al.,* 1995; Sedra, 2003).

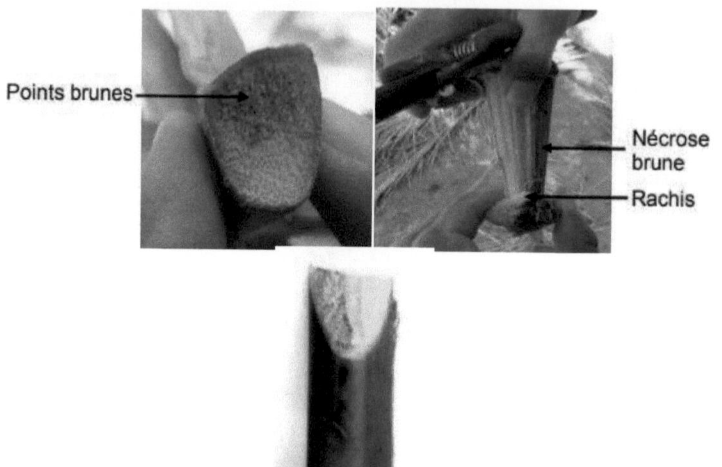

Fig.113. Points brunes correspond au passage de mycélium à travers les vaisseaux vasculaires et apparition de brunissement et de dessèchement au niveau du rachis (Benlarbi, 2009; Sidaoui, 2019).

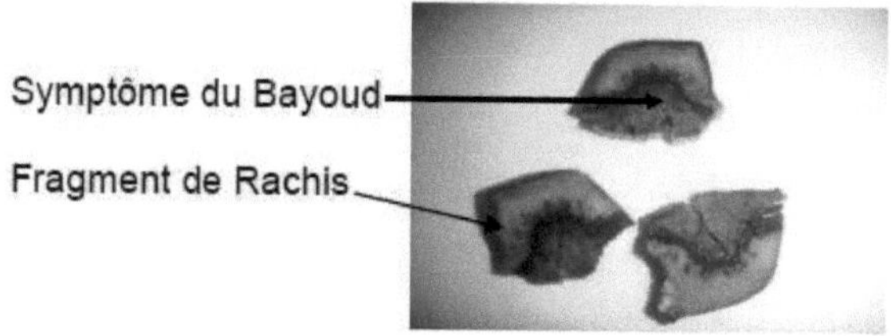

Fig.114. Fragments de rachis présentant les symptômes de la maladie du bayoud (Sidaoui, 2019).

9. Impact économique

Le bayoud est une catastrophe pour toutes les régions productrices de dattes dans le monde. En Algérie et au Maroc, cette maladie provoque chaque année la mort de 4,5 à 12% de la population phoenicicole des palmeraies infectées (Djerbi, 1983; Djerbi, 1988; Djerbi, 1990), avec une vitesse d'avancement de 4 à 15% de palmiers atteints par an. Le Maroc, qui était un exportateur traditionnel des dattes, occupait le troisième rang parmi les pays producteurs; actuellement, il importe des dattes pour satisfaire le marché national. Les variétés qui produisent des dattes de qualité (*Medjhool*, *Deglet Nour* et *Boufegous*) sont très sensibles à la maladie (El Hadrami et El Hadrami, 2009) ainsi, certaines variétés marocaines (*Berni* et *Idrar*) ont complètement disparu. Dans la plupart des oasis, plus de 50% des cultivars de bonne qualité de palmier dattier ont été détruits au profit de la prolifération des cultivars peu productifs produisant des dattes communes qui sont souvent impropres à la consommation humaine. On assiste aussi à la prédominance des khalts puisque cette catégorie représente plus de 47% de la population phoenicicole du Maroc (Harrak et Chetto, 2001).

Au début du 20ème siècle les phoeniciculteurs Figuiguis ont perdu plus de 48% de leurs palmiers dattiers parmi les variétés de bonne qualité comme *Boufaggousse*, *Boufaggousse Gharas*, *Afroukh N'Tijint*, *Asian*, etc. (Toutain, 1968a; Toutain, 1968b). Ce taux de mortalité est actuellement de 4,3% par an. Cette diminution n'est pas due à la perte de la virulence du champignon pathogène mais le résultat d'une sélection draconienne opérée par ce champignon en détruisant toutes les variétés sensibles et laissant les moins sensibles et les plus résistantes qui sont souvent d'une qualité médiocre (Hakkou et Bouakka, 2004). La palmeraie de Figuig était très riche en variétés dattières; déjà en 1968, Toutain a recensé 21 variétés différentes dont plus de la moitié (12 variétés) a disparu (Toutain, 1968a; Toutain, 1968b).

Kada et Dubost (1975) signalent 482 arbres morts en moins de dix ans après la première apparition de la maladie aux environs de Ghardaïa. Ce fléau menace actuellement les importantes plantations de l'oued Rhir, des Ziban et du Souf, qui produisent 75% des dattes algériennes.

Ce phénomène entraîne la disparition progressive des cultivars à intérêt économique de qualité reconnus mondialement et par voie de conséquence une forte réduction de la densité des palmiers puisqu'elle est passée de 300-400 à 40-50 palmiers par hectare (Saaidi, 1979; Djerbi *et al.,* 1986).

L'impact désastreux du bayoud n'est pas seulement économique, lié à la diminution de la production de dattes, mais aussi, à la perte d'une source de revenus et de devises indispensables à la vie quotidienne des oasiens. Il perturbe également l'écosystème oasien, vu le rôle du palmier dattier à ce niveau, en accentuant ainsi le phénomène de désertification, et provoquant un impact sociologique et de l'émigration des familles (dans la vallée du Drâa, plus de 2500 familles ont migré définitivement vers le nord du pays au Maroc) (Djerbi, 1988; Fernandez *et al.,* 1995).

10. Gamme d'hôtes

Le palmier dattier représente la plante hôte principale menacée par la maladie du bayoud (EOPP, 1994). *F. oxysporum* f. sp. *albedinis* a été signalé sur d'autres plantes cultivées dans les palmeraies et les oasis: le henné (*Lawsonia inermis* L.), la luzerne (*Medicago sativa* L.), le bersim (*Trifolium alexandrinum* L.) et le trèfle (*Trifolium* sp.) sans extérioriser de symptômes pathologiques (Djerbi, 1986; Djerbi *et al.,* 1990). Ces plantes sont considérées comme des «porteurs sains» de la maladie. Elles peuvent héberger l'agent causal du bayoud sans manifester le moindre symptôme externe, mais montrent au contraire des nécroses internes au niveau des racines et du collet (Djerbi, 1983; IMI, 1994; Arib, 1998).

11. Pathogénie

La pathogénicité ou pouvoir pathogène d'un microorganisme est sa capacité à provoquer des troubles chez un hôte. Les tests de pathogénicité sont les seuls moyens pour déterminer l'effet pathologique des isolats fongiques isolés à partir des plantes malades (racines, tiges, fruits, feuilles, etc.) ou des échantillons du sol (Gupta *et al.,* 2009). Nelson *et al.* (1981), et El-Kazzaz *et al.* (2008) qui ont signalé que le genre *Fusarium* contient des champignons économiquement importants car il comprend de nombreuses espèces pathogènes qui causent une large gamme de maladies des plantes.

F. oxysporum f. sp. *albedinis* attaque aussi bien le palmier dattier que le palmier des Canaries que d'autres espèces de *Palmaceae*. D'autres plantes peuvent servir de porteurs, asymptomatiques, du *F. oxysporum* f. sp. *albedinis* comme le henné, la luzerne et le trèfle (Djerbi *et al.*, 1985a; Djerbi *et al.*, 1985b). Divers niveaux d'agressivité ont été observés parmi les isolats provenant du palmier dattier et des porteurs sains (Sedra et Djerbi, 1986; Feather et Ohr, 1989). En outre, Bulit *et al.* (1967), et Saaidi (1990) affirment que les isolats de *F. oxysporum* f. sp. *albedinis* isolés à partir du rachis paraissent plus agressifs que celles isolées à partir des racines.

Sidaoui (2019) a noté que le taux de mortalité élevé a été enregistré chez les plantules inoculées avec les 20 isolats de *F. oxysporum* f. sp. *albedinis* et capables d'induire des symptômes de bayoud, résultat confirmant leur appartenance à la forme spéciale *albedinis*, comparativement aux plantules inoculées par les trois isolats de *Fusarium* sp. isolé du sol et des plantules. Ce taux est dépassé 70% pour la plupart des isolats. Ces résultats coïncident également avec celles rapportées par plusieurs auteurs qui mentionnent la pathogénicité des isolats de *F. oxysporum* f. sp. *albedinis* vis-à-vis des plantules de palmiers dattiers (Mathéron et Benbadis, 1994; Karkachi *et al.,* 2014; Oubraim *et al.,* 2016).

L'observation d'une nécrose brune dans les racines des jeunes plantules après inoculation c'est un indicateur du passage du mycélium de *F. oxysporum* f. sp. *albedinis* dans les tissus vasculaires. Ces résultats correspondent à ceux publiés par Ait Kettout et Rahmania (2013) qui ont montré que dans le palmier dattier, il est connu que l'infection des racines se fait aussi bien par le mycélium que par les conidies chez les jeunes plantules. Dans le même sens, Sedra (2006a) et Khelafi *et al.* (2006), signalent que l'activité toxique de *F. oxysporum* f. sp. *albedinis* se manifeste par des nécroses 5 jours après immersion des feuilles détachées de *Deglet Nour* dans une solution de toxine de *F. oxysporum* f. sp. *albedinis* (25 et 50 µg/ml). De même, Raju *et al.* (2008) ont publie que le flétrissement vasculaire est accompagné d'une pourriture racinaire ou de nécroses des racines et du collet quand il est associé à l'infection par les espèces de *F. oxysporum* f. sp. *albedinis* (Jimenez-Diaz et Trapero-Casas, 1988; Sedra, 2006b).

En ce qui concerne les symptômes de la maladie enregistrés dans la partie aérienne après le processus d'inoculation, est apparu sur les feuilles des plantules inoculées, sous forme de flétrissement avec une couleur jaune et ensuite ces feuilles sont séchées, ce qui conduit à la mort de ceux-ci et la mort des plantules au plus tard. Ces symptômes étaient trouvés similaires à ceux précédemment signalé pour la maladie de bayoud (Sedra *et al.*, 1998a; Sedra *et al.*, 1998b; El-Hassan, 2016; Oubraim *et al.*, 2016). Et diffère de celle publiée par Renard (1970) qui a été observée des chlamydospores de *F. oxysporum* sur le rhizoderme et dans les parties internes des racines du palmier à huile, 8 jours après inoculations.

Les résultats obtenus par Sidaoui (2019) ont montré qu'il n'existe pas de corrélation entre la pathogénicité des isolats et l'origine géographique de l'isolat ou du cultivar à partir duquel cet isolat a été isolé. En outre, Brennan *et al.* (2003) ont rapporté que des isolats de *Fusarium* provenant de certaines régions d'Europe n'étaient pas capables de provoquer les mêmes niveaux d'infection dans différentes conditions agroécologiques. Donc même la variation environnementale, lors de la réalisation des tests de pathogénicité peut conduire à des résultats incompatibles (Bosland et Williams, 1987).

Pour évaluer avec précision l'agressivité du pathogène, le chercheur est confronté à de sérieuses difficultés durant l'expérimentation. En effet, le stade de croissance des plantules sensibles au pathogène n'est pas défini avec une grande exactitude; par ailleurs, la majorité des expériences ne sont pas réalisées sur des cultivars connus ou des clones obtenus par culture *in vitro* mais sur des plants obtenus à partir de graines, il se pose donc le problème de la grande hétérogénéité de ce matériel (Bounaga, 1993).

L'infection provoquée sur des plantules de palmier est la méthode la plus simple qui peut être utilisée pour tester le pouvoir pathogène des cultures pures de *F. oxysporum* f. sp. *albedinis*. Cette méthode est simple du point de vue technologique mais nécessite beaucoup de temps. Le protocole nécessite les conditions suivantes (OEPP/EPPO, 2003):

a) Les plantules de *P. dactylifera* issues de semis doivent être cultivées dans des conditions exemptes de maladie dans des sacs en polyéthylène transparent.

b) Le champignon ne doit pas avoir été stocké sur un milieu PDA ou autre milieu riche.

c) Le champignon doit être transféré du SNA au PDA (solide ou liquide) à 25 °C et une suspension de 10^6 spores par ml doit être préparée après une semaine.

d) La suspension de spores est pipetée sur les racines des plantules au stade deux feuilles (âgées d'environ trois mois).

Les premiers symptômes sont visibles après 3 semaines. Le taux de mortalité est noté à un intervalle régulier pendant 2 mois après l'inoculation. Outre cette inoculation, deux inoculations témoins sont incluses, l'une avec un isolat pathogène de *F. oxysporum* f. sp. *albedinis* et l'autre avec un isolat non pathogène de *F. oxysporum*. Le test de pouvoir pathogène est validé si la mortalité finale dépasse 20% pour l'isolat pathogène connu et aussi pour l'isolat étudié, et que les plantules inoculées avec l'isolat non pathogène ne présentent pas de signe de maladie. Le palmier dattier est génétiquement variable à cause de sa nature dioïque, et il faut donc utiliser au moins 50 plantules dans le test de pouvoir pathogène (OEPP/EPPO, 2003).

12. Pathogenèse et mécanismes de défense du palmier dattier

Le sol est un habitat favorable pour les micro-organismes et est habité par un large éventail de bactéries, champignons, algues, virus et protozoaires. Les sols contiennent un grand nombre de micro-organismes, habituellement entre un et dix millions par gramme de sol (les bactéries et champignons sont les plus répandus). Quelques micro-organismes présents dans le sol peuvent également infecter les plantes. Ces microbes pathogènes telluriques peuvent accomplir leur cycle de vie dans le sol, ou peuvent dépenser une partie dans la plante entre autres *F. oxysporum* f. sp. *albedinis* (Bounaga, 1970; Dubost *et al.,* 1970; Bounaga, 1975; Corbaz, 1990; El Modafar et El boustani, 2000; Lucas, 2006).

Les microbes pathogènes telluriques exigent une plante susceptible pour le développement de leur phase parasite, mais ils peuvent persister dans le sol comme saprophytes sur des résidus, ou en tant que formes résistantes et dormantes, pendant plusieurs semaines à plusieurs années, selon leur biologie. Les phases parasites et saprophytes peuvent être affectées par les caractéristiques physico-chimiques et biologiques du sol. Les microbes pathogènes telluriques affectent généralement le système racinaire des plantes ou la base de la tige (collet), se développant dans certains cas sur des parties supérieures de la plante menant aux maladies vasculaires (Agrios, 2005; Lucas, 2006). Les maladies vasculaires ont des effets sur la translocation des aliments et de l'eau à travers les vaisseaux conducteurs et vers les cellules menant à la chlorose et le flétrissement (Hanson, 2008).

Les champignons se trouvent dans le sol sous forme de spores. Outre les spores de propagation, asexuées, et celles de maintien, sexuées, on trouve dans le sol des sclérotes, amas de mycélium, très résistant aux éléments extérieurs et exerçant la même fonction que les spores sexuées. Les chlamydospores représentent elles aussi un élément de longue durée, bien qu'issues de multiplication asexuée. Il y a donc dans le sol une plus grande variété d'éléments infectieux que sur les feuilles où dominent les spores de propagation (Corbaz, 1990).

De tels microbes pathogènes peuvent causer des dommages importants aux récoltes en limitant la prise d'eau et d'éléments nutritifs (nécrose de racine) et/ou le transfert vers les parties supérieures de la plante (maladie vasculaire), ou en réduisant la qualité des produits végétaux souterrains (la putréfaction de racine ou de tubercule, etc.) (Lucas, 2006).

Comment les microbes pathogènes attaquent leurs plantes hôtes? C'est l'une des questions les plus intéressantes en pathologie des plantes. Les champignons causent environ 10.000 maladies différentes aux plantes. Les maladies fongiques des plantes causent des pertes économiques en réduisant la germination des graines et la destruction des plantes, et en sécrétant les métabolites secondaires. La colonisation réussie de la plante, y compris la prise des aliments et la reproduction, dépend considérablement d'un mode efficace de l'infection. Les champignons parasites de plantes ont développé diverses stratégies pour acquérir leurs hôtes, et pour établir le contact direct avec eux (Struck, 2006).

Les micro-organismes pathogènes, des agents biotiques transmissibles qui peuvent causer la maladie, désignés généralement sous le nom de microbes pathogènes, causent généralement des maladies chez les plantes en perturbant le métabolisme des cellules à travers les enzymes, les toxines, les régulateurs de croissance, et d'autres substances qu'ils sécrètent, et en absorbant les substances alimentaires des cellules hôtes pour leur usage personnel (Strange, 2003). Quelques microbes pathogènes peuvent également causer la maladie en se multipliant dans le xylème ou le phloème des plantes, bloquant de ce fait le transport ascendant de l'eau ou du mouvement des sucres ou autres substances (Agrios, 2005).

Les mécanismes d'infection des champignons pathogènes sont hautement variables. Pendant les phases précoces du procédé d'infection avant d'envahir le tissu végétal, le développement des champignons dépend considérablement des conditions environnementales favorables telles que l'humidité extérieure, l'hygrométrie, la température et la lumière. Dans certains cas, l'approvisionnement en aliments sur la surface peut également avoir une influence sur la germination (Struck, 2006).

L'interaction phytopathogénique entre un champignon et une plante comporte une combinaison d'étapes enzymatiques et chimiques. Une image généralisée peut fournir des informations sur cette interaction (Hanson, 2008). Les champignons pathogènes infectent les plantes pour avoir la nourriture et se multiplier, selon le type de champignon, l'organe et le tissu qu'ils infectent, les champignons pathogènes interfèrent avec les fonctions physiologiques différentes de la plante et mènent au développement de différents symptômes. Ainsi, un champignon pathogène qui infecte et tue les fleurs d'une plante interfère avec la capacité de la plante à se reproduire. Un champignon pathogène qui infecte et tue les racines, et réduit la capacité de la plante à absorber l'eau et les aliments. De même, un champignon pathogène qui infecte et tue les feuilles ou détruit leur chlorophylle mène à la réduction de la photosynthèse, et ainsi de suite. Dans la plupart des cas, le rapport entre les symptômes de la maladie et les fonctions physiologiques affectées est évident et compréhensible. Dans d'autres cas, ce rapport est plus complexe et l'explication n'est pas toujours simple (Agrios, 2005). Parmi les découvertes récentes, plusieurs gènes qui codent pour la biosynthèse des métabolites fongiques phytotoxiques sont groupés et par conséquent leur expression pourrait être réglée par un composé simple (Hanson, 2008).

Pour bénéficier des éléments nutritifs nécessaires à la croissance, les champignons parasites vont se heurter à des barrières physiques efficaces de la plante: la cuticule foliaire, l'écorce des tiges et des racines ou les parois cellulaires. Peu de champignons exercent une action mécanique suffisante pour franchir ces obstacles; ils pénètrent alors par les ouvertures naturelles (exemple les stomates), ou les blessures, ou après la digestion des structures de surface. Pour coloniser et détruire la plante, ils déploient des armes chimiques très variées parmi lesquelles les enzymes, les toxines, les hormones et les polysaccharides représentent un arsenal dont l'importance dans la pathogénie varie cependant d'un parasite et d'une plante à l'autre (Strange, 2003; Duhoux et Nicole, 2004). Il existe plusieurs étapes pour que le pathogène puisse réussir l'infection.

La première étape de l'infection est l'adhérence des propagules fongiques sur la surface de plante. Un processus obligatoire est essentiel pour résister au déplacement par le vent ou l'eau. Bien que l'adhérence sur les surfaces de la plante soit commune parmi toutes les espèces fongiques, il y a des différences concernant les facteurs qui induisent le procédé d'attachement et dans la composition du matériel adhésif (Agrios, 2005; Struck, 2006; Hanson, 2008).

Il n'est pas clair ce qui déclenche exactement la germination des spores, mais la stimulation par le contact avec la surface de l'hôte, l'hydratation et l'absorption du matériel ionique de faible poids moléculaire de la surface de l'hôte, et la disponibilité des aliments jouent un rôle important dans le déclenchement de la germination. Les spores ont également des mécanismes qui empêchent leur germination jusqu'à ce qu'ils sentent de telles stimulations ou quand il y a trop de spores dans leur proximité. Une fois que la stimulation pour la germination ait été reçue par la spore, cette dernière mobilise ses réserves de nourriture stockées, telles que les lipides, les polyols, et les glucides, et les dirigent vers la synthèse rapide de la membrane et la paroi cellulaire pour la formation et l'élongation du tube germinatif. Ce dernier est une structure spécialisée distincte du mycélium fongique, s'élevant souvent pour une distance très courte avant qu'il ne se différencie en appressorium (Corbaz, 1990; Agrios, 2005; Hanson, 2008).

Les microbes pathogènes fongiques peuvent pénétrer à travers les blessures, les ouvertures naturelles telles que les stomates et les lenticelles, les stigmates, ou en perçant la surface de la plante et en entrant par pénétration active (utilisant les enzymes de dégradation ou par force mécanique) (Duhoux et Nicole, 2004; Agrios, 2005; Struck, 2006).

Chez beaucoup de champignons, la pénétration de la paroi, par l'action enzymatique ou par pression, est lancée par la différenciation de l'appressorium qui s'attache fermement à son substrat et augmente la surface de contact entre le champignon et l'hôte. L'appressorium provoque une pression de turgescence élevée qui permet de pénétrer la paroi cellulaire de la plante (Agrios, 2005; Struck, 2006).

L'appressorium génère un hyphe d'infection qui pénètre sous l'épiderme pour envahir les parenchymes. Dans le cas des cycles plus complexes, comme celui des agents de rouille, le mycélium intercellulaire adhère à la paroi de la cellule végétale et différencie un haustorium intracellulaire dont la fonction est de détourner les réserves au profit du champignon. Chacune de ces étapes résulte d'un déterminisme chimique, topographique, mécanique ou thermique (Duhoux et Nicole, 2004).

Les cellules vivantes des plantes sont des systèmes complexes dans lesquels beaucoup de réactions biochimiques interdépendantes ont lieu. Ces réactions et ces processus complexes sont bien organisés durant la vie normale. La perturbation d'une quelconque d'entre ces réactions métaboliques cause la rupture des processus physiologiques qui soutiennent la plante et mène au développement de la maladie (Deadman, 2006). La formation de spores est l'une des formes d'adaptation des champignons à certains changements de l'environnement (Aylor, 2003).

La transmission des spores fongiques ou d'autres propagules à l'intérieur et entre des populations de plantes est un processus important dans le développement des maladies des plantes, et la connaissance des moyens de la transmission d'un microbe pathogène est nécessaire pour le choix des mesures de contrôle appropriées (Strange, 2003). Il existe des différents mécanismes de propagation de microbe pathogène de la plante comme les spores fongiques, particules virales et les bactéries (des cellules et des spores). Le transport des spores fongiques par le vent peut se produire à de longues distances et aux hautes altitudes. Les champignons produisent généralement des spores dormantes ou d'autres structures résistantes qui fournissent des moyens de survie. Beaucoup de microbes pathogènes telluriques peuvent être dispersés (spores fongiques) par les eaux souterraines (l'eau de pluie ou l'eau d'irrigation) ou par des opérations agricoles et peuvent provoquer localement des épidémies intenses (Waller et Cannon, 2002; McCartney *et al.,* 2006).

La dispersion a été longtemps identifiée en tant que principe fondamental au développement des épidémies des maladies des plantes, parce que sans dispersion beaucoup d'épidémies échoueraient pour progresser. Ces dernières années, l'agriculture, particulièrement dans le monde développé, a relevé une pression croissante de produire des récoltes d'une manière soutenable et favorable à l'environnement. En conséquence, il y a des besoins urgents pour des systèmes plus efficaces de gestion de la maladie. La compréhension de la dynamique temporelle et spatiale des épidémies de la maladie est cruciale au développement de tels systèmes (McCartney *et al.,* 2006).

12.1. Métabolites secondaires et activités enzymatiques

Comme dans de nombreuses maladies, les symptômes provoqués par les espèces fongiques virulentes suggèrent la mise en œuvre de mécanismes toxiques dus au parasite mais aussi à la plante qui va essayer de se protéger contre le parasite et produire des métabolites secondaires qui peuvent entraîner son déclin. Naturellement, tous les champignons produisent un grand nombre d'enzymes pour décomposer les substrats complexes pour leur croissance (Saravanan *et al.,* 2012; Anbu *et al.,* 2017; Gopinath *et al.,* 2017).

Le métabolisme primaire est le produit d'un ensemble de réactions chimiques catalysées par des enzymes, dont le but est de fournir de l'énergie à l'organisme et des intermédiaires synthétiques, des protéines ou des macromolécules essentielles comme l'ADN (Larsen *et al.,* 2005).

Le métabolisme secondaire englobe plusieurs procédés synthétiques dont les produits finaux sont appelés métabolites secondaires. Ces derniers dérivent d'intermédiaires biosynthétiques du métabolisme primaire. Les métabolites secondaires sont des composés organiques qui ne sont pas directement impliqués dans le cours normal de croissance, de développement ou de la reproduction des organismes. Alors que le métabolisme primaire est pratiquement le même pour tous les systèmes vivants, le métabolisme secondaire peut être spécifique à une espèce (Gopinath *et al.,* 2017).

Le terme de métabolites secondaires a été introduit en biochimie microbienne par Bu'Lock (1961) et Bu'Lock (1975). Parmi ces métabolites figurent les antibiotiques, les alcaloïdes, les inhibiteurs d'enzymes, les toxines, les régulateurs de croissance.

Ces métabolites secondaires interviennent comme des signaux chimiques au cours de l'interaction entre les organismes individuels, tels que les champignons-champignons, les insecticides, les métabolites biologiquement actifs dirigés contre les bactéries (antibiotiques), contre les plantes et/ou autres organismes (phytoalexines) ou contre les vertébrés (Mycotoxines) (Larsen *et al.,* 2005).

Même si plusieurs milliers de métabolites secondaires de champignons ont été identifiées à ce jour, les voies impliquées dans leur métabolisme ne sont pas encore très bien compris par rapport à ceux du métabolisme intermédiaire. Le métabolisme primaire est relativement bien compris et implique un nombre limité d'intermédiaires bien connus et des enzymes (Zähner *et al.,* 1983).

La principale source d'énergie dans la plupart des organismes hétérotrophes est le glucose, en général dérivé d'un complexe glucidique dans l'environnement. Le glucose se convertit en trioses, en pyruvate qui donne l'acetyl CoA qui est le plus important des précurseurs dans le métabolisme secondaire fongique (Khelafi *et al.,* 2006).

Les métabolites secondaires fongiques sont généralement divisés en cinq différentes catégories (Hoffmeister et Keller, 2007): les polycétides, les polycétide-protéines hybrides, les dérivés d'acide gras, les dérivés d'acides aminés et les peptides non ribosomiaux. Ces composés sont la source de mycotoxines, phytotoxines et de phytoalexines.

Les toxines jouent un rôle fondamental car, il a été démontré récemment que la pathogénicité d'un parasite est étroitement liée à sa capacité à les produire. Trois grands modes de synthèse des toxines peuvent intervenir: une synthèse complète par les cellules fongiques, une synthèse anormalement élevée de toxines végétales en réponse à l'agression fongique, et une biotransformation par le champignon de composés synthétisés par les végétaux et dirigés à son encontre. Les toxines sont des molécules synthétisées par un organisme vivant, ayant un effet nocif ou létal pour l'organisme-hôte. Une multitude de toxines naturelles sont produites par des champignons, des bactéries, des algues, des plantes et des animaux. Selon leur origine, ces toxines sont généralement séparées en catégories: les mycotoxines, des toxines bactériennes, les phycotoxines, les phytotoxines et les zootoxines (Khelafi *et al.,* 2006; Hoffmeister et Keller, 2007). Khelafi *et al.* (2006), Sedra (2006a) et Sedra (2006b) signalent que l'activité toxique de *F. oxysporum* f. sp. *albedinis* se manifeste par des nécroses 5 jours après immersion des feuilles détachées de *Deglet Nour* dans une solution de toxine de *F. oxysporum* f. sp. *albedinis* (25 et 50 µg/ml). Dans le même sens, Raju *et al.* (2008) ont publié que le flétrissement vasculaire est accompagné par une pourriture racinaire ou des nécroses des racines et du collet quand il est associé à l'infection par *F. oxysporum* (Jimenez-Diaz et Trapero-Casas, 1988).

Les toxines sont des composés produits par les agents pathogènes provoquant une partie ou la totalité des symptômes d'une maladie. Elles sont issues soit du métabolisme primaire soit du secondaire; elles peuvent être de diverses natures: peptides, glycoprotéines, polysaccharides, acides organiques, acides gras et dérivés, polycétides et terpénoïdes (Turner, 1984). Les toxines se développent sur certains substrats dans des conditions de températures, d'humidité et du pH bien spécifiques. Une même toxine peut être élaborée par diverses espèces fongiques mais pas obligatoirement par toutes les isolats appartenant à une même espèce (Thomma, 2003; Hoffmeister et Keller, 2007).

Le rôle d'une toxine en tant que déterminants de la maladie est prouvé par la survenance de la toxine dans la plante infectée et sa capacité à induire, seule, au moins une partie des symptômes de la maladie (Hamid et Strange, 2000). Les symptômes visibles causés par les toxines sont chlorose, nécrose et flétrissement. Certaines toxines ne sont pas des déterminants primaires (Walton, 1996), elles ont des propriétés générales phytotoxiques et sont actives sur un large éventail d'espèces de plantes; ce sont des toxines non-spécifiques de l'hôte. Elles contribuent à la virulence ou au développement des symptômes de la maladie. Ainsi, par exemple, beaucoup de toxines non spécifiques de l'hôte (Bréfeldine A, acide tenuazonique, tentoxine et zinniol) sont produites par *Alternaria* sp. Elles exercent leurs activités phytotoxiques à travers différents modes (Thomma, 2003). D'autres toxines sont spécifiques à l'hôte et n'agissent que sur certaines variétés végétales ou certains génotypes (Osbourn, 2001).

Les phytotoxines peuvent interagir avec plusieurs cibles cellulaires. Certaines peuvent modifier l'expression des gènes, ou affecter l'intégrité des membranes, ou inhiber l'activité des enzymes de la plante, ce qui perturbe la biosynthèse des métabolites essentiels, certaines autres interfèrent avec la physiologie des plantes par la production d'hormones végétales tels que l'acide gibbérellique (Kawaidi, 2006) ou l'acide indole-3-acétique (Boelker *et al.*, 2008). Enfin, les cellules végétales peuvent être endommagées par la production des formes réactives de l'oxygène (ROS) (Walton, 1996).

Certaines phytotoxines affectent les enzymes qui interviennent dans la formation des constituants de la membrane plasmique. AAL toxines (d'*A. alternata*), fumonisine B1 (de *Fusarium* sp.), qui sont des inhibiteurs du céramide synthase, une enzyme impliquée dans la synthèse des sphingolipides. L'inhibition de céramide synthase conduit à l'accumulation de bases sphingoïdes ayant pour conséquence une sévère toxicité (Spassieva *et al.,* 2002; Williams *et al.,* 2007). La cyperine, une phytotoxine de nature diphényléther produite par plusieurs des champignons phytopathogènes, interfère avec la biosynthèse des lipides par l'inhibition de l'énoyl réductase (ER) (Dayan *et al.,* 2008). Enfin, d'autres phytotoxines agissent sur l'enzyme nucléaire telle que la toxine HC, un tétrapeptide cyclique contenant un D-acide aminé. Il y a longtemps l'on pensait que la toxine HC produite par *Helminthosporium carbonum*, pathogène du maïs, inhibait la synthèse de la chlorophylle par son effet sur la formation de δ-aminolévulinique (Rasmussen et Scheffer, 1988). Cependant, les résultats d'autres travaux ont montré que son site d'action est l'histone déacétylase (HDACs). La modification de l'acétylation des histones et des autres systèmes affectent l'expression des gènes impliqués dans la défense telle que ceux qui codent pour les protéines liées à la pathogenèse ou à ceux impliqués dans le renforcement de la paroi (Brosch *et al.,* 1995; Walton, 1996).

La ségrégation des chromosomes est d'une importance vitale pour la division cellulaire et pour la croissance; son inhibition est une stratégie efficace d'un organisme pathogène. La rhizoxine agent antimitotique est un polycétide macrocyclique, connu comme le facteur de virulence du champignon *Rhizopus microsporus*. La rhizoxine se lie à la β-tubuline, ce qui prévoit l'hétérodimérisation avec la tubuline et par conséquent la formation de microtubules anormaux. Ce n'est que récemment, qu'il a été constaté que la toxine n'est pas produite par le champignon, mais par des endosymbiotes bactériens qui se trouvent dans le cytosol fongique (Partida-Martinez et Hertweck, 2005).

Une forme simple de dommages à la membrane est exercée par le champignon *Cercospora beticola* en utilisant les beticolines. La formation de pores provoque la perte dramatique de solutés, l'inhibition de la H + -ATPdépendante, affecte donc le transport et provoque la dépolarisation de la membrane chez différentes espèces de plantes (Goudet *et al.,* 2000).

Le blocage de l'hydrolyse de l'ATP conduit à une diminution de l'énergie dans la cellule végétale. La tentoxine, toxine produite par les espèces d'*Alternaria*, cible ce processus de transfert d'énergie dans le chloroplaste. Le tétrapeptide cyclique bloque l'hydrolyse de l'ATP par sa liaison aux sous-unités a et b de l'ATPase du chloroplaste. Une perturbation de l'énergie peut être également causée par des phytotoxines qui affectent l'intégrité des membranes plasmiques des plantes, ce qui entraîne une augmentation de la perméabilité membranaire et des fuites d'éléments nutritifs, et perturbe ainsi le gradient électrochimique par inhibition de l'ATPase (Brosch *et al.,* 1995; Walton, 1996).

L'induction de l'apoptose, ou mort cellulaire programmée (PCD) dans les plantes est une stratégie majeure de champignons phytopathogènes pour acquérir les éléments nutritifs des plantes. Nous donnons ici l'exemple de deux toxines qui provoquent la mort cellulaire programmée:

- Le deoxynivalenol (DON), un sesquiterpénoïde non volatile, produit par *F. graminearum*, est un facteur de virulence spécifique de l'hôte qui se trouve fréquemment dans les cultures céréalières contaminées. Chez *Arabidopsis*, le DON inhibe la traduction sans induire une réponse de défense des plantes (Masuda *et al.,* 2007).
- La victorine, pentapeptide cyclique produit par le champignon *Cochliobolus victoriae* (ou *Helminthosporium victoriae*), pénètre dans les mitochondries et se lie à la P proteine de la matrice mitochondriale, une sous-unité du complexe glycine décarboxylase (GDC), qui fait partie du cycle de la photorespiration. Ceci induit un ensemble de réactions, en particulier le fractionnement de l'ADN, l'oxydation des lipides et le clivage de la RuBis CO, suivie par l'inhibition de la photorespiration (Sweat et Wolpert, 2007).

Certaines toxines fongiques sont capables de supprimer les réactions de défense des plantes. Par exemple, l'helminthosporol, une toxine de *Cochliobolus sativus*, inhibe la β-1,3-glucane synthase une enzyme responsable de la synthèse de callose qui est une réponse rapide aux attaques des agents pathogènes et impliquée dans les mécanismes de résistance (Briquet *et al.,* 1998). D'autres toxines fongiques telles que la cytochalasine A, la zéaralénone, la pinolidoxine, la putaminoxine et la fusarénone X suppriment l'activité de la phénylalanine ammonia-lyase, une enzyme clé dans la défense des plantes (Vurro et Ellis, 1997).

Les espèces *F. oxysporum* ont produit plusieurs enzymes hydrolytiques, qui agissent sur les composants pectiques et cellulosiques des parois cellulaires des végétaux, et aident ces espèces à pénétrer et à coloniser les cellules racinaires de l'hôte (Lynd *et al.,* 2002; Rajeswari, 2014; Bedade *et al.,* 2017). Ces espèces utilisent les cellulases pour la décomposition de la cellulose qui est servie comme source de glucides. Cependant, ces enzymes jouent un rôle dans la pathogenèse du flétrissement. Les enzymes cellulases, désignées C1 et C2 agissent sur les molécules cellulose insolubles pour produire des chaînes linéaires, qui sont attaqués par l'enzyme Cx, pour produire le cellobiose et le glucose (Husain et Dimond, 1960; Fisher, 1965; MacHardy et Beckman, 1981; Bedade *et al.,* 2017).

Les α-amylases (E.C.3.2.1.1) sont des hydrolases catalysent les liaisons α-1,4 glycosidiques dans l'amidon, en molécules plus petites, telles que le glucose, le maltose, etc. (Bedade *et al.,* 2017; Tallapragada *et al.,* 2017). Sidaoui (2019) a été noté que tous les isolats de *F. oxysporum* f. sp. *albedinis* produisent de la cellulase et de l'amylase, avec le développement d'un halo clair au tour des isolats, la production est variée entre les isolats selon les diamètres des zones de lyse (Sunitha *et al.,* 2013). Ce résultat est en concordance avec ceux publiés par Sunitha *et al.* (2014), et celle d'Ogórek (2016), qui rapportent que 81% des isolats fongiques produisent de la cellulase et 66,7% produisent de l'amylase.

Sidaoui (2019) a montré une variation des niveaux d'expression des protéines entre les isolats de *F. oxysporum* f. sp. *albedinis* analysés par SDS-

PAGE (sigle anglophone de sodium dodecyl sulfate polyacrylamide gel electrophoresis; électrophorèse en gel de polyacrylamide contenant du laurylsulfate de sodium). D'ailleurs, les électrophorégrammes des isolats ont montré plusieurs fractions protéiques, avec des mobilités relatives variantes entre les isolats. Cependant, la différence dans les profils protéiques de *Fusarium* sp. a été signalé par plusieurs auteurs, qui ont étudié la morphologie du champignon et la diversité génétique entre les isolats de *Fusarium* sp. (Arie *et al.,* 1998; Bhuvanendra *et al.,* 2010; Sumana et Devaki, 2014; Manikandan *et al.,* 2018). De plus, Nawar (2016) a trouvé une hétérogénéité de protéines des espèces pathogènes de *Fusarium*, par emplacement et intensité après leur l'analyse par SDS-PAGE. Tandis que, Ho *et al.* (1985) n'ont pas trouvé aucune variation dans les profils protéiques solubles entre les isolats pathogènes de *F. oxysporum* f. sp. *elaeidis* isolées en Afrique à partir du palmier à huile ainsi que des isolats non pathogènes de *F. oxysporum* isolés des sols en Malaisie.

L'analyse des extraits par des techniques chromatographiques (CCM, HPLC-DAD) a permis de détecter plusieurs composés dont celui majoritaire, qui est l'acide fusarique (Ait Kettout et Rahmania, 2006; Ait Kettout Tassadit, 2011). Sur un milieu Czapek-Glucose, Ait Kettout Tassadit (2011) a permis d'identifier au total 74 molécules chez *F. oxysporum* f. sp. *albedinis*; 15 appartiennent aux hydrocarbures aliphatiques, 14 aux hydrocarbures aromatiques, 6 aux composés hétérocycliques, 9 aux composés organiques azotés et 30 aux composés organiques oxygénés. Parmi ces métabolites identifiés, certains sont connus comme étant des antioxydants (Phénol,2,2'-méthylènebis [6-(1,1-diméthylethyl)-4-éthyl-, acide 3-(3,5-di-tert-butyl-4-hydroxyphényl) propionique), des antibiotiques (acide phénylacétique, p-Benzoquinone, phtalates), des antifongiques (phénylacétique, p-Benzoquinone), des phytotoxiques (acide phénylacétique, acide fusarique, 3-butyl pyridine, triglycerides et tyrosol. Quant aux autres métabolites identifiés leur rôle est encore inconnu (Ait Kettout et Rahmania, 2008; Ait Kettout Tassadit, 2011).

12.2. Pathogenèse

La pathogenèse décrit le processus complet du développement de la maladie chez l'hôte, de l'infection initiale à la production des symptômes (Lucas, 1998).

Au cours de la pathogenèse les champignons traversent les barrières de défense que constituent les parois cellulaires végétales puis pénètrent dans les cellules et ce, grâce à la synthèse et à la sécrétion d'un mélange d'enzymes hydrolytiques constitué de cutinases, cellulases, pectinases et protéases, etc. (Di Pietro *et al.,* 2001; Di Pietro *et al.,* 2003).

Dans le pathosystème «plante hôte/pathogène», le champignon dispose de toute une gamme de mécanismes physico-chimiques capables de surmonter les mécanismes de défense du palmier dattier dans la plupart des cas. Le processus d'infection du *F. oxysporum* f. sp. *albedinis* se constitué de différentes étapes: germination et adhésion des spores, pénétration, perception et transduction du signal par le palmier dattier, production des toxines, et dégradation de la paroi cellulaire par le pathogène (Sedra, 2013).

12.3. Germination et adhésion des spores

Les spores de *F. oxysporum* f. sp. *albedinis* germent en réponse des exsudats stimulants libérés par les racines de l'hôte, suivi d'un adhérent des tubes germinatifs sur la surface racinaire (Di Pietro *et al.,* 2001).

12.4. Pénétration

Les tubes germinatifs se différencient en hyphes d'infection (Mendgen *et al.,* 1996). Ces derniers pénètrent directement dans les membranes épidermiques (Rodriguez-Gálvez et Mendgen, 1995). Di Pietro *et al.* (2001) suggèrent que la cascade de signalisation MAPK (Mitogen-Activated Protein Kinase signaling cascades) est impliquée dans l'adhérence des spores à la surface des racines, la pénétration des hyphes, la croissance invasive et la production de pectates lyases, qui sont nécessaires pour la pénétration dans la paroi cellulaire et la colonisation de l'hôte par *F. oxysporum* f. sp. *albedinis*. Après la pénétration, les champignons pathogènes sécrètent des phytotoxines ou des composés semblables aux hormones végétales qui manipulent la physiologie des plantes à leur profit (Bounaga, 1976; Knogge, 1996).

12.5. Perception et transduction du signal par le palmier dattier

Les communications moléculaires entre l'agent pathogène et l'hôte commencent presque immédiatement après contact de l'agent pathogène avec la surface des hôtes. L'induction de l'activité du PAL (phenylalanine ammonia-lyase) chez la plante hôte est liée à l'éliciteur «hydrate de carbone» de la paroi cellulaire de *F. oxysporum* f. sp. *albedinis* (Ait Kettout Tassadit, 2011).

Les glycosphingolipides produits par *F. oxysporum* f. sp. *albedinis* sont considérés comme éliciteurs des mécanismes de défense de la plante hôte (Bounaga, 1977; Bounaga, 1980; Umemura *et al.,* 2004). L'hôte peut aussi produire des composés (éliciteur endogène) inducteurs de la réaction de défense vis-à-vis des agents pathogènes. Plusieurs travaux montrent l'implication de l'acide jasmonique et l'éthylène dans l'induction de la résistance au *F. oxysporum* f. sp. *albedinis* (Bounaga, 1985; Creelman et Mullet, 1995). Ces événements se déroulent dans les deux types d'interactions compatible et incompatible, probablement avec différentes vitesse et intensité. Les pathogènes produisent également des molécules suppresseuses empêchant l'action des éliciteurs, ce qui résulte la sensibilité de la plante hôte (Di Pietro *et al.,* 2001).

12.6. Dégradation de la paroi cellulaire par le pathogène

La pénétration de la paroi cellulaire semble être la première exigence de la pathogenèse de champignons pathogènes. Pour ce faire les champignons pathogènes sont capables de produire une variante d'enzymes de dégradation de la paroi végétale «CWDE» (Cell Wall- Degrading Enzymes), pour faciliter la pénétration et la colonisation de leurs hôtes (El Modafar *et al.,* 2000a; El Modafar *et al.,* 2000b; Umemura *et al.,* 2004).

F. oxysporum f. sp. *albedinis* produit plusieurs enzymes qui agissent sur les constituants de la paroi cellulaire, tels que les pectinases (Pectine methylesterase, Polygalacturonase, Polygalacturonate transeliminase) et les cellulases (Dubost *et al.,* 1970; Bounaga, 1975; El Modafar et El boustani, 2000). Par ailleurs, Rahmania (1982) et Rahmania (2000) a montré que ce pathogène est capable de lyser l'ensemble de la paroi.

12.7. Production des toxines

Malgré la production de multitudes de toxines par *Fusarium* spp., *F. oxysporum* est connu pour produire un nombre limité de toxines (Nelson, 1981) dont la plus connue est l'acide fusarique, tandis que d'autres isolats produisent d'autres toxines telles que: les enniatins, moniliformines, naptazarines, sambutoxines et fumonisines (Kern, 1972; Rabie *et al.,* 1982; Marasas *et al.,* 1984; Bottalico *et al.,* 1989; Kim *et al.,* 1995; Hermann *et al.,* 1996).

F. oxysporum f. sp. *albedinis* secrète *in vitro* plusieurs toxines telles que les acides fusarique, succinique, 3-phényl lactique et leurs dérivés (Surrico et Graniti, 1977; Moukhlis, 1987) et des toxines de nature peptidique (El Fakhouri *et al.,* 1996). Moukhlis (1987) a été montré que l'extrait brut du filtrat du *F. oxysporum* f. sp. *albedinis* contient une quarantaine de produits différents tels que les dérivés des acides fusariques. Récemment, Ait Kettout et Rahmania (2010) ont mis en évidence une toxine de nature phénolique nommée acide phényl acétique. À ce jour, à l'exception de l'acide fusarique, aucune étude n'a été menée pour comprendre le mécanisme d'action de ces toxines.

L'extrait brut du filtrat du *F. oxysporum* f. sp. *albedinis* a permis la distinction trois fractions F1, F2 et F3 avec plus de 50 mg/L pour chacune (Sedra *et al.,* 1993; El Fakhouri *et al.,* 1996). Ces fractions sont thermostables et leur spécificité a été évaluée (Sedra et Lazrek, 2011). La fraction F2 s'est révélée la plus toxique sur le palmier dattier (Sedra *et al.,* 1993). Sedra (2013) a révélé que la présence de ces nouvelles toxines n'a jamais été signalée dans les filtrats des cultures du *F. oxysporum* f. sp. *albedinis*. D'autres substances toxiques (sous fractions H3, H4 et H5 dans la fraction F2) autres que l'acide fusarique ont été mises en évidence (Amraoui *et al.,* 2005; Sedra et Lazrek, 2011). Ce pathogène produit également plusieurs phytotoxines peptidiques en plus de l'acide fusarique et ses dérivés (Sedra, 1995; El Fakhouri *et al.,* 1996). De plus, il existe une corrélation entre la sporulation, la croissance du champignon et la production quantitative des toxines. L'analyse chromatographique (HPLC) montre que les isolats saprophytes du *F. oxysporum* ne produisent pas ces toxines produites par les isolats virulents du *F. oxysporum* f. sp. *albedinis* (Sedra, 1997; Ait Kettout et Rahmania, 2013). Ces toxines peuvent être utilisées en sélection *in vitro* pour distinguer le matériel résistant et sensible au bayoud, utilisant les petites plantules issues de graines, ou de culture des tissus (vitroplants) ou fragments de jeunes feuilles détachées (Sedra *et al.,* 1993; El Fakhouri *et al.,* 1996; Sedra *et al.,* 1998a; Sedra *et al.,* 1998b; Sedra et Lazrek, 2011).

L'acide fusarique est la principale toxine trouvée dans les filtrats des isolats virulents du *F. oxysporum* f. sp. *albedinis*. Il peut être impliqué dans des étapes précoces de la relation hôte-pathogène et induit des modifications sur la perméabilité et le potentiel membranaire cellulaire (Fernandez *et al.,* 1997). L'acide fusarique peut inhiber aussi les enzymes de défense produites par le palmier dattier (Bouizgarne *et al.,* 2004). Il participe aussi dans le colmatage des vaisseaux conducteurs et par conséquent le dessèchement de l'hôte (Fernandez *et al.,* 1995). L'étude histologique révèle une concentration fusarique particulièrement importante dans le cylindre central par comparaison à l'écorce, en provoquant la disparition des tubes criblés du phloème (El Hadrami *et al.,* 1996; El Hadrami *et al.,* 1997; El Hadrami *et al.,* 1998).

Si les toxines produites par *F. oxysporum* f. sp. *albedinis* sont les principaux déterminants des symptômes de la maladie du bayoud, leur caractérisation et leur activité biologique auront sans doute un intérêt fondamental et appliqué. Si elles s'avèrent être des déterminants majeurs des symptômes de la maladie du bayoud, la création de plantes transgéniques avec des gènes de détoxification des toxines pourrait être envisagée, ce qui constituerait un moyen de lutte sûr et performant (Fernandez *et al.,* 1998). En effet, la transformation génétique des plantes capables de contourner et/ou d'inhiber les toxines fortement impliquées dans la pathogénie a été un succès dans d'autres cas de maladies (Yoneyama et Anzai, 1993; Svabova et Lebeda, 2005). Par conséquent, cette approche pourrait être utile, en particulier si elle est combinée avec les techniques de transformation génétique et la multiplication de vitroplants de palmier dattier résistants à la fusariose (Djerbi, 1991; Al-Khayri, 2007).

12.8. Mécanismes de défense de la plante

Dans leur environnement, les plantes sont confrontées à des micro-organismes pathogènes tels que des virus, des bactéries, des oomycètes ou encore des champignons. Toutefois, les plantes résistent efficacement à leurs agresseurs et développent rarement des symptômes sévères de maladies. Plusieurs mécanismes de défense sont induits chez le palmier dattier en réponse à l'infection fongique par *F. oxysporum* f. sp. *albedinis*, ces mécanismes sont deux types (Fernandez *et al.,* 1995; El Modafar et El Boustani, 2000).

Selon El Modafar (2010), la résistance du palmier dattier à la maladie du bayoud est liée à des mécanismes de défense multifactorielle, dont certains sont constitutifs et d'autres sont induites de novo. En fonction de leur rôle dans la stratégie de défense de la plante hôte, ces mécanismes peuvent être classés en deux types:

• Mécanismes mécaniques (renforcement des parois cellulaires par la lignine et les phénols pariétaux...) qui limitent l'action des enzymes sécrétées par *F. oxysporum* f. sp. *albedinis* et qui interviennent dans la dégradation de la paroi cellulaire chez le palmier dattier.

• Mécanismes chimiques (protéines de défense et des phytoalexines, acides cafféoylshikimiques, l'accumulation des dérivés de la coumarine notamment le propyl-7-aesculetin et l'hydroxy-5-propyl-7-aesculetin...), dont le rôle est d'inhiber la croissance du *F. oxysporum* f. sp. *albedinis* et d'empêcher la synthèse de ses enzymes hydrolytiques (pectinolytiques, cellulolytiques et protéolytiques).

12.9. Renforcement de la paroi cellulaire

Lorsque l'agent pathogène pénètre dans la paroi cellulaire de l'hôte, des mécanismes constitutifs de résistance de la paroi cellulaire sont accentués dans les cultivars résistants (El Modafar et El Boustani, 2000; El Modafar et El Boustani, 2001). Dans le premier stade de l'hydrolyse de la paroi cellulaire, des mécanismes mécaniques sont impliqués, en utilisant la lignine et les composés phénoliques de la paroi cellulaire (cell wall-bound phenolics) (l'acide *p*-hydroxybenzoïque, l'acide *p*-coumarique, l'acide férulique et l'acide sinapique), pour limiter l'action du CWDE sur la paroi cellulaire de l'hôte. Un deuxième mécanisme chimique intervient à des étapes plus avancées pour empêcher la production des CWDE par le pathogène. Cette inhibition est liée, à la participation des phénols estérifiés dans la paroi cellulaire (El Modafar et El Boustani, 2002). Ces mécanismes impliquent aussi la formation de thylles par la plante-hôte (bouchons produits par des cellules du parenchyme dus au renforcement de la paroi cellulaire par modification structurale) à fin d'obstruer les vaisseaux et bloquer l'avancée du parasite (Fernandez *et al.,* 1995). La réponse post-infectional de la lignine, les composés phénoliques (cell wall-bound phenolics) et les thylloses, est plus rapide et plus intense chez les cultivars résistants que chez les cultivars susceptibles (El Modafar et El Boustani, 2002). Ceci aboutit à un blocage précoce du pathogène au niveau des points d'infection chez les variétés résistantes, alors que la réponse tardive des variétés sensibles provoque le dessèchement de la plante due au blocage de la circulation de sève (Fernandez *et al.,* 1995).

12.10. Biosynthèse et accumulation de composé phénolique et des enzymes

En plus des barrières constitutives, les plantes ont su mettre en place des mécanismes complexes impliquant la reconnaissance et la réponse aux signaux émis suite à l'invasion des pathogènes. Cette reconnaissance déclenche des mécanismes de défense qui convergent généralement vers la réaction hypersensible (Mittler et Lam, 1996), le renforcement des parois cellulaires (Shmele et Kauss, 1990), la production des formes actives d'oxygène (Doke *et al.,* 1996) et la synthèse des phytoalexines et des protéines PR (Durand-Tardif *et* Pelletier, 2003). Ces réponses sont souvent associées à une résistance systémique acquise ou à une résistance systémique induite (Métraux *et al.,* 2002).

Cependant, l'induction de la résistance systémique implique, dans la plupart des cas, le détournement du métabolisme de la plante vers la mise en place des réactions de défense «très fortes» et amplifiées par rapport à ce qui est réellement exigé en réponse à un premier contact avec un agent pathogène. Cet arsenal de défense développé, étant trop consommateur d'énergie, affecte inévitablement la croissance et la productivité de plusieurs plantes (Heil, 2002; Walters et Heil, 2007).

Les mécanismes impliqués dans la défense du palmier dattier contre *F. oxysporum* f. sp. *albedinis* ne sont pas bien établis malgré les nombreux efforts investis dans ce sens. Ceci est en partie dû à la complexité de ce pathosystème mais aussi au fait que la plupart des travaux ont été réalisés sur des plantes provenant des graines ou «seedlings». Ces seedlings présentent une forte hétérogénéité concernant leur comportement vis-à-vis du pathogène même si elles sont issues de plantes mères reconnues sensibles ou résistantes (Dihazi, 2012). Malgré ces difficultés, différentes approches d'études ont été adoptés pour comprendre les mécanismes de défense et de résistance du palmier dattier contre *F. oxysporum* f. sp. *albedinis*:

- La comparaison des palmiers dattiers infectés avec des palmiers sains (Dihazi, 2012);
- La comparaison des cultivars sensibles et résistants en absence de toute infection (Dihazi, 2012);
- La comparaison des réactions de défense des deux types de cultivars, sensibles et résistants, après leur inoculation par l'agent pathogène (Dihazi, 2012).

La résistance du palmier dattier au bayoud implique la biosynthèse et l'accumulation de certains composés tels que les phytoalexines (El Modafar *et al.,* 1999), l'acide cafféoylshikimique (CSA) (Ziouti *et al.,* 1996a; Ziouti *et al.,* 1996b) et flavones (El Hadrami *et al.,* 1998). L'implication des phytoalexines dans la résistance du palmier dattier au bayoud est liée à la rapidité et à l'intensité de leur accumulation à des doses fongitoxiques dans les premiers stades de l'infection (El Modafar *et al.,* 1999). L'acide caféoylshikimique, composé phénolique soluble majeur des racines du palmier dattier (El Modafar et El Boustani, 2002). Les doses de CSA accumulées dans les cultivars résistants empêchent directement et indirectement la croissance et le développement du *F. oxysporum* f. sp. *albedinis*, et inhibent l'activité et la production des enzymes lytiques produites par le pathogène «CWDE» (polygalacturonases, pectinemethylesterases, polygalacturaonate trans-eliminases, cellulases and proteases). Ces effets sont dus principalement aux produits hydrolytiques (l'acide caféique) et d'oxydation (quinones) générés par CSA (Ziouti *et al.,* 1996b; El Modafar *et al.,* 2000a). La présence du *Fusarium* sp. dans la racine conduit à une accumulation de flavones et de composés bruns près des faisceaux conducteurs du xylème (El Hadrami *et al.,* 1998). L'arrêt de la progression du champignon dans les tissus et/ou l'inhibition de ses enzymes lytiques par les composés phénolamidiques induits et mis en évidence *in situ* et *in vitro* paraît d'une importance majeure dans les mécanismes de résistance du palmier dattier face au *F. oxysporum* f. sp. *albedinis* (Ramos *et al.,* 1997). Selon El Modafar *et al.* (2000b), ces mécanismes de défense dépendent du niveau d'activité de PAL induite par des éliciteurs d'hydrate de carbone ou peroxyde d'hydrogène (H_2O_2).

Les espèces réactives de l'oxygène sont constituées essentiellement par le peroxyde d'hydrogène (H_2O_2). Une augmentation rapide et localisée de leur production (phénomène couramment appelé stress oxydatif) est souvent détectée suite à l'attaque par des agents pathogènes (Torres *et al.,* 2006).

Différents rôles ont été attribués au peroxyde d'hydrogène en participant au renforcement de la paroi des cellules végétales, pouvant constituer des composés antimicrobiens et intervenant comme des messagers dans les voies de signalisation en relation avec la défense des plantes (Gechev et Hille, 2005).

Dans la majorité des interactions plantes-pathogènes, le «stress oxydatif» est biphasique. Le premier pic de H_2O_2 est précoce, transitoire et non spécifique de la réponse à l'agent pathogène. La deuxième phase est tardive et plus durable, observée uniquement au cours d'une interaction incompatible suite à la reconnaissance spécifique des protéines Avr par les protéines R (Benhamou et Chet, 1996; Benhamou, 2009; Benhamou et Rey, 2012). Cette phase provoque la mort des cellules végétales entourant le site de pénétration de l'agent pathogène en raison de la forte toxicité. Ces formes réactives de l'oxygène pourraient être impliquées dans la régulation de la mort cellulaire programmé. Elles ont été détectées au niveau des cellules entourant les lésions associées à la réponse hypersensible lors de l'interaction entre l'orge et *Blumeria graminis* (Trujillo *et al.*, 2004). Cependant, d'autres enzymes ont été décrites associées à cette production, notamment les oxalates oxydases, les peroxydases pariétales,

les amines oxydases et les lipooxygénase (De Gara *et al.*, 2003; Cona *et al.*, 2006).

Cependant, l'élicitation du palmier dattier induit des réponses identiques de l'activité de PAL chez les cultivars résistants et susceptibles, qui sont dus à la suppression de l'élicitation dans les cultivars susceptibles par un suppresseur protéique soluble produit constitutivement par *F. oxysporum* f. sp. *albedinis*, donc les cultivars résistants disposent d'un mécanisme inhibiteur de l'activité de ces suppresseurs. La comparaison de la réaction des cultivars a révélé une accumulation plus rapide et en quantité nettement plus importante des composés en question dans les tissus des cultivars résistants par rapport aux sensibles (El Modafar et El Boustani, 2001).

Les nécroses observées chez les racines de plantules, sont dues généralement à la sécrétion de peroxidases par l'hôte après l'infection. Ces résultats coïncident avec l'explication de Ralph *et al.* (2006) et Asran-Amal et Mohamed (2014) qui ont démontré que les peroxydases sont classées parmi les enzymes liées à la défense des plantes et jouent un rôle crucial dans le degré de résistance de l'hôte. De même, Anupama *et al.* (2014) ont enregistré une augmentation de peroxidases chez la tomate infectée.

L'arsenal défensif des plantes comprend de nombreuses protéines de défense induites après l'infection par des agents pathogènes. Les premières protéines découvertes sont des PR-protéines, détectées dans des feuilles de tabac suite à une infection par le virus de la mosaïque du tabac. Les protéines de défense peuvent agir directement sur l'agent pathogène ou indirectement en générant des éliciteurs susceptibles de stimuler la défense de la plante hôte. Plusieurs familles de protéines de défense peuvent être considérées, dont les plus étudiées sont les enzymes de détoxication (peroxidase, catalase, etc.) (Kombrink et Somssich, 1997).

Par ailleurs, les peroxydases sont largement connues par leur rôle central dans la défense des plantes hôtes contre les pathogènes nécrotrophes ou biotrophes. Ce sont des enzymes susceptibles de catalyser des réactions d'oxydation en utilisant le peroxyde d'hydrogène (Van Loon *et al.*, 2006).

Certaines peroxydases appartenant à la sous-famille des protéines-PR9 sont capables de limiter la propagation de l'infection par le renforcement des parois des cellules et par la production des espèces réactives de l'oxygène hautement toxiques contre les agents pathogènes (Passardi *et al.*, 2005). Les peroxydases sont impliquées dans divers processus en liaison avec la défense des plantes en raison du nombre élevé des isoformes enzymatiques et aussi à la polyvalence des réactions catalysées par ces isoenzymes (Lavania *et al.*, 2006). Elles interviennent dans la réticulation des constituants de la paroi cellulaire, dans la synthèse des phytoalexines et dans le métabolisme des espèces réactives de l'oxygène. Elles sont induites en réponse avec les molécules de signalisation impliquées dans la défense des plantes comme l'acide salicylique, l'acide jasmonique ou l'éthylène (El-Sayed et Verpoorte, 2004).

La périphérie des racines de palmiers dattiers est caractérisée par des taches brunes, aboutissant à la sécrétion de composés phénoliques lors des réactions de défonce contre *F. oxysporum* f. sp. *albedinis*, et ceci après la réalisation des coupes histologiques. Sachant que, les composés phénoliques impliqués dans la résistance au bayoud sont documentés par plusieurs chercheurs (Ziouti *et al.*, 1992; El Hadrami *et al.*, 1996; Daayf *et al.*, 2003; El Hassni *et al.*, 2004).

Les premiers travaux ont mis en évidence le rôle des composés phénoliques constitutifs dans la défense des plantes montrant la résistance de l'oignon contre *Colletotrichum circinans* et leur corrélation avec la pigmentation du bulbe. Les extraits aqueux de ces bulbes, contenant des composés phénoliques, inhibent la croissance de ce pathogène et provoquent la déformation de son tube germinatif. En effet, ces composés ont une activité antimicrobienne et jouent un rôle essentiel dans la résistance aux maladies (Treutter, 2006). Le 3-hydroxyacétophénone et le triglycoside du kaempferide sont les composés phénoliques intervenant dans la résistance de l'œillet contre *F. oxysporum* f. sp. *dianthi* (Curir *et al.,* 1996; Curir *et al.,* 2001). La résistance contre la pourriture brune de pêcher a été corrélée avec la production des acides cholorogéniques et caféiques. Ces deux composés phénoliques interviendraient en inhibant les enzymes nécessaires à la pénétration du pathogène à travers la cuticule des fruits (Cona *et al.,* 2006).

Un des meilleurs exemples permettant de localiser *in vivo* les phytoalexines de type flavanes-3-ol et de les quantifier, est apporté par les travaux de Nicholson *et al.* (1987) sur la résistance du sorgho à certains champignons pathogènes (Lo *et al.*, 1999). Nicholson *et al.* (1987) ont prouvé que ces composés phénoliques s'accumulent au niveau du site de l'infection, juste après la pénétration de l'agent pathogène. Les concentrations obtenues dans les cellules infectées étaient largement suffisantes pour inhiber la croissance du pathogène (Snyder *et al.*, 1991).

Les composés phénoliques sont les plus connus par le potentiel antifongique et antibactérien. En règle générale, ils peuvent avoir un effet délétère sur la germination des spores, la croissance mycélienne, la production des enzymes hydrolytiques et la synthèse biologique des toxines fongiques par une détoxification (Torres *et al.*, 2006).

13. Épidémiologie

L'agent causal du bayoud tolère un sol aéré, humide et une température pouvant dépasser 35°C. Cependant, dans des conditions non adéquates, les spores du champignon se transforment en chlamydospores pour lui permettre de se conserver et de mieux lutter aux conditions du milieu défavorables. Les chlamydospores peuvent se conserver dans les débris végétaux et dans le sol et supporter de fortes températures (60°C) (Sedra, 2006a; Sedra, 2006b).

Les recherches effectuées par (Sedra) 1993, Sedra et Bah (1993), et Hakkou et Bouakka (2004) ont montré que le développement de la maladie n'est pas identique dans l'ensemble des parcelles. Les attaques sont très variables d'une région à une autre et même entre les parcelles voisines; ceci peut être expliqué par plusieurs facteurs (Hakkou et Bouakka, 2004) tels que la qualité et la quantité des eaux d'irrigation (dureté, température, salinité, degré de pollution, etc.); les caractéristiques physico-chimiques des sols: la composition chimique, la richesse en éléments nutritifs; le degré de réceptivité vis-à-vis du *F. oxysporum* f. sp. *albedinis*; la situation géographique des différentes parcelles en fonction de cette situation, les palmiers dattiers sont plus ou moins exposés aux vagues de chaleur et de froid ou aux tempêtes de sable qui posent un vrai problème pour certaines zones de la palmeraie; les méthodes culturales et le degré d'entretien apportés aux parcelles, la densité du palmier dattier, la transmission de la fusariose vasculaire était plus accentuée quand la densité est plus élevée (Sedra et Rouxel, 1989; Sedra, 1993; Sedra et Bah, 1993).

Plusieurs facteurs sont impliqués dans l'épidémiologie du *F. oxysporum* f. sp. *albedinis* influençant sa survie ainsi que sa propagation, parmi lesquels:

Les parcelles entretenues sont les plus touchées: Il est bien connu, par des observations sur le terrain, que le passage de la forme endémique du *F. oxysporum* f. sp. *albedinis* à la forme épidémique est étroitement lié à l'intensité d'irrigation du palmier dattier. Une irrigation abondante qui se pratique dans les parcelles bien entretenues, due en grande partie aux cultures associées très exigeantes en eau, favorise automatiquement la virulence du *F. oxysporun* f. sp. *albedinis*. À l'inverse, les parcelles mal irriguées ou complètement abandonnées sont relativement épargnées par rapport aux parcelles bien entretenues (Hakkou et Bouakka, 2004).

Les pratiques des cultures associées: Les fortes attaques du *F. oxysporum* f. sp. *albedinis* sont souvent une conséquence liée à la pratique des cultures associées: céréales, luzerne, henné, maraîchères, tabac, etc. Ces cultures se pratiquent au cours de différentes saisons de l'année, faisant que le sol où baignent les racines du palmier dattier et où niche le champignon pathogène est bien travaillé et les conditions favorables à la multiplication et à l'agressivité du *F. oxysporum* f. sp. *albedinis* sont constamment réunies.

De plus, ces plantes constituent des porteurs sains de la fusariose vasculaire. Il a été montré que l'épidémie progresse plus rapidement dans les parcelles cultivées pendant plusieurs années (10 à 15 ans) en luzerne et henné. Ce fait est dû aux pratiques agronomiques intenses de labour, de fertilisation et d'irrigation qui peuvent jouer un rôle important dans l'infestation du sol par ce champignon pathogène. L'irrigation régulière le long de l'année, et surtout pendant les périodes chaudes, est très favorable à l'extension de la maladie du bayoud (Hakkou et Bouakka, 2004).

La densité élevée de la palmeraie favorise le développement de la fusariose vasculaire, or le pourcentage des pieds atteints par la fusariose vasculaire augmente avec la diminution de la distance qui sépare deux pieds contigus du palmier dattier. Il est bien connu que les racines du palmier dattier influencent directement le gradient microbiologique de l'agent pathogène le *F. oxysporum* f. sp. *albedinis* dans Le sol; chaque fois qu'on s'éloigne des racines, la densité de cet agent décroît (Hakkou et Bouakka, 2004).

La qualité et la structure du sol: La réceptivité d'un sol à une maladie d'origine tellurique désigne la capacité d'un sol à permettre plus ou moins l'expression de la maladie.

Les sols légers sont les plus favorables à l'installation de la maladie du bayoud. Des études au Maroc ont montré que cette maladie s'est manifestée dans 42.9% des sols limoneux, 54.3% dans les sols équilibrés et à 100% dans les sols sableux, contre seulement 8.6% dans les sols argileux sur un échantillon de 79 sols de différentes de palmeraies (Djerbi *et al.,* 1985a; Sedra, 2003).

La qualité physico-chimique du sol et sa microflore jouent un rôle important dans la survie du parasite. Il a été démontré que plus les sols sont fertiles plus le parasite s'y installe, aussi; le bayoud est d'autant plus grave que les conditions culturales sont optimales (Amir et Amir, 1988). Parmi les facteurs ayant pu être corrélés à la réceptivité:

- La densité de *Fusarium* : plus un sol est riche en *Fusarium* saprophyte plus il serait résistant à la fusariose;
- La salinité du sol: un sol est d'autant plus résistant qu'il est salé pour une concentration ne dépassant pas 20 g/L (Sedra, 2006a; Sedra, 2006b). Amir *et al.* (1996) ont documenté que la salinité affecte peu *F. oxysporum* f. sp. *albedinis* de façon directe, sa croissance, sa germination et sa sporulation, en particulier, n'étaient pas fortement réduites par des doses de sels inférieures à 1%. En outre, la salinité n'empêche pas le développement du bayoud lorsque les plantes sont cultivées dans un sol désinfecté ou sur substrat hors-sol (laine de roche), en absence de compétition microbienne. Il ressort donc que la résistance due aux sels de sebkha est un effet essentiellement indirect. La salinité réduirait le pouvoir compétitif du parasite de sorte que la microflore antagoniste, notamment au niveau de la rhizosphère, empêcherait le pathogène d'atteindre les sites d'infection. L'effet nocif de la salinité sur le parasite est fortement diminué lorsque le sol est amendé avec de l'argile et de l'humus lesquels inactiveraient par adsorption une partie des sels. De ce fait, la salinité aurait une influence moins nette sur la réceptivité à la fusariose vasculaire de sols de texture plus argileuse et plus riche en humus (Djerbi *et al.,* 1985b; Amir *et al.,* 1996);
- Plusieurs substrats végétaux tels que la paille d'orge, broyat de palmes, de bois, feuilles de légumineuses ont montré leur effet stimulateur plus ou moins important sur le développement de *F. oxysporum* f. sp. *albedinis* (Amir et Amir, 1988).

L'âge du palmier; les palmiers adultes entre 20 et 100 ans, sont plus touchés que les palmiers jeunes (Bounaga, 1970; Djerbi, 2003).

La répartition variétale, c'est-à-dire que les zones riches en variétés sensibles auront des proportions élevées en pieds malades et vice-versa (Bounaga, 1970; Djerbi, 2003).

14. Méthodes de détection et d'inspection

L'observation des symptômes typiques sur les palmiers dattiers permet généralement d'identifier la maladie du bayoud. Cependant, dans le cas des symptômes atypiques, l'identification de l'agent pathogène (*F. oxysporum* f. sp. *albedinis*) peut être effectuée par différentes méthodes telles que les méthodes de caractérisation morphologique, de tests de pathogénicité, et par des méthodes moléculaires. D'autres méthodes, comme la technique de compatibilité végétative des mutants ne réduisant pas le nitrate (Nit) (Tantaoui, 1993) et l'analyse de RFLP (Tantaoui *et al.,* 1996) ont été aussi testées pour la détection et l'identification du pathogène.

14.1. Caractéristiques morphologiques et culturales

Parmi les données importantes concernant un microbe pathogène sont leurs caractéristiques de croissance *in vitro*. *F. oxysporum* f. sp. *albedinis* peut être isolé à partir de: (a) palmier dattier (racine, rachis, palme, etc.) sur un milieu PDA, (b) porteurs sains sur un milieu PDA, ou (c) à partir du sol sur un milieu sélectif.

Le pathogène responsable du bayoud a été isolé pour la première fois en 1921 et identifié en 1934 par Malençon. Il s'agit d'un champignon microscopique qui fait partie de la mycoflore du sol (champignon tellurique). Il appartient au groupe du champignon imparfait, ordre des *Moniliales*, et famille des *Tuberculariacées*. Il a été dénommé *F. oxysporum* f. sp. *albedinis*.

14.1.1. Caractères macroscopiques

Ce champignon se développe bien sur un milieu PDA que sur d'autre milieu de culture (Louvet et Toutain, 1973). Certains caractères physiologiques ont été déterminés par Malençon (1947), mais une étude plus approfondie sur la physiologie des souches de *F. oxysporum* f. sp. *albedinis* a été réalisée par

Bounaga (1970; 1975; 1976; 1977; 1980) ainsi qu'une étude sur la germination des spores de *F. oxysporum* f. sp. *albedinis* (Louvet *et al.,* 1970; Bounaga, 1975). La croissance débute à 7°C et demeure faible jusqu'à 12°C, devient rapide entre 21-27,5°C et s'arrête à 37°C (Malençon, 1947). L'optimum de croissance du champignon *in vitro* est obtenu à 28°C et la meilleure germination des microconidies est à 27°C (Bounaga, 1975). Cet auteur montre que la croissance est faible entre les pH 8,5 à 9,7 et rapide pour les pH 5 à 6. Les sources de carbone les mieux métabolisées par ce champignon sont: la pectine, le mannose, et le glucose. Les sources d'azote organique sont les mieux utilisées que l'azote minéral (Arib, 1998).

La forme sauvage du *F. oxysporum* f. sp. *albedinis* peut être observée sur le milieu PDA et Komada à partir d'un fragment de rachis de palme infectée. Son aspect macroscopique est caractérisé par un tapis mycélien fin frisé à croissance lente (6 à 8,5 cm de diamètre en 8 jours à 25°C) au sein duquel se forment des petits sporodochies roses saumon. Par contre, celles provenant du sol, de racines de palmiers et de certaines plantes de culture associées (Luzerne, Henné, etc.) considérées comme porteurs sains présentent une morphologie variée (Fig.115; Tableau 9) (Djerbi, 1982a; Djerbi, 1982b; Djerbi *et al.,* 1985a; Djerbi *et al.,* 1985b; Sedra et Djerbi, 1986).

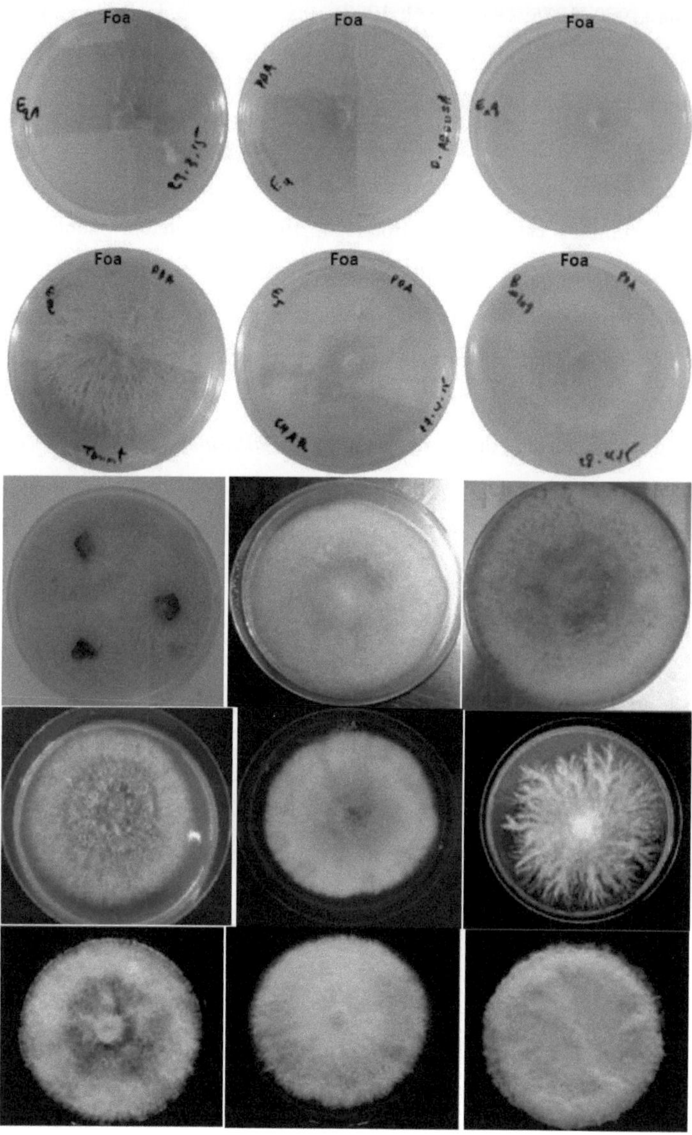

Fig.115. Variabilité morphologique des isolats de *F. oxysporum* f. sp. *albedinis* sur le milieu PDA (Djerbi, 1982a; Djerbi, 1982b; Djerbi *et al.,* 1985a; Sedra et Djerbi, 1986).

Tableau 9. Différents morphotypes observés chez *Fusarium oxysporum* f. sp. *albedinis* (Henni *et al.,* 1994).

Morphotype	Caractéristiques
Type sporodochial	Caractérisé par la présence de macrosporodochies massives, disposées plus ou moins en grand nombre dans un mycélium aérien assez court mais dense et d'aspect duveteux.
Type sclérotal	Le même aspect que le type précédant mais les sporodochies sont remplacées par les sclérotes plus ou moins volumineux d'une pigmentation beige violacé à rosâtre.
Type pionnotal	Présent un aspect luisant et humide ou crémeux, sans mycélium aérien. La couche superficielle est constituée de nombreuses microconidies. Les macroconidies sont formées en nappes sur phialides non ramifiées.
Type duveteux	Présent un mycélium aérien assez court mais dense, portant de nombreuses microconidies. Les macroconidies et les chlamydospores se forment tardivement.
Type cotonneux	Présent un mvcéliam aérien très abondant, épais et très peu sporidie.
Type muqueux	Ne présent pas un mycélium aérien. Les microconidies sont abondants, les macroconiclies rares et les chlamydospores abondantes mais tardives.
Type ras Sénescent	Il est caractérisé par un mycélium aérien extrêmement ras, clairseme, peu visqueux et une vitesse de croissance très faible.

14.1.2. Caractère microscopique

Les études réalisées au microscope électronique à transmission par Rahmania (2000), montrent que les hyphes du *F. oxysporum* f. sp. *albedinis* sont hyalines, cloisonnées, longues et ramifiées, constituées d'articles successifs, à paroi bistratifiée qui s'interrompe entre deux articles contigus formant un septum. Au voisinage de ce dernier, il y a présence des globules sphériques appelés corps de Woronin. Dans certaines parties, la membrane plasmique se décolle de la paroi ménageant ainsi des espaces dans lesquels se trouvent des agrégats membranaires tubulaires, vésiculaires, ou très dilatés appelés mésosomes par certains auteurs ou lomasosomes par la majorité des chercheurs; le rôle de ces structures n'est pas encore connu. Le cytoplasme de chaque article renferme tous les organites et cytomembranes caractéristiques des cellules eucaryotes. La multiplication asexuée se réalise par des microphialides et des macrophialides, qui produisent respectivement des microconidies et des macroconidies (Rahmania, 2000).

Les microconidies sont très nombreuses hyalines, de formes et de dimensions variables, portées par des monophialides courtes et non ramifiées (mesurant 8-14 µm de longueur) issus latéralement des hyphes ou de conidiophores peu ramifiés; généralement abondantes, variables, ovales à ellipsoïdes, droites à légèrement courbées, mesurant 3 à 15 µm de long et de 3 à 5 µm de diamètre, produites dans une substance mucilagineuse (Figs.116 et 117) (Cirad et Gret, 2002).

Les macroconidies sont peu nombreuses, clairsemées chez certaines isolats, portées sur des conidiophores plus ramifiés ou à la surface de sporodochies ressemblant à celles de *Tubercularia*, à parois fines, ayant généralement trois à cinq cloisons, fusoïde à subulées et pointues aux deux extrémités, occasionnellement fusoïdes à falciformes, certaines ayant une extrémité crochue et une base pédicellée, mesurant 20-35 ×3-5 µm (3 cloisons) à 50-66 × 3,5-5 µm (6-7 cloisons). Les spores à trois cloisons sont les plus courantes (Figs.116 et 117) (Cirad et Gret, 2002).

Le parasite peut se conserver sur les débris des palmiers attaqués, les tissus des porteurs sains, et pendant de longues années, dans le sol à des profondeurs atteignant plus d'un mètre sous forme de chlamydospores. Les chlamydospores se forment, soit à partir d'articles mycéliens, soit à partir d'une cellule de macroconidies. Elles sont caractérisées par une paroi très épaisse et accumulent d'importantes réserves de nature lipidique, ces structures sont toujours arrondies, ayant de 6 à 20 µm de diamètre (Rahmania, 2000). Ces chlamydospores sont intercalaires ou terminales, sphériques, isolées ou en chaînes courtes regroupant 2 à 4 chlamydospores. Ce sont des spores de résistance produites en grande quantité dans les cultures âgées ou en réponse à des conditions défavorables (température élevée, manque d'oxygène, milieu pauvre en substances nutritives, etc.) (Figs.116 et 117) (Djerbi, 1988).

Les sclérotes sont des formes plus ou moins sphériques, de couleur sombre (bleu foncé à noir). Ces structures apparaissent dans les conditions d'extrême pauvreté du milieu de culture. Elles sont considérées comme des organes de résistance capable de s'enkyster durant de longues périodes (Rahmania, 2000).

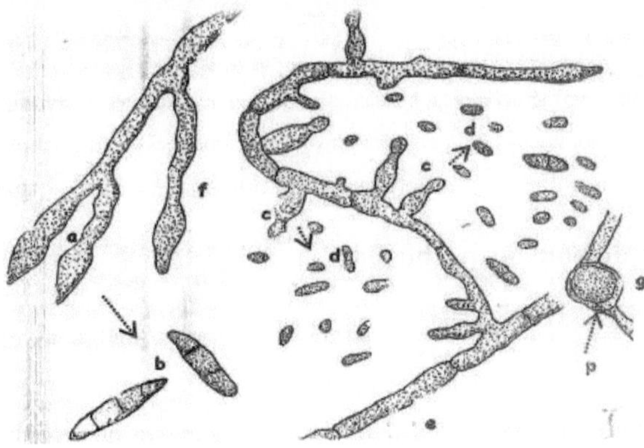

Fig.116. Caractéristiques microscopiques de *Fusaruim oxysporum* f. sp. *albedinis*. a: macrophialides; b: macroconidies; c: microphialides; d: microconidies; e: mycélium hyalin et cloisonné; f: sporodochies; g: chlamydospore; p: paroi épaisse (Djerbi, 1988).

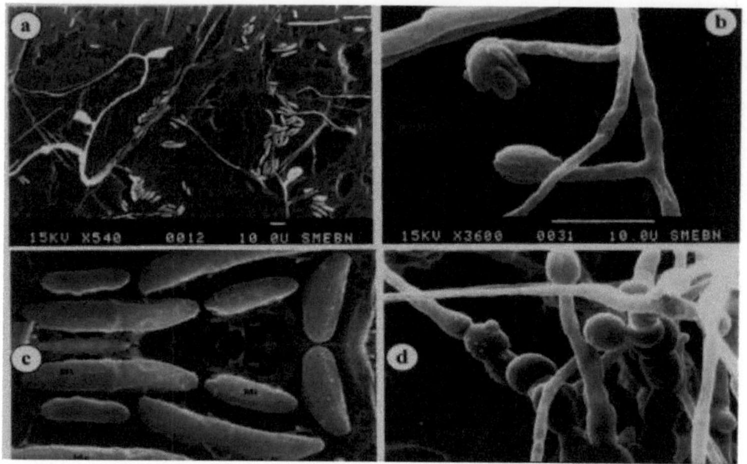

Fig.117. Organes de reproduction asexuée de *Fusaruim oxysporum* f. sp. *albedinis*. a: mycélium et microconidies; b: microphialides; c: micro et macroconidies (Ma: macroconidies; Mi: microconidies); d: chlamydospores formées à partir d'articles mycéliens (Rahmania, 2000).

14.2. Test de pouvoir pathogène

Des plantules de palmier dattier issues des graines sont cultivées dans des conditions exemptes de maladie. Un volume de 200 cm^3 de la suspension de 10^6 spores par ml de *F. oxysporum* f. sp. *albedinis* âgées d'une semaine est déposé sur les racines de ces plantules au stade de deux feuilles. Les isolats sont considérés pathogènes si le taux de mortalité des plantules dépasse 20% en comparaison avec un témoin inoculé par une souche connue non pathogène. Ce test dure 3 à 8 semaines (voir la partie 'Pathogénie').

14.3. Identification de *Fusarium oxysporum* f. sp. *albedinis* par la méthode moléculaire

L'outil moléculaire a apporté une nouvelle contribution à l'étude de la diversité génétique de cette espèce, mettant en valeur sa phylogénie, le mode évolutif de son pouvoir pathogène et l'identification ainsi que la caractérisation des isolats de différentes formes spéciales (Leslie et Summerell, 2006). L'analyse moléculaire des génomes (ADN nucléaire et mitochondrial) de différentes formes spéciales et des formes non pathogènes, à l'aide de différentes techniques analytiques (RFLP, RAPD, AFLP, PCR...); a mis en évidence une diversité génétique au sein de l'espèce *F. oxysporum*, et à l'intérieur des formes spéciales, cependant cette variation est plus ou moins importante selon la forme étudiée, alors que l'analyse de l'ADN ribosomique n'a révélé une grande variation génétique au sein de l'espèce (Leslie et Summerell, 2006). Les analyses génétiques des populations du *F. oxysporum* f. sp. *albedinis* provenant de plusieurs palmeraies marocaines et algériennes à l'aide des marqueurs moléculaires (RFLP, RAPD) n'ont pas permis de différencier les isolats testés, à l'exception de quelques-uns provenant des palmeraies de Ghardaïa et Adrar, en Algérie. Ces résultats suggèrent une homogénéité génétique du champignon et l'origine clonale «une ou quelques souches seraient à l'origine de tous les foyers de bayoud des palmeraies du Maroc et d'Algérie» (Fernandez *et al.,* 1995; Ouinten, 1996). Fernandez *et al.* (1998) ont mis au point une paire d'amorces (TL3-FOA28) qui pourraient être utilisées comme sondes spécifiques pour le diagnostic de *F. oxysporum* f. sp. *albedinis* par réaction de polymérisation en chaîne (PCR). Ce test permet de différencier l'agent pathogène du palmier dattier des autres *F. oxysporum*, ainsi que des souches saprophytes. Les séquences d'amorces sont 3'-GGTCGTCCGCAGACTATACCGGC-5' (TL3) et 3'-ATCCCCGTAAAGCCC-TGAAGC-5' (FOA28).

14.3.1. Utilisation des isoenzymes comme marqueurs moléculaires

Récemment, des techniques analytiques associées à la génétique et la biologie moléculaire ont été développées pour l'établissement des relations taxonomiques et phylogénétiques entre les organismes. Tells que, l'analyse d'isozymes qui est considérée comme une technique relativement économique et pratique, pour cette raison elle est largement utilisée dans la taxonomie fongique et la génétique moléculaire (Micales *et al.,* 1992; Huss *et al.,* 1996; Guarro *et al.,* 1999; Laday *et al.,* 2001; Mohammadi *et al.,* 2004; Bhuvanendra *et al.,* 2010). Le terme isoenzyme englobe les multiples formes moléculaires d'un enzyme donné, ces formes ont habituellement des propriétés enzymatiques similaires, catalysant toutes la même réaction (Micales, 1986; Padmanaban *et al.,* 2013). Ces enzymes sont des marqueurs moléculaires codés par différents allèles ou locus génétiques distincts, possèdent souvent des profils de bandes diffèrent par leurs mobilités électrophorétiques, ces derniers sont transformés dans une matrice de valeurs binaires qui, avec des logiciels, produit des résultats comparatifs exprimés sous forme de similarité ou de matrices de corrélation cophénétique et de phénogrammes (Skovgaard et Rosendahl, 1998; Boriollo *et al.,* 2003; Padmanaban *et al.,* 2013).

La différence de mobilités électrophorétique est due à des variations de la teneur en acides aminés de la molécule, qui dépend de la séquence des nucléotides dans l'ADN; ils constituent un moyen d'identification plus sûr et plus rapide des sous-espèces par rapport aux tests biologiques habituellement employés. L'étude du polymorphisme des marqueurs moléculaires a été initiée depuis une vingtaine d'années. Malgré cet avantage, l'application des techniques des isozymes dans les études sur les champignons phytopathogènes a été limitée jusqu'à présent (Manicom *et al.,* 1990; Arie *et al.,* 1998).

La principale raison de l'utilisation limitée des isozymes pourrait être le faible niveau de polymorphisme observé dans divers taxons fongiques examinés, néanmoins, peu de connaissances ont été acquises concernant la variabilité génétique entre les formes spéciales ou les races de *F. oxysporum*, la majorité de l'information étant basée sur l'observation des caractères de virulence (Ho *et al.,* 1985; Bosland et Williams, 1987; Aly *et al.,* 2003; Bhuvanendra *et al.,* 2010).

14.3.2. Protéines comme moyen d'identification

Les protéines étant des produits de gènes, l'idée est venue de les utiliser pour détecter la variabilité génétique entre les individus (Bhuvanendra *et al.,* 2010). Ainsi, depuis une vingtaine d'années, l'analyse de leur polymorphisme a constitué une importante approche dans la classification des individus et par là dans l'identification et la différenciation des taxons spécifiques et subspécifiques des organismes, y compris les champignons (Glynn et Reid, 1969; Gill et Zentmyer, 1978; Bosland et Williams, 1987; Huss *et al.,* 1996; Nawar, 2016).

L'électrophorèse, qui constitue une technique rigoureuse d'analyse des protéines, est basée sur la propriété des molécules protéiques d'être chargées positivement ou négativement en fonction du point isoélectrique et du pH de la solution dans laquelle elles sont en solution. En créant un champ électrique dans une matrice, habituellement un gel d'amidon ou d'acrylamide, il est possible de faire migrer les protéines le long du gel, les molécules étant attirées par la borne de charge inverse à leur charge électrique (Davis, 1964).

La variabilité des profils électrophorétiques des protéines constitue l'expression de la variabilité génétique qui peut exister entre les individus d'une même population ou de populations différentes (Burgess *et al.,* 1995; Laday *et al.,* 2001; Balali et Iranpoor, 2006).

Chez les champignons, il a été rapporté que les profils électrophorétiques des protéines totales peuvent être utilisés comme critères d'identification des espèces d'un même genre. C'est le cas de *Fusarium* (Glynn et Reid, 1969; Ibrahim *et al.,* 2003; Nawar, 2016).

Ces protéines de formes, de masses moléculaires ou de points isoélectriques différents, résultent de variations dans la composition en acides aminés qui dépendent elle-même de la séquence des nucléotides de leur gène respectif. Par conséquent, leur mobilité électrophorétique est différente. Des manifestations génétiques et biochimiques sont à l'origine de ces molécules qui sont codées soit par des locus séparés codants pour un seul enzyme, soit par différents allèles à un même locus, chacun de ces locus ou allèles codant pour une version structurale différente de la chaîne polypeptidique (Micales, 1986). Les phénotypes présentés par les zymogrammes peuvent être traduits en termes de génotypes, de gènes, et d'allèles. Une proportion importante de gènes est polymorphe, c'est-à-dire qu'ils existent sous la forme de deux ou plusieurs allèles. Cependant, avec n'importe quelle espèce, quelques locus tendent à avoir une faible variation ou aucune variation parmi les individus; ces locus sont dits monomorphes (Micales, 1986).

L'interprétation des profils de bandes en termes d'allèles spécifiques permet la détermination des ratios d'allèles exprimés en commun entre isolats fongiques. Ces rapports sont un excellent moyen de déterminer les relations phylogénétiques entre les organismes (Micales, 1986).

15. Conclusions

Le palmier dattier, occupe une place de choix dans le commerce international; elle génère des revenus importants pour les pays producteurs. La pression parasitaire exercée sur les palmeraies peut se traduire par des pertes importantes. L'un des parasites du palmier est un champignon imparfait (*F. oxysporum* f. sp. *albedinis*) responsable de la maladie vasculaire, appelée bayoud. Cette maladie est aujourd'hui parmi les pressions parasitaires affectant cette culture stratégique.

La fusariose vasculaire du palmier est incontestablement la maladie la plus destructive et la plus menaçante aussi bien en Algérie et au Maroc qu'en Mauritanie entraînant la disparition de 20 millions de palmiers depuis s'apparition en 1870. Cette affection constitue un véritable fléau où les pertes enregistrées sont considérables et ne cessent d'augmenter; elle menace sérieusement les palmeraies tunisiennes qui sont encore indemnes. Elle reste un danger permanent ainsi que pour tous les autres pays phoenicicoles.

Comme dans de nombreuses maladies, les symptômes provoqués par les souches virulentes suggèrent la mise en œuvre de mécanismes toxiques dus au parasite mais aussi à la plante qui va essayer de se protéger contre le parasite et produire des métabolites secondaires qui peuvent entraîner son déclin. Cette maladie provoque un dépérissement rapide du palmier dattier, et affecte plus particulièrement, les meilleures variétés productrices de dattes. Son incidence dépasse le simple aspect économique lié aux pertes de production, car le palmier dattier occupe une position clé dans l'écosystème oasien et dans l'organisation sociale des peuples des régions oasiennes.

Lorsque la fusariose progresse dans l'espace et dans le temps précisément en cas d'une épidémie, les pertes économiques qui en découlent, liées aux diminutions du rendement sont souvent très lourdes. Par ailleurs, la propagation du bayoud et l'absence de traitement efficace pour ce fléau nous incitent à la recherche des stratégiques pour remédier à cette maladie. Il serait également intéressant de focaliser les méthodes de lutte culturale, biologique, physique, chimique, résistance génétique, etc. Il est à noter que, ces dernières années, le monde a accordé une place prépondérante à la qualité de l'environnement, à la pérennité des ressources naturelles et surtout à la réduction de l'utilisation des substances chimiques. Ceci conduit la communauté scientifique à se tourner vers la possibilité d'utiliser de façon rationnelle les produits naturels surtout d'origine végétale en tant qu'outil de protection des cultures, mais, il reste clair que les méthodes utilisées pour le contrôle du bayoud ne permettent pas de résoudre définitivement le problème de cette maladie. Il est donc impératif de penser à des stratégies de lutte à plusieurs niveaux en vue d'établir une meilleure combinaison des traitements susceptibles de conférer une protection maximale du palmier dattier contre la maladie du bayoud. Dans le contexte de préserver la qualité de l'environnement et la santé des consommateurs tout en réduisant l'utilisation des produits chimiques, le cinquième chapitre a été orienté vers l'étude des approches de la lutte intégrées.

Références Bibliographiques

Abadie C., Edel V. & Alabouvette C., 1998. Soil suppressiveness to *Fusarium* wilt: influence of a cover-plant on density and diversity of *Fusarium* populations. Soil Biology and Biochemistry, 30: 643-649.

Abbayes H., Chadefaud M., De Ferré Y., Feldmann J., Gaussen H., Grassé P.P., Leredde M.C., Ozenda P. & Prévot A.R., 1963. Précis de Sciences Biologiques publiés sous la direction du Pr Pierre P. Grassé (252-403 pp). Les champignons. Botanique, anatomie - cycles évolutifs - systématique, Paris, Masson et Cie, 1039 pp.

Adams T.H., Wieser J.K. & Yu J.H., 1998. Asexual sporulation in *Aspergillus nidulans*. Microbiology and Molecular Biology Reviews, 62: 35-54.

Adl S.M., Simpson A.G., Farmer M.A., Andersen R.A., Anderson O.R., Barta J.R. et al. 2005. The new higher level classification of eukaryotes with emphasis on the taxonomy of protists. Journal of Eukaryotic Microbiology, 52: 399-451.

Agrios G., 2005. Plant Pathology. 5th Edition, Elsevier Academic Press, Amsterdam, 26-27 pp and 398- 401 pp.

Ait Kettout T. & Rahmania F., 2006. Caractérisation de l'acide fusarique secrété par *Fusarium oxysporum* f. sp. *albedinis* et étude de son effet sur les flavonoïdes. Conférence Régionale «Mutagenèse Induite et Biotechnologies d'Appui pour la protection du palmier dattier contre le bayoud. 17 et 18 Juin 2006 à l'Hôtel El-Djazair Algérie.

Ait Kettout T. & Rahmania F., 2008. Cinétique de production de toxines par *Fusarium oxysporum* f. sp. *albedinis*, agent causal du bayoud. Journée de Laboratoire de Recherche sur les Zones arides (LRZA), F.S.B, U.S.T.H.B., Algérie.

Ait Kettout T. & Rahmania F., 2010. Identification par CG-SM de l'acide phénylacétique produit par *Fusarium oxysporum* f. sp. *albedinis*, agent causal du bayoud. Comptes Rendus Biologies, 333: 808-813.

Ait Kettout T. & Rahmania F., 2013. Contribution à l'étude de l'activité toxique de *Fusarium oxysporum* f. sp. *albedinis*, agent causal du bayoud. Algerian journal of arid environment, 3(1): 68-81.

Ait Kettout T., 2011. Isolement et identification des exométabolomes de *Fusarium oxysporum* f. sp. *albedinis* (Killian et Maire) Gordon, agent causal du bayoud, fusariose du palmier dattier (*Phoenix dactylifera* L.). Thèse de doctorat (Spécialité : Biologie & Physiologie Végétale). Faculté des Sciences Biologiques, Université des Sciences et de la Technologie Houari Boumediene, 167 pp.

Al-Khayri J.M., 2007. Date palm *Phoenix dactylifera* L. micropropagation. *In*: Jain S.M., Häggman H. (editors). Protocols for Micropropagation of Woody Trees and Fruits. Springer Netherlands, 509-526 pp.

Alves-Santos F.M., Martinez-Bermejo D., Rodriguez-Molina M.C. & Diez J.J., 2007. Cultural characteristics, pathogenicity and genetic diversity of *Fusarium oxysporum* isolates from tobacco fields in Spain. Physiological and Molecular Plant Pathology, 71: 26-32.

Aly I.N., Abdel-Sattar M.A., Abd-Elsalam K.A., Khalil M.S. & Verreet J.A., 2003. Comparison of multi-locus enzyme and protein gel electrophoresis in the discrimination of five *Fusarium* species isolated form Egyptian cottons. African Journal of Biotechnology, 2: 206-210.

Amir H. & Amir A., 1988. Les relations plante-sol-microflore dans le déterminisme du Bayoud. Table ronde sur le bayoud, Alger, 19-20 pp.

Amir H., Amir A. & Riba A., 1996. Rôle de la microflore dans la résistance à la fusariose vasculaire induite par la salinité dans un sol de palmeraie. Soil Biology and Biochemistry, 28(1): 113-122.

Amraoui H., Lazrek H.B., Sedra M.H., Sampieri F., Mansuelle P., Rochat H. & Hamdaoui A., 2005. Chromatographic Characterization and Phytotoxic Activity of *Fusarium oxysporum* f. sp. *albedinis* and Saprophytic Strain Toxins. Journal of Phytopathology, 153: 203-208.

Anbu P., Gopinath S.C.B., Arshad M.K.Md., Chaulagain B.P. & Lakshmipriya T., 2017. Microbial Enzymes and Their Applications in Industries and Medicine. BioMed Research International, 1-3.

Anupama N., Murali M., Sudisha J. & Amruthesh K.N., 2014. Crude oligosaccharides from *Alternaria solani* with *Bacillus subtilis* enhance defense activity and induce resistance against early blight disease of Tomato. Asian Journal of Science and Technology, 5(7): 412-416.

Arib H., 1998. Isolement et caractérisation des *Fusarium oxysporum* f. sp. *albedinis* de la région de Beni Abbes. Mémoire pour l'obtention du D.I.E, Institue d'Agronomie, Centre Universitaire de Mascara, Algérie, 7-8 pp.

Arie S., Gouthu S., Shimazaki S., Kamakura T., Kimura M., Inoue M., Takio K., Ozaki A., Yoneyama K. & Yamaguchi I., 1998. Immunological detection of endo polygalacturonase secretion by *Fusarium oxyspoyum* in plant tissue and sequencing of its encoding gene, nn. Phytopathological Society of Japan, 64: 7-15.

Armstrong G.M. & Armstrong J.K., 1981. Formae speciales and races of *Fusarium oxysporum* causing wilt diseases. *In*: *Fusarium*: diseases, biology, and taxonomy. *In*: Nelson P.E. & Cook R.J. (Eds.), Pensylvania State University Press, 391-399 pp.

Asran-Amal A. & Mohamed H.I., 2014. Use of phenols, peroxidase, and polyphenoloxidase of seed to quantify resistance of cotton genotypes to *Fusarium* wilt disease. Bangladesh Journal of Botany, 43(3): 353-357.

Assigbetse K.B., 1993. Pouvoir pathogène et diversité génétique chez *Fusarium oxysporum* f.sp. *vasinfectum* (Atk) SN. Et H.: Agent de la fusariose du cotonnier. Thèse de Doctorat. Université de Montpellier II, Paris, 23-28 pp.

Aylor D.E., 2003. Spread of Plant Disease on a Continental Scale: Role of Aerial Dispersal of Pathogens. Ecology, 84(8): 1989-1997.

Babic M.N., Zalar P., Ženko B., Schroers H.J., Džeroski S. & Gunde-Cimerman N., 2015. Candida and *Fusarium* species known as opportunistic human pathogens from customer-accessible parts of residential washing machines. Fungal Biology, 119: 95-113.

Balali G.R. & Iranpoor M., 2006. Identification and genetic variation of Fusarium species in Isfahan, Iran, using pectic zymogram technique. Iranian Journal of Science and Technology, Transactions of Electrical Engineering, 30: 91-102.

Baldauf S.L., 2003. The deep roots of eukaryotes. Science, 300: 1703-1706.

Barnett H.L. & Hunter B.B, 1998. Illustrated Genera of Imperfect Fungi, 4th ed. APS Press, St. Paul, MN, 218 pp.

Bartnicki-Garcıa S., 2002. Hyphal tip growth. Outstanding questions. *In*: Osiewacz, Heinz D. (Ed.), Molecular Biology of Fungal Development. Marcel Dekker, Inc., New York, 29-58 pp.

Beckman C.H., 1987. The Nature of Wilt Diseases of Plants. Ed, Society, T. A. P. St. Paul, Minnesota, USA, 124-112 pp.

Bedade D.K., Singhal R.S., Turunen O., Deska J. & Shamekh S., 2017. Biochemical characterization of extracellular cellulase from Tuber maculatum mycelium produced under submerged fermentation. Applied Biochemistry and Biotechnology, 181: 772-783.

Ben Salem O., 2015. Étude de l'abondance relative de souches de *Fusarium graminearum* dans un inoculum mixte par séquençage 454. Maitrise en biologie végétale Maître ès sciences (M.Sc.). Université de Laval Québec, Canada, 87 pp.

Benhamou N. & Chet I., 1996. Parasitism of sclerotia of *Sclerotium rolfsii* by *Trichoderma harzianum*: ultrastructural and cytochemical aspects of the interaction. Phytopathology, 86: 405-416.

Benhamou N. & Rey P., 2012. Stimulateurs des défenses naturelles des plantes une nouvelle stratégie phytosanitaire dans un contexte d'écoproduction durable: Principes de la résistance induite. Phytoprotection, 92(1): 1-23.

Benhamou N., 2009. La résistance chez les plantes: Principes de la stratégie défensive et applications agronomiques. Editions: Lavoisier Tec & Doc Québec, Canada, 376 pp.

Benlarbi A., 2009. Isolement et caractérisation du *Fusarium oxysporum* f. sp. *albedinis* du sudouest algérien thèse Magister. Universite de Bechar.

Bevilacqua A., Sinigaglia M. & Corbo M., 2013. Ultrasound and antimicrobial compounds: a suitable way to control *Fusarium oxysporum* in juices. Food and Bioprocess Technology, 6: 1153-1163.

Bhuvanendra K.H., Udaya S.A.C., Chandra N.S., Ramachandra K.K., Shetty H.S. & Prakash H.S., 2010. Biochemical characterization of *Fusarium oxysporum* f. sp. *cubense* isolates from India. African Journal of Biotechnology, 9(4): 523-530.

Boelker M. & Basse C.W., 2008. Ustilago maydis secondary metabolism from genomics to biochemistry. Fungal Genetics and Biology, 45: S88-S93.

Booth C., 1971. The Genus *Fusarium*. Common wealth Mycological Institute, London, England. The Eastern Press Limited, London and Reading, 160-192 pp.

Boriollo M.F.G., Rosa E.A.R., Bernardo W.L.C., Gonçalves R.B. & Höfling J.F., 2003. Electrophoretic protein patterns and numerical analysis of *Candida albicans* from the oral cavities of healthy children. Revista do Instituto de Medicina Tropical de São Paulo, 45(5): 249-257.

Bosland P.W. & Williams P.H., 1987. An evolution of *Fusarium oxysporum* from crucifers based on pathogenicity, isozymes polymorphisms, vegetative compatibility, and geographic origin. Canadian Journal of Botany, 65: 2067-2073.

Bottalico A., Logrieco A. & Visconti A., 1989. *Fusarium* species and their mycotoxins in infected corn in Italy. Mycopathologia, 107: 85-92.

Botton R., Breton A., Fevre M., Guy P.H., Larpent J.P. & Veau P., 1985. Moisissures utiles et nuisibles. Importance industrielle. Biotechnologies. Masson, 139-145 pp.

Bouizgarne B., Brault M., Pennarun M., Rona J.P., Ouhdouch Y., El Hadrami I. & Bouteau F., 2004. Electrophysiological response to fusaric acid of root hairs from seedlings of date palm susceptible and resistant to *Fusarium oxysporum* f. sp. *albedinis*. Journal of Phytopathology, 152: 321-324.

Bounaga N., 1970. Quelques aspects de la physiologie d'une souche de *Fusarium oxysporum* f. sp. *albedinis*, agent de la maladie du bayoud. Bulletin de la Société d'Histoire Naturelle de l'Afrique du Nord, 68: 137-183.

Bounaga N., 1975. Comportement du *Fusarium oxysporum* f. sp. *albedinis* (Kilian et Maire Gordon) en présence de composés glucidiques. Thèse de doctorat de troisième cycle, faculté des sciences, université d'Alger, 125 pp.

Bounaga N., 1976. Stéréochimie des oses et de quelques uns de leurs dérivés sur la croissance du *Fusarium oxysporum* f. sp. *albedinis*. Canadian Journal of Microbiology, 22: 636-644.

Bounaga N., 1977. Structure moléculaire des di et triholosides et leur utilisation par le *Fusarium oxysporum* f. sp. *albedinis*. Annual Review of Phytopathology, 9: 211-218.

Bounaga N., 1980. Action de quelques mercapto-2-azoles ribosylés sur la croissance du *Fusarium oxysporum* f. sp. *albedinis*. Phytopathology, 298: 210-217.

Bounaga N., 1985. Contribution à l'étude du *Fusarium oxysporum* f. sp. *albedinis* (KILLIAN et MAIRE) Gordon agent de la fusariose du palmier dattier. Thèse de doctorat es sciences. USTHB, Alger, 195 pp.

Bounaga N., 1993. Le palmier dattier: rappels biologiques et problèmes physiologiques. Conférence Physiologie des arbres et des arbustes en zones arides et semi arides. Nancy, 1990. Groupe d'étude de l'arbre et OSS. Edit. John Libbey, Paris, 323-330 pp.

Brac de la Perriere R.A. & Benkhalifa A., 1991. Progression de la fusariose du palmier dattier en Algérie. Sécheresse, 2: 119-128.

Brayfod D., 1989. Progress in the study of *Fusarium* and some related genera. Journal of Applied Bacteriology Symposium Supplement, 47S-60S.

Brennan J.M., Fagan B. & Van Maanen A., 2003. Studies on *in vitro* growth and pathogenicity of European *Fusarium* fungi. European Journal of Plant Pathology, 109: 577-587.

Briquet M., Vilret D., Goblet P., Mesa M. & Eloy M.C., 1998. Phytotoxins produced by microbial plant pathogens. J. Bioenerg. Biomembr., 30: 285-295. *In*: Strange R.N. Natural Product Reports, 24: 127-144.

Brosch G., Ramsom R., Lechner T., Walton J.D. & Loidl P., 1995. Phytotoxins produced by microbial plant pathogens. Plant Cell, 7: 1941-1950 in Strange R.N. (eds.). Natural Product Reports, 24: 127-144.

Brown D.W. & Proctor R.H., 2013. *Fusarium*: Genomics, Molecular and Cellular Biology. Caister Academic Press, orfolk, UK, 182 pp.

Bu'Lock J.D., 1975. Secondary metabolism in fungi and its relationship to growth and development. *In*: Smith JE, Berry DR (Eds.). The filamentous fungi, industrial mycology. Edward Arnold Press, London, and Halsted Press, N.Y., USA.

Bulit J., Louvet J., Bouhot D. & Toutain G., 1967. Recherche sur les fusarioses. Travaux sur le bayoud, fusariose du palmier dattier en Afrique du nord. Annual Epiphytes, 18: 213-239.

Bu'Lock J.D., 1961. Intermediary metabolism and antibiotic synthesis. Advances in Applied Microbiology, 3: 293-342.

Burgess L.W. & Liddell C.M., 1983. Laboratory Manual for *Fusarium* Research. The University of Sydney, Sydney, Australia, 162 pp.

Burgess T., Malajczuk N. & Dell B., 1995. Variation in Pisolithus based on basidiome and basidiospore morphology, culture characteristics and analysis of polypeptide using SDS-PAGE. Mycological Research, 99: 19-13.

Carlile M.J. & Watkinson S.C., 1994. The Fungi. Academic Press, 608 pp.

Caron D., 2000. Fusarioses des épis, Sait-on prévoir leur développement. Perspectives Agricoles Janvier, 56-62 pp.

Caron J., Laverdière L., Thibodeauand P.O. & Bélanger R.R., 2002. Utilisation d'une souche indigène de *Trichoderma harzianum* contre cinq agents pathogènes chez le concombre et la tomate de serre au Québec. Phytoprotection, 83: 73-87.

Chabasse D., Bouchara J.P., De gentile L., Brun S., Cimmon B. & Penn P., 2002. Cahier N°25 de formation les moisissures d'intérêt médicale. (Tiraboshi, 1929; Van Tieghen, 1867; Thom, 1918; Link, 1909; (Cohn) Saccardo et Trotter, 1912; (Lucet et Constantin) Wehmer ex Vuillemin, 1936), Bioforma, France, 161 pp.

Chabasse D., Guiguen C.I. & Contet Audonneau N., 1999. Mycologie Médicale. Elsevier Masson, 324 pp.

Chakroune K., Bouakka M. & Hakkou A., 2005. Incidence de l'aération sur le traitement par compostage des sous produits du palmier dattier contaminés par *Fusarium oxysporum* f. sp. *albedinis*. Canadian Journal of Microbiology, 51: 69-77.

Chen W.Q. & Swart W.J., 2001. Genetic variation among *Fusarium oxysporum* isolates associated with root rot of *Amaranthus hybridus* in South Africa. Plant Disease, 85(10): 1076-1080.

Cirad & Gret, 2002. Mémento de l'agronome. CIRAD/ Centre de coopération International en Recherche Agronomique pour le Développement France. GRET/ Groupe de Recherche d'Echanges Technologiques. Edit. Quae, 2002. ISBN 2876145227, 1691 pp.

CMI, 1978. Descriptions of Pathogenic Fungi and Bacteria, No. 211 *Fusarium oxysporum*. CAB International, Wallingford (GB).

CMI, 1992. Descriptions of Pathogenic Fungi and Bacteria, No. 1111 *Fusarium oxysporum* f. sp. *albedinis*. CAB International, Wallingford (GB).

Cona A., Rea G., Botta M., Corelli F., Federico R. & Angelini R., 2006. Flavin containing polyamine oxidase is a hydrogen peroxide source in the oxidative response to the protein phosphatase inhibitor cantharidin in *Zea mays* L. Journal of Experimental Botany, 57: 2277-2289.

Corbaz R., 1990. Principes de Phytopathologie et de Lutte Contre les Maladies des Plantes. 1ère édition. Presses Polytechniques et Universitaires Romandes, 286 pp.

Creelman R.A. & Mullet J.E., 1995. Jasmonic acid distribution and action in plants: regulation during development and response to biotic and abiotic stress. Proceedings of the National Academy of Sciences, USA, 92: 4114-4119.

Curir P., Dolci M., Lanzotti V. & Taglialatela-Scafati O., 2001. Kaempferide triglycoside, a possible factor of resistance of carnation (*Dianthus caryophyllus*) to *Fusarium oxysporum* f. sp. *dianthi*. Phytochemistry, 56: 717-721.

Curir P., Marchesini A., Danieli B. & Mariani F., 1996. 3-Hydroxyacetophenone in carnations is a phytoanticipin active against *Fusarium oxysporum* f. sp. *dianthi*. Phytochemistry, 41: 447-450.

Daayf F., El Bellaj M., El Hassni M., J'Aiti F. & El Hadram I., 2003. Elicitation of soluble phenolics in date palm (*Phoenix dactylifera*) callus by *Fusarium oxysporum* f. sp. *albedinis* culture medium. Environmental and Experimental Botany, 49: 41-47.

Davidson F.A., Sleeman B.D., Rayner A.D.M., Crawford J.W. & Ritz K., 1996. Context dependent macroscopic patterns in growing and interacting mycelial networks. Proceedings of the Royal Society of London Series B, 263:873-880.

Davis B.J., 1964. Disc electrophoresis II. Methods and application to human serum. Annals of the New York Academy of Sciences, 121: 404-427.

Dayan F.E., Ferreira D., Wang Y.H., Khan I.A., Mcinroy J.A. & Pan Z.Q., 2008. A pathogenic fungi diphenyl ether phytotoxin targets plant enoyl (acyl carrier protein) reductase. Plant Physiology, 147: 1062-1071.

De Gara L., De Pinto M.C. & Tommasi F., 2003. The antioxidant system to reactive oxygen species during plant-pathogen interaction. Plant Physiology and Biochemistry, 41: 863-870.

De Hoog S., Guarro J., Gené J. & Figueras M., 2011. Atlas of Clinical Fungi.

De Sain M. & Rep M., 2015. The role of pathogen-secreted proteins in fungal vascular wilt diseases. International Journal of Molecular Sciences, 16: 23970-23993.

Deadman M.L., 2006. Epidemiological Consequences of Plant Disease Resistance. *In*: The Epidemiology of Plant Diseases. 2nd edition, Springer, 139-157 pp.

Dean R., Van Kan J.A.L., Pretorius Z.A., Hammond-Kosack K.E., Di Pietro A., Spanu P.D. et al. 2012. The Top 10 fungal pathogens in molecular plant pathology. Molecular Plant Pathology, 13: 414-430.

Debourgogne A., 2013. Typage moléculaire du complexe d'espèces *Fusarium solani* et détermination de son mécanisme de résistance au voriconazole. Thèse doctorat, Université de Lorraine, 205 pp.

Di Pietro A., García-Maceira F.I., Meglecz E.Y. & Roncero M.I., 2001. A MAP kinase of the vascular wilt fungus *Fusarium oxysporum* is essential for root penetration and pathogenesis. Molecular Microbiology, 39: 1140-1152.

Di Pietro A., Madrid M.P., Caracuel Z., Delgado-Jarana J. & Roncero M.I.G., 2003. *Fusarium oxysporum*: exploring the molecular arsenal of a vascular wilt fungus Molecular Plant Pathology, 4: 315-325.

Dignani M.C. & Anaissie E., 2004. Human fusariosis. Clinical Microbiology and Infection, 10: 67-75.

Dihazi A., 2012. Interaction Palmier dattier - *Fusarium oxysporum* f. sp. *albedinis*: Induction des réactions de défense par l'acide salicylique et rôle de quelques microorganismes antagonistes de l'agent pathogène dans le contrôle de la maladie du Bayoud. Thèse de doctorat, Universite Ibn Zohr, Agadir, Maroc, 204 pp.

Djerbi M., 1982a. Le Bayoud en Algérie, Problème et Solution. FAO Regional Projet for palm and Dates Research centre in the Near East and North Africa, Baghdad Iraq, 45 pp.

Djerbi M., 1982b. Bayoud disease in North Africa: history, distribution, diagnosis and control. Date palm Journal, 1(2): 153-97.

Djerbi M., 1983. Diseases of the date palm (*Phoenix dactylifera* L.). FAO, Regional Project for Palm and Dates Research Centre in the Near East and North Africa, 106 pp.

Djerbi M., 1986. Les maladies du palmier dattier (*Phoenix dactylifera* L.). FAO, projet du centre régional de recherche sur le palmier dattier et les dattes au moyen orient et en Afrique du nord, (ed. El-watan Priting Press), Lebanon, 127 pp.

Djerbi M., 1988. Les maladies des palmiers dattiers : Le bayoud. Rapport de Projet Régional de lutte contre le Bayoud (RAB/84/018), 15-36 pp.

Djerbi M., 1990. Méthodes de diagnostic du bayoud du palmier dattier. Bulletin OEPP/EPPO, 20: 607-613.

Djerbi M., 1991. Biotechnologie du palmier dattier (*Phoenix dactylifera* L.): Voies de propagation des clones résistants au Bayoud et de haute qualité dattière. Options Méditerranéennes, 14: 31-8.

Djerbi M., 1994. Précis de phéniculture, FAO, Rome, 191 pp.

Djerbi M., 2003. *Fusarium oxysporum* f. sp. *albedini.* OEPP/EPPO Bulletin, 33: 245-247.

Djerbi M., Aouad L., El Filali H., Saaidi M., Chtioui A., Sedra M.H., Allaoui M., Hamdaoui T. & Oubrich M., 1986. Preliminary results of selection of hight quality Bayoud resistant clones among natural date palm population in Marco. *In* Proceedings of the Second Symposium on the Date Palm, Saudi Arabia, 383-399 pp.

Djerbi M., El Ghorfi A. & El Idrissi Ammari M.A., 1985a. Etude du comportement du henné (*Lawsonia inermis* L.) et la luzerne (*Medicago Sativa*) et des quelques espèces de palmacées à l'égard du Foa, agent causal du bayoud. Annales de l'INRAT, 58 :1-11.

Djerbi M., Fredrix M.J.J. & Braber K., 1990. Characterization of *Fusarium oxysporum* f. sp. *albedinis* and *F. oxysporum* f. sp. *canariensis* on the basis of vegetative compatibility. FAO / PNUD / Rab / 88 / 024 / Control of bayoud disease project, INRAA, Alger, 8 pp.

Djerbi M., Sedra M.H. & El-Idrissi Ammari M.A., 1985b. Caractéristiques culturales et identification du *Fusarium oxysporum* f. sp. *albedinis*, agent causal du Bayoud. Annales de l'INRAT, 58: 1-8.

Doke N., Miura Y., Sanchez L.M., Park H.J., Noritake T., Yoshioka H. & Kawakita K., 1996. The oxidative burst protects plants against pathogen attack: mechanism and role as an emergency signal for plant bio-defence. Gene, 179: 45-51.

Dubost D., Kechacha L. & Rether B., 1970. Etude des enzymes pectinolytiques et cellulolytiques de souches monospores de *Fusarium oxysporum* f. sp. *albedinis*. El-awamia, 35: 195-211.

Duhoux E. & Nicole M., 2004. Atlas de Biologie Végétale: Associations et interactions chez les plantes. 1ère édition, DUNOD, 166 pp.

Durand-Tardif M. & Pelletier G., 2003. Apport de la biologie moléculaire et cellulaire et de la génétique à la protection des plantes. Comptes Rendus Biologies, 326: 23-35.

El Fakhouri R., Lazrek H.B., Bahraoui E., Sedra M.H. & Rochat H., 1996. Preliminary investigation on a phytotoxic peptide produced *in vitro* by *Fusarium oxysporum* f. sp. *albedinis*. Phytopathologia Mediterranea, 35: 121-123.

El Hadrami I. & El Hadrami A., 2009. Breeding date palm: Breeding Plantation Tree Cops. Tropical Species (191-216 pp). *In*: Mohan Jam S. & Priyadarshan P.M. (Eds.), Springer I Helsinki University-Finland, 653 pp.

El Hadrami I., Bellaj M., Idrissi A., J'Aiti F., Jaafari S. & Daayf F., 1998. Biotechnologie végétales et amélioration du palmier dattier (*Phoenix dactilifera* L.), pivot de l'agriculture oasienne marocaine. Cahiers Agriculture, 7(6): 463-468.

El Hadrami I., Ramos T. & Macheix J.J., 1996. Caractérisation de nouveaux dérives hydroxycinnamiques amines chez *Phoenix dactylifera* L.: relation avec le brunissement des tissus et la résistance des cultivars au Bayoud. Polyphenols Comm, 2: 341-342.

El Hadrami I., Ramos T., El Bellaj M., El Idrissi-Tourane A. & Macheix J.J., 1997. A sinapic derivative as induced defense compound of date palm against *Fusarium oxysporum* f. sp. *abledinis*, the agent causing Bayoud disease. Journal of Phytopathology, 145: 329-333.

El Hassni M., J'Aiti F., Dihazi A., Ait Barka E., Daayf F. & El Hadrami I., 2004. Enhancement of defence responses against Bayoud disease by treatment of date palm seedlings with an hypoaggressive *Fusarium oxysporum* isolate. Journal of Phytopathology, 152: 182-189.

El Modafar C. & El Boustani E., 2000. Relationship between cell wall susceptibility to cellulases and pectinases of *Fusarium oxysporum* and susceptibility of date palm cultivars to the pathogen. Biologia Plantarum, 43: 571-576.

El Modafar C. & El Boustani E., 2001. Cell wall-bound phenolic acid and lignin contents in date palm as related to its resistance to *Fusarium oxysporum*. Biologia Plantarum, 44: 125-130.

El Modafar C. & El Boustani E., 2002. Contribution des polyphénols aux mécanismes de défense biologique des plantes, in Biopesticides d'origine végétale. *In*: Regnault- Roger C., Philogène B. & Vincent C. (eds.), Lavoisier Tech & Doc, 169-185 pp.

El Modafar C., 2010. Mechanisms of date palm resistance to Bayoud disease: Current state of knowledge and research prospects. Physiological and Molecular Plant Pathology, 74: 287-294.

El Modafar C., Tantaoui A. & El Boustani E., 1999. Time course accumulation and fungitoxicity of date palm phytoalexins towards *Fusarium oxysporum* f. sp. *albedinis*. Journal of Phytopathology, 147: 477-484.

El Modafar C., Tantaoui A. & El Boustani E., 2000a. Effect of caffeoylshikimic acid of date palm roots on activity and production of *Fusarium oxysporum* f. sp. *albedinis* cell wall-degrading enzymes. Journal of Phytopathology, 148: 101-108.

El Modafar C., Tantaoui A. & El Boustani E., 2000b. Changes in cell wall-bound phenolic compounds and lignin in roots of date palm cultivars differing in susceptibility to *Fusarium oxysporum* f. sp. *albedinis*. Journal of Phytopathology, 148: 405-411.

El-Hassan A.M., 2016. Isolation, Identification and Characterization of *Fusarium oxysporum*, the Causal Agent of *Fusarium* Wilt Disease of Date palm *Phoeniex dactylifera* L. in Northern State, Sudan. International Journal of Current Microbiology and Applied Sciences, 5(8): 381-386.

El-Kazzaz M.K., El-Fadly G.B., Hassan M.A.A. & El-Kot G.A.N., 2008. Identification of some *Fusarium* spp. using Molecular Biology Techniques. Egyptian Journal of Phytopathology, 36: 57-69.

Elmer W.H. & Marra R.E., 2015. First report of crown rot of bloodroot (*Sanguinaria canadensis*) caused by *Fusarium oxysporum* in the United States. Crop Protection, 73: 50-59.

El-Sayed M. & Verpoorte R., 2004. Growth, metabolic profiling and enzymes activities of *Catharanthus roseus* seedlings treated with plant growth regulators. Plant Growth Regulation, 44: 53-58.

EOPP, 1994. Fiche informative sur les organismes de quarantaine: *Fusarium oxysporum* f. sp. *albedinis*.

EPPO/CABI, 1997. *Fusarium oxysporum* .f. sp. *albedinis*: Quarantine Pests for Europe. 2nd edition, CAB International, Wallingford (GB), 758-763 pp.

Esjardins A.E., 2006. *Fusarium* Mycotoxins: Chemistry, Genetics and Biology (APS Press, St. Paul, Minnesota), 268 pp.

Feather T.V. & Ohr H.D., 1989. The occurrence of *Fusarium oxysporum* on *Phoenix canariensis*, a potential danger of date production in California. Plant Disease, 73: 78-80.

Fernandez D., Lourd M., Ouinten M., Tantaoui A. & Geiger J.P., 1995. Le Bayoud du palmier dattier: Une maladie qui menace la phoeniciculture. Phytoma-protection des végétaux, 469: 36-39.

Fernandez D., Ouinten M., Tantaoui A. & Geiger J.P., 1997. Molecular records of microevolution with the Algerian population of *Fusarium oxysporum* f. sp. *albedinis* during its spread to new oases. European Journal of Plant Pathology, 103: 1-6.

Fernandez D., Ouinten M., Tantaoui A., Geiger J.P., Daboussi M.J. & Langin T., 1998. Fot1- specific insertion in *Fusarium oxysporum* f. sp. *albedinis* genome provide useful PCR targest for detection of the date palm pathogen. Applied and Environmental Microbiology, 64: 633-636.

Fisher K.D., 1965. Hydrolytic enzyme and toxin production by sweetpotato Fusaria. Phytopathology, 55: 396-397.

Gechev T.S. & Hille J., 2005. Hydrogen peroxide as a signal controlling plant programmed cell death. Cell Biology International, 168: 17-20.

Gill H.S. & Zentmyer G.A., 1978. Identification of *Phytophthora* species by disc electrophoresis. Phytopathology, 68: 163-167.

Girbardt M., 1957. Der Spitzenkorper von *Polystictus versicolor* (L.). Planta, 50: 47-59.

Glynn A.N. & Reid J., 1969. Electrophoretic patterns of soluble fungal proteins and their possible use as taxonomic criteria in the genus *Fusarium*. Canadian Journal of Botany, 47: 1823-1831.

Goncalves C.A., Rodrigues Filho J.A., Camarao A.P. & Azevedo G.P.C., 2005. Evaluation of *Panicum maximum* cv. *Tobiata* pasture to milk production of under two levels of concentrate supplementation in the Northeast of the State of Para. Documentos-Embrapa Amazonia Oriental, 35 pp.

Gopinath S.C. B., Anbu P., Arshad M.K.M., Lakshmipriya T., Voon C.H., Hashim U. & Chinni S.V., 2017. Biotechnological processes in microbial amylase production. Bio Med Research International, 1-9.

Goudet C., Milat M.L., Sentenac H. & Thibaud J.B., 2000. Beticolins, nonpeptidic, polycyclic molecules produced by the phytopathogenic fungus *Cercospora beticola*, as a new family of ion channel-forming toxins. Molecular Plant-Microbe Interactions, 13: 203-209.

Gregory P.H., 1984. The fungal mycelium: an historical perspective: The Ecology and Physiology of the Fungal Mycelium. *In*: Jennings D.H. & Rayner A.D.M. (Eds.), Cambridge University Press, 122 pp.

Guarro J., Gene J. & Stchigel A.M., 1999. Developments in fungal taxonomy. Clinical Microbiology Reviews, 12: 454-500.

Gupta V.K., Misra A.K., Gaur R., Pandey R. & Chauhan U.K., 2009. Studies of genetic polymorphism in the isolates of *Fusarium solani*. Australian Journal of Crop Science, 3(2): 101-106.

Hageskal G., Knutsen A., Gaustad P., De Hoog G. & Skaar I., 2006. Diversity and significance of mold species in Norwegian drinking water. Applied and Environmental Microbiology, 72: 7586-7593.

Hakkou A. & Bouakka M., 2004. Oasis de Figuig: l'état actuel de la palmeraie et incidence de la fusariose vasculaire (Bayoud). Sécheresse, 15(2): 147-158.

Hamid K. & Strange R.N., 2000. Phytotoxicity of solanapyrones A and B produced by the chickpea pathogen *Ascochyta rabiei* (Pass.) Labr. and the apparent metabolism of solanapyrone A by chickpea tissues. Physiological and Molecular Plant Pathology, 56: 235-244.

Hanson J.R., 2008. The chemistry of Fungi. RSC publishing, 221 pp.

Harrak H. & Chetto A., 2001. Valorisation et commercialisation des dattes au Maroc. Edition INRA, Marrakech, Maroc, Al-watania, 222 pp.

Heil M., 2002. Ecological costs of induced resistance. Current Opinion in Plant Biology, 5: 345-350.

Henni J.C., Boisson E. & Geiger J.P., 1994. Variabilité de la morphologie chez *Fusarium oxysporum* f. sp. *lycopersici*. Phytopathologia Mediterranea, 33: 51-58.

Hermann M., Zocher J.D. & Haese A., 1996. Enniantin production by *Fusarium* strains and its effect on potato tissue. Applied and Environmental Microbiology, 62(2): 370-393.

Hibbett D.S. et al. 2007. A higher-level phylogenetic classification of the Fungi. Mycological Research, 111(5): 509-547.

Ho Y.W., Varghese G. & Taylor G.S., 1985. Protein and esterase patterns of pathogenic *Fusarium oxysporum* f. sp. *elaidis* and *Fusarium oxysporum* var. *redolens* from Africa and nonpathogenic *F. oxysporum* from Malaysia. Journal of Phytopathology, 114: 291-311.

Hoffmeister D. & Keller N.P., 2007. Natural products of filamentous fungi: enzymes, gene, and their regulation. Natural Product Reports, 24: 393-416.

Howell C.R., 2003. Mechanisms employed by *Trichoderma* species in the biological control of plant diseases: the history and evolution of current concepts. Plant Disease, 87: 4-10.

Husain A. & Dimond A.E., 1960. Role of cellulolytic enzymes in pathogenesis by *Fusarium oxysporum* f. sp. *lycopersici*. Phytopathology, 50: 329-331.

Huss M.J., Campbell C.L., Jennings D.B. & Leslie J.F., 1996. Isozyme variation among biological species in the *Gibberella fujikuroi* species complex (*Fusarium* Section *Liseola*). Applied and Environmental Microbiology, 62(10): 3750-3756.

Ibrahim N.A., Mohmed A.A.S., Kamel A.A.E., Mohmed S.K. & Verreet A.V., 2003. Comparison of multi-locus enzyme and protein gel electrophoresis in the discrimination of five *Fusarium* species isolated from Egyptian cottons. African Journal of Biotechnology, 2(7): 206-210.

IMI, 1994. Distribution Maps of Plant Diseases No. 240. CAB International, Wallingford, Royaume-Uni (Edition 9), 5 pp.

Jimenez-Diaz R.M. & Trapero-Casas A., 1988. Improvement of chickpea resistance to wilt and root rot diseases. *In*: Proceeding on present status and future prospects of chickpea crop production and improvement in the Mediterranean countries, July, Zagaroza, Spain, 11-13 pp.

Jones J.P. & Woltz S.S., 1981. *Fusarium* incited diseases of tomato and potato and their control. Basis for a diseases control system in *Fusarium* diseases: Biology and taxonomy. *In*: Nelson P.E., Toussoun T.A. & Cook R.J., (Eds.). Pennsylvania State University Press, University Park, 340-349 pp.

Justa-Schuch D., Heilig Y., Richthammer C. & Seiler S., 2010. Septum formation is regulated by the RHO4-specific exchange factors BUD3 and RGF3 and by the landmark protein BUD4 in *Neurospora crassa*. Molecular Microbiology, 76: 220-235.

Kada A. & Dubost D., 1975. Le bayoud à Ghardaia. Bulletin d'Agronomie Saharienne, Algérie, 1(13): 29-61.

Karkachi N., Gharbi S., Kihal M. & Henni J.E., 2014. Study of pectinolytic activity of *Fusarium oxysporum* f. sp. *albedinis* agent responsible for Bayoud in Algeria. International Journal of Agronomy and Agricultural Research, 5: 40-45.

Kawaidi H., 2006. Biochemical and molecular analyses of giberellin biosynthesis in fungi. Bioscience, Biotechnology, and Biochemistry, 70: 583-590.

Kern H., 1972. Phytotoxins produced by Fusaria: Phytotoxins in plant diseases. *In*: Wood R.K.S., Ballio A. & Graniti A. (Eds.), Academic Press, London, 35-48 pp.

Khelafi H., Abed F., Yatta D., Djellal L., Yakhou M.S. & Sedra M.H., 2006. Evaluation de mutants de la variété *Deglet Nour* de Palmier Dattier pour la résistance au Bayoud. Conférence régionale «Mutagenèse Induite et Biotechnologies d'Appui pour la Protection du Palmier Dattier contre le Bayoud». TCP/RAF/5/049, Algeria 17-18 June 2006.

Kim J.C., Lee Y.W. & Yu S.H., 1995. Sambutoxin-producing isolates of *Fusarium* species and occurrence of sambutoxin in rotten potato tubers. Applied and Environmental Microbiology, 61: 3750-3751.

Knogge W., 1996. Molecular basis of specificty on host fungus interaction. European Journal of Plant Pathology, 102: 807-816.

Kombrink E. & Somssich I.E., 1997. Pathogenesis-related proteins and plant defense. Plant Relationships, 3: 107-128.

Koulla L. & Saaidi M., 1985. Etude du rôle des inflorescences et des fruits du palmier dattier dans la dissémination du bayoud. Séminaire National sur l'agronomie Saharienne, INRA, Marrakech, Maroc, 67-70 pp.

Laday M. & Szecsi A., 2001. Distinct electrophoretic isozyme profiles of *Fusarium graminearum* and closely related species. Systematic and Applied Microbiology, 24: 67-75.

Laday M., Bagi F., Mesterhazy A. & Szecs A., 2001. Isozyme evidence for two groups of *Fusarium graminearum*. Mycological Research, 104(7): 788-793.

Larsen T.O., Smedsgaard J., Nielsen K.F., Hansen M.E. & Frisvad J.C., 2005. Phenotypic taxonomy and metabolite profiling in microbial drug discovery. Natural Product Reports, 22: 672-693.

Lavania M., Chauhan P.S., Chauhan S.V.S., Singh H.B. & Nautiyal C.S., 2006. Induction of plant defence enzymes and phenolics by treatment with plant growth promoting rhizobacteria *Serratia marcescens* NBRI1213. Current Microbiology, 52: 363-368.

Lemanceau P. & Alabouvette C., 1993. Suppression of *Fusarium* wilt by fluorescent *Pseudomonas*: Mechanisms and application. Biocontrol Science and Technology, 3: 219-324.

Lepoivre P., 2003. Phytopathogie: bases moleculaires de biologiques des pathsystemes et fondement des strategies de lutte. De Boeck & Presses Agronomiques de Gembloux (Eds.), Brussels, Belgium, 149-167 pp.

Leslie J.F. & Summerell B.A., 2006. The *Fusarium* Laboratory Manual. First edition Blackwell Publishing, 369 pp.

Letunic I. & Bork P., 2016. Interactive tree of life (iTOL) v3: an online tool for the display and annotation of phylogenetic and other trees. Nucleic Acids Research, 8(W1): 242-245. https://doi.org/10.1093/nar/gkw290

Lo S.C., De Verdier K. & Nicholson R.L., 1999. Accumulation of 3-deoxyanthocyanidin phytoalexins and resistance to *Colletotrichum sublineolum* in sorghum. Physiological and Molecular Plant Pathology, 55: 263-273.

Louvet J. & Toutain G., 1973. Recherches sur les Fusarioses: Nouvelles observations sur la Fusariose du Palmier dattier et précisions concernant la lutte. Annual Review of Phytopathology, 5: 35-52.

Louvet J., 1977. Observation sur la localisation des chlamydospores de *Fusarium oxysporum* dans les tissus des plantes parasitaires. Travaux dedies a G. Viennot- Bourgin, I.N.R.A., Societe Francaise de Phytopathologie, Paris, 193-197 pp.

Louvet J., Bulit J., Toutain G. & Rieuf P., 1970. Le Bayoud, Fusariose vasculaire du palmier dattier : Symptômes et nature de la maladie, moyens de lutte. Al Awamia, Rabat, 35: 161-181.

Lucas J.A., 1998. Plant Pathology and Plant Pathogens (3rd Eds.). Blackwell Science, 274 pp.

Lucas P., 2006. Diseases Caused by Soil-born Pathogens. *In*: The Epidemiology of Plant Diseases. 2nd edition, Springer, 373-386 pp.

Lynd L.R., Weimer P.J., Van Zyl W.H. & Pretorius I.S., 2002. Microbial cellulose utilization: Fundamentals and biotechnology. Microbiology and Molecular Biology Reviews, 66(3): 506-577.

MacHardy W.E. & Beckman C.H., 1981. Vascular wilt Fusaria: Infections and Pathogenesis. *Fusarium*: Diseases, Biology and Taxonomy. *In*: Nelson P.E., Toussoun T.A. & Cook R.J. The Pennysylvania State University Press, University Park and London, 365-390 pp.

Malençon G., 1947. Mission d'étude dans les oasis du territoire d'Ain Sefra et l'annexe du Tidikelt concernant une maladie du palmier dattier. Institut Algérie, 2: 139-158.

Mandeel Q.A., Abbas J.A. & Saeed A.M., 1995. Survey of *Fusarium* species in an arid environment of Bahrain: II. Spectrum of species on five isolation media. Sydowia, 47: 223-239.

Manicom B.Q., Bar-Joseph M., Kotze J.M. & Becker M.M., 1990. A restriction fragment length polymorphism probe relating vegetative compatibility groups and pathogenicity in *Fusarium oxysporum* f. sp. *dianthi*. Phytopathology, 80: 336 -339.

Manikandan R., Harish S., Karthikeyan G. & Raguchande T., 2018. Comparative proteomic analysis of different isolates of *Fusarium oxysporum* f. sp. *lycopersici* to exploit the differentially expressed proteins responsible for virulence on tomato plants. Frontiers in Microbiology, 9: 1-13.

Marasas W.F.O., Nelson P.E & Toussoun T.A., 1984. Toxigenic *Fusarium* species: Identify and mycotoxicology. The Pennsylvania State University Press, University Park, PA, 328 pp.

Masuda D., Ishida M., Yamaguchi K., Yamaguchi I., Kimura M. & Nishiuchi T., 2007. Phytotoxic effects of trichothecenes on the growth and morphology of *Arabidopsis thaliana*. Journal of Experimental Botany, 58: 1617-1626.

Mathéron B. & Benbadis A., 1994. Etude comparée de l'infection par le *Fusarium oxysporum* f. sp. *albedinis*, de trois variétés de palmier dattier, l'une sensible (*Deglet-Nour*), les deux autres résistantes (Takerboucht et Tantabouchet). Acta Botanica Gallica, 141(6/7): 719-730.

McCartney H.A., Fitt B.D.L. & West J.S., 2006. Dispersal of Foliar Plant Pathogens: Mechanisms, gradients and spatial patterns: The Epidemiology of Plant Diseases, 2nd edition, Springer, 159-192 pp.

McMullen M.P. & Stack R.W., 1984. The effects of surface mining and reclamation on *Fusarium* populations of grassland sous. Reclamation and Revegetation Research, 2: 253-266.

Mendgen K., Hahn M. & Deising H., 1996. Morphogenesis and mechanisms of penetration by plant pathogenic fungi. Annual Review of Phytopathology, 34: 367-386.

Messiaen C.M. & Cassini R., 1968. Recherches sur les fusarioses IV: La systématique des *Fusarium*. Annual Epiphyties, 19: 387-454.

Métraux J.P., Nawrath C. & Genoud T., 2002. Systemic acquired resistance. Euphytica, 124: 237-243.

Micales J.A., 1986. The use of isozyme analysis in fungal taxonomy and genetics. Mycotaxon, 27: 405-449.

Micales J.A., Bonde M.R. & Peterson G.L., 1992. Isozyme analysis in fungal taxonomy and molecular genetics. Fungal biotechnology. New York: Marcel Dekker Inc, 4: 57-79.

Michielse C.B. & Rep M., 2009. Pathogen profile update: *Fusarium oxysporum*. Molecular Plant Pathology, 10(3): 311-324.

Mittler R. & Lam E., 1996. Sacrifice in the face of foes: pathogen-induced programmed cell death in plants. Trends in Microbiology, 4: 10-15.

Mohammadi M., Aminipour M. & Banihashemi Z., 2004. Isozyme Analysis and Soluble Mycelial Protein Pattern in Iranian Isolates of Several formae speciales of *Fusarium oxysporum*. Journal Phytopathology, 152: 267-276.

Mongrain D., Couture L. & Comeau A., 2000. Natural occurrence of *Fusarium graminearum* on adult wheat midge and transmission to wheat spikes. Cereal Research Communications, 28(1/2): 173-180.

Moukhlis N., 1987. Contribution à l'identification et étude de la toxicité des différents constituants de la toxine sécretée par *Fusarium oxysporum* f. sp. *albedinis*. Thèse de 3ème cycle, Marrakech, Maroc.

Mourichon X., 2003. Informations necessaires a l'Analyse du Risque Phytosanitaire (ARP) de *Fusarium oxysporum* f. sp. *cubense* pour les zones Antilles. CIRAD, 10 pp.

Mueller G. & Schmit J.P., 2007. Fungal biodiversity: what do we know? What can we predict? Biodiversity Conservation, 16: 1-5.

Nawar L.S., 2016. Phytochemical and SDS-dissociated proteins of pathogenic and nonpathogenic *Fusarium oxysporum* isolates. International Journal of Chem Tech Research, 9(6): 165-172.

Nelson P.E., 1981. Life cycle and epidemiology of *Fusarium oxysporum*: Fungal Wilt Diseases of Plants. *In*: Mace M.E., Bell A.A. & Beckman C.H. (Eds.). Academic Press, New York, USA, 51-80 pp.

Nelson P.E., 1990. History of *Fusarium* systematic. The American Phytopathological Society, 81(9): 1045-1048.

Nelson P.E., Horst R.K. & Woltz S.S., 1981. *Fusarium* diseases of ornamental plants. *Fusarium oxysporum*: Diseases, Biology and Taxonomy. *In*: Nelson P.E., Toussoun T.A. & Cook R.J. (Eds.). Pennsylvania State University Press, University Park, Pennsylvania, 121-128 pp.

Nelson P.E., Toussoun T.A. & Marasas W.F.O., 1983. *Fusarium* species: An Illustrated Manual for Identification. Pennsylvania State University Press, University Park, PA, 206 pp.

Nicholson P., Simpson D.R., Weston G., Rezanoor H.N., Lees A.K., Parry D.W. & Joyce D., 1998. Detection and quantification of *Fusarium culmorum* and *Fusarium graminearum* in cereals using PCR assays. Physiological and Molecular Plant Pathology, 53(1): 17-37.

Nicholson R.L., Kollipara S.S., Vincent J.R., Lyons P.C. & Cadena-Gomez G., 1987. Phytoalexin synthesis by the sorghum mesocotyl in response to infection by pathogenic and nonpathogenic fungi. Proceedings of the National Academy of Sciences USA, 84: 5520-5524.

Nwe N., Stevens W.F., Tokura S. & Tamura H., 2008. Characterization of chitin and chitosan-glucan complex extracted from cell wall of fungus *Gongronella butleri* USDB 0201 by enzymatic method. Enzyme and Microbial Technology, 42: 242-251.

OEPP/EPPO, 2003. *Fusarium oxysporum* f. sp. *albedinis*. Bulletin, 33: 265-269.

OEPP/EPPO, 2005. Fiche Informative sur les Organismes de Quarantaine N° 70, *Fusarium oxysporum* f. sp. *albedinis*, 6 pp.

Ogórek R., 2016. Enzymatic activity of potential fungal plant pathogens and the effect of their culture filtrate on seed germination and seedling growth of garden cress (*Lepidium sativum* L.). European Journal of Plant Pathology, 145: 469-481.

Osbourn A.E., 2001. Tox-boxes, fungal secondary metabolites, and plant disease. PNAS, 98(25): 14187-14188.

Oubraim S., Sedra M.H. & Lazrek H.B., 2016. A relationship between bayoud disease severity and toxin susceptibility of date palm cultivars. Emirates Journal of Food and Agriculture, 28(1): 45-51.

Ouinten M., 1996. Diversité et structure génétiques des populations algériennes de *Fusarium oxysporum* f. sp. *albedinis*, agent de la fusariose vasculaire (Bayoud) du palmier dattier. Thèse PhD, Université Montpellier II, Montpellier, 170 pp.

Ozenda P., 2000. Les végétaux: Organisation et diversité biologique, Paris, Dunod, (ISBN 2-10-004684-5), 516 pp.

Padmanaban V., Karthikeyan R. & Karthikeyan T., 2013. Differential expression and genetic diversity analysis using alpha esterase isozyme marker in *Ocimum sanctum* L. Academic Journal of Plant Sciences, 6(1): 1-12.

Palmero D., Rodríguez J.M., Cara M., Camacho F., Iglesias C. & Tello J.C., 2011. Fungal microbiota from rain water and pathogenicity of *Fusarium* species isolated from atmospheric dust and rainfall dust. Journal of Industrial Microbiology & Biotechnology, 38(1): 13-20.

Parry D.W., Jenkinson P. & McLeod L., 1995. *Fusarium* ear blight (scab) in small grain cereals – A review. Plant Pathology, 44(2): 207-238.

Partida-Martinez L.P. & Hertweck C., 2005. Pathogenic fungus harbours endosymbiotic bacteria for toxin production. Nature, 437: 884-888.

Passardi F., Cosio C., Penel C. & Dunand C., 2005. Peroxidases have more functions than a Swiss army knife. Plant Cell Reports, 24: 255-265.

Pereau-Leroy P., 1957. Recherches d'un test de sensibilité des variétés des palmiers dattier à la fusariose. Fruits, 12: 53-56.

Pereau-Leroy P., 1958. Le Palmier dattier au Maroc. Min .Agric. Maroc, Service. Rech. Agron. et Inst Français Rech. Fruit Outre Mer, (I.F.A.C), 142 pp.

Priest M. & Letham D., 1996. Vascular wilt of *Phoenix canariensis* in New South Wales caused by *Fusarium oxysporum*. Plant Pathology, 25: 110-113.

Rabie C.J., Marasas W.F.O., Thiel P.G., Luben A. & Vleggar R., 1982. Moniliformin production and toxicity of different *Fusarium* species from South Africa. Applied and Environmental Microbiology, 43: 517-521.

Rahmania F., 1982. Contribution à la connaissance du palmier-dattier, Phoenix dactylifera L. et de l'agent du bayoud, *Fusarium oxysporum* f. sp. *albedinis* (Killian et Maire) Gordon. Aspects ultra structuraux des relations hôte-parasite. Thèse de Doctorat d'Etat 3ème cycle, USTHB, Alger, 122 pp.

Rahmania F., 2000. Contribution à la connaissance des relations hysto-cytophysiologique entre le palmier dattier, *Phoenix dacfylifera* L. et l'agent causal du Bayoud, *Fusarium oxysporum* f. sp *albedinis* (Killian et Maire) Gordon. Thèse de Doctorat d'Etat 3ème cycle, USTHB, Alger, 156 pp.

Rajeswari P., 2014. Inhibition of Pectinolytic *Fusarium oxysporum*, *Pseudomonas fluorescens* on *Arachis hypogaea* L., International Journal of Agriculture Innovations and Research, 3(3): 2319-1473.

Raju S., Jayalakshmi S.K. & Sreeramulu K., 2008. Comparative study on the induction of defense related enzymes in two different cultivars of chickpea (*Cicer arietinum* L.)

genotypes by Salicylic acid, spermine and *Fusarium oxysporum* f. sp. *ciceri*. Australienne Journal of Crop Science, 3: 121-140.

Ralph S., Park J.Y., Bohlman N.J. & Mansfield S.D., 2006. Dirigent proteins in conifer defense: gene discovery, phylogeny and differential wound and insect-induced expression of a family of DIR and DIR-like genes in spruce (*Picea* spp.). Plant Molecular Biology, 60: 21-40.

Ramírez-Suero M., 2009. Etude de l'interaction de *Medicago truncatula* avec *Fusarium oxysporum* et du rôle de l'acide salicylique dans les interactions de la plante avec différents agents pathogènes et symbiotiques. Thèse de Doctorat, INSAT, Toulouse, 281 pp.

Ramos T., El-Bellaj M., El-Idrissi-Tourane A., Daayf F. & El hadrami I., 1997. Phenolamides in the rachis of palms: Components of the defense reaction of the date palm towards *Fusarium oxysporum* f. sp. *albedinis*, the agent causal of bayoud. Journal of Phytopathology, 145: 487-493.

Rasmussen J.B. & Scheffer R.P., 1988. Effects of selective toxin from *Helminthosporium carbonum* on chlorophyll synthesis in maize. Physiological and Molecular Plant Pathology, 32: 283-291.

Redecker D., 2002. New views on fungal evolution based on DNA markers and the fossil. Research in Microbiology, 153(3): 125-130.

Renard J.L., 1970. La Fusariose du palmier à huile: Rôle des blessures des racines dans le processus d'infection. Oléagineux, 11: 581-586.

Rodríguez-Gálvez E. & Mendgen K., 1995. Cell wall synthesis in cotton roots after infection with *Fusarium oxysporum*. The deposition of callose, arabinogalactans, xyloglucans, and pectic components into walls, wall appositions, cell plates and plasmodesmata. Planta, 197(3): 535-545.

Saaidi M., 1979. Contribution à la lutte contre le bayoud, fusariose vasculaire du palmier dattier. Thèse de doctorat, université Dijon-France, 140 pp.

Saaidi M., 1990. Amélioration génétique du palmier dattier critères de sélection, techniques et résultats. Options Méditerranéennes, 11: 133-154.

Saravanan O., Muthuvelayudham R. & Viruthagiri T., 2012. Enhanced production of cellulose from pineapple waste by response surface methodology. Journal of Engineering, 1-8. https://doi.org/10.1155/2013/979547

Schmele I. & Kauss H., 1990. Enhanced activity of the plasma membrane localized callose synthase in cucumber leaves with induced resistance. Physiological and Molecular Plant Pathology, 37: 221-228.

Sedra M.H. & Bah N., 1993. La fusariose vasculaire du palmier dattier. Développement saprophytique et comportement du *Fusarium oxysporum* f. sp. *albedinis* des différents sols de palmeraies. Al Awamia, 82: 53-70.

Sedra M.H. & Djerbi M., 1986. Comparative study of morphological characteristics and pathogenicity of two *Fusarium oxysporum* causing respectively the vascular wilt disease of date palm (Bayoudh) and Canary Island palm. *In*: Proceedings of the Second Symposium on the Date Palm, Saudi Arabia, 359-365 pp.

Sedra M.H. & Lazrek H.B., 2011. *Fusarium oxysporum* f. sp. *albedinis* toxin characterization and use for selection of resistant date palm to Bayoud disease: Date Palm Biotechnology. *In*: Jain M. et al. (Eds.). Springer, Dordrecht Heidelberg London, New York, 253-271 pp.

Sedra M.H. & Maslouhy M.A., 1995. La fusariose vasculaire du palmier dattier (Bayoud). II. Action inhibitrice des filtrats de culture de six microorganismes antagonistes isolés des sols de la palmeraie de Marrakech sur le développement *in vitro* de *Fusarium oxysporum* f. sp. *albedinis*. Al Awamia, 90: 1-8.

Sedra M.H. & Rouxel F., 1989. Résistance des sols aux maladies. Mise en évidence de résistance d'un sol de la palmeraie de Marrakech aux fusarioses vasculaires. Al Awamia, 66: 35-54.

Sedra M.H., 1985. Potentiel infectieux et réceptivité de quelques sols de palmeraie à la fusariose vasculaire du palmier dattier (Bayoud) causé par *Fusarium oxysporum* f. sp.

albedinis. Thèse de doctorat 3[éme] cycle agronomie, IAV, Hassan II, Rabat, Maroc, 99 pp.

Sedra M.H., 1993. Lutte contre le Bayoud, Fusariose vasculaire du palmier dattier causée par *Fusarium oxysporum* f. sp. *albedinis*: sélection des cultivars et clones de qualité résistants et receptivité des sols de palmeraies à la maladie. Thèse de doctorat d'état, Université Cadi Ayyad, Marrakech, Maroc, 128 pp.

Sedra M.H., 1995. Problèmes phytosanitaires du palmier dattier en Mauritanie et propositions de moyens de lutte. Rapport de mission d'expertise effectuée en Mauritanie du 8 au 16 juin 1995. Réseau de recherche & développement du palmier dattier (BI, FIAD, FADES, ACSAD /Syrie.

Sedra M.H., 1996. Résultats de prospections effectuées dans la vallée Ait Mansour (Région de Tiznint-Tafraoute au sud du Maroc). Rapport de mission, INRA-Maroc.

Sedra M.H., 1997. Diversité et amélioration génétique du patrimoine phénicicole marocain. Proc. Sémin. National sur Ressources Phytogénétiques et éveloppement Durable, Rabat, Maroc, 283-308 pp.

Sedra M.H., 1999a. Identification et caractérisation des cultivars du palmier dattier en Mauritanie. Rapport de mission de consultation d'expert, 30/6/99-23/7/99, OADA.

Sedra M.H., 1999b. Prospection et importance du bayoud en Mauritanie et action urgentes à prendre pour lutter contre la maladie. Rapport de mission de consultation FAO effectuée du 19/10/99 au 18/11/99 en République Islamique de Mauritanie et proposition de projet de lutte contre le bayoud dans ce pays. Projet de Développement des oasis, phase II, FAO/UFT/MAU/020/MAU'.

Sedra M.H., 2003. Le bayoud du palmier dattier en Afrique du nord, FAO, RNE/SNEA-Tunis. Edition FAO sur la protection des plantes, 125 pp.

Sedra M.H., 2005a. La maladie du Bayoud du palmier dattier en Afrique du Nord: Diagnostic et caractérisation. *In*: Boulanouar B. & Kradi C. (Eds.). Actes du symposium International sur le développement Durable des Systémes oasiens du 08 au 10 mars. Erfoud Maroc.

Sedra M.H., 2005b. Caractérisation des clones sélectionnés du palmier dattier et prometteurs pour combattre la maladie du Bayoud. *In*: Boulanouar B. & Kradi C. (Eds.). Actes du symposium International sur le développement Durable des Systèmes oasiens du 08 au 10 mars. Erfoud Maroc.

Sedra M.H., 2006a. La maladie du Bayoud sur le palmier dattier apparition; impact; propagation et conditions; méthodes de diagnostic et de lutte; recherches et perspectives (En arabe). L'association arabe sur le développement agricole, AOAD, 77 pp.

Sedra M.H., 2006b. Le bayoud en Afrique du Nord: Extension, particularités de la variabilité génétique des souches de l'agent causal et nouveaux clones marocains du palmier prometteurs pour combattre la maladie. Conférence régionale «Mutagenèse Induite et Biotechnologies d'Appui pour la Protection du Palmier Dattier contre le Bayoud».

Sedra M.H., 2013. The Bayoud (Vascular Wilt) of Date Palm in North Africa: Situation, Research Achievements and Applications. Acta Horticulturae, 994: 59-76.

Sedra M.H., 2015. Date palm status and perspective in Mauritania. Date Palm Genetic Resources, Cultivar Assessment, Cultivation Practices and Novel Products. *In*: Al-Khayri J.M., Jain S.M. & Johnson D.V. (Eds.). Africa and the Americas, Springer, Netherlands, Dordrecht, 225-268 pp.

Sedra M.H., El Fakhouri R. & Lazrek H.B., 1993. Recherche d'une méthode fiable pour l'évaluation de l'effet des toxines secrétées par *Fusarium oxysporum* f. sp. *albedinis* sur le palmier dattier. Al Awamia, 82: 89-104.

Sedra M.H., Lashermes P., Trouslot P., Combes M.C. & Hamon S., 1998a. Identification and genetic diversity analysis of date palm (*Phoenix dactylifera* L.) varieties from Morocco using RAPD markers. Euphytica, 103: 75-82.

Sedra M.H., Lazrek H.B., Lotfi F. & Rochat H., 1998b. *Fusarium oxysporum* f. sp. *albedinis* toxin isolation and use for screening of date palm plants for resistance to the bayoud disesase. Acta Horticulturae, 513: 81-90.

Seifert K., 2001. *Fusarium* and anamorph generic concepts: *Fusarium*. *In*: Summereli B.A. *et al.* (Eds.). APS Press, St. Paul, Minnesota, 15-28 pp.

Seifert K.A., 1996. *Fusarium* interactive key. Agriculture and Agri food Canada, 1-30 pp.

Sever Z., Ivic D., Kos T. & Milicevic T., 2012. Identification of *Fusarium* species isolated from stored apple fruit in Croatia. Archives of Industrial Hygiene and Toxicology, 63: 463-470.

Sidaoui A., 2019. Biodiversité morphologique et moléculaire des isolats de *Fusarium oxysporum* f. sp. *albedinis*. Thèse de doctorat (Filière: Biologie; Spécialité: Microbiologie Appliquée). Sciences de la Nature et de la Vie, Université d'Oran, 138 pp.

Simpson A.G.B. & Roger A.J., 2004. The real 'kingdoms' of eukaryotes. Current Biology, 14: 693-696.

Skovgaard K. & Rosendahl S., 1998. Comparison of intra- and extracellular isozyme banding patterns of *Fusarium oxysporum*. Mycological Research, 102(9): 1077-1084.

Snyder B.A., Leite B., Hipskind J., Butler L.G. & Nicholson R.L., 1991. Accumulation of sorghum phytoalexins induced by *Colletotrichum graminicola* at the infection site. Physiological and Molecular Plant Pathology, 39: 463-470.

Snyder W.C. & Hansen H.N., 1940. The species concept in *Fusarium*. American Journal of Botany, 27: 64-67.

Spassieva S.D., Markham J.E. & Hille J., 2002. The plant disease resistance gene Asc-1 prevents disruption of sphingolipid metabolism during AAL-toxin-induced programmed cell death. Plant Journal, 32: 561-572.

Strange R.N., 2003. Introduction to Plant Pathology. John Wiley & Sons Ltd, 497 pp.

Struck C., 2006. Infection Strategies of Plant Parasitic Fungi: The Epidemiology of Plant Diseases. 2nd edition, Springer, 117-137 pp.

Sumana K. & Devaki N.S., 2014. Morphological and biochemical variations of *Fusarium oxysporum* infecting fcv Tobacco in Karnataka. International Journal of Agricultural Science and Research, 4: 51-58.

Sumana K., Punith B.D. & Devaki N.S., 2014. First report on molecular and biochemical variations among the populations of *Fusarium oxysporum* infecting tobacco in Karnataka, India. Journal of Agricultural Technology, 10(4): 931-950.

Sunitha V.H., Nirmala Devi D. & Srinivas C., 2013. Extracellular enzymatic activity of endophytic fungal strains isolated from medicinal plants. World Journal of Agricultural Sciences, 9(1): 1-9.

Surrico G. & Graniti A., 1977. Produzione di tossine da *Fusarium oxysporum* f. sp. *albedinis*. Phytopathologia Mediterranea, 16: 30-33.

Svabova L. & Lebeda A., 2005. *In vitro* Selection for improved plant resistance to Toxin producing pathogens. Journal of Phytopathology, 153: 52-64.

Sweat T.A. & Wolpert T.J., 2007. Thioredoxin h5 is required for victorin sensitivity mediated by a CC–NBS–LRR gene in Arabidopsis. Plant Cell, 19: 673-687.

Tallapragada P., Dikshit R., Jadhav A. & Sarah U., 2017. Partial purification and characterization of amylase enzyme under solid state fermentation from *Monascus sanguineus*. Journal of Genetic Engineering and Biotechnology, 15(1): 95-101.

Tantaoui A., 1989. Contribution à l'étude de l'écologie du *Fusarium oxysporum* f. sp. *albedinis* agent causal du bayoud: Densité et répartition de l'inoculum au sein du peuplement fusarien. D.E.S., Université Cadi Ayyad, Marrakech, Maroc, 239 pp.

Tantaoui A., 1993. Identification rapide et première évaluation de la variabilité du *Fusarium oxysporum* f. sp. *albedinis* par la compatibilité végétative. Al Awamia, 82: 25-37.

Tantaoui A., Quinten M., Geiger J.P. & Fernandez D., 1996. Characterization of a signale clonal lineage of *Fusarium oxysporum* f. sp. *albedinis* causing Bayoud disease of date palm in Morocco. Phytopathology, 86(7): 787-792.

Thomma B.P.H.J., 2003. *Alternaria* spp.: from general saprophyte to specific parasite. Molecular Plant Pathology, 4(4): 225-236.

Thrane U., 2001. Developments in the taxonomy of *Fusarium* species based on secondary metabolites, *In*: Summereli B.A., Leslie J.F., Backhouse D., Bryden W.L. & Burgess

L.W. (Eds.). Paul E. Nelson Memorial Symposium, APS Press, St. Paul, Minnesota, 29-49 pp.

Torres M.A., Jones J.D. & Dangl J.L., 2006. Reactive oxygen species signaling in response to pathogens. Plant Physiology, 141: 373-378.

Toutain G., 1965. Note sur l'épidémiologie du Bayoud en Afrique du Nord. Al Awamia, 15: 37-45.

Toutain G., 1968a. Mission Bayoud à Figuig. Ministère de l'agriculture, Royaume du Maroc, Direction de la recherche agronomique, Marrakech, 22 pp.

Toutain G., 1968b. Essai de comparaison de la résistance au bayoud des variétés de Palmier dattier. Notes sur l'expérimentation en cours concernant les variétés Marocaines et Tunisiennes. Al Awamia, 27: 75-78.

Treutter D., 2006. Significance of flavonoids in plant resistance, a review. Environmental Chemistry Letters, 4: 147-157.

Trinci A.P.J., 1969. A kinetic study of the growth of *Aspergillus nidulans* and other fungi. Microbiology, 57: 11-24.

Trujillo M., Kogel K.H. & Huckelhoven R., 2004. Superoxide and hydrogen peroxide play different roles in the non host interaction of barley and wheat with inappropriate formae speciales of *Blumeria graminis*. Molecular Plant-Microbe Interactions Journal, 17: 304-312.

Turner J.G., 1984. Role of toxins in plant disease: Plant diseases: infection, damage and loss. *In*: Wood R.K.S. & Jellis G.J. (Eds.). Blackwell Scientific Publications, Oxford, 3-12 pp.

Umemura K., Tanino S., Nagatsuka T., Koga J., Iwata M., Nagashima K. & Amemiya Y., 2004. Cerebroside elicitor confers resistance to *Fusarium* disease in various plant species. Phytopathology, 94: 813-818.

Van Loon L.C., Rep M. & Pieterse C.M., 2006. Significance of inducible defense related proteins in infected plants. Annual Review of Phytopathology, 44:135-162.

Vurro M. & Ellis B.E., 1997. Phytotoxins produced by microbial plant pathogens. Natural Product Reports, 24: 127-144.

Waller J.M. & Cannon P.F., 2002. Fungi as Plant Pathogens: Plant Pathologist's Pocketbook. 3rd edition, CABI Publishing, 75-93 pp.

Walters D. & Heil M., 2007. Costs and trade-offs associated with induced resistance. Physiological and Molecular Plant Pathology, 71: 3-17.

Walton J.D., 1996. Host-selective toxins: agents of compatibility. Plant Cell, 8(10): 1723-1733.

Williams L.D., Glenn A.E., Zimeri A.M., Bacon C.W., Smith M.A. & Riley R.T., 2007. Fumonisin disruption of ceramide biosynthesis in maize roots and the effects on plant development and *Fusarium verticillioides*-induced seedling disease. Journal of Agricultural and Food Chemistry, 55: 2937-2946.

Wollenweber H.W. & Reinking O.A., 1935. Die Fusarien, ihrebeschreibung, Schadwirkung, und Bekampfung. Paul Parey, Berlin, 355 pp.

Yoneyama K. & Anzai H., 1993. Transgenic plants resistance to disease by the detoxification of toxins. Biotechnology in Plant Disease Control. *In*: Chet I. (Eds.). New York: Wiley-Liss, Inc., 115-37 pp.

Zähner H., Anke H. & Anke T., 1983. Evolution of secondary pathways: Differentiation and secondary metabolism in fungi. *In*: Bennett J.W. & Ciegler E. (Eds.). Marcel Dekker, New York, 153-171 pp.

Ziouti A., El Modafar C., El Mandili A., El Boustani E. & Macheix J.J., 1996a. Identification des acides caféoylshikimiques des racines du palmier dattier, principaux composes fongitoxiques vis-à-vis du *Fusarium oxysporum* f. sp. *albedenis*. Journal of Phytopathology, 144: 197-202.

Ziouti A., El Modafar C., Fleuriet A., El Boustani E. & Macheix J.J., 1996b. Phenolic compounds in date palm cultivars sensitive and resistant to *Fusarium oxysporum*. Biologia Plantarum, 38: 451-457.

Ziouti A., El Modafar C., Fleuriet A., El Boustani E. & Macheix J.J., 1992. Les polyphényls, marqueurs potentiels de la résistance du palmier dattier (*Phoenix dactylifera* L.) au *Fusarium oxysporum* f. sp. *albedinis*. XVI International Conference in Association with the Royal Society of Chemistry. Groupe Polyphenol, Lisboa, Portugal, 346-349 pp.

Zyska B., 1997. Fungi isolated from library materials: a review of the literterrature. International Biodeterioration and Biodegradation, 40: 43-51.

Chapitre V- Étude de quelques approches de la lutte intégrée vis-à-vis de la fusariose vasculaire du palmier dattier

Abdelhak Rhouma, Abdulnabi Abbdul Ameer Matrood & Hanane Bedjaoui

Chapitre V- Étude de quelques approches de la lutte intégrée vis-à-vis de la fusariose vasculaire du palmier dattier

1. Introduction

La culture du palmier dattier est sujette à divers problèmes phytosanitaires qui entravent son développement et son extension. Le bayoud, fusariose vasculaire du palmier dattier causée par un champignon d'origine tellurique *F. oxysporum* f. sp. *albedinis* (Ait Kettout Tassadit, 2011), est la maladie la plus destructive et la plus menaçante dans l'Afrique du nord (Gupta *et al.,* 2009; Sidaoui, 2019). Elle est répandue surtout au Maroc et dans une grande partie des palmeraies de l'Algérie. En effet, au cours d'un siècle, il a détruit plus de dix millions de palmiers au Maroc et trois millions en Algérie (Djerbi, 1982a; Djerbi, 1982b). La catastrophe causée par le bayoud ne s'arrête pas à l'érosion génétique causée par la disparition de nombreuses variétés parmi les meilleures, mais conduit également à l'accentuation de la désertification et à l'appauvrissement des phoeniciculteurs qui finissent par céder (Toutain, 1965; Kada et Dubost, 1975; Sedra et Rouxel, 1989).

La lutte contre le bayoud demeure un grand défi. Ainsi, les stratégies les plus appropriées visent à réduire le développement de la maladie par la diminution de la taille de la population du pathogène. En effet, diverses méthodes de lutte ont été élaborées dans la stratégie de contrôle de cette maladie (Vanachter, 1989; Essarioui, 2006; Ghomari, 2009).

Il a été démontré que la lutte chimique seule ne permet pas de remédier contre cette maladie et l'efficacité des fongicides dépend des conditions de culture et/ou des méthodes d'application. De plus, ces produits chimiques ont des conséquences néfastes sur l'environnement, dont entre autres, l'accumulation des résidus entrainant la pollution des sols et des nappes phréatiques, l'apparition et la généralisation des mécanismes de résistance chez les pathogènes et le déséquilibre écologique (Louvet et Toutain, 1973; Tramier et Bettachini, 1977; Saaidi, 1979; Azco' N-Aguilar et Bare, 1997; Hakkou et Bouakka, 2004).

Le programme de gestion intégrée en combinant plusieurs techniques (à savoir utilisation des extraits végétaux et des antagonistes, amendement organique, solarisation, résistance variétale, etc.) pourrait être une solution aux divers problèmes phytosanitaires entre autres *F. oxysporum* f. sp. *albedinis* en assurant une réduction de l'ensemble des paramètres pathologiques et en améliorant les paramètres de production et de qualité et qui fait l'objet du présent chapitre.

2. Développement de techniques de détection précoce et de cartographie du bayoud

La détection précoce est l'un des enjeux majeurs dans toute stratégie de lutte contre les maladies incurables des plantes. La détection précoce permet de ménager rapidement des stratégies d'éradication ou de confinement, et donc de réduire les pertes économiques et les effets environnementaux (Essarioui *et al.*, 2018).

Concernant le bayoud, des travaux antérieurs ont permis de mettre au point une technique moléculaire basée sur la PCR (Polymerase Chain Reaction ou réaction de polymérisation en chaîne) pour la détection de l'agent causal de la maladie. La PCR est largement utilisée dans le domaine de la phytopathologie pour la détection de divers micro-organismes phytopathogènes. Cette méthode consiste à amplifier une région génomique (ou gène) spécifique à l'organisme cible en utilisant des amorces ayant la capacité de repérer et s'hybrider spécifiquement aux régions flanquantes du gène recherché. Après amplification, la présence ou l'absence du gène, et par conséquent du pathogène, est confirmée après migration du produit de la PCR dans un gel d'agarose et visualisation sous lumière ultraviolet (UV). Deux paires d'amorces ayant la capacité de détecter différentiellement l'agent causal du bayoud d'autres espèces Fusariennes non-pathogéniques avec la technique de la PCR ont été développées (Fig.118) (Fernandez *et al.,* 1998). La fiabilité de ces paires d'amorces a été confirmée par d'autres études ultérieures (Freeman et Maymon, 2000). Cette approche a un grand potentiel d'utilisation pour la détection du *F. oxysporum* f. sp. *albedinis* dans les sols nouvellement plantés où les palmiers ne présentent aucun symptôme de la maladie, ou dans les sols destinés à l'installation de nouvelles exploitations. Cela constituera un outil puissant dans l'orientation du choix des sites de plantation avec des risques faibles (Essarioui *et al.,* 2018).

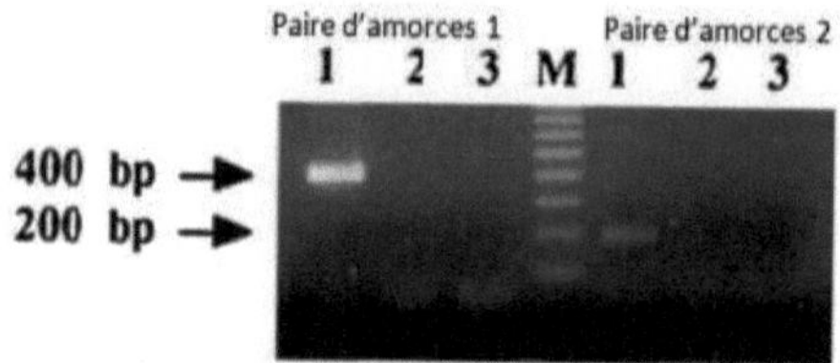

Fig.118. Gel d'agarose illustrant l'amplification par deux paires d'amorces spécifiques de deux fragments d'ADN de tailles différentes (bandes 1) dans le génome du *Fusarium oxysporum* f. sp. *albedinis*. Les profils 2 et 3 montrent l'absence d'amplification à partir des génomes d'autres espèces fusarienne (Fernandez *et al.,* 1998)

Toutefois, la validation des amorces spécifiques au *F. oxysporum* f. sp. *albedinis* a été faite en utilisant l'ADN purifié de celui-ci et d'autres *Fusarium*. L'utilisation de ces amorces pour sa détection dans un sol contenant l'ADN de millions d'autres microorganismes reste à vérifier et à optimiser (Essarioui *et al.,* 2018).

La connaissance de la distribution géographique actuelle du bayoud est aussi un élément clé qui peut apporter plus de visibilité sur la dynamique de l'évolution potentielle de la maladie et la stratégie à appliquer pour prévenir sa propagation. Une étude pilote de reconnaissance et de repérage géoréferencé de foyers actifs du bayoud dans la palmeraie d'Aoufous, Région d'Errachidia, a été menée à l'INRA-Maroc. Dans cette étude, des investigations de terrain et des analyses de laboratoire du matériel végétal collecté de palmiers montrant des symptômes ont confirmé la présence de la maladie dans les zones prospectées. Les coordonnées GPS des foyers actifs ont été relevées et utilisées avec des images satellitaires dans un système d'informations géographiques pour corréler la présence-absence de la maladie avec des signatures spectrales spécifiques aux palmiers dattiers atteints de la maladie. Les résultats ont montré que les foyers actifs de la maladie se situent dans les zones catégorisées «zones de stress». Ceci suggère que les prospections du terrain et les analyses du végétal suspect couplé à l'usage de SIG (système d'informations géographiques) et d'images satellitaires peuvent constituer des outils fondamentaux dans les actions de délimitation géographique et d'endiguement du bayoud (Essarioui *et al.,* 2018).

2.1. Détection du bayoud

La distribution de la maladie peut être appréciée de deux techniques différentes, l'analyse du végétal et du sol. L'analyse du végétal repose sur la détection de l'agent pathogène dans les tissus des plantes montrant les symptômes de la maladie, tandis que l'analyse du sol se base sur l'utilisation de techniques de la biologie moléculaire, notamment la PCR, pour détecter l'éventuelle présence du *F. oxysporum* f. sp. *albedinis* dans le sol. Chacune des méthodes présente des avantages et des inconvénients selon le contexte d'utilisation, zones à palmiers symptomatiques versus zones à palmiers asymptomatiques (Essarioui *et al.,* 2018).

En effet, l'analyse du végétal est la technique la plus fiable pour la confirmation de la présence du pathogène dans le sol. L'utilisation du palmier comme plante indicatrice permet de confirmer de manière irrévocable la présence du *F. oxysporum* f. sp. *albedinis* dans le sol. De ce fait, il est plus judicieux de prôner l'analyse du végétal pour détecter le bayoud dans les zones de réhabilitation ou la maladie est déjà répandue (Essarioui *et al.,* 2018).

Toutefois la détection du bayoud dans un palmier ne peut se faire qu'après l'observation des premiers symptômes. Or, dans le contexte de nouvelles plantations, attendre l'apparition des symptômes signifie que la maladie est déjà établie et peut occasionner des dégâts. Par conséquent, il faut adopter une action anticipatrice de surveillance pour prévenir son installation. En l'absence de symptômes sur des palmiers, la PCR reste la seule technique à même de dépister le bayoud dans le sol. C'est pour cette raison que cette approche s'adapte le mieux au contexte des zones avec des palmiers d'apparence saine ou destinées à la création de nouvelles exploitations (Essarioui *et al.,* 2018).

Une contrainte pouvant affectée la fiabilité de cette technique est la taille des échantillons à analyser. Des études antérieures ont montré que la distribution du pathogène causant le bayoud dans les sols contaminés est très hétérogène et la densité relative de l'inoculum par rapport aux autres micro-organismes de sol est très faible même dans les foyers très actifs de la maladie (Tantaoui, 1989). Ceci dit, l'utilisation de la PCR pour la détection du pathogène dans le sol présente un risque élevé d'erreur de première espèce, rejeter à tort l'existence du bayoud dans un sol légèrement contaminé. Pour pallier ce problème et augmenter la sensibilité du test basé sur la PCR, il faut procéder à un échantillonnage profond avec éventuellement une stratification autour des palmiers et des trous de plantation (Essarioui *et al.,* 2018).

2.2. Cartographie du bayoud et délimitation des foyers actifs

Zones à palmiers symptomatiques. Les palmeraies concernées par la cartographie du bayoud peuvent être divisées en quadrats à prospecter par des équipes bien formées pour le repérage et la géo référencement par coordonnées GPS de pieds suspects atteints de la maladie. La confirmation de présence de la maladie passe par l'analyse d'échantillons de feuilles présentant des symptômes du bayoud à prélever des palmiers dattiers présentant des symptômes typiques. L'établissement des cartes de répartition du bayoud se fera pour chaque palmeraie sur la base des résultats des analyses et de l'introduction dans un SIG des coordonnées GPS des pieds confirmés atteints de la maladie. Cette approche permettra de délimiter les zones prioritaires en matière de réhabilitation après extrapolation des résultats dans chaque quadrat sur la base de la densité des pieds attaqués (Essarioui *et al.,* 2018).

Zones non cultivées ou à palmiers asymptomatiques. L'établissement de l'éventuelle présence de la maladie du bayoud dans les zones d'extension doit être basé sur des analyses du sol par la PCR. Les échantillons du sol à analyser doivent être prélevés autour de palmiers, ou trous de plantation, choisis au hasard et dont les coordonnées GPS sont connues. Pour mieux cibler les parties à haut risque d'infection, les échantillons de sol doivent être prélevés aléatoirement sur un rayon de 1-1.5 m autour des palmiers (ou trous) échantillonnés eu égard au développement racinaire important et aux conditions d'humidité favorables à l'infection induisent par l'irrigation localisée dans cette zone d'échantillonnage. En outre, tenant compte de la possible distribution du *F. oxysporum* f. sp. *albedinis* dans le profil du sol (Tantaoui, 1989) et des conditions physico-chimiques et biologiques requises pour l'infection, les échantillons du sol à analyser sont à prélever de deux profondeurs (0-20 cm et 20-40 cm). Ainsi, la présence-absence du bayoud peut être illustrée sur des cartes en utilisant les résultats des analyses de sol et des coordonnées GPS des palmiers échantillonnés dans un SIG (Fig.119) (Essarioui *et al.,* 2018).

Le nombre d'échantillons à analyser est à déterminer sur la base de la précision souhaitée en utilisant la formule: $n = (z/ME)^2 \times p(1-p)$ (http://epitools.ausvet.com.au/content) où n est la taille de l'échantillon, z ou z-score est la valeur statistique pour une précision donnée (z = 2,58 pour une précision de 99%) (https://measuringu.com/zcalcp/), ME est la marge d'erreur souhaitée, p est la proportion attendu (lorsque p est inconnu, on utilise p = 0,5). Pour 20000 Ha de plantations à une densité de 100 pieds/Ha, soit 2000000 des palmiers, la taille minimum de l'échantillon à analyser pour détecter la maladie avec une précision de 99% et une marge d'erreur de 1% est de 16588 échantillons du sol. Cet échantillon doit être stratifié sur la taille des différentes exploitations (Essarioui *et al.,* 2018).

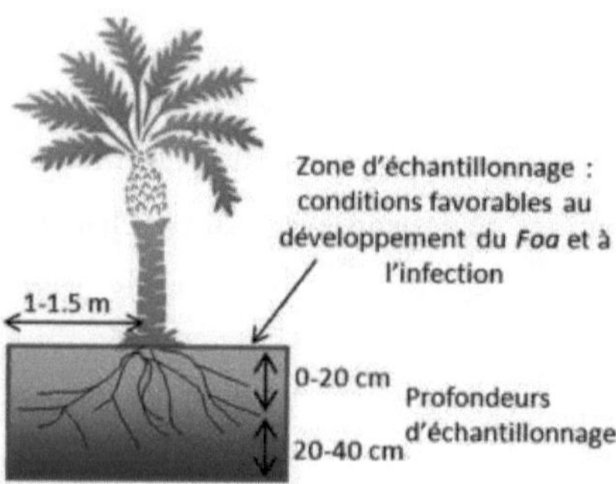

Fig.119. Procédure d'échantillonnage du sol dans les zones d'extension pour la détection du bayoud par PCR (Essarioui *et al.,* 2018).

2.3. Analyse de risque de dissémination du bayoud de zones contaminées vers des zones indemnes

Si tant est que plusieurs plantations modernes du palmier dattier sont établies sur des terrains jamais cultivés et très probablement indemnes de l'agent du bayoud, Il n'y a pas d'information suffisante pour confirmer ou infirmer cette hypothèse. En outre, la proximité géographique de la majorité des sites d'implantation de nouvelles exploitations phoenicicoles par rapport aux palmeraies traditionnelles hébergeant des foyers actifs du bayoud, la monoculture basée sur des variétés à grande valeur marchande mais hautement sensible (*Mejhoul*, *Boufeggous*, *Bouskri*), l'uniformité génétique, et l'intensification culturale sont autant de facteurs qui augmentent le risque d'attaque par le bayoud. Devant cette situation, et en l'absence des moyens de traitements curatifs contre la maladie, l'application des mesures de prophylaxie et la détection précoce demeurent les dispositions principales à prendre pour prévenir une expansion épidémique de la maladie dans les zones encore indemnes (Essarioui *et al.,* 2018).

La stratégie d'exclusion du pathogène doit se baser sur la connaissance de la situation actuelle de la maladie et l'évaluation des risques imposés par sa distribution géographique. Les palmeraies traditionnelles constituent la source principale d'inoculum pouvant contaminer les zones d'extensions du palmier dattier. Bien que nos données indiquent que la maladie soit présente dans toutes les palmeraies marocaines et que le mode de conduite, notamment l'irrigation gravitaire et la densité élevée des plantations, soit en faveur d'une distribution élargie de la maladie au sein de ces oasis, de plus amples investigations couvrant systématiquement ces zones sont nécessaires afin d'élargir notre visibilité sur la situation actuelle de la maladie et disposer d'un outil fiable d'évaluation du risque de dissémination de la maladie vers les nouveaux investissements (Essarioui *et al.,* 2018). Désormais, la gestion de cette maladie doit reposer sur une détection précoce des foyers actifs afin d'intégrer des différentes stratégies de lutte intégrée (Djerbi *et al.,* 1985a; Louvet et Toutain, 1973; Saaidi, 1979).

3. Lutte intégrée

Les mesures utilisées pour lutter contre le bayoud peuvent être classées comme des méthodes culturale, biologique, physique, chimique et génétique. L'utilisation des produits chimiques intervient en dernier recours, après avoir utilisé tous les moyens naturels de lutte, et surtout lorsque l'attaque est sévère préalablement défini. En effet, la majorité des substances actives sont caractérisées par un taux de dégradation relativement faible, confirmé par leur persistance dans le sol. L'approche de la lutte intégrée est la plus durable, raisonnable et respectueuse de l'environnement. La protection intégrée combine de manière rationnelle les différentes stratégies de protection dans le but d'optimiser les coûts de production (Rhouma, 2019).

Le choix de la plupart des moyens efficaces pour contrôler le bayoud dépend d'une connaissance détaillée de la récolte et du microbe pathogène particulier et d'une considération des facteurs économiques. Un certain nombre de principes sont impliqués (Waller et Cannon, 2002).

Tenant compte de la gravité de la maladie du bayoud, il faut une stratégie de lutte à court, moyen et long terme. Selon les moyens disponibles, la stratégie de lutte s'articule sur les approches complémentaires suivantes (a) l'arrêt ou du moins le ralentissement de la progression de la maladie, (b) la sélection de cultivars et de clones résistants au bayoud et de bonne qualité dattière, (c) la multiplication rapide du matériel sélectionné par la culture *in vitro* et sa diffusion. Les mesures prophylactiques accompagnées d'opérations d'éradication ne feront que ralentir la maladie mais ne pourront jamais l'arrêter (Brac de la Prrière et Benkhelifa, 1991; Djerbi, 1991). L'extirpation d'une maladie après son installation comporte la destruction des hôtes par l'élimination des palmiers dattiers infectés. D'autres mesures sanitaires (la désinfection du sol, le traitement fongicide, traitement par des bio-fongicides, etc.) doivent être utilisées dans un programme de gestion intégrée (Waller et Cannon, 2002).

On a signalé le problème de la dissémination du *F. oxysporum* f. sp. *albedinis* par les sous-produits de palmier, et comme mesure de protection et pour atténuer la gravité de la progression de cette maladie, on peut envisager le recyclage des sous-produits du palmier dattier pour une réutilisation bénéfique. Chakroune *et al.* (2005) ont démontré que le compostage est une technique intéressante pour la valorisation de ces matières organiques. Ce processus de fermentation aérobique aboutit à la formation d'un compost, facteur de protection, de stabilité et de fertilité du sol. L'utilisation de ce compost, comme amendement organique, pourra remédier aux problèmes de l'appauvrissement et de la salinisation des sols du milieu oasien et contribuer à la lutte contre plusieurs maladies.

Une autre méthode utilisée pour la lutte contre le bayoud consiste en la sélection de palmiers de haute qualité dattière et résistant à cette maladie soit parmi les populations naturelles (1ère voie) soit parmi celles issues de croisements contrôlés (2ème voie);

- La première voie, à court terme, consiste à identifier parmi les populations locales de palmier dattier les individus de haute qualité se trouvant en foyer de bayoud. Cette approche a permis l'installation de 1057 clones au Maroc (Zagora et Errachidia) et quelques centaines en Algérie (Adrar) (Saaidi, 1990; Djerbi, 1991).

- La deuxième voie, à moyen et long terme, consiste à créer de nouveaux clones de palmier dattier, résistants au bayoud et de haute qualité par croisements contrôlés. Ce programme a permis la production d'un million de graines issues de différents croisements, de 200000 jeunes palmiers en cours de test et environ 20 000 palmiers résistants au bayoud en observation à Zagora et à Adrar. Ce programme de sélection a permis une première sélection en 1989 d'une centaine de génotypes de haute qualité dattière et résistant au bayoud (Saaidi, 1990; Djerbi, 1991). Malgré les résultats préliminaires encourageants de ces deux voies, d'autres problèmes sont apparus (les clones qui ont été résistants deviennent sensibles, …).

Amir (1991) proposent également une lutte intégrée contre *F. oxysporum* f. sp. *albedinis* comprenant l'éradication par fumigation et inoculation avec des antagonistes des foyers primaires dangereux, création de variétés résistantes nouvelles par croisement, recherche de mutants résistants à partir des cultures *in vitro*, création des pépinières et repeuplement des palmeraies dévastées grâce à la multiplication *in vitro* de plants éventuellement inoculés en antagonistes; éradication par dessèchement et dessalement naturel du sol et l'introduction de la lutte prophylactique et culturale. Ces méthodes sont complémentaires et prennent en compte la prévention, l'éradication des foyers et le repeuplement des zones dévastées.

4. Mesures prophylactiques

La lutte contre le bayoud repose sur des mesures de quarantaine strictes. Ce sont des moyens de lutte préventifs indispensables dont l'objectif vise principalement à empêcher ou à retarder l'introduction du *F. oxysporum* f. sp. *albedinis* dans les régions saines par la sensibilisation des producteurs et par des contrôles phytosanitaires (Louvet, 1977). Ces mesures s'appliquent à des zones ou des pays encore indemnes de bayoud en vue d'assurer leur protection (Djerbi, 1988). En effet, elles consistent à surveiller de manière stricte le mouvement de tout échange de matériels (machine ou outil de travail) au sein d'une même palmeraie et entre palmeraies distinctes (Ouinten, 1996).

Une surveillance sérieuse doit être poursuivie et renforcée; il est nécessaire d'éviter l'introduction de matériel végétal (rejets, feuilles, artisanat, végétaux destinés à la plantation, etc.) et de terre provenant des zones contaminées (Louvet et Bulit, 1972). Par ailleurs, une législation empêchant le transport de matériel végétal contaminé d'un pays à un autre, ou d'une région à l'autre, a été adopté par divers pays tels que la Tunisie, l'Algérie, l'Irak, l'Égypte, la Libye, la Mauritanie, l'Arabie Saoudite et l'USA (Djerbi, 1988). Cette mesure a donné des résultats satisfaisants dans les palmeraies Tunisiennes, ou la variété *Deglet Nour* sensible au bayoud a pu être, jusqu'ici, protégée (Bounaga et Djerbi, 1990; OEPP, 1990; CABI/OEPP/CABI, 1997).

Dans le cas de détection précoce d'un nouveau foyer de bayoud dans une zone saine, l'éradication est le moyen de lutte utilisé. En effet, après la délimitation du foyer avec une marge de sécurité suffisante, les palmiers dattier sont arrachés et incinérés sur place, le sol est, par la suite, stérilisé à la chloropicrine. Cette technique a été améliorée par l'utilisation d'un mélange de bromure de méthyle et de chloropicrine. Ces dernières années l'utilisation de chloropicrine fut totalement interdite vu son danger et sa faible efficacité. En effet, le bromure de méthyle possède une forte capacité de pénétration dans le sol et lui assure une bonne stérilisation (Dubost et Hethener, 1968; Frederix et Den Brader, 1989). La zone ainsi traitée est clôturée et reste interdite à cultiver pendant une longue période. Mais cette méthode est très chère, polluante et son efficacité n'est pas garantie. Malgré ces inconvénients, elle reste la seule méthode appliquée surtout en Algérie (OEPP, 1990; OEPP/CABI, 1997).

Les mesures prophylactiques accompagnées d'opérations d'éradication ne feront que ralentir la maladie mais ne pourront jamais l'arrêter (Djerbi, 1988). Les déplacements fréquents des personnes au niveau des oasis étant impossibles à contrôler, il paraît invraisemblable de pouvoir suspendre les échanges entre les palmeraies.

Les mesures prophylactiques restent une nécessité absolue pour préserver les palmeraies de l'Est algérien et celles de Tunisie (Bounaga et Djerbi, 1990; FAO, 2002).

5. Lutte chimique

La lutte chimique a pour but d'éviter l'apparition de la maladie (traitement préventif) ou de stopper la prolifération de la maladie (traitement curatif). La lutte doit être raisonnée en tenant compte de la période de traitement, du produit utilisé, de la dose à appliquer, du spectre d'action de la matière active et de la période de couverture (rémanence). En agriculture, les fongicides sont utilisés pour détruire les champignons pathogènes qui s'attaquent aux cultures, aux semences et aux produits récoltés. La lutte chimique doit respecter des règles sur les modalités d'application. Les molécules et les préparations fongicides utilisées dans la pratique agricole sont extrêmement nombreuses et appartiennent à des familles chimiques variées (Bermond, 2002).

Les fongicides représentent l'ensemble des substances actives contre les champignons, certains chercheurs classent également dans cette catégorie, les produits ayant une action contre les bactéries, virus ou mycoplasme, c'est le groupe de pesticide le moins utilisé de part par le monde. Les fongicides sont des substances chimiques ou biologiques qui tuent ou neutralisent les champignons pathogènes, sont appelés aussi mycocides ou produits antifongiques, qui peuvent être de nature abiotique (produits chimiques) ou biotique (bactérie, champignon), les fongicides chimiques sont de loin les plus utilisés et sont le plus souvent de nature synthétique (Simon *et al.,* 1994; Rocher, 2004).

Pour croître et se développer, un champignon a besoin de réaliser un certain nombre de fonctions, en particulier il doit produire de l'énergie (la fonction de respiration fournit des molécules riches en énergie), avoir des échanges avec l'extérieur (le phénomène de perméabilité contrôle l'entrée et la sortie de l'eau et des substances nutritives à travers les membranes cellulaires). Il doit également produire certaines molécules indispensables à sa survie (Simon *et al.,* 1994; Couvreur, 2002). Les principaux modes d'actions vont avoir des conséquences sur ces différents processus. Ils relèvent de la manière dont ils affectent et contrôlent les champignons pathogènes (Simon *et al.,* 1994). Les fongicides ont pour rôle: de perturber la respiration (activer la respiration sans production d'ATP); D'empêcher la synthèse des parois et plus particulièrement les stérols qui sont des composés lipidiques essentiels aux membranes cellulaires du champignon; D'empêcher la réalisation de la mitose chez certains champignons; D'agir sur les précurseurs des acides nucléiques prenant la place des bases hétérocycles de l'ADN et de l'ARN, etc. (Simon *et al.,* 1994).

a) Fongicides non systémiques

Plusieurs stratégies chimiques permettent de lutter contre l'invasion d'une plante par un champignon, de façon directe ou indirecte. En effet, certains fongicides agissent sur le système énergétique des cellules fongiques en inhibant les processus respiratoires. D'autres agissent sur la synthèse des constituants du champignon. Des substances ont encore pour but de désorganiser les cellules et leurs divisions au sein des tissus fongiques. Un classement de ces matières actives consiste à distinguer plusieurs catégories suivant leur pénétration dans la plante et leur fonction chimique (Simon *et al.,* 1994).

Les fongicides non systémiques sont ceux qui demeurent au niveau du point d'application sur la plante. Ils sont dits de surface s'ils restent à l'extérieur du végétal, à la surface des feuilles dans le cas d'une application foliaire. Lorsque les fongicides sont suffisamment lipophiles, ils sont piégés au niveau de la cuticule des feuilles; on les appelle alors cuticulaires. Ils peuvent aussi franchir la cuticule et diffuser dans les parois des premières couches cellulaires. Dans ce cas, il s'agit de fongicides pénétrants (Rocher, 2004).

Substances polyvalentes ou multi-sites

Il s'agit de la première classe de fongicides apparus dès que le XIXe siècle, aux prémices de la lutte chimique. Ces composés inhibent simultanément plusieurs fonctions essentielles du champignon; ils n'ont pas de cible enzymatique spécifique. De ce fait, on n'observe pas ou très peu de résistance de champignons vis-à-vis de ces molécules. Les produits multi-sites sont utilisés soit en pulvérisation sur le feuillage des cultures, soit en traitement des semences. Ils inhibent plus particulièrement la germination des spores. Du fait de leur faible rémanence, leur application doit être régulièrement renouvelée. Plusieurs familles chimiques appartiennent à cette catégorie (Leroux, 2003a; Leroux, 2003b; Rocher, 2004).

• Substances minérales:

Ces matières minérales, à base de cuivre (bouillie bordelaise, bouillie bourguignonne, oxychlorure de cuivre) ou de soufre, ont permis la lutte contre les mildious et les oïdiums. Les produits cupriques sont par ailleurs également utilisés contre les phytobactérioses. Quant à l'arsénite de sodium, il a été longtemps utilisé pour lutter efficacement contre l'esca de la vigne, ceci jusqu'en 2003, date à laquelle il a été retiré de la vente (Leroux, 2003a; Leroux, 2003b; Rocher, 2004).

• Substances organiques:

Après la Seconde Guerre mondiale, l'essor de l'industrie chimique a conduit à la synthèse de nombreux fongicides organiques multi-sites. Ce sont tout d'abord les organomercuriques et les organostanniques (acétate de fentine, hydroxyde de fentine) qui ont été retirés du marché en 2003. Des phénomènes de résistance vis-à-vis de ces produits avaient été observés. Les dithiocarbamates (mancozèbe, manèbe, zinèbe, zirame, thirame...) sont des produits non phytotoxiques et même activateurs de croissance des plantes. Dotés du même mode d'action polyvalent, les chloronitriles (chlorothalonil) sont toujours commercialisés. Il en est de même pour les phtalimides (captane, folpel), les sulfamides (tolylfluanide) et les guanidines (doguadine). En revanche, une triazine, l'anilazine n'est plus commercialisée depuis janvier 2003 (Leroux, 2003a; Leroux, 2003b; Rocher, 2004).

Substances inhibitrices de la respiration mitochondriale

Les processus respiratoires correspondent chez les champignons et plus généralement chez les eucaryotes au catabolisme oxydatif des glucides, lipides et protéines. Ces mécanismes enzymatiques génèrent une source d'énergie à l'organisme, essentiellement sous forme d'adenosine triphosphate (ATP). De nombreux fongicides (environ un tiers) ont pour cible les mitochondries et de ce fait sont de bons inhibiteurs de la germination des spores des champignons (Leroux, 2003a; Leroux, 2003b; Rocher, 2004).

• Inhibition du complexe III (cytochrome bcI):

Ces inhibiteurs se fixent sur le cytochrome bcI, soit sur la face interne au niveau de l'ubiquinone réductase, soit sur la face externe au niveau de l'ubiquinol oxydase. Le cyazofamide, un cyanoimidazole, se fixe sur la face interne du complexe. Il est utilisé pour lutter contre le mildiou de la tomate et de la pomme de terre. À ce jour, aucun phénomène de résistance n'a été rapporté pour ce composé. Il n'en va pas de même pour les inhibiteurs qui se fixent du côté externe du complexe; ceux-ci engendrent des problèmes de résistance chez de nombreux champignons cibles (Leroux, 2003a; Leroux, 2003b; Rocher, 2004). De plus, lorsqu'un tel champignon acquiert des propriétés de résistance, il devient résistant à tous les fongicides ayant le même mode d'action: on parle alors de résistance croisée. De fait, ils sont préférentiellement utilisés avec un fongicide ayant une autre cible moléculaire. Les inhibiteurs de l'ubiquinol oxydase appartiennent à différentes familles chimiques:

- La fenamidone (famille des imidazolinones) est utilisée pour prévenir l'apparition du mildiou;
- La famoxadone (famille des oxazolidinediones) est une substance cuticulaire utilisée en pulvérisation foliaire qui possède donc l'avantage de ne pas être lessivée par les pluies. D'autres composés au même mode d'action dérivent d'une molécule naturelle, la strobilurine, qui est une toxine sécrétée par des champignons *Basidiomycota* du genre *Strobilurus*, *Oudemansiella* et *Mycena*. Ce sont des champignons lignicoles qui se défendent contre d'autres champignons colonisateurs des mêmes milieux que les premiers. Cependant, les strobilurines naturelles sont volatiles et/ou instables à la lumière. Pourtant, leur large spectre d'activité a suscité un intérêt considérable (Leroux, 2003a; Leroux, 2003b; Rocher, 2004).

La recherche de dérivés plus stables a mené à la commercialisation de nombreux analogues depuis 1992:

- Le krésoxim-méthyl, dont la partie toxique de la molécule est un méthyl méthoxyiminoacétate. Cet analogue de strobilurine a la propriété d'être redistribué à l'extérieur de la plante en phase vapeur. C'est la raison pour laquelle cette matière est dotée d'une longue persistance d'action et peut être utilisée en traitement préventif;

- Les propriétés actives de la pyraclostrobine, apparue sur le marché en 2003, sont attribuées au méthylméthoxycarbamate. Cette substance est dotée d'une très faible systémie (Couteux et Lejeune, 2004).

• Les découplants de la phosphorylation oxydative:

Le dinocap qui est un mélange d'isomères de crotonates de nitrophényles est particulièrement efficace contre les oïdiums. Il n'y a pas de phénomène de résistance observé à ce jour. Une seconde molécule nommée fluazinam est une 2,6-dinitroaniline qui est utilisée de façon préventive contre la germination et la production des spores de nombreux champignons (Leroux, 2003a; Leroux, 2003b; Rocher, 2004).

• Inhibition de la production d'ATP:

Le silthiofam est un fongicide apparu récemment sur le marché (2003). C'est un silylamide qui empêche la libération de l'ATP mitochondrial et agit au niveau de la rhizosphère. Il est utilisé contre le piétin échaudage dans les cultures céréalières et il n'y a pas de résistance connue à ce jour pour ce produit (Leroux, 2003a; Leroux, 2003b; Rocher, 2004).

Inhibiteurs de la biosynthèse des lipides

• Inhibiteurs de la NADH cytochrome c réductase dans la péroxydation des lipides:

Ce sont des dicarboximides qui présentent des risques de résistance en particulier lors de l'utilisation contre *Botrytis cinerea*. Pour cette raison, il est vivement conseillé de les utiliser en association avec d'autres matières actives. Iprodione, procymidone et vinchlozoline sont employées pour traiter tous types de cultures, hormis les céréales, contre de nombreuses maladies (*Botrytis*, moniliose, sclérotiniose, alternariose) (Leroux, 2003a; Leroux, 2003b; Rocher, 2004).

• Autre inhibiteur de la péroxydation des lipides:

Le tolclofos-méthyl est un organophosphoré employé sur les semences, notamment contre le rhizoctone de la pomme de terre. Peu de cas de résistance ont été observés (Leroux, 2003a; Leroux, 2003b; Rocher, 2004).

• Inhibiteurs de la biosynthèse des stérols membranaires (IBS):

Chez les champignons, les stérols -constituants membranaires- sont en général très majoritairement représentés par l'ergostérol. Cependant, certains parasites fongiques synthétisent pour stérol majoritaire une molécule voisine de l'ergostérol, par exemple l'ergosta-5, 24(28)-diénol chez les oïdiums. D'autres champignons de la famille des *Oomycota* ne synthétisent pas de stérols, leur squalène époxydase étant non fonctionnel (Leroux, 2003a; Leroux, 2003b; Rocher, 2004).

• Inhibiteurs de la 14α-déméthylase (ou IDM):

Le prochloraze est un imidazole commercialisé sous forme d'un complexe de manganèse. Il est employé contre la pourriture grise de diverses cultures florales (Leroux, 2003a; Leroux, 2003b; Rocher, 2004).

La plus grande famille chimique de fongicides IBS est celle des triazoles. Ces molécules sont en majeure partie systémiques xylémiennes. Trois d'entre elles sont toutefois des fongicides de contact: le prochloraze (imidazole), le bitertanol et le difénoconazole (triazoles) (Leroux, 2003a; Leroux, 2003b; Rocher, 2004).

Fongicides agissant sur la formation des parois cellulaires

L'efficacité du cymoxanil est liée au métabolisme du champignon. Ceci a été démontré chez *Botrytis cinerea* par Tellier *et al.* (2004). Les souches sensibles sont celles qui dégradent les cyano-oximes en métabolites acides. Ces fongicides sont particulièrement efficaces contre les *Oomycota*. Le cymoxanil est un acétamide souvent employé en synergie avec d'autres fongicides. Le diméthomorphe, dérivé de l'acide cinnamique, est utilisé contre le mildiou. Tout comme pour l'iprovalicarbe (amino-acide carbamate), il est mentionné que ce produit diffuse dans la plante (Couteux et Lejeune, 2004).

Substances affectant la transduction de signaux

• Fongicide agissant au niveau des protéines-G:

Le quinoxyfène est une quinoléine dont le mode d'action supposé pourrait être une interaction avec les protéines G. Cette matière est notamment active pour lutter contre les oïdiums (Rocher, 2004).

• Fongicides agissant sur la transduction de signaux osmotiques:

Le mode d'action des phénylpyrroles est plus précisément une interaction avec des MAPKs (Mitogen-Activated Protein Kinases) de la cascade de transduction de signaux osmotiques (FRAC, 2004). Les phénylpyrroles sont dérivés d'une molécule naturelle, la pyrrolnitrine, qui est synthétisée par des bactéries du sol, notamment *Pseudomonas pyrocinia*. Les substances actives de cette famille chimique sont le fenpiclonil (qui n'est plus commercialisé depuis quelques années) et le fludioxonil qui est encore utilisé contre la pourriture grise de la vigne (Leroux, 2003a; Rocher, 2004).

Inhibiteurs de la biosynthèse de méthionine

Les inhibiteurs de la synthèse de méthionine agissent sur la cystathionine β-lyase de façon non compétitive. Ce sont des anilinopyrimidines, dont le pyriméthanil efficace contre *Botrytis* spp. et l'agent de la tavelure (*Venturia inaequalis*). Cependant, il existe des souches résistantes de *B. cinerea* (Fritz *et al.,* 2003). Le mépanipyrime, apparu récemment sur le marché (2003), est également efficace contre la pourriture grise (Fritz *et al.,* 2003).

Inhibiteurs de la formation des microtubules et des divisions cellulaires

• Substances affectant l'assemblage de la β-tubuline:

Le zoxamide est un benzamide apparu sur le marché en 2003. Cette substance, persistante dans le feuillage du fait de son absorption cuticulaire, est active contre les *Oomycota*. Elle est commercialisée uniquement en association avec le mancozèbe (Leroux, 2003a; Leroux, 2003b; Rocher, 2004).

• Inhibition de la division cellulaire:

Le pencycuron est une phénylurée dont le mode d'action précis n'est pas élucidé. Il est utilisé en culture maraîchère contre le rhizoctone (Leroux, 2003a; Leroux, 2003b; Rocher, 2004).

b) Fongicides systémiques

La systémie des fongicides se limite uniquement à une systémie xylémienne: le produit diffuse de la semence (zone d'application) vers le sol environnant puis est absorbé par les racines au moment de la germination pour migrer vers les parties aériennes (Leroux, 2003a; Rocher, 2004).

Substances inhibitrices de la respiration mitochondriale

• Inhibition du complexe II (succinate déhydrogénase):

Les carboxamides sont des inhibiteurs du complexe II de la mitochondrie. Ceux-ci déclenchent des phénomènes de résistance chez certains champignons. Ils sont donc souvent commercialisés en association avec un second fongicide (Rocher, 2004).

La carboxine est un phénylamide auquel on attribue des propriétés systémiques. Son mode d'action n'est pas encore élucidé (Couteux et Lejeune, 2004). Particulièrement efficace contre les *Basidiomycota*, il est actuellement commercialisé uniquement en association. Le flutolanil est, quant à lui, un anilide utilisé sur les semences de pomme de terre pour lutter contre le rhizoctone. Ce produit présente la caractéristique d'être persistant durant tout le cycle du végétal. Le mépronil, efficace contre le rhizoctone de la laitue a été retiré en 2003 (Rocher, 2004).

• Inhibition du complexe III (cytochrome bcI):

Parmi les analogues de strobilurines commercialisés depuis 1992, deux composés sont systémiques:

- L'azoxystrobine, dont le toxophore (groupement exerçant l'effet toxique) est un méthyl β- méthoxyacrylate, est utilisé sur les plants de chicorée pour lutter contre le mildiou. Ce t te molécule présente de plus la propriété d'être redistribuée à l'extérieur de la plante en phase vapeur, de la même manière que le krésoxim-méthyl, non systémique (Leroux, 2003a; Leroux, 2003b);
- La picoxystrobine est apparue plus récemment sur le marché européen (2003). Son spectre d'action est étendu. Elle est rapidement absorbée par la plante et est aussi redistribuée sous forme de vapeurs autour de celle-ci (Rocher, 2004).

Au début des années 90, les analogues des strobilurines étaient annoncés comme étant des molécules très prometteuses. Ceci était appuyé notamment par l'étendue de leur spectre d'action et l'absence de phytotoxicité. Seulement, comme la plupart des inhibiteurs agissant sur la face externe du complexe III, les strobilurines causent des problèmes de résistance (Leroux, 2003a) et de ce fait ces molécules doivent être utilisées en association (Rocher, 2004).

Inhibiteurs de la biosynthèse des lipides

• Perturbateurs de la perméabilité membranaire:

Les carbamates, dont le propamocarbe, sont utilisés en traitement des sols pour contrôler la fonte des semis. Ce produit est particulièrement spécifique des *Oomycota*. Cependant, son mode d'action n'est pas bien connu; il est supposé agir sur la synthèse d'acides gras (FRAC, 2004).

Inhibiteurs de la biosynthèse des stérols membranaires (IBS)

Il s'agit d'une importante classe de fongicides qui est développée depuis 1973. Ces inhibiteurs peuvent provoquer l'apparition de résistance chez les champignons pathogènes, en particulier si leur utilisation est excessive (Rocher, 2004).

• Inhibition de la 14α-déméthylase (IDM):

Parmi les inhibiteurs de la 14α-déméthylase systémiques, on trouve actuellement 3 familles chimiques. Les pipérazines et les pyridines, familles auxquelles appartiennent respectivement la triforine et le pyriténox et qui sont retirées du marché depuis 2003. Les pyrimidines sont toujours autorisées à la commercialisation: ce sont le fénarimol -utilisé en particulier contre les oïdiums- et le nuarimol, qui est uniquement proposé en association avec d'autres matières actives. Parmi les imidazoles, l'imazalil n'est plus commercialisé seul. La famille chimique comprenant le plus grand nombre de molécules actives est celle des triazoles; on ne compte pas moins de 18 substances, dont on peut citer à titre d'exemple le flusilazole, le propiconazole et le triadiménol (Rocher, 2004).

• Inhibition de la $\Delta^8 \rightarrow \Delta^7$-isomérase et de la Δ^{14}-réductase

Les morpholines sont des inhibiteurs de ce groupe. Dodémorphe et fenpropimorphe sont utilisés seuls alors que le tridémorphe est employé uniquement en association avec d'autres fongicides. Fenpropimorphe et tridémorphe sont de très bons inhibiteurs de la Δ^8-Δ^7 -isomérase (Debieu *et al.*, 2000). La fenpropidine est une pipéridine utilisée sur le blé et l'orge en traitement du mildiou, alors que la spiroxamine, une spirocétalamine efficace également contre les oïdiums, est utilisée non seulement sur les céréales mais aussi en viticulture (Leroux, 2003a; Leroux, 2003b).

Inhibiteurs de la synthèse d'acides nucléiques

• Inhibition de la synthèse d'ARN:

Des phénylamides, comme le bénalaxyl et le méfénoxame inhibent l'action de la polymérase 1. Ces fongicides sont actifs sur les *Oomycota*, mais ceux-ci développent des résistances. Ces inhibiteurs sont donc préférentiellement utilisés en association.

D'autres substances inhibent l'adénosine déaminase I. C'est le cas du bupirimate qui est une hydroxypyrimidine employée pour traiter les oïdiums de façon préventive sur les cultures légumières et fruitières (Rocher, 2004).

• Inhibition de la synthèse d'ADN:

L'hyméxazole est un hétérocycle azoté commercialisé depuis 1996 pour lequel aucune résistance n'a été rapportée. Cependant, on ne connaît pas encore quelle est sa cible moléculaire (Rocher, 2004).

Inhibiteurs de la biosynthèse de méthionine

Le cyprodinil est une anilinopyrimidine (inhibiteur de la cystathionine β-lyase) qui est efficace contre de nombreux champignons pathogènes. Cependant, des phénomènes de résistance ont été observés, notamment chez *Botrytis* (Fritz *et al.,* 2003).

Inhibiteurs de la formation des microtubules

• Substances affectant l'assemblage de la β-tubuline:

Le carbendazime et le thiabendazole sont des benzimidazoles, fongicides à large spectre. Toutefois, leur utilisation doit être peu répétée car de nombreuses souches sont devenues résistantes à cette famille chimique.

Le thiophanate-méthyl présente les mêmes inconvénients. De plus, lorsqu'il est conservé longtemps en solution aqueuse, il se décompose en carbendazime.

En revanche, le diéthofencarbe est un N-phénylcarbamate efficace contre Botrytis et même sur les souches résistantes aux imidazoles. De ce fait, il est souvent employé en association avec le carbendazime (Leroux, 2003a; Leroux, 2003b).

Lorsqu'on se trouve confronté à une maladie vasculaire, on songe souvent à l'utilisation de produits phytosanitaires à action endothérapique ou systémique [Des produits à action systémique «substance pouvant circuler dans les vaisseaux des plantes et y inhiber le parasite déjà présent» ont été recommandés (bénomyl, thiophanates) et ont donné quelques résultats au cours d'expériences limitées contre l'agent du bayoud *in vitro* (Saaidi et Rodet, 1974; Surico, 1977; El Hadrami *et al.,* 2005) et même en palmeraie (Selvaraj, 1978; Fredericks et Denbrader, 1988). Drira et Benbadis (1985) prouvant que le bénomyl et le méthylthophanate inhibent la croissance mycélienne *in vitro* à des doses de 10 et 100 ppm, respectivement. Les essais d'une lutte chimique contre *F. oxysporum* f. sp. *albedinis in vitro* de 20 substances fongicides incorporées au milieu PDA solide avec différentes concentrations (50, 100, 200 et 400 ppm), révèle la présence d'une activité inhibitrice de quelques substances sur la croissance mycélienne du pathogène (Ghomari, 2009). L'activité antifongique des substances chimiques de synthèse s'est effectuée en évaluant le taux d'inhibition sur milieu solide. Le satine a présenté un taux d'inhibition de 42% et une CI50 (Concentration inhibitrice pour 50% de la population) de 30 ppm (30 mg/l) à 1500 ppm de la substance testée. Les molécules spirooxindoles ont manifesté *in vitro* un faible taux d'inhibition vis-à-vis de *F. oxysporum* f. sp. *albedinis* (Fesraoui, 2014).

La sensibilité de l'isolat KN1 de *F. oxysporum* f. sp. *albedinis* vis-à-vis de substances antifongiques triazoles et ammonium quaternaire a montré que les produits se sont révélés efficaces à 50 ppm, ce qui a permis d'évaluer la CI50 (0,003 mg/ml et 2432,75 mg/ml) et CI95 (0,4 mg/ml et 4,37 106 mg/ml) pour les molécules Kia1 et Mkh1 respectivement, enregistrant une forte activité enzymatique du superoxyde dismutase et peroxydase (Karkachi, 2013).

Cependant, si l'application de ces fongicides a donné des résultats encourageants pour la lutte contre *F. oxysporum* f. sp. *albedinis*, l'utilisation répétée de ces produits de synthèse entraine souvent la pollution de l'environnement et l'apparition chez le parasite de nouvelles souches résistantes et plus virulentes (Hakkou et Bouakka, 2004). De plus, leurs effets toxiques sont souvent signalés pour l'homme et l'animal et pour le déséquilibre biologique du sol (Azco' N-Aguilar et Bare, 1997).

Mais leur utilisation pratique n'est guère envisageable)] ; les raisons pour lesquelles nous pensons qu'il y a actuellement peu d'espoir dans cette voie pour lutter contre le Bayoud ont été données par plusieurs auteurs :

- Impossibilité de protéger pendant toute leur vie l'ensemble de l'appareil végétatif du palmier ce qui nécessiterait des applications répétées, étant donné la biodégradabilité des fongicides (Louvet et Toutain, 1973).
- Le coût très élevé des fongicides (Saaidi, 1979).
- Le traitement des fusarioses à l'aide de fongicides induit souvent l'apparition de souches parasites résistantes (Tramier et Bettachini, 1977).
- Les fongicides sont souvent toxiques et peuvent migrer à différents niveaux de la plante ou être entraînés dans les nappes phréatiques.

Dans le cadre de préserver l'environnement et la santé des consommateurs, il est important de trouver des solutions alternatives qui permettront de continuer à lutter contre le bayoud tout en diminuant l'emploi de fongicides. Celles-ci peuvent faire appel à la rationalisation des pratiques agricoles (désinfestation du sol, lutte biologique, lutte génétique, etc.).

6. Élaboration d'une technique de désinfestation du sol

En dehors des mesures préventives permettant d'éviter les conditions mentionnées précédemment, la désinfection du sol, soit par solarisation ou traitement à la vapeur (fumigation), semble être parmi la méthode de contrôle la plus éprouvée (Toutain et Louvet, 1974; Essarioui et Sedra, 2007; Essarioui et Sedra, 2017).

La solarisation est une méthode physique de "désinfection" des sols en utilisant le chauffage passif, grâce à l'énergie solaire, du sol humide protégé par un film plastique pendant les périodes les plus chaudes de l'été (Katan, 1981). Cette technique est utilisée avec succès dans de nombreux pays à travers le monde. La solarisation des sols est en effet la méthode la plus efficace dans le contrôle des phytopathogènes dans les cultures en plein champ et sous serre. L'inactivation directe des agents pathogènes, par l'élévation de la température, semble être le principal mode d'action. Pour cela, le sol doit atteindre des températures létales, sur une profondeur suffisante. En général, l'efficacité est meilleure en surface, là où les températures atteintes sont les plus élevées (Pinkerton *et al.*, 2000). Pour la majorité des organismes, les dommages commencent à partir de 40°C, mais les organismes thermophiles et thermotolérants peuvent survivre aux températures supérieures à 60°C. La solarisation du sol a en particulier été rapportée comme moyen de traitement de préplantation (Raj et Bhardwaj, 2000).

Le rôle potentiel de la solarisation dans la lutte contre l'agent du bayoud a été mis en évidence dans des travaux antérieurs (Essarioui, 2006).

L'intervention opportune est une action décisive pour circonscrire et éradiquer une maladie suite à son apparition dans une zone indemne. Les résultats de recherche ont montré la possibilité de prévenir la progression du bayoud en cas d'introduction dans des zones indemnes par un traitement localisé du sol basé sur la combinaison de la solarisation avec la fumigation (Fig.120) (Essarioui et Sedra, 2017). Entre 0 et 40 cm de profondeur, tous les traitements ont éliminé plus de 80% de la flore fongique totale et 90% des germes de *Fusarium* spp. Dans la couche 40-60 cm, la combinaison de la solarisation et du metam sodium à doses réduites est nécessaire pour éliminer les *Fusarium*. Le couplage de la solarisation et de la fumigation pourrait être envisagé en cas d'apparition de la maladie du bayoud dans les nouvelles plantations des palmiers dattiers (Essarioui et Sedra, 2017). La conduite technique des vergers de palmier dans les aires d'extension, notamment la pratique de l'irrigation localisée, ne permettant pas la dissémination du pathogène par les eaux d'irrigation et les mesures de prévention et d'exclusion rigoureuse pratiquées par les investisseurs, sont aussi des facteurs qui complètent cette stratégie de lutte (Essarioui *et al.*, 2018). Essarioui et Sedra (2007) ont démontré que la combinaison de la solarisation et du Metam sodium à doses réduites s'est montrée la plus efficace contre *F. oxysporum* f. sp. *albedinis* à une profondeur de 40-60 cm. À 40 cm de profondeur tous les traitements ont éliminé plus de 80% de la flore fongique totale et 90% des germes de *Fusarium* spp. (Essarioui et Sedra, 2007).

Fig.120. A) Traitement localisé du sol par la combinaison de la solarisation (irrigation à saturation et couverture avec un film plastique transparent pendant les mois de juillet et aout) et la fumigation du sol (Metam sodium), une technique à fort potentiel d'éradication du bayoud en cas d'introduction dans les aires d'extension de la culture du palmier dattier. B) Effet du traitement de sol sur la densité de la flore Fusarienne. T, témoin; Fum, fumigation; Sol, solarisation; Sol+Fum, combinaison de la solarisation avec la fumigation à 2 deux doses (Fum1 et Fum2). Le couplage de la solarisation avec la fumigation élimine complètement les Fusaria du sol à une profondeur de 40 cm (Essarioui et Sedra, 2017).

Éliminer la maladie des palmeraies par la désinfection des sols a été étudié aussi par Toutain et Louvet (1974). Ce traitement faisant appel à la chloropicrine répartie à l'explosif agricole, est un procédé délicat à employer et cher. Jusqu'à présent, il ne pourrait être appliqué que dans le cas de nouveaux foyers actifs de bayoud dans une zone phoénicicole saine, en particulier si les dattes produites sont de haute qualité. L'opération devrait comprendre, l'arrachage et la destruction sur place et par le feu des palmiers dattiers du foyer actif. Par mesure de sécurité, on détruira les palmiers dattiers ceinturant le foyer sur une largeur minimum de 40 mètres. Après la désinfection du sol par traitement à la chloropicrine, on interdira toute pénétration et toute culture dans cet emplacement qui sera sévèrement isolé par fossé profond, grillage et hérissons de barbelés périphériques. La réussite de ce blocage d'extension est subordonnée au repérage précoce du foyer, mais comme la durée entre la pénétration du parasite et l'apparition des symptômes est variable, ainsi que le temps d'évolution des symptômes externes, il est difficile de garantir la réussite de ces mesures d'éradication (Toutain et Louvet, 1974).

Procédant à la fumigation (et/ou solarisation) du sol contaminé par *F. oxysporum* f. sp. *albedinis* après la délimitation du foyer avec une marge de sécurité suffisante. Cette activité nécessite d'abord l'arrachage et l'incinération des palmiers dattiers sur place. L'utilisation du bromure de méthyle et de la chloropicrine semble donner de bons résultats. Un essai a déjà été mené à El-Goléa, en 1978, avec succès puisque le bayoud n'y a pas été rencontré jusqu'à ce jour, et dans certaines palmeraies de Ghardaïa (Sedra, 2003). Cependant, cette méthode d'éradication se heurte à plusieurs problèmes. En effet elle est très coûteuse ainsi que l'utilisation répétée de ces produits de synthèse risque d'engendrer des problèmes d'environnement et de santé humaine et animale (Rhouma *et al.,* 2016; Rhouma *et al.,* 2019).

L'utilisation du bromure de méthyle avec ou sans chloropicrine contre le bayoud a donné de bons résultats lorsqu'elle est appliquée en été. Par contre, les fumigations d'hiver étaient inefficaces (Vanachter, 1989). Cependant, Vanachter (1989) a prouvé que les méthodes d'application des fumigants peuvent être élaborées en définissant les limites d'une action efficace. Une possibilité pour étendre la zone d'action efficace est l'utilisation d'un temps de recouvrement beaucoup plus long pour obtenir un effet combiné de fumigation du sol et de solarisation du sol (Vanachter, 1989).

L'efficacité de la combinaison de la solarisation avec le metam sodium a été démontrée dans la lutte contre *F. oxysporum* f. sp. *radicis-lycopersici* dans des serres de tomates (Antoniou *et al.,* 2014). Eshel *et al.* (2000) ont aussi rapporté que la combinaison de la solarisation et du métam sodium à de faibles doses détruit à 100% *Sclerotium rolfsii* et *F. oxysporum* f. sp. *basilici* dans la couche 0-40 cm du sol. L'affaiblissement des agents pathogènes par des doses sous létales d'un agent de contrôle permettrait l'achèvement du travail par l'autre.

La fumigation du sol pourrait aussi contribuer à diminuer le potentiel infectieux du sol. C'est la principale technique utilisée pour éliminer des agents pathogènes telluriques (DeVay, 1998; Hwang *et al.,* 2014). Depuis l'interdiction de l'usage du bromure de méthyle pour ses effets sur la couche d'ozone (protocole de Montréal), des études visant le développement d'alternatives ont été menées (Duniway, 2002). Le métam sodium est l'un des produits ayant montré une bonne aptitude à contrôler les pathogènes telluriques (Hamm *et al.,* 2003; Shachaf *et al.,* 2007; Xie *et al.,* 2015).

La chloropicrine, qui est une substance chimique hautement volatile avec une activité antifongique très élevée, présente l'inconvénient de ne pénétrer que faiblement dans les débris végétaux. Contrairement au bromure de méthyle, qui présente une grande capacité de pénétrer dans le sol grâce à sa tension de vapeur élevée, mais avec une fongitoxicité relativement moins élevée (Azco' N-Aguilar et Bare, 1997).

La solarisation est très active contre les champignons telluriques. Cependant, son effet décroît rapidement en profondeur. Des résultats positifs ont été obtenus par cette méthode physique sur *Fusarium* spp. et *Phoma* spp. affectant les légumineuses (Raj et Bhardwaj, 2000), *Verticillium dahliae* sur aubergine (Tamietti et Valentino, 2001), *Sclerotium rolfsii* sur tomate (Tiwari *et al.,* 1997) et *Monosporascus cannonballus* sur cucurbitacées (Rhouma, 2019). Boughalleb (2005) a mentionné que la solarisation a permis de réduire la densité de *Verticillium* spp., *Fusarium* spp. et *Phytophtora nicotianae* var. *parasiticia* dans le sol sans les éradiquer, diminué l'incidence des maladies, augmenté le rendement de piment et amélioré les critères agronomiques par rapport aux parcelles élémentaires non solarisées.

Katan (1981) a montré que la solarisation à réduire le pourcentage d'isolement de *R. solani* et de *V. dahliae*. D'ailleurs, Martinez *et al.* (1996; 2008) ont noté que la solarisation a réduit la densité de la population du pathogène et le développement de la maladie, en particulier lorsqu'elle est couplée à une biofumigation, ou à l'apport d'amendement organique ou d'antagonistes. Porras *et al*. (2007) ont montré que l'élimination de la population de *P. cactorum* peut atteindre 100% grâce à la solarisation du sol. Le rôle de la solarisation du sol a aussi été démontré par Tamietti et Valentino (2001) qui ont rapporté une réduction par la solarisation du sol de 58 à 96% des champignons telluriques dans les premiers 25 cm de profondeur. Récemment, plusieurs travaux ont rapporté le rôle de la solarisation du sol dans la réduction de la densité de plusieurs fusarioses vasculaires (Eshel *et al.,* 2000; Gilardi *et al*., 2014; Essarioui *et al.,* 2018).

L'efficacité d'éradication n'est pas déterminée essentiellement par les températures atteintes, mais aussi par la durée d'exposition des agents pathogènes à ces températures élevées (Stapleton et De Vay, 1995). Tamietti et Valentino (2001) ont montré que la réduction de l'incidence de la fusariose vasculaire du melon est proportionnelle à la durée pendant laquelle la température du sol à 25 cm de profondeur reste supérieure ou égale à 40°C.

Le type de film a un effet sur l'efficacité de la solarisation. Mais en général, les films transparents sont les plus utilisés permettant le passage des radiations solaires dans le sol, où elles sont converties en énergie infrarouge à plus grande longueur d'onde (Sharma et Sharma, 2005). Cette énergie est prisonnière sous le film, créant un effet de serre. Au contraire, un film noir opaque ne permet pas le passage de la majorité des radiations solaires (Bockus et Shroyer, 1998). Tiwari *et al.* (1997) ont comparé des films de différentes couleurs. Les températures les plus élevées ont été atteintes sous les films rouges et transparents, et seuls ses deux films permettent d'avoir des températures supérieures à 50°C à 20 cm de profondeur. D'autres facteurs importants pour l'efficacité de la solarisation sont l'humidité du sol à l'interface sol/film plastique, les caractéristiques du sol, son aération ou encore la qualité du contact film/sol (Sahu et Narain, 1995).

La solarisation agit aussi par des mécanismes chimiques. En général, une augmentation des concentrations des nutriments minéraux solubles dans les sols solarisés est observée. Ceci entraîne une amélioration de la santé et de la croissance des plantes (Ghini *et al.*, 2003; Patricio *et al.*, 2006).

La solarisation entraîne des changements importants dans les communautés microbiennes du sol. La destruction d'une partie des microorganismes crée un vide biologique partiel. La plupart des agents pathogènes ne sont pas des bons compétiteurs, capables d'utiliser les ressources du sol, que d'autres microorganismes. Parmi ces microorganismes, les bactéries des genres *Bacillus* et *Pseudomonas* et les champignons du genre *Trichoderma*, ayant un pouvoir antagoniste. L'accroissement de leur densité peut provoquer une modification de l'équilibre microbien des sols solarisés empêchant la recolonisation par les agents pathogènes (Stevens *et al.,* 2003). Gamliel et Katan (1992), Lemanceau (1992), Dowling et O'Gara (1994), Di Battista-Leboeuf *et al.* (2003) ont observé que la solarisation des sols a pour effet d'améliorer la croissance des plantes. Les analyses de sols montrent que cette solarisation s'accompagne d'un accroissement de la proportion de *Pseudomonas fluorescens* dans la rhizosphère, à la suite d'une augmentation du chimiotactisme exercé par les exsudats racinaires des graines vis-à-vis des souches de *P. fluorescens* ou *P. putida*.

7. Lutte génétique et résistance variétale

Pour accompagner les efforts en matière de cartographie et délimitation spatiale de la maladie du bayoud, et dans un souci de diversifier les sources de résistance génétique dans les régions identifiées comme foyers actifs, les zones fortement infestées devront être repeuplées avec des variétés résistantes. Le mix variétal permettra de réduire les populations de l'agent pathogène à des niveaux très bas, ce qui endiguera l'expansion du bayoud à l'intérieur des palmeraies infestées et diminuera par conséquent le risque imminent de son introduction dans les zones indemnes (Essarioui *et al.,* 2018).

La résistance des plantes hôtes est la méthode principale de contrôle pour la plupart des maladies. Le perfectionnement de la résistance chez les plantes est un composant important dans le contrôle de la plupart des maladies (Brown, 1995). Ceci peut être réalisé par les plantes en croissance dans des conditions qui augmentent les mécanismes de résistance déjà opérationnels, ou en incorporant des facteurs de résistance génétiquement contrôlés par la multiplication et récemment par génie génétique (Waller et Lenné, 2002). Généralement, la lutte génétique consiste à exploiter la diversité phytogénétique afin de cerner la maladie, et peupler les zones dévastées. Cette technique consiste à introduire des gènes de résistance au niveau des plantes appelées: plante transgénique. Ces gènes produisent des protéines susceptibles d'éliminer le parasite. Selon El Hassni *et al.* (2004), parmi les mécanismes d'action des isolats non pathogéniques de *F. oxysporum* figure l'induction de la résistance par stimulation de la défense dont laquelle est impliquée les barrières structurales et les enzymes de défense (chitinases, β-1,3- glucanases, peroxidases et polyphénoloxidase…). Le mécanisme de défense du palmier dattier peut aussi être amélioré par l'affaiblissement de la pathogénicité du *F. oxysporum* f. sp. *albedinis*, en se basant sur ce point. En plus, les différences entre les cultivars du point de vue résistance à un pathogène sont liées aux gènes de résistance qui codent pour des molécules spécifiques à ce mécanisme (Agrios, 2005).

Les variétés résistantes au bayoud. Cette procédure est malheureusement accompagnée de facteurs génétiques défavorables à la qualité (Louvet et Toutain, 1973; Djerbi *et al.,* 1985b; Djerbi *et al.,* 1986). La recherche de génotypes à la fois résistants et de bonne qualité fruitière à partir des hybrides naturels ou à partir de croisements dirigés entre des mâles résistants et des femelles de bonne qualité a fait l'objet de nombreux programmes de sélection (Louvet et Toutain, 1973; Saaidi, 1979; Djerbi *et al.,* 1985a).

La lutte génétique se fait par la recherche de cultivars résistants provenant soit de prospections soit de croisements dirigés, soit de populations naturelles issues de graines: les Khalts, testés dans des terrains infestés. Elle se poursuit au Maroc et en Algérie dans les stations de recherches agronomiques (Zagora et Errachidia au Maroc; Adrar en Algérie). Des cultivars d'autres pays sont aussi introduits dans les essais. Malgré les résultats promoteurs obtenus, les palmiers qui paraissent résistants se sont avérés sensibles 8 à 10 ans après leur plantation (Bounaga et Djerbi, 1990; Saaidi, 1990; Louvet, 1991; Tantaoui et Boisson, 1991).

Par ailleurs, le palmier dattier a l'avantage de présenter une grande diversité génétique de résistance au bayoud (Bounaga *et al.,* 1992). Cette diversité génétique de chaque palmeraie qui est le fruit de sélections autonomes et d'échanges entre les agriculteurs, a servi dans la plupart des cas à luter directement contre la fusariose par la multiplication empirique des clones les plus tolérants (Brac de la Perriere et Bounaga, 1990). Ceci est mis en évidence, pendant 25 ans, après les essais de comparaison de résistance de 32 variétés au bayoud, dans les palmeraies infestées naturellement au Maroc. Selon Saaidi (1992), ces cultivars résistants sont devenus susceptibles après 15 ans. L'expression de ce type de résistance est influencée par les conditions de développement des palmiers dattiers et probablement par l'abondance et l'activité de l'inoculum de *Fusarium* pathogène dans le sol (Louvet, 1991).

Selon Fernandez *et al.* (1995), un inventaire du comportement des variétés traditionnelles a été réalisé à partir d'enquêtes sur le terrain ou d'essais en parcelles infestées naturellement. Il a été observé qu'une variation pratiquement continue de la sensibilité au bayoud depuis des variétés totalement résistantes jusqu'aux plus sensibles comme la *Bou Feggous*, pratiquement disparut du Maroc. Toutefois, un classement a été établi qui sépare les variétés en trois catégories: résistante, tolérante et sensible. Les variétés tolérantes sont difficiles à caractériser. Certains arbres présentent des symptômes de bayoud mais sont capables de survivre plusieurs années, contrairement aux palmiers dattiers de variétés sensibles. D'autres semblent sains, mais le parasite peut être isolé de leurs racines, ce qui n'est jamais le cas chez les plants résistants. Dans ce contexte, plusieurs recherches ont montré que tous les cultivars nord-africains de qualité sont sensibles (*Deglet Nour*, *Ghars*, *Mejhoul*, etc.). Certains cultivars ont une bonne résistance (*Bou Sthammi noir*, *Bou Sthammi blanc*, *Tadment*, *Iklane*, *Sair Laylet*, *Bou Feggous* ou *Moussa* au Maroc et *Takerbucht* en Algérie). Une autre variété résistante (*Boukhanni*) a été retrouvée 20 ans plus tard (Sedra, 1993; Sedra, 1995). Mais, parmi ces cultivars, seuls *Sair Laylet* et *Taqerbucht* sont de qualité acceptable, quand même inférieures à celle de *Deglet Nour* ou *Mejhoul* (Toutain et Louvet, 1974; Saaidi, 1979).

Des pieds de palmiers dattiers prospérant dans des foyers actifs de la maladie ont été prélevés pour tester leur résistance par des techniques d'inoculation artificielle (Sedra, 1994a; Sedra, 1994b). Les résultats de ce programme étaient concluants et plusieurs variétés et clones résistants ont été sélectionnés par l'INRA (Sedra, 2015), notamment les variétés *Ayour* (INRA-3415), *Hiba* (INRA-3419), *Tanourte* (INRA3414), *Al Baraka* (INRA-3417), *Tafoukte* (INRA-3416) et *Khair* (INRA-3300). Celle-ci a été multipliée à grande échelle par des techniques de culture des tissus et utilisée pour la réhabilitation des zones dévastées par le bayoud.

D'autres travaux ont été effectués sur des clones résistants et de bonne qualité issues de semis naturels ou des croisements contrôlés tels que *Najda* (INRA-3014), INRA-1445, INRA-3003, *Al Amal* (INRA-1443), INRA-3010, *Al Fayda* (INRA-1447), *Bourihane* (INRA-1414) et *Mabrouk* (INRA-1394) qui ont été sélectionnés. Le clone *Najda* (INRA-3014), cultivé à grande échelle pour la reconstitution de la palmeraie marocaine, produit des fruits de bonne qualité acceptés par les phoéniciculteurs (Sedra, 2005a; Sedra, 2005b).

Bien que la lutte génétique ait permis de gérer efficacement la maladie dans les zones infestées pendant des décennies, l'utilisation d'une seule variété, en l'occurrence *Najda*, dans cette stratégie engendrera une pression de sélection sur les populations du *F. oxysporum* f. sp. *albedinis* qui risque d'évoluer en nouvelles races capables de surmonter les mécanismes de résistance. Par conséquent, il est temps de déployer de nouvelles variétés résistantes, aux mécanismes de résistances divers, pour se mettre en garde contre, et anticiper, l'éruption d'une épidémie dévastatrice du patrimoine phoenicicole (Essarioui *et al.,* 2018).

Des programmes d'amélioration, qui visent des variétés de bonne qualité dattière et résistantes au bayoud (Saaidi, 1990), mais ces recherches sont restées très limitées et généralement sans grands résultats, et les variétés de dattes cultivées actuellement sont des clones très anciens obtenues par des croisements naturels, même aux États-Unis où la phoeniciculture moderne a été bien développée depuis le début de ce siècle (Nixon et Furr, 1965; Chao et Krueger, 2007). Ce faible progrès génétique dans le domaine du palmier dattier est lié essentiellement aux difficultés que présentent sa biologie (plante dioïque à croissance très lente) et à son milieu peu accueillant pour les chercheurs (régions présahariennes), et au manque d'information concernant la génétique de transmission des caractères (Quenzar *et al.,* 2001; Chao et Krueger, 2007). Jusqu'à l'heure actuelle la nature génétique de la résistance du palmier dattier au bayoud, reste confus, et tous les types sont possibles (monogénique, oligogénique, polygénique ou combinaison de tous les types) (Saaidi, 1990; Sedra, 2003; Chao et Krueger, 2007). Les études effectuées sur la transmission du caractère «qualité de dattes» ont monté qu'il présente un contrôle polygénique (Sedra, 2003) l'effet métaxénique est très notable chez cette espèce (Nixon et Furr, 1965).

Malgré son intérêt, le cultivar *Takerbucht*, confirmé pour sa résistance, ne pourra convenir partout; très tardif, il n'arrive pas à maturité dans les palmeraies de la wilaya de Béchar, au nord de Béni-Abbès et sa datte ne peut se substituer à celles de Tinnaser ou Aghamu pour la commercialisation vers l'Afrique subsaharienne (Robert et Benkhalifa, 1991).

Cependant cette méthode est longue et son résultat n'est pas toujours sûr. De plus, cette méthode est susceptible d'induire une sélection de populations de parasites capables de contourner cette résistance. La réhabilitation des palmeraies, dévastées par le bayoud, par plantation des *vitro*-plants n'est pas une solution durable car elle ne permet pas d'offrir une protection contre le pathogène et la maladie reste une véritable menace pour ces *vitro*-plants (Djerbi, 1991).

La récolte des dattes est également entourée au maximum de soins pour éviter des mélanges. Chaque lot de dattes est dénoyauté à part. Les graines (noyaux) sont lavées, séchées, étiquetées et soigneusement conservées. Les graines sont d'abord désinfectées par trempage pendant 2 heures dans une solution cryptonol liquide à 3,5 g/l, puis mises à germer à l'étuve dans vermiculite ou du sable à une température de 38°C pendant une semaine, puis à 28°C pendant deux semaines (Saaidi, 1979).

Les graines pré germées (pourcentage de germination: 80 à 95%) sont repiquées individuellement dans des sachets de polyéthylène de 10 cm de large et 15 cm de longs remplis de terre sablonneuse autoclavée. Dans des conditions contrôlées (température: 28°C; humidité 70%; éclairement 15000 lux et photopériode 15 h), Saaidi (1979) a constaté que les jeunes palmiers dattiers atteignent le stade d'inoculation (stade de 2 feuilles) au bout d'un mois seulement, alors qu'elles mettent trois à cinq mois (selon la saison) pour atteindre le même stade dans les conditions naturelles. La technique d'inoculation a fait l'objet de plusieurs études (Dubost et Kada, 1974a; Dubost et Kada, 1974b; Dubost et Kada, 1975; Saaidi, 1979).

La souche de *F. oxysporum* f. sp. *albedinis* utilisée est choisie pour son agressivité élevée et stable. Elle est multipliée généralement en milieu liquide agité à base de malt à 2% ou de jus de pomme de terre et glucose, mais parfois aussi par culture sur vermiculite imbibée de jus de pomme de terre et de glucose. L'incubation a lieu pendant une semaine sous agitation constante, ou deux semaines dans le cas culture sur vermiculite (Saaidi, 1990).

Dans le cas le plus fréquent, c'est-à-dire l'utilisation de la suspension de spores, celle-ci est au microscope pour assurer de sa pureté et définir sa concentration initiale; ensuite elle est diluée de façon à la ramener à 10^6 spores par ml. La suspension de spores ainsi préparée est apportée à l'aide d'une pipette au niveau du collet et des racines du palmier dattier après dégagement de la terre, à raison de 2 cc (2 ml) par plante. La culture sur vermiculite est apportée à raison de 4 cc (4 ml) par plante (Saaidi, 1990).

Le stade précis auquel les jeunes palmiers dattiers doivent être inoculés est de la plus haute importance pour permettre une interprétation correcte des résultats: c'est le stade deux feuilles. Avant ce stade le taux de mortalité est très faible, passé ce stade la mortalité est trop lente à se manifester, irrégulière et fournit des résultats très hétérogènes (Saaidi, 1979).

En pratique et à défaut d'installation permettant de contrôler les conditions (chambre de phytoculture), les essais doit être suivie sous ombrière ou sous serre. Une première inoculation doit été réalisée au stade deux feuilles au moyen d'une culture de champignons sur vermiculite, puis une seconde, inoculation doit été réalisée plus tard sur les rescapés à l'aide d'une suspension de spores obtenue en milieu liquide agité (stade des palmiers dattiers plus avancé: trois à quatre feuilles) (Saaidi, 1990). Les premiers symptômes apparaissent généralement au bout de 45 jours après inoculations et la mortalité s'échelonne sur six mois et même parfois un an, ce qui ne facilite, pas la sélection (Louvet et Toutain, 1973; Djerbi *et al.,* 1985b; Saaidi, 1990).

Afin de confirmer la résistance des rescapés des inoculations artificielles sous condition contrôlée, les palmiers dattiers sectionnés comme étant variété tolérante sont plantés dans un terrain ayant déjà porté une première génération de palmiers sensibles détruits par le bayoud (Saaidi, 1990).

Pour réussir les plantations des jeunes palmiers, certaines précautions doivent être prises: on doit veiller à garder une motte autour du système racinaire de chaque plant afin de garantir sa reprise. Le stade de plantation sur le terrain est également important. II est préférable que les jeunes palmiers donnent leurs premières feuilles pennées. Les conditions culturales (arrosage et entretien) doivent être soignées pour permettre un bon développement des plants (Saaidi, 1990).

Toutes les parcelles des descendances de croisements sont suivies par des observations périodiques (généralement trimestrielles) portant sur les attaques du bayoud; l'aspect général des palmiers, la floraison, la fructification, etc. Des isolements microbiologiques sont réalisés à partir des arbres montrant des symptômes pour confirmer la présence du *F. oxysporum* f. sp. *albedinis* dans les tissus atteints. Pour chaque parcelle des fiches et des tableaux récapitulatifs sont tenus à jour (Saaidi, 1990).

Dès les premières floraisons et fructifications, des suivies doivent être réalisées, sur les descendances de différents croisements, et des observations sur le sexe des arbres, la précocité de mise à fruit et de maturation, la qualité des dattes doivent être effectuées (Saaidi, 1990).

La production de dattes de grande valeur commerciale constitue le facteur le plus recherché à ce niveau de la sélection. Tous les ans la production dattière est analysée. On note ainsi les dimensions de la datte, son poids, la proportion chair/graine, la consistance, l'aptitude à la conservation, le goût, etc. Enfin une note de qualité est attribuée aux meilleurs fruits selon une échelle de notation. Par ailleurs, des tests de dégustation des dattes sélectionnées et des analyses de leurs constituants doivent être effectués (Saaidi, 1990).

8. Lutte biologique

La lutte biologique est due à un ensemble de procédés exploitant la relation de concurrence ou d'antagonisme existant entre le parasite et leurs ennemies naturels ou leurs produits de sécrétion ou par utilisation des minéraux et des extraits naturels, en s'appuyant sur une stratégie de défense écologique et durable.

La lutte biologique par l'utilisation des antagonistes ou des substances naturelles connaît un regain d'intérêt grandissant en raison des risques potentiels de la lutte chimique sur l'environnement et sur la qualité et les perspectives nouvelles qu'offre cette approche pour la culture biologique. La lutte contre le bayoud nécessite la mise en œuvre d'une stratégie, aussi bien préventive que curative, de contrôle du champignon et de protection des palmeraies.

La mycorhization du palmier dattier constitue un axe important, puisqu'il intéresse aussi bien l'aspect physiologique de la plante (croissance et production) que l'aspect phytopathologique (contribution à la lutte contre le bayoud). En effet la mycorhization est l'élément biologique utilisé par les plantes, en symbiose avec les champignons, pour le renforcement de la résistance aux agents pathogènes du sol (Bartschi *et al.,* 1981) et aux stress hydriques et salins (Tinker, 1975; Duddridge *et al.,* 1980).

L'effet de l'endo-mycorhization par *Glomus intraradices* sur la croissance du palmier dattier et sur la résistance de ce dernier aux attaques du *F. oxysporum* f. sp. *albedinis* sur différents substrats a été étudié. La mycorhization a amélioré la croissance des plantules d'environ 26%. La présence de l'agent pathogène a provoqué une chute de biomasse de 82,5% avec un taux de mortalité de 100% alors que la présence de mycorhizes a fait baisser ce taux de mortalité à 55% (Souna *et al.,* 2010; Abohatem *et al.,* 2011).

La mycorhization a permis d'améliorer la croissance des plantes du palmier dattier en améliorant l'alimentation hydrique et la nutrition minérale. Cette amélioration est due à une grande surface d'absorption que procure le développement du mycélium externe à l'endophyte, permettant ainsi une exploitation d'eau et d'éléments minéraux au-delà de la zone d'épuisement racinaire. Elle est très marquée au niveau de la partie aérienne et pas dans la partie racinaire. On peut dire donc, que la mycorhization améliore la croissance de la partie aérienne en augmentant la surface de photosynthèse (le nombre de feuilles, la longueur, la biomasse verte) et par conséquent plus d'éléments nutritifs que le champignon mycorhizien peut utiliser (Tinker, 1975; Owusu *et al.,* 1979).

La mycorhization a montré aussi un effet protecteur contre les attaques du *F. oxysporum* f. sp. *albedinis*. Oihabi (1991) a observé, chez le palmier dattier mycorhizé et infecté par le même agent pathogène, une réaction matérialisée par le développement des microfibrilles enveloppant les hyphes pathogènes provoquant ainsi leur dégénérescence. Ceci a été déjà montré par Dehne (1982) indiquant que l'influence des mycorhizes à vésicules et arbuscules reste limitée aux sites de leur localisation dans la racine. Les champignons mycorhiziens ne colonisent jamais la zone méristématique ni le cylindre central. Ils progressent vers l'apex de la racine en colonisant les tissus nouvellement formés par le méristème radiculaire. C'est au niveau de l'écorce que se réalise la seule rencontre possible entre *F. oxysporum* f. sp. *albedinis* et le champignon mycorhizien où il inhibe l'activité de l'agent pathogène. Or la progression de ce dernier au niveau du cylindre central empêche l'effet protecteur total des mycorhizes (Oihabi, 1991).

La stratégie de lutte via l'utilisation des microorganismes est appuyée par l'existence de sols répressifs empêchant le développement de la maladie du bayoud (Sedra et Rouxel, 1989; Oihabi *et al.,* 1992). Cette répression a été attribuée aux microorganismes antagonistes du *F. oxysporum* f. sp. *albedinis*, notamment le genre *Pseudomonas* (Maslouhy, 1989) ou *Bacillus* (Chakroune *et al.,* 2008) ou des champignons du genre *Aspergillus*, *Penicillium* ou *Trichoderma* (Chakroune *et al.,* 2008). Il a été aussi montré que l'inoculation des racines de palmier dattier par des souches hypoagressives de *F. oxysporum* f. sp. *albedinis* sembleraient améliorer la résistance du palmier contre son pathogène. Ces modalités de lutte sont susceptibles d'induire les réactions de défense du palmier dattier contre son pathogène et pourraient constituer une alternative efficace et non polluante de contrôle de la maladie de bayoud (El Hassni *et al.,* 2004).

Selon la littérature, une population de *Fusarium* introduite dans un sol désinfecté se multiplie pour atteindre une densité maximale variable selon le sol considéré. Il est vraisemblable que le niveau de l'inoculum de départ peut influencer l'installation et la réceptivité du sol à la maladie; toutefois chaque sol désinfecté et inoculé avec une dose plus élevée d'inoculum correspond à une capacité limitée de réceptivité qui peut se référer aux conditions abiotiques de ce sol (Amir, 1991).

Dans la rhizosphère, le flux énergétique est plus important que dans le sol mais les populations microbiennes sont également plus nombreuses de sorte que cette compétition devrait également s'y exprimer (Abadie *et al.,* 1998).

Cette interprétation est en accord avec les hypothèses avancées pour expliquer la résistance de certains sols à la maladie notamment de Châteaurenard et Noirmoutier en France, Marrakech au Maroc et Tolga, Adrar en Algérie pour lesquels le rôle des *Fusarium* saprophytes a été démontré (Alabouvette, 1986; Hatimi, 1989; Tamietti et Pramotton, 1990; Amir, 1991).

Plusieurs auteurs ont signalé que l'inoculum fongique une fois introduit dans un sol de palmeraies diminue fortement alors que dans certaines situations, l'inoculum pathogène tend à disparaitre voir même impossible à le détecter par la technique de dénombrement (Amir, 1981; Amir et Sabaou, 1983). Ce phénomène est assez général pour plusieurs sols oasiens alors que l'interprétation de cet évènement peut être liée aux caractères pédologiques des sols de ces palmeraies.

L'emploi de microorganismes du sol, non pathogènes, en tant qu'agent de biocontrôle des maladies des plantes est une alternative prometteuse aux pesticides chimiques. Cette technologie permet de protéger les plantes contre les pathogènes sans pour autant nuire aux équilibres écologiques des écosystèmes. L'expression de cette défense est communément appelée résistance systémique induite, elle se fait de manière systémique par tous les organes de la plante contre divers pathogènes. Certains agents de biocontrôle sont susceptibles de stimuler la croissance des plantes, ils sont désignés sous le nom de PGPRs (Plant Growth Promoting Rhizobacteria) (Mercado-Blanco et Bakker, 2007). Les PGPRs stimulent l'ISR induite aussi bien chez les dicotylédones que chez certaines monocotylédones. Les microorganismes susceptibles d'induire la résistance systémique induite sont divers, nous citons pour exemple les ascomycètes (*Trichoderma*), les bactéries du genre *Bacillus* (*B. subtilis* et *B. amyloliquefaciens*) (Kloepper *et al.,* 2004) et les bactéries du genre

Pseudomonas (*P. fluorescens*) et *Berkoldeira cepacia* (Bakker *et al.*, 2007). La résistance systémique induite est peu spécifique, le PGPR *P. fluorescens* 89-B-61, permet de diminuer l'incidence des maladies provoquées par *F. oxysporum* et *Colletotrichum orbiculare* aussi bien chez le concombre que chez la tomate (Yan *et al.*, 2002; Bais *et al.*, 2006).

Le développement des connaissances en écologie microbienne, en particulier sur les relations antagonistes entre les microorganismes du sol, a fait naître l'idée d'utiliser ces antagonismes pour lutter contre les maladies des plantes d'origine tellurique (Tims, 1932; Clark, 1969).

Le mécanisme général de contrôle biologique, par les microorganismes exerçant une activité antagoniste, peut être divisé en effet direct (compétition, interactions directes cellule à cellule, antibiose et dégradation des signaux de quorum sensing) sur les agents pathogènes et effet indirect (induction de mécanisme de défense) sur la plante (Rhouma, 2019).

Très tôt, l'imprégnation des graines par des germes antagonistes du parasite a donné des résultats satisfaisants (Param et Mehpotra, 1980). D'autre part, l'étude des transformations de l'équilibre microbien du sol après traitement chimique a permis de comprendre l'intérêt de cette forme de lutte. C'est ainsi qu'en 1951, Bliss constate que la fumigation d'un sol par *Armellaria mellea* avec du sulfure de carbone n'aboutit à la disparition complète de ce champignon pathogène que 24 jours après fumigation. Or cet effet coïncide avec la colonisation massive du sol traité par *Trichoderma viride*. L'auteur en déduit qu'*A. mellea* a disparu, non sous l'effet direct du sulfure de carbone mais victime de l'antagonisme de *T. viride* [l'activité antagoniste des *Trichoderma* spp. vis-à-vis d'autres champignons comme *Rhizoctonia solani* repose vraisemblablement sur plusieurs mécanismes, l'un d'entre eux étant le parasitisme. En effet, il a été démontré Chet et Elad (1983) que certaines souches de *Trichoderma* s'enroulent autour des hyphes de *Rhizoctonia*, dégradent la paroi cellulaire grâce à l'émission d'enzymes et lysent le mycélium très rapidement]. Toujours dans le même contexte, Mitchell (1979), est parvenu, en incorporant au sol de la chitine, à faire régresser sensiblement la population de *F. solani*.

L'efficacité des applications de ce composé dans la protection des végétaux contre les *Fusarium* a été vérifiée par Dommergues et Mangenot (1970) qui attribuent l'effet favorable de cet amendement à une stimulation des actinomycètes antagonistes, dont un pourcentage très élevé de dégrader la chitine. Il semble possible d'intervenir contre certains agents phytopathogènes d'origine tellurique d'une manière indirecte en stimulant une fraction de la microflore du sol (Montealegre *et al.,* 2003).

Cette stimulation peut être obtenue grâce à des substances nutritives incorporées au sol et utilisées préférentiellement par certains groupes de microorganismes. Ainsi, Jouan et Lemaire (1974) sont parvenus à modifier l'équilibre microbien du sol en incorporant diverses substances nutritives.

L'inoculation du sol par des microorganismes s'est souvent soldée par un échec (Mitchell, 1979) due en général à un rejet écologique de l'inoculum (Dommergues et Mangenot, 1970). La mise en évidence de la résistance naturelle des sols de Châteaurenard aux fusarioses de la tomate et du melon est à l'origine d'un vaste programme de recherche visant à analyser les mécanismes de cette résistance et à les utiliser pour lutter biologiquement contre les fusarioses vasculaires (Louvet *et al.,* 1976; Rouxel, 1978; Alabouvette, 1983). La première approche suivie est basée sur la démonstration de la transmissibilité de la résistance, la technique de transfert de la résistance a été employée à titre expérimental, pour lutter contre la fusariose de la tomate dans une serre commerciale naturellement infectée par l'agent pathogène (Couteaudier *et al.,* 1985).

La deuxième approche est basée sur la démonstration du rôle indispensable des *F. oxysporum* et *F. solani* non pathogènes dans les mécanismes de résistance des sols de Châteaurenard (Rouxel *et al.,* 1979). Les résultats d'Alabouvette et Davet (1985) laissent raisonnablement espérer la mise au point rapide d'un procédé de lutte biologique contre les fusarioses vasculaires compatibles avec les autres techniques culturales et faciles à commercialiser.

Plusieurs travaux de recherche sur l'activité microbienne dans la rhizosphère du palmier dattier ont été documentés par Ali-Haimoud *et al.* (1979), et Chami et Bounaga (1979); ces travails ont été complété par des analyses des exsudats racinaires de cette plante (Bennaceur, 1981). Par ailleurs, la flore fongique du sol et de la rhizosphère a été dénombrée et déterminée par Laoufi (1978).

Des microorganismes antagonistes de *F. oxysporum* f. sp. *albedinis* ont été isolés et testés vis-à-vis de la niche écologique de plante hôte (Sabaou, 1979; Sabaou, 1980; Sabaou *et al.,* 1980; Mahdi, 1984), l'étude des caractéristiques écologiques de différentes souches de *Fusarium* a été mise en évidence par Amir et Mahdi (1992a; 1992b).

Les souches de *Fusarium* non pathogène se sont révélées capables de diminuer le taux de survie du parasite dans le sol et d'induire une réduction du développement du bayoud. Les résultats obtenus permettent de considérer que la compétition est vraisemblablement le principal mode d'action de ces souches (Mahdi, 2011). Cet auteur a remarqué aussi, que le mélange des souches 34 (*F. oxysporum*) et 9Ba5 (*F. solani*) est plus efficace que chacune d'elle prise séparément par une réduction du pourcentage de mortalité à la fusariose vasculaire. Cook et Baker (1983) ont attiré l'attention sur l'intérêt des mélanges de souches antagonistes en lutte biologique, traitement qui aurait notamment comme avantage une plus grande stabilité et un plus large spectre d'action.

Amir (1991) a noté que l'espèce *F. solani* (non pathogène) est mieux adaptée au sol des palmeraies alors que *F. oxysporum* (non pathogène) colonise mieux les racines des palmiers dattiers. Leur mélange cumulerait donc ces deux avantages écologiques. La diversité des aptitudes des souches de *Fusarium*, montre également qu'un mélange de souches non pathogènes judicieusement choisies pour leur complémentarité peut améliorer les performances du traitement.

Bekkar *et al.* (2016) ont démontré un taux d'inhibition allant de 66 à 86% de 23 isolats de *Trichoderma* contre *F. oxysporum* f. sp. *albedinis*. Les mêmes résultats ont été trouvés par Souna *et al.* (2012) qui ont rapporté que le *F. oxysporum* f. sp. *albedinis* a été inhibé avec 65% par *T. harzianum*. L'évaluation de l'effet de *T. longibrachiatum* indique que la croissance du *F. oxysporum* f. sp. *albedinis* a été inhibée à plus de 60% (Sidaoui, 2019). Hibar *et al.* (2005) ont montré qu'il est d'intérêt primordial d'utiliser le *Trichoderma* sp. en tant qu'agent de lutte biologique contre la fusariose vasculaire. À cet effet, plusieurs souches de *Trichoderma* sp. ont été enregistrés comme agents de lutte biologique efficaces et utilisés commercialement dans la protection des végétaux (Nicolás *et al.*, 2014; Sghir *et al.*, 2015; Sghir *et al.*, 2016).

Des bactéries (*B. amyloliquefaciens* Ag1 (Ag) et *Burkholderia cepacia* Cs5 (Cs)) ont été examinées pour leur pouvoir inhibiteur du développement du *F. oxysporum* f. sp. *albedinis* d'une part et pour leur capacité d'induire les réactions de défense du palmier dattier contre son pathogène d'autre part. Les deux bactéries ont montré *in vitro* une capacité d'inhiber la croissance et la sporulation de l'agent pathogène. Le maximum pourcentage d'inhibition de la croissance a été obtenu au 6ème jour de coculture avec les bactéries, il est de l'ordre de 83% et de 75% pour les bactéries Cs et Ag, respectivement. Alors que l'inhibition de la sporulation a été, au 5ème jour de coculture avec les bactéries, de 93 et 86% pour Cs et Ag, respectivement. Ces bactéries ont aussi montré une capacité de libérer dans le milieu de culture des composés à activité antifongique capable de limiter la croissance du *F. oxysporum* f. sp. *albedinis*. En outre, l'observation microscopique a révélé que les bactéries utilisées sont capables d'engendrer des vacuolisations et des gonflements au niveau de certaines cellules du mycélium de *F. oxysporum* f. sp. *albedinis* (Dihazi *et al.*, 2012).

Concernant les tests *in vivo*, la taille de la nécrose développée dans les racines du cultivar *Jihel* sensible au bayoud, tout autour du site d'infection, a été réduit de plus de 70% pour les plantules inoculées par les bactéries avant d'être infectées par *F. oxysporum* f. sp. *albedinis*. Lorsque la nécrose est réduite, les plantules ne montrent pas les symptômes de la maladie du bayoud ce qui laisse penser que l'agent pathogène n'a pas pu coloniser toutes les parties de la plante. Pour comprendre les mécanismes associés à une telle restriction de l'agent pathogène, l'activité peroxydase et la synthèse des composés phénoliques, connues comme marqueurs de la défense du palmier dattier contre le bayoud ont été testées. Les résultats obtenus ont permis de conclure que ces marqueurs de défense ont été activés à la suite des injections des bactéries dans les racines du palmier dattier, avec une amplification supplémentaire notée dans les racines à la fois infiltrées par les bactéries et inoculées par le pathogène (Dihazi *et al.,* 2012).

B. amylolequefaciens s'est montré beaucoup plus efficace dans la stimulation de l'activité peroxydase dans les racines infectées par *F. oxysporum* f. sp. *albedinis* (une augmentation de 180% par rapport aux racines témoins) que *Burkholderia cepacia* (une augmentation de 100% par rapport aux racines témoins). Ce résultat est confirmé par l'analyse des gels d'électrophorèses qui nous a révélé que des nouveaux isomères de peroxydase (38 kD, 40 kD, 50 kD) sont exprimés dans les racines qui sont à la fois injectées par les bactéries et inoculées par *F. oxysporum* f. sp. *albedinis*. Cette stimulation de l'activité peroxydase pourrait intervenir dans le renforcement des parois cellulaires végétales visant à empêcher l'invasion des tissus hôtes par le pathogène (Dihazi *et al.,* 2012).

Il est signalé que le contenu des composés phénoliques solubles a significativement augmenté dans les racines infiltrées par la bactérie Ag avant d'être inoculées par *F. oxysporum* f. sp. *albedinis*. En outre, l'analyse du profil phénolique par HPLC a montré que l'infiltration des bactéries dans les racines du palmier dattier a induit la synthèse de nouveaux composés phénoliques, identifiés comme des dérivés d'acides hydroxycinnamiques, aux dépens des isomères d'acides cafféoylshikimiques normalement présents dans les racines du palmier dattier. Cette induction a été significativement amplifiée après l'inoculation du pathogène. Dans la combinaison *B. amyloliquefaciens/ F. oxysporum* f. sp. *albedinis* les racines du palmier dattier ont montré une augmentation significative des dérivés d'acides hydroxicinnamiques induits nettement plus importante que celle obtenue avec la bactérie toute seule. Cependant, dans la combinaison *Burkholderia cepacia/F. oxysporum* f. sp. *albedinis*, l'augmentation a concerné les isomères des acides cafféoylshikimiques. Ce résultat nous a fait penser à l'intervention de deux voies dans la réaction de défense du palmier dattier. La première voie nécessite des éliciteurs provenant du pathogène et conduit à l'amplification des isomères d'acides cafféoylshikimiques, alors que la deuxième voie nécessite des éliciteurs bactériens et conduit à l'induction des dérivés d'acides hydroxicinnamiques. Lorsque les deux types d'éliciteurs sont présents ensemble, l'une des deux voies est stimulée aux dépens de l'autre en vue d'engendre une réaction de défense suffisamment intense pour assurer une amélioration de la résistance à la maladie du bayoud (Dihazi *et al.,* 2012).

Quatre bactéries lactiques (*Lactococcus lactis* subsp. *lactis*, *Lactococcus lactis* subsp. *diacetylactis*, *Leuconostoc mesenteroides* subsp. *mesenteroides* et *Leuconostoc mesenteroides* subsp. *dextranicum*) ont été examinés *in vitro* pour leur capacité à lutter contre douze souches de *F. oxysporum* f. sp. *albedinis*. Les résultats de la méthode de la confrontation directe des quatre souches lactiques vis-à-vis des douze isolats de *F. oxysporum* f. sp. *albedinis* sur le milieu PDA et MRS (Man Rogosa Sharp) Agar ont montré une meilleure inhibition par les souches lactiques sur le milieu MRS Agar. La souche lactique *L. lactis* subsp. *diacetylactis* a donné le taux d'inhibition le plus élevé; 13.51 et 40.29% sur le milieu PDA et 41.17 et 100% sur le milieu MRS Agar, suivie par les autres souches avec des taux d'inhibition qui ont atteint 35.82% sur le milieu PDA et 19.29% et 100% sur le milieu MRS Agar. Les résultats de la méthode de diffusion sur milieu gélosé et de la double couche ont montré que les bactéries lactiques utilisées sécrètent des substances bioactives après 24 h d'incubation, ces substances ont un effet anti-*Fusarium*, avec un pourcentage d'inhibition qui atteint 49.41% (Zebboudj, 2014).

Les observations microscopiques dans les zones de confrontation du champignon avec les bactéries lactiques, ont montré qu'il y a un mycélium stérile, ce qui veut dire que les bactéries lactiques utilisées inhibent la sporulation (Ström, 2005; Muhialdin et Hassan, 2011; Laref et Guessas, 2013).

Dalie (2010) et Dalie *et al.* (2010) ont révélé qu'il est possible de contrôler les moisissures du genre *Fusarium* productrices de fumonisines par sélection des bactéries lactiques autochtones de maïs.

Dalie *et al.* (2010) et Li *et al.* (2012) ont documenté que l'inhibition des champignons phytopathogènes et des mycotoxines par les bactéries lactiques apparaît comme une stratégie promotrice pour le biocontrôle des moisissures qui contaminent les aliments et les végétaux.

D'autre part, la découverte des potentialités élicitrices des produits naturels à base de plantes contribuera davantage au développement de nouvelles stratégies de biocontrôle qui pourraient être envisagés pour solutionner, pour le moins en partie, le problème du bayoud; exemple, le produit Stifénia est une poudre élaborée à partir des graines de fenugrec (*Trigonella foenumgraecum* L.). Ce produit naturel a été testé pour la première fois chez le pathosystème palmier dattier-*F. oxysporum* f. sp. *albedinis*. L'apport du produit sous forme de poudre a conduit, après 60 jours de prétraitement, à une accumulation massive des isomères de position de l'acide caféoylshikimique accompagnés de la néosynthèse d'un dérivé de l'acide sinapique connu comme une phytoalexine caractéristique de la racine du dattier (El Hadrami *et al.,* 1997). Le traitement des plantes par l'acide jasmonique aussi se traduit par la mise en place de zones de nécroses localisées (réaction d'hypersensibilité) similaires à celles observées chez des plantes résistantes au *F. oxysporum* f. sp. *albedinis*. Cette réaction est associée à la stimulation de nombreuses réactions de défense notamment l'accumulation du peroxyde d'hydrogène, la peroxydation des lipides membranaires et l'activation des peroxydases et des polyphénoloxydases (Jaiti *et al.*, 2004). Les produits naturels ont montré aussi un effet inhibiteur *in vitro* sur la croissance du *F. oxysporum* f. sp. *albedinis* (Boulenouar, 2011) et sur son pouvoir de germination et de sporulation, ainsi que sur sa densité dans le sol (Simoussa *et al.*, 2010; Mebarki *et al.*, 2013).

Neuf plantes du Sahara algérien (sud-ouest d'Algérie); cinq plantes médicinales: *Acacia raddiana*, *Asteriscus graveolens* (Forsk.), *Limoniastrum feei*, *Fredolia aretioides* Moq. et Coss., *Launeae arborescens* (Batt.) Murb.; et quatre plantes toxiques: *Citrullus colocynhis* (L.) Schrad, *Calotropis procera* Ait., *Nerium oleander*, *Pergularia tomentosa*. Deux parties (aérienne et racinaire) de chaque plante ont été utilisées pour évaluer leurs extraits (extraction à reflux par quatre solvants: méthanol, acétate d'éthyle, dichlorométhane, hexane) pour l'activité antifongique sur *F. oxysporum* f. sp. *albedinis*. Les extraits présentent une inhibition de la croissance mycélienne qui dépasse 50% et une diminution de la virulence de *F. oxysporum* f. sp. *albedinis* de l'ordre de 50% (Boulenouar, 2011).

Le travail effectué par Lakhdar (2016) a été s'intéressé à la recherche de l'activité antifongique de quelques molécules végétales vis-à-vis *F. oxysporum* f. sp. *albedinis*. Pour cela, des extraits flavonoïdiques et polysaccharidiques pariétaux (cellulose, hémicellulose et pectines méthylées (PM)) ont été préparées à partir des feuilles et des fleurs de trois plantes médicinales (*Anvillea radiata*, *Bubonium graveolens* et *Cotula cinerea*), récoltées dans la région de Béchar, Sud-ouest Algérien) et ont ensuite été évalués pour leur effet antifongique contre *F. oxysporum* f. sp. *albedinis*. Parallèlement à cette étude, un criblage phytochimique a été effectué pour ces trois espèces dont il a montré la présence des saponosides, tanins, acides gras, flavonoïdes, anthracénosides, huiles volatiles, terpènes et stéroïde, alcaloides, stérols et triterpenes dans les trois plantes, de plus, la présence des anthraquinones et les polyuronides ont été constatés uniquement dans *A. radiata* (Mebarki *et al.,* 2013; Mebarki *et al.,* 2015; Lakhdar, 2016).

Lakhdar (2016) a documenté aussi que les anthocyanosides ont été détecté seulement chez *C. cinerea*. Les résultats de l'extraction ont indiqué que les rendements en cellulose sont relativement élevés par rapport aux autres extraits avec un taux allant de 13,86% (obtenu à partir des fleurs de *C. cinerea*) jusqu'au 27,23% (obtenu à partir des fleurs de *B. graveolens*). De même ces résultats ont montré que le rendement en hémicelluloses diffère d'une espèce à une autre, dont le plus important était de l'ordre de 13,85%, (obtenu par les feuilles de d'*A. radiata*). Pour les PM, les taux des rendements sont compris entre 2,18% (obtenu à partir des feuilles d'*A. radiata*) et 10,5% (obtenu à partir des fleurs de *C. cinerea*). Il s'avère aussi que les rendements en flavonoides sont relativement moins importants pour toutes les espèces étudiées (entre 1.13 et 4.24%).

Par la suite, les extraits obtenus ont été évalués pour leurs activités antifongiques sur les différents stades de vie du *F. oxysporum* f. sp. *albedinis*. Les résultats obtenus ont témoigné que le taux de germination des spores a été réduit en présence des extraits des flavonoïdes foliaires et floraux d'*A. radiata* et de *C. cinerea* par rapport au témoin quelque soit la concentration des flavonoïdes dans le milieu de culture, contrairement à ceux obtenus à partir de *B. graveolens* qui ont entrainé la réduction de la germination qu'à des concentrations plus élevées. De même, ces résultats ont montré que *F. oxysporum* f. sp. *albedinis* a prouvé globalement un fort niveau de résistance vis-à-vis les extraits hémicellulosiques et pectiniques d'*A. radiata* et de *B. graveolens* au cours de la germination dont le taux de la germination a atteint 100%, par contre, seuls les extraits de *C. cinerea* ont présenté une toxicité vis-à-vis de la germination des spores. De plus, la germination des spores a été inhibée sur tous les milieux de culture à base de cellulose. Tous les extraits flavonoïdiques étudiés ont présenté un effet inhibiteur sur le développement radial du pathogène. Le champignon a été inhibé presque de manière similaire par les extraits flavonoïdiques de toutes les espèces dont le meilleur taux d'inhibition était de l'ordre de 52,54% sous l'effet des flavonoïdes foliaires de *C. cinerea* à 4 mg/ml. Par contre, *F. oxysporum* f. sp. *albedinis* a montré également une résistance en présence des extraits de pectines méthylées (PHM) des deux organes de *C. cinerea* et les PHM des fleurs de *B. graveolens*, comme il est faiblement sensible sous l'effet des PHM foliaires de *B. graveolens*. Mais seulement les extraits pectiniques d'*A. radiata* qui ont pu inhiber la croissance mycélienne du pathogène. Par ailleurs, Les hémicelluloses foliaires d'*A. radiata* et de *B. graveolens* et ceux des deux organes de *C. cinerea* ont exercé une certaine fongitoxicité à des degrés faibles et voisins, mais une réduction de la croissance mycélienne était encore nettement plus importante quant à la présence des extraits hémicellulosiques des fleurs d'*A. radiata* et surtout de *B. graveolens* dont les pourcentages d'inhibition ont dépassé 50% avec un maximum de 67,27% à la faible dose. De même, les milieux cellulose-agar ont développé des mycéliums très faiblement denses comparativement à ceux sur milieu PDA (Mebarki *et al.,* 2013; Mebarki *et al.,* 2015; Lakhdar, 2016).

Concernant la sporulation, les extraits flavonoïdiques n'ont pas beaucoup d'effet inhibiteur, voire une stimulation à certaines concentrations. En revanche, l'effet inhibiteur des PHM est plus marqué sur la sporulation dont le taux d'inhibition a dépassé 40% pour la plupart des concentrations, certaines ont même atteint 60%. De plus, les hémicelluloses sont montrés plus fongitoxique sur la sporulation surtout pour ceux de *B. graveolens* qui ont présenté des valeurs élevées où le pourcentage de l'inhibition a dépassé 50%. Ainsi que, *F. oxysporum* f. sp. *albedinis* a montré globalement un fort niveau de sensibilité sur tous les milieux solides à base de cellulose. L'inhibition de la sporulation a dépassé 95% sur les milieux à base de cellulose extraite de *B. graveolens* et de

C. cinerea. Ensuite, les extraits cellulosiques ont été utilisés pour reconstituer un milieu liquide sur lequel le développement de la biomasse du champignon a été étudié. Dans ce contexte les résultats obtenus ont indiqué que la biomasse formée en milieux à base de cellulose des trois plantes médicinales est moins importante par rapport au PDB (Potatoes Dextrose Broth; milieu usuel de culture pour la plupart des champignons) (Mebarki *et al.*, 2013; Mebarki *et al.*, 2015; Lakhdar, 2016).

Dans une autre partie, ces mêmes extraits ont été additionnés à différentes concentrations à des sols inoculés par *F. oxysporum* f. sp. *albedinis* pour vérifier leurs effets sur la population de ce dernier. Les résultats de ce test ont indiqué que les différents extraits utilisés sont montrés actifs dans 213 tests parmi 360 (soit 59.16%). De plus, parmi 90 tests réalisés pour chaque extrait, les flavonoides ont exercé une réduction de la population fusarienne dans 69 tests (soit 76.66%), suivi par les extraits cellulosiques dans 58 tests (64.44%), ensuite les PHM et les hémicelluloses dans 50 et 36 tests respectivement. De même, seulement les CRB (Cellulose des fleurs de *B. graveolens*) à 1% et à 10% et les HRB (Hémicelluloses des fleurs de *B. graveolens*) à 5% qui ont maintenu la population fusarienne stable à une densité faible de l'ordre de 4 Log_{10} (UFC/g sol) dès le 7ème jusqu'au 21ème jour après le traitement (Mebarki *et al.*, 2013; Mebarki *et al.*, 2015; Lakhdar, 2016).

À la lumière de ces résultats, il s'avère que les flavonoïdes sont les plus fongitoxique sur la croissance mycélienne par rapport aux autres extraits. Pour cette raison, ils ont été évalués pour leurs effets sur quelques paramètres de la pathogénicité du *F. oxysporum* f. sp. *albedinis* (virulence relative, mycotoxicogenèse et activité cellulasique). Les résultats de l'effet des flavonoïdes sur la virulence relative de *F. oxysporum* f. sp. *albedinis* nous ont permis de constater que dans 80% des tests, les extraits flavonoïdiques ont pu réduire les lésions tissulaires (présentées sur les tranches de pommes de terre) causées par ce pathogène. Notant que l'effet des trois espèces étudiées était presque similaire. Cependant, seuls les flavonoïdes de *B. graveolens* qui ont permis d'empêcher la synthèse des toxines chez le *F. oxysporum* f. sp. *albedinis*. D'autre part, l'activité cellulasique a été mesurée par la méthode de diffusion sur gélose à base de cellulose, c'est une méthode semi-quantitative. Cette activité a été inhibée sous l'effet des extraits flavonoïdiques de toutes les plantes étudiées. Au terme de cette recherche, il apparaît donc que les plantes médicinales évaluées présentent un réservoir de substances bioactives importantes et surtout les flavonoïdes foliaires, et leur utilisation pourra offrir une potentielle alternative pour lutter contre l'agent du bayoud (Mebarki *et al.,* 2013; Mebarki *et al.,* 2015; Lakhdar, 2016).

Les différents extraits flavonoïdes testés ont présenté une action inhibitrice aussi bien sur la croissance mycélienne que sur la sporulation et la germination de ce champignon, avec des degrés variables en fonction du matériel végétal et de la concentration, ainsi que l'efficacité n'est pas toujours proportionnelle à la concentration. Cette corrélation négative a été signalée aussi dans les travaux de Gaceb-Terrak (2010), dont il ressort qu'un extrait d'acide phénolique à la concentration 0,48 mg/ml a entrainé une cinétique de croissance de *F. oxysporum* f. sp. *albedinis* similaire à celle qui a été obtenue à 0,12 mg/ml et il a été moins actif à 0,24 et 0,36 mg/ml. Gaceb-Terrak (2010) a justifié ce phénomène par l'activation du pouvoir de détoxification de ces molécules que la concentration 0,48 mg/ml pourrait représenter. Un travail similaire portant sur l'action d'un acide salicylique sur la même souche et un autre portant sur l'action de l'huile de *Melaleuca quinquenervia* sur la sporulation de *F. oxysporum* f. sp. *radicis-lycopersici* ont conduit à un résultat similaire (Touam *et al.,* 2006; Doumbouya *et al.,* 2012).

Dans ce contexte, de nombreux flavonoides possèdent des activités antifongiques, le plus grand nombre appartient aux flavanones et aux flavanes (Grayer et Harborne, 1994). Selon Jimenez-Gonzalez *et al.* (2008), quelle que soit la classe de flavonoïdes considérée, il apparaît que le caractère lipophile des composés augmente l'activité, permettant aux molécules de pénétrer plus facilement à travers la membrane fongique (Grayer et Harborne, 1994; Jimenez-Gonzalez *et al.,* 2008). De plus, les flavonoïdes sont des inhibiteurs de la phospholipase A2, la cyclooxygénase et de la lipoxygénase (Middleton et Kandaswami, 1992; Kandaswami et Middleton, 1994).

Sur le plan phytopathologique, les flavonoïdes ne sont pas seulement présents dans les plantes comme agents constitutifs mais sont également accumulés dans les tissus végétaux en réponse à une attaque microbienne (Grayer et Harborne, 1994; Harborne, 1999). De ce fait, les flavonoides interviennent par plusieurs propriétés comme l'inhibition de cellulases microbiennes, de xylanases, pectinases, chélation de métaux nécessaires aux enzymes, formation d'une structure dure et cristalline agissant comme une barrière physique aux pathogènes. Les flavonoïdes pourraient entrainer des changements dans la différenciation tissulaire et ainsi promouvoir la formation de thylle et de cal, empêchant ainsi l'agression par des agents invasifs (Treutter, 2005).

Les polysaccharides naturels issus de certaines plantes médicinales, algues et microorganismes ont suscité un grand intérêt en tant qu'agents antimicrobiens (Mizuno *et al.,* 1995; Tzianabos, 2000; Smith *et al.,* 2002). Dans les dernières décennies, sur la base des méthodes biotechnologiques, une série de nouveaux agents antimicrobiens à base de polysaccharides a été développée. Ils sont aujourd'hui utilisés dans diverses applications, par exemple dans l'industrie alimentaire pour remplacer des conservateurs traditionnels, et en bactériologie comme inhibiteurs de la croissance bactérienne (Chang *et al.,* 2000). De plus et plus précisément, l'activité antifongique des extraits polysaccharidiques a également été confirmée expérimentalement dans plusieurs études (Ballance *et al.,* 2007; Meera *et al.,* 2011; Chen Hao *et al.,* 2012). Les propriétés antimicrobiennes de polysaccharides naturels sont basées sur leur structure chimique où la présence d'un groupe carbonyle hautement réactif a été détectée.

Le groupe carbonylé est capable de lier des amines primaires pour produire une combinaison stable de polysaccharides avec des protéines (glycolconjugates) (Painter, 1991). Collage d'exoenzymes de microorganismes par saprogenic polysaccharide réactif est probablement la raison de leur activité antimicrobienne (Treutter, 2005).

D'autre part, bien que le développement du *F. oxysporum* f. sp. *albedinis* sur les milieux à base de cellulose soit de loin plus faible que celui sur PDA; il pourrait nous indiquer que les extraits de *A. radiata*, *B. graveolens* et *C. cinerea* jouent un rôle d'inducteur de cellulase chez *F. oxysporum* f. sp. *albedinis*, malgré que ces plantes médicinales ne représentent pas l'hôte spécifique de ce champignon et que ces extraits peuvent être utilisés comme unique source de carbone et d'énergie pour la croissance du *F. oxysporum* f. sp. *albedinis* comme l'a suggéré Amraoui *et al.* (2004), et Amraoui *et al.* (2005). Cette souche est déjà connue dans la littérature comme productrice de cellulase (Roussos et Raimbault, 1982). Cette activité enzymatique fait intervenir trois enzymes (Endo-β-glucanase, Exo-β-glucanase et la Cellobiase) qui agissent en synergie pour dégrader la cellulose (Boulenouar, 2011).

Plusieurs études ont prouvé l'efficacité des plantes médicinales et leurs dérivés sur les populations fusariennes dans le sol sous les conditions de laboratoires et/ou leur agressivité contre des différentes cultures. Comparativement à d'autres travaux, les recherches de Lakhdar (2016) sur les extraits des plantes médicinales ont exercé une bonne réduction de la population de *F. oxysporum* f. sp. *albedinis* par rapport à celle obtenue en présence de la poudre de *Anacyclus valentinus*, *Eucalyptus* sp., *Rosmarinus officinalis* L., *Inula viscosa*, *Artemisia herba alba*, *Laurus nobilis*, *Mentha piperita*, *Salvia officinalis*, *Tetraclinis articulata*, *Thymus vulgaris* (Simoussa *et al.,* 2010). Par contre, la poudre et les huiles essentielles de ces mêmes plantes semblent être actives contre *F. oxysporum* f. sp. *lentis* (Belabid *et al.,* 2010). D'autre part, les extraits foliaires de *Piper betle* L., la poudre et les huiles essentielles de *Xylopia*

Aethiopica, la poudre de graines d'*Azadirachta indica*, l'huile de *Melaleuca quinquenervia* et d'*Ocimum gratissimum* ont prouvé une efficacité contre *F. oxysporum* f. sp. *radicis-lycopersici*, champignon parasite des cultures de tomate et dans le contrôle de la fusariose causée par ce pathogène (Soro *et al.*, 2010; Hadian *et al.*, 2011; Singha *et al.*, 2011; Doumbouya *et al.*, 2012). De même, les extraits de *Chromolaena odorata* ont été actifs contre le jaunissement mortel des feuilles des bananiers causé par *F. oxysporum* f. sp. *cubens* (Kra *et al.*, 2009). De plus, les travaux de Bowers et Locke (2000) ont révélé que l'huile de clou de girofle, l'huile de neem, l'extrait de piment avec l'huile essentielle de moutarde ont permis de réduire la densité de la population de *F. oxysporum* f. sp. *chrysanthemi* dans le sol et d'assurer la protection des plants de chrysanthème contre ce pathogène.

De même, les espèces de *F. oxysporum* sont aussi connues par leur capacité de produire d'autres mycotoxines comme la moniliformine, l'oxysporine (Tabuc, 2007) et le zéaralénone (Pitt, 2000). D'autre part, que peu d'études apportées sur l'utilisation des plantes médicinales et leurs dérivés contre les lésions tissulaires (sur les tissus de tubercule de pomme de terre) ont été réalisées; mais aucune sur les flavonoïdes n'a été signalée. En effet, quatre extraits (méthanolique, acétate d'éthyle, dichlorométhanique et hexanique) de neuf plantes médicinales et/ou toxiques (*Limoniastrum feei*, *Launeae arborescens*, *Fredolia aretioides*, *Asteriscus graveolens*, *Acacia raddiana*, *Citrullus colocynthis*, *Calotropis procera*, Nerium *oleander* et *Pergularia tomentosa*) ont été utilisés avec quatre doses (200, 400, 800 et 1600 µg) pour évaluer leurs effets sur la virulence relative. Cette étude a montré que la mesure pondérale de la lésion tissulaire la plus importante (de l'ordre de 324.1 mg) était celle observée en présence de l'extrait d'acétate d'éthyle des racines de *F. aretioides* à la charge de 400 µg et la plus faible (de l'ordre de 19.7 mg) était celle détectée en présence de l'extrait d'acétate d'éthyle de la partie aérienne de *L. arborescens* toujours à la même concentration. D'après l'analyse de ces résultats, l'effet dépressif des extraits contre la virulence relative de *F. oxysporum* f. sp. *albedinis* est probablement lié à l'altération de la synthèse et/ou de l'action des mycotoxines mises en jeu sur les cellules de pomme de terre (Boulenouar, 2011).

Plusieurs recherches ont signalé le pouvoir anti-mycotoxinogène des plantes médicinales et leurs dérivés. Deabes *et al.* (2011) ont constaté que l'huile essentielle de *Coriandrum sativum* et *Ocimum basilicum* ont inhibé la production de l'aflatoxine B1 chez *Aspergillus flavus*. De même El-Desouky *et al.* (2013) ont noté que l'extrait éthanolique des graines de *Trigonella foenum-graecum* ont réduit la production de l'aflatoxine B1 chez *A. flavus* et *A. parasiticus* à 91.22 et 92.35%, respectivement.

La production de mycotoxines est directement liée à la croissance fongique. Par conséquent, les facteurs capables d'influencer la croissance fongique vont aussi jouer un rôle sur la toxinogénèse. De manière générale, les conditions environnementales nécessaires à la production de mycotoxines sont plus étroites que celles permettant la croissance fongique et sont, le plus souvent, proches des conditions optimales de développement de l'espèce considérée (Tabuc, 2007).

Les extraits végétaux d'*Acacia raddiana*, *Juniperus oxycedrus* et *J. phoenicea* à différentes doses (0, 5, 10, 20, 30 et 40 µL) ont donné des résultats prometteurs tout en limitant le développement mycélien et la sporulation des isolats de *F. oxysporum* f. sp. *albedinis* (Benlarbi, 2019). Benlarbi (2019) a documenté que la concentration du goudron augmente le taux d'inhibition augmente. Par ailleurs, les isolats testés présentaient une haute sensibilité vis-à-vis des doses appliquées des extraits végétaux. Les tests *in vivo* ont montré également que les traitements appliqués préventivement manifestent une importante efficacité, dont aucune expression des symptômes n'est apparue sur les palmiers dattiers traités par voie racinaire (Benlarbi, 2019).

Les présents travails apportent des données encourageantes sur l'application de ces extraits naturels comme bio fongicides remplaçant ainsi les produits chimiques de synthèse.

Les mécanismes de résistance des plantes aux agents pathogènes ont commencé d'être compris avec l'introduction des concepts de résistance induite et de prémunition ou «priming» des plantes. Cette évolution a poussé de nos orienter vers les recherches dans ce sens. C'est ainsi qu'on a tenté d'induire les mécanismes de résistance par traitement des plantes par l'acide jasmonique (Jaiti *et al.,* 2004), et par des microorganismes susceptibles d'activer la défense contre l'agent pathogène (El Hassni *et al.,* 2007).

Suite à la perception de l'agent pathogène par la plante, de nombreux composants intervenants dans les cascades de signalisation sont activés (Miranda *et al.,* 2007; Torres-Zabala *et al.,* 2007). Ils incluent les évènements précoces impliqués dans la réaction hypersensibilité (Heath, 1998; Heath, 2000) comme la production des espèces réactives de l'oxygène (ROS) et du monoxyde d'azote (NO), la modification des flux ioniques et l'activation des cascades des protéines kinases. Tous ces évènements sont nécessaires à l'expression des gènes de défense contrôlant la production des composés antimicrobiens (Jones et Dangl, 2006). En fait, les premières étapes de signalisation permettent de faire le lien entre la reconnaissance de l'agent pathogène et la défense induite. L'intervention de phytohormones telles que l'acide salicylique, l'acide jasmonique et l'éthylène, constitue aussi une des caractéristiques importantes des voies de signalisation de la résistance (Durrant et Dong, 2004; Fujita *et al.,* 2006; Torres-Zabala *et al.,* 2007).

Les espèces actives de l'oxygène sont constituées essentiellement du peroxyde d'hydrogène (H_2O_2), de l'ion superoxyde ($O2^{\bullet-}$) et du radical hydroxyle ($OH^{\bullet}$) (Torres *et al.,* 2006). Ces espèces sont générées normalement par la chaîne de transport d'électrons au niveau des mitochondries et des chloroplastes mais aussi par des oxydases membranaires (Apel et Hirt, 2004). Cependant, une augmentation rapide et localisée de leur production (phénomène communément appelé «burst» oxydatif) est souvent détectée suite à l'attaque par des agents pathogènes (Mehdy, 1994; Lamb et Dixon, 1997; Able, 2003; Lee et Hwang, 2005).

Différents rôles ont été attribués aux ROS (reactive oxygen species (espèces réactives de l'oxygène (en français)), ils participent au renforcement de la paroi des cellules végétales comme ils peuvent constituer des composés antimicrobiens, ils peuvent également intervenir comme des messagers dans les voies de signalisation en relation avec la défense des plantes contre les phytopathogènes (Gechev et Hille, 2005).

Dans la majorité des interactions plantes-pathogènes, le «burst oxydatif» est biphasique. Le premier pic de H_2O_2 est précoce et transitoire, il est non spécifique de la réponse à un agent pathogène (Adam *et al.,* 1989). La deuxième phase est tardive et plus durable, elle est observée uniquement au cours d'une interaction incompatible (Wojtaszek, 1997) suite à la reconnaissance spécifique des protéines Avr par les protéines R (Able, 2003; Torres *et al.,* 2006). Cette phase engendre la mort des cellules en raison de la forte toxicité engendrée par les molécules produites. Ces formes actives de l'oxygène pourraient être impliquées dans la régulation de la mort cellulaire programmée (PCD), elles ont été détectées au niveau des cellules bordant les lésions associées à la réaction d'hypersensibilité lors de l'interaction entre l'orge et le champignon *Blumeria graminis* (Trujillo *et al.,* 2004).

Le NADPH oxydase, enzyme des membranes des chloroplastes, des mitochondries et des peroxysomes (Torres et Dangl, 2005) est l'une des premières sources de production des ROS (Brisson *et al.,* 1994). Cependant, d'autres enzymes ont été décrites associées à cette production, notamment les oxalate oxydases (De Gara *et al.,* 2003), les peroxydases pariétales (Martinez *et al.,* 1998; Bolwell *et al.,* 1999), les amines oxydases (Cona *et al.,* 2006) et les lipooxygénase (Croft *et al.,* 1990).

Trois modes d'action ont été proposées concernant l'implication des ROS dans la signalisation et l'expression des gènes de défense (Mittler *et al.,* 2004):

- Le déclenchement des cascades de signalisation par l'intermédiaire de récepteurs, non encore identifiés, des ROS;
- L'inhibition directe de l'activité phosphatase et l'activation conséquente des kinases spécifiques;
- La modification de l'activité de certains facteurs de transcription intervenant dans la régulation de l'expression des gènes de défense.

La découverte de l'acide salicylique date de 1828 quand Johann Buchner a isolé, à partir de l'écorce de saule, le glucoside d'alcool salicylique. Le nom de l'acide salicylique a été donné par Raffaele Piria en 1838. Et c'est en 1874 en Allemagne que la première production commerciale de l'acide salicylique synthétique a débutée, son dérivé l'acide acétylsalicylique a été introduit sous le nom commercial d'aspirine en 1898 (Delaney *et al.,* 1994; Delaney *et al.,* 1995; Shah, 2003).

Depuis la découverte en 1990 de la production de l'acide salicylique lors de l'établissement de la résistance systémique chez le concombre et le tabac, beaucoup d'efforts ont été déployés pour élucider le rôle de cette molécule dans cette résistance (Malamy *et al.,* 1990; Métraux *et al.,* 1990; Raskin, 1992; Delaney *et al.,* 1994). Chez le tabac, il a été montré que les mêmes gènes activés dans la réaction de défense contre le virus de la mosaïque de tabac (TMV) sont exprimés par application de l'acide salicylique (Ward *et al.,* 1991). Par la suite, l'acide salicylique a été reconnu comme molécule de signalisation dans la défense des plantes contre divers agents pathogènes (Enyed *et al.,* 1992; Gaffney *et al.,* 1993).

L'étude génétique d'*Arabidopsis* sur la base de l'expression des gènes PR en réponse à un traitement par l'acide salicylique a conduit à l'identification de plusieurs allèles d'une même gène le NPR1 (Delaney *et al.,* 1995; Glazebrook *et al.,* 1996; Ryals *et al.,* 1997; Shah *et al.,* 1997). Le mutant NPR1 (non-expressor of PR gene 1) est caractérisé par l'absence d'induction du gène PR1 en réponse à un agent pathogène et au signal acide salicylique. Il semble que NPR1 joue un rôle essentiel dans la transduction du signal de l'acide salicylique. En effet, leur application ou ses analogues provoque la translocation de NPR1 du cytoplasme vers le noyau, ce qui s'avère nécessaire pour les étapes ultérieures de signalisation (Kinkema *et al.,* 2000). NPR1 interagit avec des facteurs de transcription de type TGA (Li *et al.,* 1999) susceptibles de reconnaitre de manière acide salicylique et NPR1-dépendante le promoteur de PR1 (Johnson *et al.,* 2003).

Par ailleurs, Falk *et al.* (1999) ont montré que les mutants EDS1 (affecté dans la production de l'acide salicylique) et PAD4 (phytoalexin deficient 4) présentent tous les deux un défaut d'accumulation de l'acide salicylique et d'induction des gènes PR. En effet, il a été établie que les phénotypes EDS1 et PAD4 contribuent à l'accumulation de l'acide salicylique et à l'établissement de réaction d'hypersensibilité (Feys *et al.,* 2001). De plus l'expression de PAD4 et EDS1 est induite par un traitement par l'acide salicylique, ce qui implique la présence d'une boucle de rétrocontrôle concernant la production de l'acide salicylique (Feys *et al.,* 2001).

Après la formation d'une lésion nécrotique constituant aussi bien un signal de la réaction hypersensible qu'un symptôme de la maladie, la voie de la résistance systémique acquise est activée. Cette activation permet une résistance systémique contre une large gamme de pathogènes (Neuenschwander *et al.,* 1995; Hunt et Ryals, 1996).

Les évènements moléculaires associés à la résistance systémique acquise sont de mieux en mieux connus. Ainsi, la transmission du signal émis suite à la perception de l'agent infectieux repose sur différentes voies dans lesquelles l'acide salicylique, l'acide jasmonique et l'éthylène jouent un rôle crucial (Glazebrook *et al.,* 2003). En effet, il a été rapporté que l'établissement de la résistance systémique acquise est généralement accompagné par une augmentation de l'acide salicylique endogène (Malamy et Klesig, 1992; Dorey *et al.*, 1997; Loake et Grant, 2007). En plus, l'application exogène de l'acide salicylique est susceptible d'induire la résistance systémique acquise (Kessmann *et al.*, 1994; Lawton *et al.*, 1996). Les plantes transgéniques exprimant le transgène bactérien NahG codant pour la salicylate hydroxylase qui dégrade l'acide salicylique, présentent une diminution de la résistance à *Pseudomonas* et sont incapables de développer la résistance systémique acquise (Boisson et Meinnel, 2003; Delaney *et al.*, 1995). Par ailleurs, l'expression massive du gène NPR1 améliore la résistance des plantes vis-à-vis de divers agents pathogènes indiquant que les protéines NPR1 sont nécessaires à l'établissement de la résistance systémique acquise. Les protéines NPR1 interagissent avec des facteurs de transcription qui activent les gènes impliqués dans la résistance systémique acquise (Zhang *et al.*, 1999; Mou *et al.*, 2003; Wang *et al.*, 2005).

Différents niveaux d'intervention de l'acide salicylique ont été décrits (Vasyukova et Ozeretskovskaya, 2007). L'acide salicylique actif l'expression des gènes intervenant dans la défense des plantes (Vasyukova *et al.*, 1999). Plusieurs PR protéines «pathogens related proteins» induites par l'acide salicylique ont des activités antimicrobiennes, c'est le cas des chitinases et de la ß 1-3 glucanase (Mauch *et al.*, 1988; Salzman *et al.*, 1998). D'autres appartiennent à la famille des PR-1, elles ont une activité inhibitrice de la croissance mycélienne (Niderman *et al.*, 1995; Rauscher *et al.*, 1999) et pourraient avoir un rôle dans l'établissement de la résistance systémique acquise (Cameron *et al.*, 1999). L'acide salicylique a aussi la capacité de lier des enzymes comme les catalases, les ascorbates peroxydases et les aconitases (Cao *et al.*, 1998; Farmer *et al.*, 1998; Zhang *et al.*, 1998; Mikolajczyk *et al.*, 2000). La capacité de l'acide salicylique d'inhiber la catalase (enzyme qui détoxifie le peroxyde d'hydrogène) pourrait prolonger la demi-vie de H_2O_2 et conduirait à l'amplification du stress oxydatif (burst oxydatif) à l'origine du déclenchement des réactions de la défense locale (Mehdy, 1994; Ruffer *et al.*, 1995; Levine *et al.*, 1996; Panina *et al.*, 2004). L'acide salicylique interviendrait aussi comme molécule de signalisation susceptible de migrer dans les vaisseaux de la plante, et conférer une immunité à distance aux tissus de la plante dans la résistance systémique acquise (Raskin, 1992; Chen *et al.*, 1993). Cependant, il a été rapporté que l'acide salicylique ne serait pas le signal mobile de la résistance systémique acquise mais qu'il est nécessaire pour son établissement (Vernooij *et al.*, 1994). D'autres molécules notamment l'acide jasmonique et l'éthylène interviendraient dans la signalisation aboutissant aux réactions de défense. Ces molécules agiraient indépendant ou en synergie avec la voie de le acide salicylique.

L'acide salicylique est connu pour son intervention dans les voies de signalisation associées à la défense des plantes contre les agents pathogènes, et l'établissement de la résistance est souvent accompagné par un niveau élevé en acide salicylique endogène. De plus, il a été rapporté dans plusieurs patho-systèmes que le traitement des plantes par l'acide salicylique engendre l'expression des mêmes gènes que ceux qui sont exprimés à la suite des attaques parasitaires. Dans ce contexte Dihazi *et al.* (2003) ont traité des plantules de palmier dattier par l'acide salicylique en vue d'activer leur système de défense contre *F. oxysporum* f. sp. *albedinis* et examiné l'effet de l'acide salicylique sur les composés phénoliques des racines du palmier dattier en relation avec leur inoculation par *F. oxysporum* f. sp. *albedinis*. Ce choix est en partie justifié par le rôle que les composés phénoliques jouent dans le renforcement des parois des cellules végétales bloquant ainsi la progression de l'agent pathogène, mais aussi par leur activité antifongique, mise en évidence, *in vitro*, vis-à-vis du *F. oxysporum* f. sp. *albedinis*. La concentration 50 µM de l'acide salicylique a été choisie car elle a donné les meilleurs résultats en améliorant, de plus que la moitié, le taux de survie des plantules inoculées par le pathogène. Ce résultat est vrai aussi bien pour les plantules issues des graines du cultivar *Jihel* du palmier dattier, un cultivar hautement sensible à la maladie de bayoud, que pour le cultivar *Boushami noir* qui lui est résistant. Cette amélioration semble être liée à la stimulation de la synthèse des composés phénoliques solubles car leur teneur a montré une augmentation significative, par rapport aux plantes témoins, après un traitement des plantules de palmier dattier par l'acide salicylique (6 fois et 4 fois plus importante pour les cultivars sensible et résistant respectivement. Les phénols liés aux parois des cellules végétales ont été aussi examinés, leur teneur est plus importante dans les racines du cultivar résistant que dans celle du cultivar sensible avec une légère augmentation notée pour les deux cultivars à la suite du traitement par l'acide salicylique. L'examen du profil phénolique des phénols solubles par HPLC (Chromatographie Liquide Haute Performance), montre que l'application de l'acide salicylique à des racines inoculées par le pathogène, a engendré la synthèse de composés phénoliques différents des acides cafféoylshikimiques normalement présents dans les racines du palmier dattier. Ces nouveaux composés phénoliques induits ont été identifiés comme des dérivés des acides hydroxycinnamiques et sont représentés essentiellement par les dérivés de l'acide ρ-coumarique et de l'acide sinapique. L'expression de ces composés phénoliques induits s'est faite de manière concomitante avec la diminution des acides cafféoylshikimiques constitutifs, ce qui fait penser à la possibilité d'une conversion partielle de ces derniers en dérivés des acides hydroxycinnamiques. Par ailleurs, la résistance établie à la suite du traitement par l'acide salicylique a été associée avec à la formation d'une nécrose localisée rappelant la lésion normalement formée lors d'une réaction hypersensible. Dans le cas des plantules ayant montré les symptômes de la maladie, le brunissement, apparu au niveau du site d'inoculation du pathogène, s'étend sur toute la racine qui se ramollit et se vide de son contenu annonçant la mort de la plantule. Les résultats obtenus permettent de conclure que l'inoculation des racines de palmier dattier par le pathogène stimule le métabolisme des composés phénoliques, surtout chez les plantes asymptomatiques. Ceci est vrai aussi bien pour le cultivar sensible que résistant. Cette stimulation est plus importante après le traitement par l'acide salicylique et plus évidente pour le cultivar sensible par rapport au cultivar résistant (Raskin, 1992; Dihazi *et al.*, 2003; Shah, 2003; Dihazi *et al.*, 2010a; Dihazi *et al.*, 2010b). Daayf *et al.* (2003) avaient précédemment signalé que la synthèse de composés phénoliques est induite dans le cal de palmier dattier par *F. oxysporum* f. sp. *albedinis*, ces composés étant identifiés principalement en tant que dérivés d'acides hydroxycinnamiques.

Les résultats obtenus par Dihazi *et al.* (2003) ont permis de conclure que le traitement des plantules par l'acide salicylique entraine une légère augmentation de H_2O_2, cette accumulation ne devient forte qu'après inoculation des plantules de palmier dattier par *F. oxysporum* f. sp. *albedinis* (elle devient 3 fois plus importante que les témoins non traités et non inoculés). De plus, il est noté que cette accumulation est souvent exprimée par les racines présentant une lésion nécrotique localisée au site de l'inoculation du pathogène. L'activité catalase, quant à elle, a été inhibée par l'acide salicylique. Ceci est vraisemblablement la cause de l'augmentation de H_2O_2 notée après traitement des plantules par l'acide salicylique. Cette inhibition de l'activité catalase par l'acide salicylique est significative durant les 12 premiers jours de traitement, cependant, après ces jours et coïncidant avec les fortes teneurs en H_2O_2, l'acide salicylique semble activer la catalase. Ceci est susceptible de limiter les endommagements associés aux réactions d'oxydation que les fortes teneurs en H_2O_2 pourraient engendrer au niveau des tissus (El Hadrami *et al.*, 1997; Yan *et al.*, 2002; Dihazi, 2012; Dihazi *et al.*, 2010a; Dihazi *et al.*, 2010b).

Concernant le malonyldialdéhyde, il a connu une légère augmentation aussi bien pour les plantules de palmier dattier inoculées par *F. oxysporum* f. sp. *albedinis* que pour les plantules traitées par l'acide salicylique. Cette augmentation s'est poursuivie pour les plantules inoculées par *F. oxysporum* f. sp. *albedinis* alors que les plantules qui sont à la fois traitées par l'acide salicylique et inoculées par le pathogène ont présenté une diminution du malonyldialdéhyde. L'accumulation du malonyldialdéhyde notée durant les premiers jours est positivement corrélée avec celle de H_2O_2, ce qui laisse supposer que H_2O_2 serait impliqué dans l'induction de la mort cellulaire associée à la formation de la nécrose localisée (Mehdy, 1994; Dihazi et El Hadrami, 2008; Dihazi, 2012).

La peroxydase a aussi montré une forte activation (300%) dans les racines des plantules qui sont à la fois traitées par l'acide salicylique et élicitées par *F. oxysporum* f. sp. *albedinis*. Cette augmentation a coïncidé avec la production de H_2O_2 et semble intervenir dans le renforcement des parois cellulaires dépendant de H_2O_2. Ce renforcement pariétal est supporté par l'étude de l'activité de la peroxydase qui a été stimulée par l'acide salicylique aussi bien en présence qu'en absence du pathogène. Cette stimulation serait à l'origine de l'activation de la synthèse des composés phénoliques solubles et pariétaux. Un tel renforcement pariétal serait à l'origine de la restriction du pathogène au niveau du site de son inoculation limitant ainsi sa progression dans les tissus végétaux de la plante hôte (Jaiti *et al.*, 2004; Dihazi et El Hadrami, 2008; Dihazi, 2012).

Les résultats présentés par Dihazi (2012) indiquent que l'augmentation de la production de H_2O_2 couplée avec la stimulation de la peroxydation des lipides et de l'activité de la peroxydase, obtenues à la suite du traitement par l'acide salicylique pourraient contribuer à la résistance du palmier dattier à la maladie du bayoud. Le traitement des plantules de palmier dattier par l'acide salicylique semble préparer les tissus à déclencher une réaction de défense plus forte et plus efficace contre l'invasion du pathogène (Durrant et Dong, 2004; Dihazi *et al.*, 2009; Dihazi, 2012).

Le traitement des plantules de palmier dattier, inoculées par *F. oxysporum* f. sp. *albedinis*, par l'acide salicylique a engendré la synthèse de nouveaux composés phénoliques et a stimulé les activités peroxydase et phenylalanine ammonia-lyase. Ces changements biochimiques ont été notés au niveau des racines du palmier dattier près du site d'inoculation de l'agent pathogène. Étant donné la complexité du système racinaire du palmier dattier, il est difficile de caractériser les réactions de défense mises en jeu sans avoir recours à une analyse microscopique convenable (Durrant et Dong, 2004; Dihazi, 2012). C'est dans ce cadre, Dihazi *et al.* (2011) ont exploité les techniques de la microscopie électronique et d'histochimie afin de caractériser les réactions de défense du palmier dattier prétraité par l'acide salicylique (100 µM) contre *F. oxysporum* f. sp. *albedinis*.

L'observation par la microscopie électronique a révélé qu'en absence du traitement par l'acide salicylique, le pathogène colonise la majorité des tissus racinaires de palmier dattier, il attaque le parenchyme cortical, l'endoderme et les vaisseaux conducteurs. Il progresse d'une cellule à l'autre en traversant les plasmodesmes mais aussi en dégradant les constituants de la paroi primaire des cellules végétales. Cette dégradation est vraisemblablement le résultat de l'action des enzymes hydrolytiques de l'agent pathogène. La mort des cellules attaquées est signée par une désorganisation cellulaire se traduisant par la formation de nombreuses vésicules qui remplacent les organites cellulaires et occupent une grande partie du cytoplasme (Kessmann *et al.,* 1994; Dihazi *et al.,* 2011).

Lorsque les plantules sont prétraitées par l'acide salicylique avant leur inoculation par *F. oxysporum* f. sp. *albedinis*, un matériel dense aux électrons a été observé, il est déposé au niveau des espaces intercellulaires des tissus racinaires. Ces dépôts ne sont jamais observés dans les tissus des plantes témoins. Le mycélium du pathogène, près de ce matériel, est souvent altéré et désorganisé suggérant que ce matériel pourrait générer un environnement toxique pour l'agent pathogène. Son emplacement dans les espaces intercellulaires laisse penser qu'ils pourraient jouer un rôle dans l'empêchement de la progression du *F. oxysporum* f. sp. *albedinis* dans les tissus racinaires. La nature de ce matériel semble être phénolique mais reste à confirmer (Kessmann *et al.,* 1994; Dihazi *et al.,* 2011).

L'exploitation des techniques histochimiques a permis d'élucider certaines des réactions de défense du palmier dattier contre son agresseur et de préciser les tissus racinaires impliqués dans cette défense. Ces réactions incluent l'induction des peroxydases, des flavonoïdes et des protéines. Tous les résultats obtenus confirment que les réactions de défense du palmier dattier activées à la suite du traitement acide salicylique sont plus prononcées après l'inoculation de l'agent pathogène (Kessmann *et al.,* 1994; Durrant et Dong, 2004; Dihazi *et al.,* 2011).

Concernant les protéines induites, elles ont été localisées au niveau des couches cellulaires entourant les vaisseaux du xylème et au niveau de certaines cellules situées près de l'endoderme et sont positivement corrélées avec l'établissement de la résistance (Durrant et Dong, 2004; Dihazi *et al.,* 2011).

L'activité peroxydase a été mise en évidence au niveau du phloème et du parenchyme cortical, elle a été stimulée aussi bien dans les racines traitées par l'acide salicylique que dans celles inoculées par *F. oxysporum* f. sp. *albedinis*. Deux nouveaux isomères de peroxydase (32 KD et 28 KD) ont été révélées par électrophorèse dans les racines des plantules à la fois traitées par l'acide salicylique et inoculées par le pathogène. Ces peroxydases pourraient intervenir, par peroxydation de certains substrats, dans l'accumulation de composés hautement toxiques pour l'agent pathogène (Kessmann *et al.,* 1994; Durrant et Dong, 2004; Dihazi *et al.,* 2011).

Les flavonoïdes ne sont induits que dans les racines qui sont à la fois traitées par l'acide salicylique et inoculées par *F. oxysporum* f. sp. *albedinis*. Ces composés phénoliques sont différents des dérivés des acides caféiques révélés dans les tissus racinaires des plantes témoins. Les flavonoïdes sont exprimées dans les parois cellulaires du parenchyme vasculaire du xylème spécifiquement dans les tissus des plantules ayant montré une certaine résistance au bayoud. La comparaison des résultats de l'histochimie avec celle de la microscopie électronique, porte à croire que les flavonoïdes interviennent, au moins en partie, dans la composition du matériel dense aux électrons (Mehdy, 1994; Durrant et Dong, 2004; Dihazi *et al.,* 2011).

En conclusion, les travaux de Dihazi *et al.* (2011) permettent de confirmer que l'acide salicylique induit des changements structuraux et biochimiques impliquant dans l'induction des flavonoïdes et des peroxydases, en réponse à l'infection par *F. oxysporum* f. sp. *albedinis*. En revanche, les parenchymes cortical et vasculaire (surtout le parenchyme vasculaire du xylème) sont les principaux acteurs de cette réaction de défense du palmier dattier contre son pathogène.

9. Techniques culturales

Les techniques culturales contre les fusarioses vasculaires, consistent à éviter les conditions favorisant la croissance de l'agent pathogène. La maladie est moins présente en conditions d'irrigation réduites, ainsi que dans les sols à pH alcalin, riches en calcium et potassium, pauvres en phosphore et magnésium et dont l'azote est sous forme nitrique plutôt qu'ammoniacal (Jones et Woltz, 1981).

Dans les parcelles contaminées, il faut éviter les cultures du henné (*Lawsonnia inermis* L.) et de la luzerne (*Medicago sativa* L.) qui nécessitent une irrigation abondante favorable à la maladie, et qui sont des porteurs sains de *F. oxysporum* f. sp. *albedinis* (Saaidi, 1979; Djerbi *et al.,* 1986).

En outre, le contact souterrain entre les palmiers dattiers voisins doit être évité, par l'application des méthodes modernes d'irrigation et de plantation (Louvet, 1991).

10. Amendements organiques des sols et leurs effets suppressifs

Ces dernières années, le monde a accordé une place prépondérante à la qualité de l'environnement, à la pérennité des ressources naturelles et surtout à la réduction de l'utilisation des substances chimiques. Ceci conduit la communauté scientifique à se tourner vers la possibilité d'utiliser de façon rationnelle des amendements organiques. Ainsi, plusieurs recherches sont consacrées à la valorisation des amendements organiques en tant qu'outil de protection des cultures (Hoitink *et al.,* 1993; Veeken *et al.,* 2005). Les amendements organiques, tels que les engrais et les composts, étaient couramment utilisés dans le passé pour la production agricole en raison de leur capacité à améliorer la croissance et le développement de la plante. Toutefois, la disponibilité des engrais chimiques et des pesticides a conduit au remplacement des matières organiques par des produits agrochimiques synthétiques très efficaces et peu coûteux (Doran et Zeiss, 2000). Les amendements organiques peuvent agir directement et indirectement sur l'état sanitaire des plantes. Son action indirecte est due entre autres à son influence sur la structure du sol et sur son apport équilibré en éléments nutritifs, en particulier les micro-éléments. Cependant, l'action directe est probablement plus importante que l'action indirecte. Elle est due essentiellement à sa microflore bénéfique, et peut se traduire par une réduction des maladies aussi bien telluriques que foliaires (De Clercq *et al.,* 2004).

Des composts issus de divers déchets qu'ils soient agricoles, industriels ou ménagers, ont montré leur capacité à protéger les cultures contre de nombreux ennemis permettant d'éliminer plusieurs organismes indésirables comme les champignons, les bactéries, les mollusques, les nématodes et certains virus (Bollen, 1985; Kuter *et al.,* 1985; Pera et Calvet, 1989; Haug, 1993). Les champignons, connus pour leurs dégâts en horticulture, sont éliminés par compostage, même ceux réputés résistants et très persistants dans le sol sont détruits tels que; *F. oxysporum*, *Sclerotium cepivorum*, *Stromatina gladioli*, *Verticillium dahlie*, etc. (Bollen, 1984; Duval, 1992).

L'augmentation de la température au début de l'opération du compostage et sa persistance pendant plus de 25 jours à des valeurs de 55 à 70°C a montré son efficacité à éliminer complètement l'agent pathogène *F. oxysporum* f. sp. *albedinis* (Chakroune, 2006).

La cinétique de destruction du champignon pathogène, responsable de la fusariose vasculaire du palmier dattier, est identique pour les andains contenant du fumier, mais sa densité est caractéristique des conditions expérimentales. Chakroune (2006) a distingué deux phases principales: une première qui dure environ cinq jours, pendant laquelle la population fusarienne initiale chutée rapidement. Cette chute dépend du taux du fumier introduit dans l'andain. Chaque fois que ce taux est grand, chaque fois que la chute est rapide. Elle dépend aussi de la fréquence de retournement. La cinétique de destruction de ce champignon est identique pour les deux andains I (un retournement tous les deux jours) et II (un retournement tous les trois jours), mais différente de celle de l'andain III (un retournement tous les cinq jours). La température de la phase thermophile de ce dernier, inférieure à celle des deux autres, a fait que la vitesse de l'élimination de l'agent pathogène est moins rapide. La seconde phase dure environ 12 à 15 jours pendant laquelle la microflore fusarienne continue de baisser mais lentement jusqu'à sa disparition totale. Ceci est vrai pour tous les andains qui contiennent du fumier à l'exception de l'andain F1 (le moins riche en fumier (0,3 m^3 du fumier + 1,8 m^3 du mélange)) (F2: 0,45 m^3 du fumier + 1,75 m^3 du mélange; F3: 0,55 m^3 du fumier + 1,65 m^3 du mélanges; F4: 0,75 m^3 du fumier + 1,45 m^3 du mélange; F5: 1,1 m^3 du fumier + 1,1 m^3 du mélange). La température de la phase thermophile de ce dernier, inférieure à celles des autres, a fait que la vitesse de l'élimination de l'agent pathogène est moins rapide et que la prolifération de l'agent pathogène a repris à partir du 45ème jour, après le rétablissement des conditions favorables dans la phase de maturation du compost et a atteint sa valeur initiale après le 75ème jour du compostage (Chakroune, 2006).

La présence de l'urée comme source d'azote dans l'andain n'a pas affecté le comportement de l'agent pathogène, alors que l'azote ammoniacal a stimulé sa prolifération et pourrait constituer la source préférentielle assimilable par *F. oxysporum* f. sp. *albedinis*. Généralement, la forme ammoniacale est la plus utilisée par les fusaria comme source d'azote (Griffin, 1970). Messian *et al.* (1991) rapportent que les conidies du *Fusarium* sont très actives dans un milieu ammoniacal. De même, Ezelin-De-Souza (1998) a montré que le compost de bagasse mélangé avec l'urée a un effet réceptif vis-à-vis de *F. solani* par contre le compost issu de bagasse seul a un effet suppressif vis-à-vis de ce champignon. D'autres études ont montré que les substrats carencés en azote permettent de contrôler la pourriture racinaire des plantes causée par *F. solani* (Patrick et Toussoun, 1965; Messian *et al.,* 1991). Cette inhibition de *Fusarium* qui est due à une déficience en azote a été expliquée par l'inhibition de la maturité des chlamydospores (Griffin, 1976) et par la lyse des tubes germinatifs (Patrick et Toussoun, 1965).

Il est connu que la croissance du *F. oxysporum* f. sp. *albedinis* commence à 7°C et s'arrête aux environs de 38°C (Bulit *et al.,* 1967). En étudiant la germination des chlamydospores du *F. oxysporum* f. sp. *albedinis*, Bounaga (1975) a montré que cette germination est arrêtée vers 60°C, sans que cette température soit mortelle. Les résultats de Chakroune (2006) réalisées sur des morceaux de rachis des palmes infectées par *F. oxysporum* f. sp. *albedinis*, montent bien qu'il suffit d'incuber les sous-produits infectés pendant 6 heures à 70°C, ou pendant 12 heures à 60°C pour détruire complètement l'agent pathogène logé dans ces sous-produits et ceci quels que soient la variété et le taux d'humidité des sous-produits. L'humidité par ses propriétés de conductrice de chaleur, accélère l'élimination du champignon: pour un traitement de 6 heures à 60°C, le champignon des sous-produits humides (40 à 45% d'humidité) est complètement détruit. Cependant, pour les sous-produits moins humides (20 à 25% d'humidité) l'inhibition n'est que de 50 à 75%. Ces résultats confirment, en partie, la destruction du *F. oxysporum* f. sp. *albedinis* observée dans les andains contenant le fumier (Chakroune, 2006).

La destruction des agents pathogènes exigera une exposition de toutes les parties de l'andain à une température autour de 55°C pendant au moins trois jours. Une durée de cinq jours sous une température de 55°C est souhaitable (Bollen, 1984). Les meilleurs résultats sont obtenus à une température voisine de 60 à 70°C (Jeris et Regan, 1973). Des souches de *Salmonelles* sont complètement détruites dans un compost à 65°C pendant une journée (Knoll, 1961). L'élimination des micro-organismes pathogènes durant le processus de compostage peut se faire aussi par compétition avec d'autres micro-organismes non pathogènes (Knoll, 1961; Phae et Shoda, 1990). Plusieurs auteurs ont montré le rôle des microorganismes telluriques dans la résistance des sols aux fusarioses vasculaires (Rouxel *et al.,* 1979; Alabouvette *et al.,* 1980; Amir et Amir, 1988; Maslouhy, 1989).

Chakroune (2006) a évalué l'effet des apports des sources d'azote selon son origine chimique (urée et azote ammoniacal) ou organique (fumier bovin) sur le compostage des sous-produits du palmier dattier dont 10% sont contaminés par *F. oxysporum* f. sp. *albedinis* par rapport au témoin constitué uniquement de ces sous-produits broyés. Chakroune (2006) a étudié également l'effet de la fréquence de retournement sur le compostage du mélange optimal qui est constitué de 25% de fumier bovin et 75% de broyat des sous-produits du palmier dattier. La comparaison des résultats obtenus d'une part dans les mélanges contenant le fumier bovin et d'autre part dans les mélanges composés de l'azote minéral par rapport au témoin montre que seul le fumier favorise le démarrage du processus de compostage des sous-produits du palmier dattier. En effet, l'évolution de la température, de la matière organique, de l'azote totale, du rapport C/N et de la population de *F. oxysporum* f. sp. *albedinis* sont nettement meilleures en présence du fumier en comparaison aux autres mélanges (Chakroune, 2006).

Au sein des andains contenant le fumier bovin, la température maximale atteinte, ainsi que l'évolution de *Fusarium* pathogène au cours du compostage dépendent de la quantité de fumier présente dans le mélange. Chakroune (2006) a montré que plus il y a de fumier plus la température maximale est élevée et la destruction de l'agent pathogène est rapide. Un apport de 20% de fumier bovin est le taux minimal qui assure un bon compostage des sous-produits du palmier dattier broyés et, surtout, qui détruit complètement *F. oxysporum* f. sp. *albedinis* logé dans ces sous-produits par l'effet thermique engendré par la décomposition microbienne des sous-produits en aérobiose (Chakroune, 2006).

Chakroune *et al.* (2005), Chakroune (2006), et Hakkou *et al.* (2011) ont montré que le compostage des sous-produits du palmier dattier contaminés par *F. oxysporum* f. sp. *albedinis* engendre un compost mûr, stable et hygiénisé ayant des caractéristiques physicochimiques et agronomiques intéressantes. Le sol et la tourbe utilisés sont des substrats réceptifs vis-à-vis de *F. oxysporum* f. sp. *albedinis* car ils lui permettent d'exercer sans aucune difficulté son pouvoir pathogène. L'ajout de compost mûr des sous-produits du palmier dattier apporte un effet suppressif à ces substrats. Donc, en plus des économies de la tourbe, le compost offre la possibilité de fournir au substrat un pouvoir suppressif à l'encontre du *F. oxysporum* f. sp. *albedinis*, et produit ainsi des plantes saines et vigoureuses. L'effet suppressif observé est d'origine biologique puisque l'autoclavage entraîne sa disparition. Les antagonistes identifiés sont constitués principalement des genres *Aspergillus*, *Penicillium* et *Bacillus*.

L'utilisation du compost et de jus de compost est une nouvelle approche ajoutée à la gestion des maladies des végétaux en agriculture biologique. En effet, plusieurs auteurs ont montré l'efficacité de compost dans le contrôle des maladies d'origine tellurique ce qui participerait à limiter le recours à l'utilisation de produits phytosanitaires. Schonfeld *et al.* (2003) avaient signalé que l'utilisation de compost au champ ou dans les substrats de culture a montré une efficacité vis-à-vis de *Pythium*, *Phytophtora*, *Fusarium* spp. et *Rhizoctonia solani*.

Ces protections citées ci-dessus sont expliquées par, la stimulation des défenses naturelles des plantes (Erhart *et al.,* 1999), et/ou la stimulation de la microflore (Pérez-Piqueres *et al.*, 2006) et de l'activité enzymatique du sol (Albiach *et al.*, 2000; Debosz *et al.*, 2002; Bhattacharyya *et al.*, 2005).

L'utilisation d'un extrait de compost de fumier à l'état frais dans le milieu de culture PDA a entravé la croissance mycélienne de *Phytophthora erythroseptica in vitro* jusqu'à 70%. La croissance mycélienne et la sporulation de *Verticillium dahliae* ont été inhibé par l'extrait du compost de déchets urbains solides respectivement de 95,95 à 100% (Znaidi, 2002).

Mouria *et al.* (2014) ont rapporté que les milieux à base d'extraits d'un compost de déchets urbains solides ont inhibé la croissance mycélienne et la sporulation de *V. dahliae*, et ont réduit la densité du mycélium. Le mécanisme de suppression des propagules fongiques provoquées par des amendements organiques riches en azote, est dû à la production d'ammoniac et d'acide nitreux (Tenuta *et al.*, 2002; Tenuta et Lazarovits, 2004).

Serra-Wettling *et al.* (1996) ont révélé que l'apport du compost au sol améliore sa résistance aux rhizoctones, fusariose, fonte de semis et aux pourritures provoquées par *Rhizoctonia* sp. Kai *et al.* (1990) ont rapporté que l'extrait du compost de l'écorce inhibe *F. oxysporum*. Ainsi, plusieurs recherches menées en Allemagne, au Japon et aux États-Unis ont montré que les jus de compost pourraient être efficaces dans le contrôle des maladies comme le mildiou de la pomme de terre, *Phytophtora* de la tomate, la pourriture grise de la fève, la pourriture grise de la fraise, le mildiou et l'oïdium de la vigne, l'oïdium du concombre (Weltzein, 1990), la pourriture grise de la tomate (Elad et Shtienberg, 1994) et la gale de pomme (Cronin et Andrew, 1996).

Serra-Wettling (1995) et Serra-Wettling *et al.* (1997) ont montré que l'addition de 10% en volume du compost (ordures ménagères) à un sol limoneux permet de diminuer voire de supprimer le développement de la fusariose vasculaire du lin.

Yogev *et al.* (2006) ont montré que les composts à base de résidus des déchets végétaux suppriment les maladies causées par les différentes formes spéciales de *F. oxysporum*. Les dégâts de la maladie de la pourriture des racines, provoqués par *Phytophthora cinnamomi* et *Rosellinia necatrix*, ont été réduit suite à un traitement par les composts végétaux (Bonilla *et al.,* 2012).

Le sol et la tourbe utilisés dans l'étude de Chakroune (2006) sont des substrats réceptifs vis-à-vis de *F. oxysporum* f. sp. *albedinis* car ils lui permettent d'exercer sans aucune difficulté son pouvoir pathogène. Les mélanges de substrats contenant le compost des sous-produits du palmier dattier montrent un effet suppressif à l'encontre de l'agent causal du bayoud, puisque, la présence de ce compost dans le sol ou dans la tourbe réduit significativement la gravité de la fusariose vasculaire des plantules du palmier dattier. Dans le même sens, Cohen *et al.* (1998) ont montré que la sévérité de la maladie causée par *F. oxysporum* est réduite de 95% dans la culture de coton amendée de compost mûr des résidus solides municipaux. Weltzein (1990) a aussi obtenu des résultats encourageants contre l'agent de pourriture grise de tomate en utilisant le compost à base de fumier bovin.

Le compost peut agir directement ou indirectement contre les maladies des plantes:

- Directement par sa richesse et sa biodiversité en microflore, constituée d'importantes populations de micro-organismes antagonistes, ayant des potentialités à protéger activement des plantes en créant un environnement défavorable aux agents pathogènes (Hoitink et Fahy, 1986; Mcquilken *et al.,* 1994; Zhang *et al.,* 1998; Bordeleau, 1999; Steinberg *et al.,* 2004). Même en absence de la plante, le compost peut agir directement sur les pathogènes en inhibant leur développement. La résistance induite peut être aussi déclenchée suite à la présence des microorganismes antagonistes (Glick et Bashan, 1997; Chérif *et al.,* 2002; Getha et Vikinsewary, 2002; El Hassni *et al.,* 2006).
- Indirectement, en influençant les conditions de vie des plantes par une amélioration de la structure du sol grâce à l'apport de complexe humique stable. Les plantes sont, ainsi, bien développées et moins stressées et donc plus

résistantes aux maladies; c'est le phénomène de résistance induite (Linderman et Gilbert, 1973).

La réduction de la densité de *F. oxysporum* f. sp. *albedinis* observée dans les mélanges des substrats contenant le compost en présence et en absence de la plante hôte explique l'effet direct du compost des sous-produits des palmiers dattiers sur le *Fusarium* pathogène. Les effets suppressifs des composts sont fréquemment mentionnés dans la littérature (Serra-Wettling, 1995; Blok *et al.*, 2002; Veeken *et al.*, 2005; Pérez-Piqueres *et al.*, 2006). Zinati (2000) a signalé que le compost peut remplacer le bromure de méthyle utilisé comme traitement fongicide préventif en culture horticole intensive. Ce fongicide a été utilisé souvent pour désinfecter les sols contaminés par *F. oxysporum* f. sp. *albedinis*.

Mustin (1987) a documenté les principaux mécanismes d'action des composts sur certains phytopathogènes se font par:

- Mycostatisme ou bactériostatisme: inhibition directe de la germination des spores;
- Lyse: destruction des mycéliums des agents pathogènes;
- Actions du type antibiotique: émission de substances organiques spécifiques et toxiques;
- Compétition pour l'espace vital et pour les éléments nutritifs;
- Parasitisme.

Ces mécanismes, généralement d'origine biologique, sont exercés par la flore microbienne diversifiée des composts (De Ceuster et Hoitink, 1999; Postma *et al.*, 2003) et/ou d'origine physicochimique due à la présence des substances inhibitrices (Ezelin-De-Souza, 1998).

Dans ce contexte, plusieurs études ont été réalisées. Ainsi, Ezelin-De-Souza (1998) a montré que le compost préparé à partir de bagasse broyée et de boues résiduaires réduit fortement la densité de l'inoculum de *F. oxysporum* f. sp. *lini* et aussi la gravité des attaques qu'il provoque chez la lentille. Cette inhibition serait d'origine physicochimique (substances inhibitrices, pH acide, etc.) ou biologique (intervention de microorganismes comme *Trichoderma* sp., *Gliocladuim* sp. et *Bacillus subtilis*, qui opèrent selon différents mécanismes tels que la compétition et le mycoparasitisme).

Kai *et al.* (1990) et Znaidi (2002) ont montré que les composts riches en composés lignocellulosiques sont les plus efficaces à inhiber l'activité de plusieurs genres du *Fusarium* tel que le *F. oxysporum*. D'après ces données, on pourrait attribuer l'effet protecteur du compost des sous-produits du palmier dattier contre la fusariose vasculaire des plantules du palmier dattier à la présence des composés lignocellulosiques et/ou à sa richesse en microorganismes antagonistes (Chakroune, 2006).

Le compost des sous-produits du palmier dattier montre un effet suppressif dans un substrat, même en absence de la plante hôte, en empêchant le développement de la population de l'agent pathogène. En effet, Chakroune (2006) a permis de comparer les aptitudes de différents substrats à favoriser ou à inhiber la germination et le développement des chlamydospores de *F. oxysporum* f. sp. *albedinis* en absence de la plante hôte. Les substrats contenant du compost non stérile présentent un effet suppressif qui est à dose dépendante: plus la dose du compost est élevée, plus l'élimination du *F. oxysporum* f. sp. *albedinis* est importante. En revanche, les substrats autoclavés, perdent leurs capacités à éliminer le *Fusarium* pathogène pendant l'incubation. La présence du compost stérile amplifie la prolifération de ce champignon pathogène et ceci n'est d'autant plus important que la quantité du compost stérile ajoutée au substrat stérile est élevée. Ezelin-De-Souza (1998) avait signalé un effet similaire de compost de bagasse sur la dynamique de *F. solani*.

Ces observations mettent en évidence l'effet de la flore de ce compost dans l'élimination du *F. oxysporum* f. sp. *albedinis* et par conséquence, dans la protection des plantules du palmier dattier. En effet, l'autoclavage a détruit la microflore du compost en le rendant plus dangereux puisque le champignon pathogène retrouve toutes les conditions favorables pour une bonne prolifération due à l'absence de compétition, la présence d'éléments nutritifs essentiels et des conditions physicochimiques favorables. Dans ces conditions, le champignon pathogène se multiplie plus facilement et l'effet suppressif du compost est anéanti. Le compost agit vraisemblablement autant par son activité microbienne intrinsèque que par la stimulation des activités microbiennes du sol (Pérez-Piqueres *et al.,* 2006; Yao *et al.,* 2006). Ces résultats pourraient être expliqués par le fait que le compost stimule l'activité biologique du sol par ses apports en matières organiques qui nourrissent les microorganismes présents dans le sol en favorisant ainsi leur croissance et leur développement (Bailey et Lazarovits, 2003).

De plus, le compost alimente le sol en une flore microbienne importante et diversifiée en enrichissant sa biodiversité et par voie de conséquence son pouvoir suppressif vis-à-vis des agents pathogènes (Gomez *et al.,* 2006). Donc, l'efficacité du compost des sous-produits du palmier dattier est due essentiellement aux antagonistes biologiques à savoir les bactéries et les champignons antagonistes ce qui reconfirme sa maturité. En effet, seuls les composts jeunes et riches en lignine sont susceptibles de libérer des composés chimiques inhibiteurs, alors que l'effet inhibiteur du compost mûr est assuré essentiellement par sa microflore (Yao *et al.,* 2006).

La correction du sol avec le compost a permis l'inhibition de la pénétration et de la colonisation des tissus vasculaires des plants de tomate par *V. dahliae*, et a inhibé de 100% son ascension vers l'hypocotyle des plantes inoculées (Mouria *et al.*, 2014).

L'effet bénéfique du compost attribué à l'activité biologique est dû, soit à l'ensemble des microorganismes des sols et du compost (c'est le contrôle général) soit, à la présence de microorganismes antagonistes vis-à-vis des agents pathogènes (c'est le contrôle spécifique). Par ailleurs, la résistance générale est efficace pour les pathogènes dépendants des sources externes de carbone comme la fusariose. Pour la résistance spécifique, une population antagoniste prend la place de la population infectieuse initiale sans conséquences néfastes sur la plante, ou bien excrète des substances antibiotiques qui anéantissent les agents pathogènes (Hoitink *et al.,* 1997).

Pour analyser les mécanismes d'action des microorganismes isolés du compost des sous-produits du palmier dattier sur *F. oxysporum* f. sp. *albedinis,* Chakroune (2006) a réalisé des tests d'antibiose *in vitro*. Les résultats obtenus montrent qu'un certain nombre de ces microorganismes inhibent la croissance mycélienne du parasite. L'intensité de cette inhibition varie entre 20 et 70%, selon le microorganisme testé. Cette diminution de la croissance mycélienne et l'aplatissement du filament du parasite observés dans le test d'antibiose (technique de culture opposée) sont dus, soit à la présence des substances toxiques qui diffusent dans le milieu de culture et provoquent la lyse mycélienne, soit à la compétitivité des deux microorganismes pour les sources nutritives du milieu de culture. Van Bruggen et Duineveld (1995) ont rapporté que les microorganismes présents dans les composts sont d'excellents compétiteurs pour les sources de carbone facilement disponibles, entraînant un effet fongicide envers les pathogènes dépendant de cette source de carbone. Sedra et Bah (1993) ont rapporté aussi que les antagonismes exercent par quelques bactéries du sol sur des champignons semblait être dû principalement à une compétition pour la source de carbone. Park *et al.* (1988), de leur côté, ont montré également que la compétition entre *Pseudomonas* sp. et l'agent pathogène *F. oxysporum* s'exerce sur le fer disponible dans le substrat.

Dans le cas de biocontrôle des fusarioses vasculaires, plusieurs études ont rapporté l'utilisation des bactéries telles que *Bacillus* sp., *Pseudomonas fluorescens* et des champignons tels que *Penicillium* sp., *Fusarium* non pathogène et *Trichoderma* sp. (Ezelin-De-Souza, 1998; Yao *et al.,* 2006). Maslohy (1989), et Sedra et Bah (1993) ont attribué la résistance du sol de Marrakech à la présence des *Pseudomonas fluorescens*, de *Fusarium* non pathogène et des actinomycètes.

L'effet suppressif du compost mûr des sous-produits du palmier dattier vis-à-vis du *F. oxysporum* f. sp. *albedinis* pourrait être expliqué par sa richesse en microorganismes qui appartiennent au genre *Trichoderma*, *Aspergillus*, *Penicillium* et *Bacillus*. En effet, Znaidi (2002) a rapporté que ces genres de microorganismes sont parmi les composants actifs de la microflore des composts. De même, Garbeva *et al.* (2004) ont signalé que les microorganismes qui appartiennent au genre *Bacillus*, *Pseudomonas* et *Penicillium* ont un effet suppressif vis-à-vis du *Fusaruim*.

L'incorporation du filtrat de culture de certains antagonistes dans le milieu de croissance de l'agent pathogène, provoque une inhibition inférieure ou égale à celle obtenue lors de la confrontation directe. Ces résultats confirment la présence des substances antifongiques sécrétées au cours du développement de ces microorganismes. L'intensité de l'action inhibitrice du filtrat est fonction du microorganisme antagoniste. Cette différence d'activité contre ce champignon pathogène pourrait être expliquée par la qualité ou/et la quantité des substances toxiques excrétées. L'effet suppressif exercé par la flore microbienne de ce compost sur *F. oxysporum* f. sp. *albedinis* pourrait être attribué d'une part, aux actions intenses de fongistase et d'antibiose qui agissent directement sur les activités du parasite, et d'autre part, au déclenchement de la résistance induite chez les plantules du palmier dattier. Le même phénomène a été observé par les microorganismes antagonistes vis-à-vis du *F. oxysporum* f. sp. *albedinis* (Maslohy, 1989; El Hassni *et al.*, 2006).

En plus de l'antagonisme microbien, des substrats biocides à base d'extraits de plantes et de la chitine pouvant inhiber la croissance du *F. oxysporum* f. sp. *albedinis* et favoriser celle de ses antagonistes ont été identifiés (Essarioui et Sedra, 2010; Essarioui et Sedra, 2017). L'amendement organique de sol après désinfestation avec des substrats biocides et l'introduction de microorganismes antagonistes ayant la capacité de coloniser le vide biologique créé par la désinfection du sol pourrait contribuer dans la pérennisation de l'effet de traitement de sol par le rétablissement d'une microflore bénéfique à même de protéger les racines des palmiers contre l'attaque du *F. oxysporum* f. sp. *albedinis* (Essarioui *et al.,* 2018).

Chakroune (2006) et Chakroune *et al.* (2008) ont montré aussi que le compost des sous-produits du palmier dattier pourrait être un moyen de contrôle biologique efficace, capable de limiter la propagation de la maladie et de lutter contre la sévérité de la fusariose vasculaire dans les palmeraies des oasis de l'Afrique du nord. L'apport de ce compost aux sols contaminés par *F. oxysporum* f. sp. *albedinis* pourrait diminuer considérablement la population de ce champignon par des mécanismes biologiques respectant l'écosystème oasien tout en œuvrant à la décontamination des sols oasiens à moyen et/ou à long terme. Donc, l'utilisation de ce compost dans les systèmes de production agricole oasienne peut fournir un moyen de recyclage de tous les déchets agricoles, réduire les coûts de production des cultures végétales en diminuant les pertes associées aux maladies, réduire l'utilisation des produits chimiques et produire des aliments exempts de résidus chimiques.

Les amendements organiques peuvent agir sur l'état sanitaire des plantes par sa microflore bénéfique dans le sol, et se traduire par une réduction des maladies aussi bien telluriques que foliaires (De Clercq *et al.*, 2004). Bailey et Lazarovits (2003), et Larkin *et al.* (2011) ont montré que les amendements organiques peuvent contrôler *Fusarium* spp., *Phytophthora* spp., *Verticillium* spp., *Rhizoctonia* spp. et *Sclerotinia* spp. Pérez-Jiménez (2008) a noté que l'utilisation des amendements organiques a été intégrée avec succès dans la gestion de *P. cinnamomi*, en combinaison avec la résistance génétique et l'application des fongicides. Heydari et Pessarakli (2010) ont prouvé que les amendements organiques participent à l'amélioration des mécanismes de défense des plantes contre les agents pathogènes.

L'amélioration de la qualité biologique du sol par les amendements organiques a un effet prouvé par l'effet suppressif du sol contre les champignons telluriques (Bailey et Lazarovits, 2003). Il a été montré par plusieurs auteurs que les amendements organiques du sol peuvent supprimer les maladies causées par les pathogènes telluriques tels que *Pythium* spp. (Veeken *et al.*, 2005), *Phytophthora* spp. (Szczech et Smolinska, 2001), *Fusarium* spp. (Borrero *et al.*, 2006), *Sclerotinia* spp. (Boulter *et al.*, 2002), *Rhizoctonia* spp. (Diab *et al.*, 2003), *V. dahliae* (Bailey et Lazarovitz, 2003), *Sclerotium* spp. (Coventry *et al.*, 2005) et *Thielaviopsis basicola* (Papavizas, 1968). Dans une étude en conditions contrôlées, l'amendement du sol par la farine de graines de colza a permis d'améliorer la croissance de plants de pommier et de diminuer significativement l'infection des racines par *R. solani* (Mazzola *et al.*, 2001). Par contre, ces amendements n'ont pas permis de limiter les populations de *Pythium* spp. dans le sol, ni l'infection des plants par cet agent pathogène (Mazzola *et al.*, 2001).

Aryantha *et al.* (2000) ont montré que l'amendement avec du fumier de volaille frais est intéressant pour lutter contre *P. cinnamomi*. *In vivo*, le compost utilisé comme amendement organique du sol a réduit le rabougrissement et l'altération foliaire des plants de tomate inoculés par *V. dahliae* de 75,04 et 81,05%, respectivement. Ces pourcentages sont proches ou similaires à ceux obtenus par la tourbe amendée de compost (Aryantha *et al.*, 2000).

Tenuta *et al.* (2002) ont montré que les acides gras volatils contenus dans le fumier de porc liquide étaient responsables de sa toxicité sur les microsclérotes de *V. dahliae* dans un champ de pomme de terre (Conn et Lazarovits, 1999; Conn et Lazarovits, 2000). Dans ce contexte, l'acide acétique a été détecté à des concentrations plus élevées dans un compost suppressif de *Phytophthora nicotianae* que dans un compost réceptif (Widmer *et al.*, 1998). De même, l'activité d'un extrait de compost a été similaire à celle de l'acide salicylique contre *Pseudomonas syringae* (Zhang *et al.*, 1998). Ce qui permet de conclure que des métabolites secondaires excrétés par certains microorganismes durant l'extraction semblent être responsables de la suppression des pathogènes testés (Horst *et al.*, 2005). Il a été montré par plusieurs auteurs que les amendements organiques du sol peuvent supprimer les maladies causées par les pathogènes telluriques tels que *Pythium* spp., *Fusarium* spp., *Sclerotinia* sp. et *Rhizoctonia* spp. Ainsi, le sol devient un milieu dans lequel la compétition entre les microorganismes est forte contribuant au phénomène de la résistance générale des sols et agissant par compétition, antibiose, parasitisme/prédation et induction de la résistance systémique induite (Widmer *et al.,* 1998; Hoitink et Boehm, 1999; Horst *et al.,* 2005; Borrero *et al.,* 2006).

Une étude ayant comparé les effets de 18 amendements organiques sur l'expression de la fusariose vasculaire a montré une importante diminution sur l'expression de la maladie pour tous les fumiers à l'exception de celui-ci composé par les copeaux de bois et de fumier de cheval. Yogev *et al.* (2011) et Senechkin *et al.* (2014) ont détecté que l'utilisation des fumiers compostés a permis de diminuer l'incidence de la fusariose vasculaire du melon et a réduit l'incidence et la sévérité du flétrissement bactérien.

Les amendements organiques ont éprouvé une réduction sur l'indice de sévérité des dégâts racinaires des pathogènes telluriques tels que *Pythium* spp., *Fusarium* spp., *Verticillium* spp., *Sclerotinia* spp. et *Rhizoctonia* spp. grâce à la modification des facteurs biotiques et abiotiques du sol (Tenuta *et al.,* 2002; Tenuta et Lazarovits, 2004; Borrero *et al.,* 2006). Yogev *et al.* (2011) et Senechkin *et al.* (2014) ont détecté que l'utilisation des fumiers compostés a permis de diminuer l'indice de sévérité des dégâts racinaires de la fusariose vasculaire du melon.

Des nombreuses études ont montré que les amendements organiques (composts d'origine animale et végétale, fumier d'ovins, de bovins, de poulet et/ou de cheval) sont capables de réduire la fréquence d'isolement de plusieurs pathogènes tels que *Fusarium* spp. sur les racines de *Citrullus lanatus*, *Cucumis melo*, *Solanum lycopersicum* et *Capsicum annuum* (Yogev *et al.,* 2006; Yogev *et al.,* 2010), *Phytophthora cinnamomi* sur les racines de *Lupinus albus* (Aryantha *et al.,* 2000) et les racines de *Persea americana*, *Pythium ultimum* sur les racines de *Barbarea verna* (Erhart *et al.,* 1999), *Rhizoctonia solani* sur les racines de *Barbarea verna* et les racines d'*Ocimum basilicum*, *Rosellinia necatrix* sur les racines de *Persea american*, *Sclerotinia minor* sur les racines de *Barbarea verna*, *Sclerotium rolfsii* sur les racines de *Solanum lycopersicum* et *V. dahliae* sur les racines de *Solanum melongena* avec des valeurs qui ne dépasse pas 20% (Bonilla *et al.,* 2012).

Fuchs (2009) a montré que l'amendement organique a réduit la population de *F. oxysporum* f. sp. *cucumerinum* dans le sol en culture sous serre. Le même auteur a conclu que la population de *F. oxysporum* f. sp. *cucumerinum* en culture de concombre sous serre était significativement plus faible pour les parcelles élémentaires amendées par le compost par rapport au témoin non traité.

Rhouma (2019) a montré une réduction progressive de la population des ascospores de *Monosporascus cannonballus* (< 2 asc/g du sol) par rapport à la population initiale pour les parcelles élémentaires amendées par 40 et 60 T/Ha. Le même auteur a documenté que la courgette, la pastèque greffée et le melon greffé amendés par 60 T/Ha étaient beaucoup plus tolérants. En effet, les symptômes racinaires (< 1,5) et aériens (< 25%) s'expriment tôt à partir de 30 jours après plantation en plein champ et sous serre.

Coventry *et al.* (2005; 2006) ont montré dans des essais en serre, que le compost de déchets d'oignons est plus efficace que les déchets d'oignons non compostés à réprimer la densité de *Sclerotium cepivorum* chez *Allium cepa*. Pugliese *et al.* (2008) montrent également des effets suppressifs de fumier (bovin et poulet) et de compost de paille de blé contre *F. oxysporum* f. sp. *basilici* en culture sous serre. Asirifi *et al.* (1994) ont rapporté que les amendements organiques sur la culture de laitue réduisent significativement la survie des sclérotes du *S. sclerotiorum* dans le sol par rapport au témoin sans amendement organique. Viana *et al.* (2000) ont conclu, lors des essais sous serre, que les amendements organiques (lisier de porc) constituent une approche viable pour la répression de la densité du *S. sclerotiorum* en culture de pois.

Borrero *et al.* (2006) ont confirmé que l'amendement organique seul ne semble pas être capable de contrôler les pathogènes telluriques, mais l'intégration de cette méthode avec d'autres techniques culturaux comme l'utilisation des cultivars résistants ou la solarisation du sol, permettra d'améliorer le contrôle de son efficacité et le rendement des cultures.

Hoitink et Fahy (1986) ont rapporté les effets suppressifs des amendements organiques sur l'expression des symptômes secondaires causés par *R. solani* sur *Phaseolus vulgaris*, *F. oxysporum* et *Pythium aphanidermatum* sur *Cucumis sativus*, *Sclerotinia sclerotiorum* sur *Lactuca sativa*, et *Phytophthora capsici* sur *Capsicum annuum* en culture sous serre. Yogev *et al.* (2006) ont montré que les composts à base des résidus des déchets végétaux suppriment l'incidence de la maladie occasionnée par *F. oxysporum*. Getachew *et al.* (2010) ont montré que l'apport des fertilisants organiques réduit l'incidence et la sévérité du flétrissement bactérien causé par *R. Salanacearum*. Pradhanang *et al.* (2003) ont mentionné que le fumier de porc et de volaille a réduit le flétrissement bactérien causé par *R. Salanacearum* avec de valeur de l'ordre de 40% à des doses comprises entre 30 et 40 T/Ha. Au contraire aux études précédentes, Ferraz *et al.* (1999) montrent que l'augmentation de la teneur en matière organique du sol suite à l'incorporation de composts entraîne une incidence accrue de la sclérotiniose du pois en culture protégé. Par ailleurs, Hoitink et Fahy (1986), et Yogev *et al.* (2006) ont mentionné que l'apport des amendements organiques a réduit l'incidence de la maladie. Cette suppression dans les amendements organiques a été souvent attribuée à une augmentation de la densité et de l'activité microbiennes, réputés pour leur antagonisme à l'égard des phytopathogènes telluriques, isolés à partir des différents amendements organiques en particulier *Pseudomonas* spp. et *Trichoderma* spp. (Hoitink et Boehm, 1999).

La production des composés toxiques dans le sol peut aussi être à l'origine de la réduction des populations d'agents pathogènes (Coventry *et al.*,

2006). Lors de la dégradation des amendements riches en azote, il y a production d'ammoniaque toxique pour de nombreux organismes et pour certaines formes de conservation des agents pathogènes (Bailey et Lazarovits, 2003). Ces composés toxiques sont capables de contrôler le développement de *Sclerotium* spp. (Coventry *et al.,* 2006). Ainsi, Tenuta et Lazarovits (2004) ont montré que les microsclérotes de *V. dahliae* peuvent être détruits par l'ammoniaque et l'acide nitreux. Cependant, cette activité est très fortement dépendante du pH du sol. Tenuta *et al.* (2002) ont montré que les acides gras volatils du fumier de porc étaient responsables de la toxicité des microsclérotes de *V. dahliae* dans un champ de pomme de terre. Les amendements organiques augmentant le rapport C/N favoriseraient dans certains cas la production d'hyphes, puis leur lyse avant la formation de chlamydospores (Conn et Lazarovits, 1999; Conn et Lazarovits, 2000).

11. Conclusions

La phase saprophytique du cycle de *F. oxysporum* f. sp. *albedinis* pathogène qui se déroule dans le sol a une importance considérable dans l'expression des capacités infectieuses de ces champignons, agents des fusarioses vasculaires du palmier dattier. En effet, un inoculum parasite arrivant en terre à la faveur de plantations, de débris végétaux ou de matériels infestés subit obligatoirement les influences des nombreuses espèces microbiennes qui vivent dans ce milieu. Pour infecter de nouveaux palmiers dattiers, les chlamydospores de ce pathogène doivent germer et croitre suffisamment pour franchir la barrière constituée par la microflore relativement dense qui habite la rhizosphère.

La recherche de moyens de lutte contre la maladie du bayoud n'a abouti jusqu'à ce jour à aucun traitement efficace. Par ailleurs, l'utilisation des fongicides s'était révélée inadéquate. Le recours à la lutte intégré suscite un intérêt croissant dans la recherche.

Dans le cadre de la recherche des nouvelles méthodes de lutte contre le bayoud, ce travail s'intéresse à la synthèse des travaux éminents sur les méthodes culturale, biologique, physique, chimique et génétique.

Les mesures prophylactiques et la mise en quarantaine des palmiers malades n'ont pas pu arrêter la propagation du bayoud, ce qui fait de l'utilisation d'un programme de gestion intégrée en combinant plusieurs techniques pourrait être une solution aux divers problèmes phytosanitaires entre autres la maladie du bayoud.

La solarisation réagit par l'inactivation directe des agents pathogènes, l'augmentation des concentrations des nutriments minéraux solubles dans les sols et la modification de l'équilibre microbien des sols. Des résultats positifs ont documenté que l'utilisation de la solarisation uniquement comme moyens de lutte est capable de réduire la population de l'inoculum primaire, sans avoir un effet positif sur l'incidence de la maladie. Toutefois, la combinaison de la solarisation avec la fumigation (bromure de méthyle, chloropicrine, etc.) a montré un bon potentiel pour contrôler la fusariose vasculaire du palmier dattier et a réduit la population de *F. oxysporum* f. sp. *albedinis*.

Plusieurs travaux de recherche ont montré que certains champignons et bactéries bénéfiques sont capables d'inhiber la croissance de *F. oxysporum* f. sp. *albedinis* et d'induire la résistance du palmier dattier. L'association des mycorhizes avec le système racinaire des plantules de palmier dattier a amélioré l'assimilation des éléments nutritifs et de l'eau, et une vigueur élevée du système racinaire contre l'agent pathogène de bayoud. L'efficacité des substances naturelles, antagonistes et mycorhizes indique que leurs modes opérationnels sont plus efficaces quand ils sont combinés dans un cadre de stratégie de lutte intégrée contre *F. oxysporum* f. sp. *albedinis*. Les résultats obtenus après une inoculation des plantules de palmier dattier par des isolats hypovirulents et virulents ont montré une amélioration du développement végétal et du système racinaire avec une réduction de la sévérité des dégâts occasionnés par *F. oxysporum* f. sp. *albedinis*.

Les chercheurs ont proposé l'intégration des autres méthodes de lutte. Désormais, l'inclusion de l'amendement organique dans le sol ne pourrait pas simplement améliorer la qualité du sol et augmenter la productivité des palmiers dattiers, mais aussi modifier sa composition en microorganismes de manière à diminuer la sévérité du bayoud et réduire la population du *F. oxysporum* f. sp. *albedinis*.

La sélection des variétés résistantes représente la seule issue comme c'est le cas pour la plupart des fusarioses. Toutefois, la difficulté chez le palmier dattier, réside dans la sélection de cultivars résistants avec des dattes de bonne qualité. Dans cette optique, la sélection de palmiers productifs, de bonne qualité dattière et résistante à la maladie du bayoud est jusqu'ici la voie privilégiée, qui exige une méthodologie rigoureuse.

Références Bibliographiques

Abadie C., Edel V. & Alabouvette C., 1998. Soil suppressiveness to *Fusarium* wilt: influence of a cover-plant on density and diversity of *Fusarium* populations. Soil Biology and Biochemistry, 30: 643-649.

Able AJ., 2003. Role of reactive oxygen species in the response of barley to necrotrophic pathogens. Protoplasma, 221: 137-143.

Abohatem M., Chakrafi F., Jaiti F., Dihazi A. & Baaziz M., 2011. Arbuscular mycorrhizal fungi limit incidence of *Fusarium oxysporum* f.sp. *albedinis* on date palm seedlings by increasing nutrient contents, total phenols and peroxidase activities. The Open Horticulture Journal, 4: 10-16.

Adam A., Farkas T., Somlayai G., Hevesi M. & Kiraly Z., 1989. Consequence of O^{2-} generation during bacterially induced hypersensitive reaction in tobacco: deterioration of membrane lipids. Physiological and Molecular Plant Pathology, 34: 13-26.

Agrios G., 2005. Plant Pathology. 5th Edition, Elsevier Academic Press, Amsterdam, 26-27 pp and 398- 401 pp.

Ait Kettout T., 2011. Isolement et identification des exométabolomes de *Fusarium oxysporum* f. sp. *albedinis* (Killian et Maire) Gordon, agent causal du bayoud, fusariose du palmier dattier (*Phoenix dactylifera* L.). Thèse de doctorat (Spécialité : Biologie & Physiologie Végétale). Faculté des Sciences Biologiques, Université des Sciences et de la Technologie Houari Boumediene, 167 pp.

Alabouvette C. & Davet P., 1985. Perspectives de lutte biologique et intégrée contre les maladies d'origine telluriques en cultures protégées. La défense des végétaux N°234, IRRA.

Alabouvette C., 1983. La réceptivité des sols aux fusarioses vasculaires rôle de la compétition nutritive entre microorganismes. Thèse Doctorat d'état, Université de Nancy I, 158 pp.

Alabouvette C., 1986. *Fusarium* wilt suppressive soils from the Chateaurenard region: Review of a 10 years study. Agronomie, 6: 273-284.

Alabouvette C., Rouxel F. & Louvet J., 1980. Recherche sur la résistance des sols aux maladies: Etude comparative de la germination des chlamydospores de *Fusarium oxysporum* et *Fusarium solani* au contact de sols résistants et sensibles aux fusarioses vasculaires. Annual of Phytopathology, 12: 21-30.

Albiach R., Canet R., Pomares F. & Ingelmo F., 2000. Microbial biomass content and enzymatic activities after the application of organic amendments to a horticultural soil. Bioresource Technology, 5: 43-48.

Ali-Haimoud A., Chami M., Djellali N. & Bounaga D., 1979. Le palmier dattier et la fusariose: Activité microbiologique de la rhizosphère de quelques variétés de palmiers dattiers (*Phoenix dactylifera*). Bulletin de la Société d'histoire naturelle de l'Afrique du Nord, 78: 3-36.

Amir H. & Amir A., 1988. Le palmier dattier et la fusariose: Antagonisme dans le sol de souches de *Fusarium solani* vis à vis de *Fusarium oxysporum* f. sp. *albedinis*. Revue d'écologie et de biologie du sol, 25 : 161-174.

Amir H. & Mahdi N., 1992a. Corrélation entre quelques caractéristiques écologiques de différentes souches de *Fusarium* avec référence particulière à leur persistance dans le sol. Soil Biology and Biochemestry, 24(3): 249-258.

Amir H. & Mahdi N., 1992b. Liaison entre les aptitudes écologiques de différentes souches de *Fusarium* et leur efficacité dans la protection de plans de lin contre la fusariose vasculaire. Canadian Journal of Microbiology, 39: 234-244.

Amir H. & Sabaou N., 1983. Le palmier dattier et la fusariose: Antagonisme dans le sol de deux actinomycétes vis-à-vis de *Fusarium oxysporum* f.sp. *albedinis* responsable du Bayoud. Bulletin de la Société d'histoire naturelle de l'Afrique du Nord, 13: 47-60.

Amir H., 1981. Antagonismes de divers microorganismes vis-à-vis de *Fusarium oxysporum* f. sp. *albedinis* (Kilian et Maire) Gordon, agent du Bayoud. Mémoire pour l'obtention de master en Phytopathologie. USTHB, Alger.

Amir H., 1991. Corrélation entre l'aptitude de différentes souches de *Fusarium* à limiter la fusariose vasculaire du lin, leur activité respiratoire et leu développement saprophytique dans un sol désinfecté. Canadian Journal of Microbiology, 37: 889-896.

Amraoui H., Lazrek H.B., Hamdaoui A. & Sedra M.H., 2005. Mise en évidence d'enzymes à activité antifongique chez le palmier dattier: dosage des activités chitinases et β1-3 glucanases, comme réaction au *Fusarium oxysporum* f.sp *albedinis*, agent causal du Bayoud. Al Awamia, 116: 18-34.

Amraoui H., Sedra M.H. & Hamdaoui A., 2004. Etude des sécrétions protéiques et enzymatiques du *Fusarium oxysporum* f. sp. *albedinis*, agent causal du bayoud, fusariose vasculaire du palmier dattier. AL Awamia, 1-2 : 109-110.

Antoniou P.P., Tjamos E.C. & Giannakou J.O., 2014. Low-cost and effective approaches of soil disinfestation of plastic house or open field crops in Greece. ISHS Acta Horticulturae 1044: VIII International Symposium on Chemical and Non-Chemical Soil and Substrate Disinfestation. https://doi.org/10.17660/ActaHortic.2014.1044.2

Apel K. & Hirt H., 2004. Reactive oxygen species: metabolism, oxidative stress, and signal transduction. Annual Review of Plant Biology, 55: 373-99.

Aryantha I.P., Cross R. & Guest D.I., 2000. Suppression of *Phytophthora cinnamomi* in potting mixes amended with uncomposted and composted animal manure. Phytopathology, 90: 775-782.

Asirifi K.N., Morgan W.C. & Parbery D.G., 1994. Suppression of *Sclerotinia* soft-rot of lettuce with organic soil amendments. Australian Journal of Experimental Agriculture, 34: 131-136.

Azco' N-Aguilar C. & Bare J.M., 1997. Applying mycorrhiza biotechnology to horticulture significance and potentials. Scientia Horticulturae, 68: 1-24.

Bailey K.L. & Lazarovits G., 2003. Suppressing soil-borne diseases with residue management and organic amendments. Soil and Tillage Research, 72: 169-180.

Bais H.P., Weir T.L., Perry L.G., Gilroy S. & Vivanco J.M., 2006. The role of root exudates in rhizosphere interactions with plants and other organisms. Annual Review of Plant Biology, 57: 233-266.

Bakker P.A.H.M., Pieterse C.M.J. & Van Loon L.C., 2007. Induced systemic resistance by fluorescent *Pseudomonas* spp. Phytopathology, 97: 239-243.

Ballance S., Börsheim K.Y., Inngjerdingen K., Paulsen B.S. & Christensen B.E., 2007. Partial characterisation and reexamination of polysaccharides released by mild acid hydrolysis from the chlorite-treated leaves of *Sphagnum papillosum*. Carbohydrate Polymers, 67(1): 104-115.

Bartschi H., Gianinazzi P. & Vechi V., 1981. Vesicular arbuscular mycorrhiza and root rot disease (*Phytophthora cinnamomi* Rands) development in *Chaniuecyparis lawsoniana* (Murr.) Pari. Phytopathology, 102: 213-218.

Bekkar A.A., Belabid L. & Zaim S., 2016. Biocontrol of Phytopathogenic *Fusarium* spp. by antagonistic *Trichoderma*. Biopesticides International, 12(1): 37-45.

Belabid L., Simoussa L. & Bayaa B., 2010. Effect of some plant extracts on the population of *Fusarium oxysporum* f. sp. *lentis*, the causal organism of lentil wilt. Advances in Environmental Biology, 4(1): 95-100.

Benlarbi L., 2019. Contribution à l'étude de *Fusarium oxysporum* f. sp. *albedinis* agent causal de la fusariose vasculaire du palmier dattier et moyens de lutte. These de doctorat en phytopathologie. Faculté des sciences de la nature et de la vie. Universite Abdelhamid Ibn Badis de Mostaganem, Algerie, 175 pp.

Bennaceur M., 1981. Les exsudats racinaires du palmier dattier (*Phoenix dactylifera*). Thèse Doctorat, 3ème Cycle, Université de Montpellier.

Bermond A., 2002. Larousse agricole. Edi Mathilde Majorel. Edition Larousse, 767 pp.

Bhattacharyya P., Chakraborty A., Chakrabarti K., Tripathy S. & Powell M.A., 2005. Chromium uptake by rice and accumulation in soil amended with municipal solid waste compost. Chemosphere, 60: 1481-1486.

Bliss D.E., 1951. The destruction of *Armillaria mellea* in citrus soils. Phytopathology, 41: 665-683.

Blok W.J., Coenen G.C.M., Pijl A.S. & Termorshuizen A.J., 2002. Disease suppression and microbial communities in potting mixes amended with composted biowastes. Proceedings of the International Symposium Composting and Compost Utilization, Columbus, Ohio, 6-8 May, disc format. JG Press, Emmaus, USA.

Bockus W.W. & Shroyer J.P., 1998. The impact of reduced tillage on soil-borne plant pathogens. Annual Review of Phytopathology, 36: 485-500.

Boisson B. & Meinnel T., 2003. A continuous assay of myristoyl-CoA: protein N myristoyltransferase for proteomic analysis. Analytical Biochemistry, 322: 116-123.

Bollen G.J., 1984. The fate of plant pathogens during composting of crop residues. Gasser, J.K.R. (Ed.). Composting of agricultural and other wastes. Elsevier applied science publishers, Londres, 282-290 pp.

Bollen G.J., 1985. Plant pathogen survival during the composting of crop residus: Composting of agricultural and other wastes. Proceedings of seminar organised by the Commission of the European Communities, Directorate-General Science, Research and Development, Environment Research Programme, Held at Brasenose College, Oxford, UK. Elsevier Applied Sciences Publishers, 282-290 pp.

Bolwell G.P., Blee K.A., Butt V.S., Davies D.R., Gardner S.L., Gerrish C., Minibayeva F., Rowntree E.G. & Wojtaszek P., 1999. Recent Advances in Understanding Origin of the Apoplastic Oxidative Burst in Plant Cells. Free Radical Research, 31: 137-145.

Bonilla N., Cazorla F.M., Martínez-Alonso M., Hermoso J.M., González-Fernández J., Gaju N., Landa B.B. & De-Vicente A., 2012. Organic amendments and land management affect bacterial community composition, diversity and biomass in avocado crop soils. Plant Soil, 357: 215-226.

Bordeleau L.M., 1999. L'usage du compost restaure la biodiversité dans les sols agricoles. BioBulle, 19: 20-24.

Borrero C., Ordovas J., Trillas M.I. & Aviles M., 2006. Tomato *Fusarium* wilt suppressiveness: The relationship between the organic plant growth media and their microbial communities as characterised by Biolog. Soil Biology and Biochemistry, 38: 1631-1637.

Boughalleb N., 2005. Les fusarioses de la pastèque (*Citrullus lanatus* L.) en Tunisie: Importance, Epidémiologie et Détermination des races physiologiques des agents causaux *Fusarium* spp. Thèse de doctorat. Institut Supérieur Agronomique de Chott-Mariem, Sousse, Université de Sousse, Tunisie, 175 pp.

Boulenouar N., 2011. Substances naturelles à vise antifongique: cas particulier des polyphénols. Thèse du doctorat en biologie. Faculte des sciences. Université d'Es-senia, Oran, Algérie, 183 pp.

Boulter J.I., Boland G.J. & Trevors J.T., 2002. Assessment of compost for suppression of *Fusarium* Patch (*Microdochium nivale*) and *Typhula* Blight (*Typhula ishikariensis*) snow molds of turf grass. Biological Control, 25: 162-172.

Bounaga N. & Djerbi M., 1990. Pathologie du palmier dattier. Les systèmes agricoles oasiens. Options Méditerranéennes, Sér. A / n° 11.

Bounaga N., Benkhalifa A. & Brac de la Perrière R.A., 1992. Lutte contre la fusariose du dattier par l'utilisation d'une diversité génétique entretenue. *In*: Complexes d'Espèces, Flux.

Bounaga N.R., 1975. Le palmier dattier et la fusariose: Etude comparative de la germination des microconodies et macroconidies du *Fusarium oxysporum* f. sp. *albedinis* (Killian et Maire) Gordon. Bulletin de la Société d'Histoire Naturelle de l'Afrique du Nord, 66: 39-44.

Bowers J.H. & Locke J.C., 2000. Effect of botanical extracts on the population density of *Fusarium oxysporum* in soil and control of *Fusarium* wilt in the greenhouse. Plant Disease, 84: 300-305.

Brac de la Perriere R.A. & Benkhalifa A., 1991. Progression de la fusariose du palmier dattier en Algérie. Sécheresse, 2: 119-128.

Brac de la Perrière R.A. & Bounaga N., 1990. Etude du verger phoenicicole d'une palmeraie (Béni-Abbes, sud-ouest Algérien). Inventaire exhaustif et composition variétale. Rev. Rés. Amélior. Pro. Agréé. Milieu Aride, 2: 9-18.

Brisson L.F., Tenhaken R. & Lamb C., 1994. Function of oxidative cross-linking of cell wall structural proteins in plant disease resistance. Plant cell, 6: 1703-1712.

Brown J.K.M., 1995. Pathogen's Responses to the Management of Disease Resistance Genes. Advances in Plant Pathology, Academic Press Limited, 11: 75-102.

Bulit J., Louvet J., Bouhot D. & Toutain G., 1967. Recherches sur le *Fusarium*. Travaux sur le Bayoud, fusariose vasculaire du palmier dattier en Afrique du Nord. Annales des épiphyties, 18: 213-240.

Cameron R.K., Paiva N.L., Lamb C.J. & Dixon R.A., 1999. Accumulation of salicylic acid and PR-1 gene transcripts in relation to the systemic acquired resistance (SAR) response induced by *Pseudomonas syringae* pv. tomato in *Arabidopsis*. Physiological and Molecular Plant Pathology, 55: 121-130.

Cao H., Li X. & Dong X., 1998. Generation of broad-spectrum disease resistance by overexpression of an essential regulatory gene in systemic acquired resistance. Proceedings of the National Academy of Sciences USA, 95: 6531-6536.

Chakroune K., 2006. Valorisation des sous-produits organiques du palmier dattier (*Phoenix dactylifera* L.) par compostage: contribution à la lutte contre la fusariose vasculaire (bayoud). Université Mohamed 1er, Faculté des sciences, 188 pp.

Chakroune K., Bouakka M. & Hakkou A., 2005. Incidence de l'aération sur le traitement par compostage des sous produits du palmier dattier contaminés par *Fusarium oxysporum* f. sp. *albedinis*. Canadian Journal of Microbiology, 51: 69-77.

Chakroune K., Bouakka M., Lahlali R. & Hakkou A., 2008. Suppressive effect of mature compost of date palm by-products on *Fusarium oxysporum* f. sp. *albedinis*. Plant Pathology Journal, 7: 148-54.

Chami M. & Bounaga D., 1979. Amylolyse dans la rhizosphère su palmier dattier : Etude préliminaire. Revue d'Ecologie et de Biologie du Sol, 16: 17-21.

Chang P.S., Mukerjea R., Fulton D.B. & Robyt J.F., 2000. Action of Azotobacter vinelandii poly-beta-D-mannuronic acid C-5-epimerase on synthetic Dglucuronans. Carbohydrate Research, 329(4): 913-922.

Chao C.T. & Krueger R.R., 2007. The date palm (*Phoenix dactylifera* L.): Overview of Biology, Uses, and Cultivation. HortScience, 42(5): 1077-1082.

Chen Hao H., Zheng Zhou Z., Chen Peng P., Wu Xiang Gen X. & Zhao Ge G. 2012. Inhibitory Effect of Extracellular Polysaccharide EPS-II from Pseudoalteromonas on Candida adhesion to Cornea *in vitro*. Biomedical and Environmental Sciences, 25(2): 210-215.

Chen Z., Silva S. & Klessig D., 1993. Active oxygen species in the induction of plant systemic acquired resistance by salicylic acid. Science, 262: 1883-1886.

Chérif M., Sadfi N., Benhamou N., Boudabbous A., Boubaker A., Hajlaoui M.R. & Tirilly Y., 2002. Ultrastructure and cytochemistry of *in vitro* interactions of the antagonistic bacteria *Bacillus cereus* X16 and *B. thuringiensis* 55T with *Fusarium roseum* var. *sambucinum*. Journal of Plant Pathology, 84: 83-93.

Chet I. & Elad Y., 1983. Les mécanismes du mycoparasitisme: Les antagonismes microbiens. Colloque INRA, 18: 35-40.

Clark F.E., 1969. Associations écologiques entre microorganismes du sol. In : Biologie des sols. Comptes rendus de recherches UNESCO, 125-164 pp.

Cohen R., Cheftz B. & Hadar Y., 1998. Suppression of soil-borne pathogens by composted municipal solid waste. Beneficial co-utilisation of agricultural, municipal and industrial by-products. *In*: Brown S., Angle J.S., Jacobs L. (Eds.). Kluwer Academic Publisher, 113-130 pp.

Cona A., Rea G., Botta M., Corelli F., Federico R. & Angelini R., 2006. Flavin-containing polyamine oxidase is a hydrogen peroxide source in the oxidative response to the protein phosphatase inhibitor cantharidin in *Zea mays* L. Journal of Experimental Botany, 57: 2277-2289.

Conn K.L. & Lazarovits G., 1999. Impact of animal manures on *Verticillium* wilt, potato scab, and soil microbial populations. Canadian Journal of Plant Pathology, 21: 81-92.

Conn K.L. & Lazarovits G., 2000. Soil factors influencing the efficacy of liquid swine manure added to soil to kill *Verticillium dahliae*. Canadian Journal of Plant Pathology, 22: 400-406.

Cook R.J. & Baker K.F., 1983. The nature and practice of Biological control of plant pathogens. American Phytopathological Society, St Paul, Minn.

Couteaudier Y., Letard M., Alabouvette C. & Louvet J., 1985. Lutte biologique contre la fusariose vasculaire de la tomate: Résultats en serre de production. Agronomie, 5: 151-156.

Couteux A. & Lejeune V., 2004. Index phytosanitaire ACTA, Paris.

Couvreur F., 2002. Fongicides des céréales et protéagineux. Ed ITCF avec la participation de l'ANDA, France, 216 pp.

Coventry E., Noble R., Mead A. & Whipps J.M., 2005. Suppression of *Allium* white rot (*Sclerotium cepivorum*) in different soils using vegetable wastes. European Journal of Plant Pathology, 111: 101-112.

Coventry E., Noble R., Mead A., Marin F.R., Perez J.A. & Whipps J.M., 2006. *Allium* white rot suppression with composts and *Trichoderma viride* in relation to sclerotia viability. Phytopathology, 96: 1009-1020.

Croft K.P.C., Voisey C.R. & Slusarenko A.J., 1990. Mechanisms of hypersensitive cell collapse: correlation of increased lipoxygenase activity with membrane damage in leaves of *Phaseolus vulgaris* L. inoculated with an avirulent race of *Pseudomonas syringae* p.v. *phaseolicola*. Physiological and Molecular Plant Pathology, 36: 49-62.

Cronin M. & Andrew H., 1996. Putative mechanism and dynamics of inhibition of the apple scab pathogen *Venturia inequalis* by composts extarcts. Soil Biology & Biochemistry, 28: 1241-1249.

Daayf F., El Bellaj M., El Hassni M., Jaiti F. & El Hadrami I., 2003. Elicitation of soluble phenolics in date palm (*Phoenix dactylifera*) callus by *Fusarium oxysporum* f. sp. *albedinis* culture medium. Environmental and Experimental Botany, 49: 41-47.

Dalie D.K.D., 2010. Biocontrôle des moisissures du genre *Fusarium* productrices de fumonisines par sélection de bactéries lactiques autochtones de maïs. Thèse de doctorat. Université Bordeaux I, France.

Dalie D.K.D., Deschamps A.M., Atanasova-Penichon V. & Richard-Forget F., 2010. Potential of *Pediococcus pentosaceus* (L006) Isolated from Maize Leaf To Suppress Fumonisin-Producing Fungal Growth. Journal of Food Protection, 73: 1129-1137.

De Ceuster T.J.J. & Hoitink H.A.J., 1999. Prospects for composts and biocontrol agents as substitutes for methyl bromide in biological control of plant diseases. Compost Science and Utilization, 7: 6-15.

De Clercq D.D., Vandesteene L., Coosemans J. & Ryckeboer J., 2004. Organic solid waste management: Use of compost as suppressor of plant diseases. *In*: Lens P., Hamelers B., Hoitink H. and Bidlingmaier W. Edition: International Water Association Publications: IWA publishing, London, England, United Kingdom, 331-351 pp.

Deabes M., El-Soud N. & El-Kassem L., 2011. *In vitro* inhibition of growth and aflatoxin b1 production of *Aspergillus flavus* strain (ATCC 16872) by various medicinal plant essential oils. Macedonian Journal of Medical Sciences, 4(4): 345-350.

Debieu D., Bach J., Arnold A., Brousset S., Gredt M., Taton M., Rahier A., Malosse C. & Leroux P., 2000. Inhibition of ergosterol biosynthesis by morpholine, piperidine, and spiroketalamine fungicides in *Microdochium nivale*: effect on sterol composition and sterol Δ^8- Δ^7-isomerase activity. Pesticide Biochemistry and Physiology, 67: 85-94.

Debosz K., Petersen S.O., Kure L.K. & Ambus P., 2002. Evaluating effects of sewage sludge and household compost on soil physical, chemical and microbiological properties. Applied Soil Ecology, 19: 237-248.

Dehne H.W., 1982. Interactions between vesicular-arbuscular mycorrhizal fungi and plant pathogens. Phytopathologische Zeitung, 72: 1115-1119.

Delaney T.P., Friedrich L. & Ryals J.A., 1995. Arabidopsis signal transduction mutant defective in chemically and biologically induced disease resistance. Proceedings of the National Academy of Sciences USA, 92: 6602-6606.

Delaney T.P., Uknes S., Vernooij B., Friedrich L., Weymann K., Negrotto D., Gaffney T., Gutrella M., Kessmann H., Ward E. & Ryals J., 1994. A central role of salicylic acid in plant disease resistance. Science, 266: 1247-1250.

DeVay JE., 1998. Historical review and principals of soil solarization. http://www.fao.org/docrep/t0455e/t0455e03.htm

Di Battista-Leboeuf C., Benizri E., Corbel G., Piutti S. & Guckert A., 2003. Distribution of *Pseudomonas* sp. populations in relation to maize root location and growth stage. Agronomie, 23: 441-446.

Diab H.G., Hu S. & Benson D.M., 2003. Suppression of *Rhizoctonia solani* on impatiens by enhanced microbial activity in composted swine waste-amended potting mixes. Phytopathology, 93: 1115-1123.

Dihazi A. & El Hadrami I., 2008. Changes in peroxidases and phenylalanine ammonialyase activities in date palm seedlings treated by salicylic acid and inoculated with *Fusarium oxysporum* f. sp. *albedinis*. XXIVth International Conference on Polyphenols, Salamanca (Spain), 8-11 July, 385-386 pp.

Dihazi A., 2012. Interaction Palmier dattier - *Fusarium oxysporum* f. sp. *albedinis*: Induction des réactions de défense par l'acide salicylique et rôle de quelques microorganismes antagonistes de l'agent pathogène dans le contrôle de la maladie du Bayoud. Thèse de doctorat, Universite Ibn Zohr, Agadir, Marocn, 204 pp.

Dihazi A., J'aity F., Zouine J., El Hassni M. & El Hadrami I., 2003. Effect of salicylic acid on phenolic compounds related to date palm resistance to *Fusarium oxysporum* f. sp. *albedinis*. Phytopathologia Mediterranea, 42: 9-16.

Dihazi A., Serghini M.A. & El Hadrami I., 2009. Effet de l'acide salicylique et de l'inoculation par *Fusarium oxysporum* f. sp. *albedinis* sur les composés phénoliques et l'activité phénylalanine ammonia-lyase des racines du Palmier dattier. Symposium International sur les composés phénoliques «Neutraceutiques ou medicaments», Agadir, Décembre 17-18.

Dihazi A., Serghini M.A., Jaiti F., Daayf F., Driouich A., Dihazi H. & El Hadrami I., 2011. Structural and Biochemical Changes in Salicylic-Acid-Treated Date Palm Roots Challenged with *Fusarium oxysporum* f. sp. *albedinis*. Journal of pathogens (Article ID 280481), 9 pp.

Dihazi A., Taktak W., kilani Feki O., Jaiti F., Serghini M.A., Jaoua S. & El Hadrami I., 2010a. Biocontrol of Date palm pathogen, *Fusarium oxysporum* f. sp. *albedinis*, using three bacteria isolated from soil. 13th Congress of the Mediterranean Phytopathological Union, Rome, Italy, June 20-25, 2: 571-572.

Dihazi A., Taktak W., Kilani Feki O., Jaiti F., Serghini M.A., Jaoua S. & El Hadrami I., 2010b. About some microorganisms inhibiting the causal agent of Bayoud disease in date palm. XXVth International Conference on Polyphénols, Montpellier, France, August 24-27, 1: 279-280.

Djerbi M., 1982a. Le Bayoud en Algérie, Problème et Solution. FAO Regional Project for palm and Dates Research centre in the Near East and North Africa, Baghdad Iraq, 45 pp.

Djerbi M., 1982b. Bayoud disease in North Africa: history, distribution, diagnosis and control. Date palm Journal, 1(2): 153-97.

Djerbi M., 1988. Les maladies des palmiers dattiers : Le bayoud. Rapport de Projet Régional de lutte contre le Bayoud (RAB/84/018), 15-36 pp.

Djerbi M., 1991. Biotechnologie du palmier dattier (*Phoenix dactylifera* L.): Voies de propagation des clones résistants au Bayoud et de haute qualité dattière. Options Méditerranéennes, 14: 31-8.

Djerbi M., Aouad L., El Filali H., Saaidi M., Chtioui A., Sedra M.H., Allaoui M., Hamdaoui T. & Oubrich M., 1986. Preliminary results of selection of hight quality Bayoud resistant clones among natural date palm population in Marco. *In* Proceedings of the Second Symposium on the Date Palm, Saudi Arabia, 383-399 pp.

Djerbi M., El Ghorfi A. & El Idrissi Ammari M.A., 1985a. Etude du comportement du henné (*Lawsonia inermis* L.) et la luzerne (*Medicago Sativa*) et des quelques espèces de palmacées à l'égard du Foa, agent causal du bayoud. Annales de l'INRAT, 58 :1-11.

Djerbi M., Sedra M.H. & El-Idrissi Ammari M.A., 1985b. Caractéristiques culturales et identification du *Fusarium oxysporum* f. sp. *albedinis*, agent causal du Bayoud. Annales de l'INRAT, 58: 1-8.

Dommergues Y. & Mangenot F., 1970. Ecologie microbienne du sol. Masson et Cie, Paris.

Doran J.W. & Zeiss M.R., 2000. Soil health and sustainability: managing the biotic component of soil quality. Applied Soil Ecology, 15: 3-11.

Dorey S., Baillieul F., Pierrel M.A., Saindrenan P., Fritig B. & Kauffmann S., 1997. Spatial and temporal induction of cell death, defence genes, and accumulation of salicylic acid in tobacco leaves reacting hypersensitively to a fungal glycoprotein elicitor. Molecular Plant Microbe Interactions, 11: 1102-1109.

Doumbouya M., Abo K., Lepengue A., Camara B., Kanko K., Aidara D. & Kone D., 2012. Activités comparées *in vitro* de deux fongicides de synthèse et de deux huiles essentielles, sur des champignons telluriques des cultures maraîchères en Côte d'Ivoire. Journal of Applied Biosciences. 50: 3520-3532.

Dowling D.N. & O'Gara F., 1994. Metabolites of *Pseudomonas* involved in the biocontrol of plant disease. Trends in Biotechnology, 12: 133-141.

Drira N. & Benbadis A., 1985. Multiplication végétative du palmier dattier (*Phoenix dactylifera* L.) par réversion en culture *in vitro* débauche florale de pieds femelle. Journal of Plant Physiology, 119: 227-235.

Dubost D. & Hetner P., 1968. La lutte contre le Bayoud, problèmes et méthodes. Service de la botanique. Faculté des sciences, Université d'Alger, 16 pp.

Dubost D. & Kada A., 1974. Etude expérimentale de l'inoculation de jeunes plantules de palmier dattier par *Fusarium oxysporum*. Bulletin d'Agronomie Saharienne, 1: 21-37.

Dubost D. & Kada A., 1975. Le bayoud à Ghardaia. Bulletin d'Agronomie Saharienne, 3: 29-61.

Dubost D. & Kellou R., 1974. Organisation de la recherche et de la lutte contre le bayoud en Algérie. Bulletin d'Agronomie Saharienne, 1: 5-13.

Duddridge J.A., Malibatia A.S. & Read J., 1980. Structure and function of mycorrhizal rhizomorphs with special reference to their role in water transport. Nature, 287: 834-836.

Duniway J.M., 2002. Status of chemical alternatives to methyl bromide for pre-plant fumigation of soil. Phytopathology, 92: 1337-1343.

Durrant W.E. & Dong X., 2004. Systemic acquired resistance. Annual Review of Phytopathology, 42: 185-209.

Duval J., 1992. L'élimination des phytopathogènes par le compostage. Agro-Bio www.http://eap.mcgill.ca/AgroBio

El Hadrami A., El Idrissi-Tourane A., El Hasseni M., Daayf F. & El Hadrami I., 2005. Toxine-based *in vitro* selection and its potential application to date palm for resistance to the Bayoud *Fusarium* wilt – a review. Comptes Rendus Biologies, 328: 732-744.

El Hadrami I., Ramos T., El Bellaj M., El Idrissi-Tourane A. & Macheix J.J., 1997. A sinapic derivative as induced defense compound of date palm against *Fusarium oxysporum* f. sp. *abledinis*, the agent causing Bayoud disease. Journal of Phytopathology, 145: 329-333.

El Hassni M., El Hadrami A., Daayf F., Cherif M., Ait Barka E. & El Hadrami I., 2007. Biological control of Bayoud disease in date palm: Selection of microorganisms inhibiting the causal agent and inducing defense reactions. Environmental and Experimental Botany, 59: 224-234.

El Hassni M., El Hadrami A., Daayf F., Chérif M., Ait Barka E. & El Hadrami I., 2006. Biological control of bayoud disease in date palm: election of microorganisms inhibiting the causal agent and inducing defense reactions. Environmental and Experimental Botany, 59(2): 224-234.

El Hassni M., J'Aiti F., Dihazi A., Ait Barka E., Daayf F. & El Hadrami I., 2004. Enhancement of defence responses against Bayoud disease by treatment of date palm seedlings with an hypoaggressive *Fusarium oxysporum* isolate. Journal of Phytopathology, 152: 182-189.

Elad Y. & Shtienberg D., 1994. Effect of compost water extracts on grey mould (*Botrytis Cinerea*). Crop protection, 13: 109-114.

El-Desouky T.A, May Amer M. & Khayria N., 2013. Effect of fenugreek seeds extracts on growth of aflatoxigenic fungus and aflatoxin B1 production. Journal of Applied Sciences Research, 9(7): 4418-4425.

Enyedi A.J., Yalpani N., Silverman P. & Raskin I., 1992. Localisation, conjugation and function of salicylic acid in tobacco during the hypersensitive reaction to tobacco mosaic virus. Proceedings of the National Academy of Sciences USA, 89: 2480-2484.

Erhart E., Burian K., Hartl W. & Stich K., 1999. Suppression of *Pythium ultimum* by biowaste composts in relation to compost microbial biomass, activity and content of phenolic compounds. Journal of Phytopathology, 147: 299-305.

Eshel D., Gamliel A., Grinstein A., Di Primo P. & Katan J., 2000. Combined soil treatments and sequence of application in improving the control of soilborne pathogens. Phytopathology, 90: 751-757.

Essarioui A. & Sedra M.H., 2007. Effet de la solarisation et du metam sodium sur les champignons telluriques et possibilité de lutte contre *Fusarium oxysporum* f. sp. *albedinis*, agent causal du Bayoud du palmier dattier. Al Awamia, 122: 135-151.

Essarioui A. & Sedra M.H., 2010. Biocides, soil solarization and fumigation to control *Fusarium oxysporum* f. sp. *albedinis* inciting bayoud disease on date palm. Acta Horticulturae, 882: 1001-1008.

Essarioui A. & Sedra M.H., 2017. Lutte contre la maladie du Bayoud par solarisation et fumigation du sol. Une expérimentation dans les palmeraies du Maroc. Cahiers Agricultures, 26: 45010.

Essarioui A., 2006. Comparaison entre les effets de la solarisation et du traitement chimique sur la microflore du sol de palmeraies et sélection d'un substrat organique inhibiteur du *Fusarium oxysporum* f. sp. *albedinis* agent causal du Bayoud du palmier dattier. Rapport de titularisation. INRA, Rabat, Maroc, 107 pp.

Essarioui A., Ben-Amar H., Khoulassa S., Meziani R., Amamou A. & Mokrini F., 2018. Gestion du Bayoud du palmier dattier dans les oasis marocaines. Revue Marocaine des Sciences Agronomiques et Vétérinaires, 6(4): 537-543.

Ezelin-De-Souza, K., 1998. Contribution à la valorisation de la bagasse par transformation biologique et chimique. Valeur agronomique des composts et propriétés suppressives vis-à-vis du champignon phytopathogène *Fusarium solani.* Thése de doctorat. Institut National Polytechnique de Toulouse, 390 pp.

FAO, 2002. Date Palm Cultivation. FAO, Rome, 156 pp.

Farmer E.E., Weber H. & Vollenweider S., 1998. Fatty acid signaling in *Arabidopsis*. Planta, 206: 167-174.

Fernandez D., Lourd M., Ouinten M., Tantaoui A. & Geiger J.P., 1995. Le Bayoud du palmier dattier: Une maladie qui menace la phoeniciculture. Phytoma-protection des végétaux, 469: 36-39.

Fernandez D., Ouinten M., Tantaoui A., Geiger J.P., Daboussi M.J. & Langin T., 1998. Fot1- specific insertion in *Fusarium oxysporum* f. sp. *albedinis* genome provide useful PCR targest for detection of the date palm pathogen. Applied and Environmental Microbiology, 64: 633-636.

Ferraz A.C., Angelucci M.E.A., Da-Costa M.L., Batista I.R., Da-Oliveira B.H. & Da-Cunha C., 1999. Pharmacological evaluation of ricinine, a central nervous system stimulant isolated from *Ricinus communis*. Pharmacology Biochemistry & Behavior, 63(3): 367-375.

Fesraoui Z.A., 2014. Étude des activités enzymatiques chez *Fusarium oxysporum* f. sp. *albedinis* et évaluation de l'effet antifongique de quelques molécules chimiques. Master de recherche. Faculté des sciences, Université d'Oran Es-Senia, 117 pp.

Feys B.J., Moisan L.J., Newman M.A. & Parker J.E., 2001. Direct interaction between the *Arabidopsis* disease resistance signaling proteins, EDS1 and PAD4. EMBO Journal, 20: 5400-5411.

FRAC, 2004. Fungicide List of Fungicide Resitance Action Committee. http://www.frac.info/publications.html

Fredericks M. & Denbrader K., 1988. Efficacité du bromure de méthyle et d'un mélange de bromure de méthyle et de chloropicrine sur le *Fusarium oxysporum* f. sp. *albedinis* (Bayoud) dans le sol. Table ronde sur le Bayoud, compte rendu des journées nationales sur la fusariose du Palmier Dattier, Urza-INRA, Alger, 19-20 Septembre, Ed. Laphonic, 27-35 pp.

Frederix M.J.J. & Den Brader K., 1989. Résultats des essais de désinfection des sols contenant des échantillons de *Fusarium oxysporum* f. sp. *albedinis*. FAO/PNUD/RAB /88/024. Ghardaia, Algérie.

Freeman S. & Maymon M., 2000. Reliable Detection of the Fungal Pathogen *Fusarium oxysporum* f. sp. *albedinis*, Causal Agent of Bayoud Disease of Date Palm, Using Molecular Techniques. Phytoparasitica, 28: 341-348.

Fritz R., Lanen C., Chapeland-Leclerc F. & Leroux P., 2003. Effect of the anilinopyrimidine fungicide pyrimethanil on the cystathionine b-lyase of *Botrytis cinerea*. Pesticide Biochemistry and Physiology, 77: 54-65.

Fuchs J.G., 2009. Fertilité et pathogènes telluriques: effets du compost. Institut de recherché de l'agriculture biologique Ackerstrasse, Frick, Suisse, 5 pp.

Fujita M., Fujita Y., Noutoshi Y., Takahashi F., Narusaka Y., Yamaguchi-Shinozaki K. & Shinozaki K., 2006. Crosstalk between abiotic and biotic stress responses: a current view from the points of convergence in the stress signaling networks. Current Opinion in Plant Biology, 9: 436-42.

Gaceb-Terrak R., 2010. Contribution à la connaissance des interactions palmier dattier (*Phoenix dactylifera* L.) – agent causal du bayoud (*Fusarium oxysporum* f. sp. *albedinis*) par analyses phytochimiques des lipides et des phenylpropanoides. Thèse de Doctorat d'état, Facultés des Sciences Biologiques, Université des Sciences et de la Technologie Houari Boumediene, Alger.

Gaffney T., Friedrich L., Vernooij B., Negrotto D., Nye G., Uknes S., Ward E., Kessmann H. & Ryals J., 1993. Requirement of salicylic acid for the induction of systemic acquired resistance. Science, 261: 754-756.

Gamliel A. & Katan J., 1992. Influence of seed and root exudates on fluorescent pseudomonads and fungi in solarized soil. Phytopathology, 82: 320-327.

Garbeva P., Van Veen J.A. & Van Elsas J.D., 2004. Microbial diversity in soil: selection of microbial population by plant and soil type and implications for disease suppressiveness. Annual Review of Phytopathology, 42: 243-270.

Gechev T.S. & Hille J., 2005. Hydrogen peroxide as a signal controlling plant programmed cell death. Cell Biology International, 168: 17-20.

Getha K. & Vikineswary S., 2002. Antagonistic effects of Streptomyces violaceusniger strain G10 on *Fusarium oxysporum* f. sp. *cubense* race 4: indirect evidence for the role of antibiosis in the antagonistic process. Journal of Industrial Microbiology & Biotechnology, 28: 303-310.

Ghini R., Patricio F.P.A., Souza M.D., Sinigaglia C., Barros B.C., Lopes, M.E.B.M., Neto J.T. & Cantarella H., 2003. Solarization effects on physical, chemical and biological properties of soils. Revista Brasileira de Ciencia do Solo, 27: 71-79.

Ghomari F.N., 2009. Moyens de Luttes Chimique et Biologique Contre le *Fusarium oxysporum* f. sp. *albedinis* Agent Causal du Bayoud Chez le Palmier Dattier *Phœnix* *dactylifera* (L.). Master de recherche. Faculté des sciences, Université d'Oran Es-Senia, 131 pp.

Gilardi G., Demarchi S., Gullino M.L. & Garibaldi A., 2014. Varietal resistance to control *fusarium* wilts of leafy vegetables under greenhouse. Communications in Agricultural and Applied Biological Sciences, 79, 21-27.

Glazebrook J., Chen W., Estes B., Chang H.S., Nawrath C., Métraux J.P., Zhu T. & Katagiri F., 2003. Topology of the network integrating salicylate and jasmonate signal transduction derived from global expression phenotyping. Plant Journal, 34: 217-228.

Glazebrook J., Rogers E.E. & Ausubel F.M., 1996. Isolation of Arabidopsis mutants with enhanced disease susceptibility by direct screening. Genetics, 143: 973-982.

Glick B.R. & Bashan Y., 1997. Genetic manipulation of plant growth promoting bacteria to enhance biocontrol of phytopathogens. Biotechnology Advances, 15: 353-378.

Gomez E., Ferreras L. & Toresani S., 2006. Soil bacterial functional diversity as influenced by organic amendment application. Bioresource Technology, 97: 1484-1489.

Grayer R.J. & Harborne J.B.A., 1994. Survey of antifungal compounds from higher plants, 1982-1993. Phytochemistry, 37: 19-42.

Griffin G.J., 1970. Carbon and nitrogen requirements for macroconidial germination of *Fusarium solani*: dependence on conidial density. Canadian Journal of Microbiology, 16: 733-740.

Griffin G.J., 1976. Roles of low pH, carbon and inorganic nitrogen source use in chlamydospore formation by *Fusarium solani*. Canadian Journal of Microbiology, 22: 1381-1389.

Gupta V.K., Misra A.K., Gaur R., Pandey R. & Chauhan U.K., 2009. Studies of genetic polymorphism in the isolates of *Fusarium solani*. Australian Journal of Crop Science, 3(2): 101-106.

Hadian S., Rahnama K., Jamali S. & Eskandari A., 2011. Comparing Neem extract with chemical control on *Fusarium oxysporum* and *Meloidogyne incognita* complex of tomato. Advances in Environmental Biology, 5(8): 2052-2057.

Hakkou A. & Bouakka M., 2004. Oasis de Figuig: l'état actuel de la palmeraie et incidence de la fusariose vasculaire (Bayoud). Sécheresse, 15(2): 147-158.

Hakkou A., Chakroune K., Bouakka M., Souna F., Cotxarrera L. & Trillas M.I, 2011. Effect of nitrogen sources on the composting of date palm (*Phoenix dactylifera*) by-products infected by *Fusarium oxysporum* f. sp. *albedinis*. Advances in Environmental Biology, 5(7): 1638-1646.

Hamm P.B., Ingham R.E., Jaeger J.R., Swanson W.H. & Volker K.C., 2003. Soil fumigant effects on three genera of potential soilborne pathogenic fungi and their effect on potato yield in the Columbia Basin of Oregon. Plant Disease, 87: 1449-1456.

Harborne J.B., 1999. The comparative biochemistry of phytoalexin induction in plants. Biochemical Systematics and Ecology, 27: 335-368.

Hatimi A., 1989. Etude de la réceptivité des sols de palmeraies marocaines au (Bayoud). Thèse de Doctorat 3ème cycle, Marrakech, 58 pp.

Haug R.T., 1993. The practical handbook of compost engineering. Lewis Publ., Boca Raton, Florida, USA, 717 pp.

Heath M.C., 1998. Apoptosis, programmed cell death and the hypersensitive response. European Journal of Plant Pathology, 104: 117-124.

Heath M.C., 2000. Hypersensitive response-related death. Plant Molecular Biology, 44: 321-334.

Hethener P., 1970. Pour une recherche sur l'écologie du *Fusarium oxysporum* f. sp. *albedinis*. Al Awamia, 35: 183-192.

Heydari A. & Pessarakli M., 2010. A Review on biological control of fungal plant pathogens using microbial antagonists. Journal of Biological Sciences, 10: 273-290.

Hibar K., Daami-Remadi M., Khiareddine H. & El Mahjoub M., 2005. Effet inhibiteur *in vitro* et *in vivo* du *Trichoderma harzianum* sur *Fusarium oxysporum* f. sp. *radicislycopersici*. Biotechnologie, Agronomie, Société et Environnement, 9(3): 163-171.

Hoitink H.A.J. & Boehm M.J., 1999. Biocontrol within the context of soil microbial communities: A substrate-dependent phenomenon. Annual Review of Phytopathology, 427-445.

Hoitink H.A.J. & Fahy P.C., 1986. Basis for the control of soilborne plant pathogens with composts. Annual Review of Phytopathology, 24: 93-114.

Hoitink H.A.J., Boehm M.J. & Hadar Y., 1993. Mechanisms of suppression of soilborne plant pathogens in compost-amended substrates: Science and engineering of composting; design, environmental, microbiological and utilization aspects. *In*: Hoitink H.A.J. & Keener H.M. (Eds.). The Ohio State University.

Hoitink H.A.V., Stone A.G. & Han D.Y., 1997. Suppression of plant disease by composts. Hortscience, 32(2): 184-187.

Horst L.E., Locke J., Krause C.R., Mc-Mahon R.W., Madden L.V. & Hoitink H.A.J., 2005. Suppression of *Botrytis* blight of Begonia by *Trichoderma hamatum* 382 in peat and compost-amended potting mixes. Plant Disease, 89: 1195-1200.

Hunt M.D. & Ryals J.A., 1996. Systemic acquired resistance signal transduction. Critical Reviews in Plant Sciences, 15: 583-606.

Hwang S., Howard R., Strelkov S., Gossen B. & Peng G., 2014. Management of clubroot (*Plasmodiophora brassicae*) on canola (*Brassica napus*) in western Canada. Canadian Journal of Plant Pathology, 36: 49-65.

Jaiti F., Dihazi A., El Hasni M., EL Hadrami A. & EL Hadrami I., 2004. Effect of exogenous application of jasmonc acid on date palm defense reaction against *Fusarium oxysporum* f. sp. *albedinis*. Phytopathologia Mediterranea, 43: 325-331.

Jeris J.S. & Regan R.W., 1973. Controlling environmental parameters for optimum composting. Compost Science & Utilization, 14: 8-22.

Jimenez-Gonzalez L., Alvarez-Corral M., Munoz-Dorado M. & Rodriguez-Garcia I., 2008. Pterocarpans: interesting natural products with antifungal activity and other biological properties. Phytochemistry Reviews, 7: 125-154.

Johnson C., Boden E. & Arias J., 2003. Salicylic Acid and NPR1 Induce the Recruitment of trans activating TGA factors to a defense gene promoter in *Arabidopsis*. Plant Cell, 15: 1846-1858.

Jones J.D.G. & Dangl J.L., 2006. The plant immune system. Nature, 444: 323-329.

Jones J.P. & Woltz S.S., 1981. *Fusarium* incited diseases of tomato and potato and their control. Basis for a diseases control system in *Fusarium* diseases. Biology and taxonomy, 340-349.

Jouan B. & Lemaire J.M., 1974. Modification des biocénoses du sol: Etude préliminaire de l'influe ce de l'incorporation de substrats nutritifs au sol et ses conséquences pour l'évolution d'agents phytopathogènes d'origine tellurique. Annales phytopathologiques, 6: 297-308.

Kada A. & Dubost D., 1975. Le bayoud à Ghardaia. Bulletin d'Agronomie Saharienne, Algérie, 1(13): 29-61.

Kai H., Tohru U. & Maashahiro S., 1990. Antimicrobial activity of bark-compost extracts. ATTRA: Appropriate Technology Transfer for Rural Areas.

Kandaswami C. & Middleton E., 1994. Free radical scavenging and anti-oxidant activity of plant flavonoids. Advanced Experimental Medicine and Biology, 41: 351- 356.

Karkachi N., 2013. Evaluation de l'effet de triazoles vis-à-vis de *Fusarium oxysporum* sp. *albedinis*. Thèse de doctorat, université d'Oran Algerie, 107 pp.

Katan J., 1981. Solar heating (solarization) of soil for control of soil-borne pests. Annual Review of Phytopathology, 19: 211-236.

Kessmann H., Staub T., Hofmann C., Maetzke T. & Herzog J., 1994. Induction of systemic acquired disease resistance in plants by chemicals. Annual Review of Phytopathology, 32: 439-459.

Kinkema M., Fan W. & Dong X., 2000. Nuclear localization of NPR1 is required for activation of PR gene expression. Plant Cell, 12: 2339-2350.

Kloepper J.W., Ryu C.M. & Zhang S.A., 2004. Induced systemic resistance and promotion of plant growth by *Bacillus* spp. Journal of Phytopathology, 94: 1259-1266.

Knoll K.H., 1961. Public health and refuse disposal. Compost Science & Utilization, 2: 35-40.

Kra K.D., Diallo H.A. & Kouadio Y.J., 2009. Activités antifongiques de l'extrait de *Chromolaena odorata* (L.) King & Robinssur deux isolats de *Fusarium oxysporum* (E.F. Sm.) responsables du jaunissement mortel des feuilles des bananiers. Journal of Applied Biosciences, 24: 1488-1496.

Kuter G.A., Hoitink H.A.J. & Rossman L.A., 1985. Effects of aeration and temperature on composting of municipal sludge in a full-scale vessel system. Journal of the Water Pollution Control Federation, 57 : 309- 315.

Lakhdar M., 2016. Recherche d'activité biologique de molécules végétales pour la lutte contre *Fusarium oxysporum* f. sp. *albedinis*. Thèse pour l'obtention du Diplôme de Doctorat en Sciences agronomiques. Faculté des Sciences de la nature et de la vie. Université des Sciences et de la Technologie d'Oran Mohamed Boudiaf, Algerie, 191 pp.

Lamb C. & Dixon R.A., 1997. The oxidative burst in plant disease resistance. Annual review of plant physiology and plant molecular biology, 48: 251-275.

Laoufi Z., 1978. Les champignons de la Rhizosphère du palmier dattier (*Phoenix dactylifera*), USTA, Algérie.

Laref N. & Guessas B., 2013. Antifungal activity of newly isolates of lactic acid Bacteria. Innovative Romanian Food Biotechnology, 13: 80-88.

Larkin R.P., Honeycutt C.W. & Olanya O.M., 2011. Management of *Verticillium* wilt of potato with disease suppressive green manures and as affected by previous cropping history. Plant Disease, 95: 568-576.

Lawton K., Friedrich L., Hunt M., Weymann K., Staub T., Kessmann H. & Ryals J., 1996. Benzothiadiazole induces disease resistance in *Arabidopsis* by activation of the systemic acquired resistance signal transduction pathway. Plant Journal, 10: 71-82.

Lee S.C. & Hwang B.K., 2005. Induction of some defense-related genes and oxidative burst is required for the establishment of systemic acquired resistance in *Capsicum annuum*. Planta, 221: 790-800.

Lemanceau P., 1992. Effets bénéfiques des rhizobactéries sur les plantes: exemple des *Pseudomonas* spp. fluorescents. Agronomie, 12: 413-437.

Leroux P., 2003a. Fungicide resistance in plant pathogens: A phenomenon difficult to manage? Phytoma, 566: 36-40.

Leroux P., 2003b. Modes d'action des produits phytosanitaires sur les organismes pathogènes des plantes. C R Biologies, 326: 9-21.

Levine A., Pennell R.I., Alvarez M.E., Palmer R. & Lamb C., 1996. Calcium-mediated apoptosis in a plant hypersensitive disease resistance response. Cell, 79: 583-593.

Li H., Liu L., Zhang S., Cui W. & Lv J., 2012. Identification of Antifungal Compounds Produced by *Lactobacillus casei* AST18. Current Microbiology, https://doi.org/10.1007/s00284-012-0135-2

Li X., Zhang Y., Clark J.D., Li Y. & Dong X., 1999. Identification and cloning of a negative regulator of systemic acquired resistance, SNI, through a screen for suppressors of npr1-1. Cell, 98: 329-339.

Linderman R.G. & Gilbert R.G., 1973. Influence of volatile compounds from alfalfa chay on microbial activity in soil in relation to growth of *Sclerotium rolfsii*. Phytopathology, 63: 359-362.

Loake G. & Grant M., 2007. Salicylic acid in plant defence--the players and protagonists. Current Opinion in Plant Biology, 10: 466-472.

Louvet J. & Bulit J., 1972. Le Bayoud, fusariose vasculaire du palmier dattier: Symptômes et nature de la maladie. *In*: Le palmier dattier et sa fusariose vasculaire (Bayoud), DRA-Maroc, INRA-France.

Louvet J. & Toutain G., 1973. Recherches sur les Fusarioses: Nouvelles observations sur la Fusariose du Palmier dattier et précisions concernant la lutte. Annual Review of Phytopathology, 5: 35-52.

Louvet J., 1977. Observation sur la localisation des chlamydospores de *Fusarium oxysporum* dans les tissus des plantes parasitaires. INRA, Societe Francaise de Phytopathologie, Paris, 193-197 pp.

Louvet J., 1991. Que devons-nous faire pour lutter contre le Bayoud: Physiologie des Arbres et Arbustes en zones arides et semi-arides. *In*: Riedaker A., Dreyer E., Pafadnam C., Joly H. & Bory G., (Ed.). Groupe d'étude de l'arbre, Jhon Libbey Eurotext, Paris, France, 337-346 pp.

Louvet J., Rouxel F. & Alabouvette C., 1976. Recherches sur la résistance des sols aux maladies: Mise en évidence de la nature microbiologique de la résistance d'un sol au développement de la fusariose vasculaire du melon. Annales phytopathologique, 8: 425-436.

Mahdi N., 1984. Essai de sélection de quelques souches de *Fusarium solani* et *Fusarium oxysporum* antagonistes du *Fusarium oxysporum* f. sp. *albedinis* (Killian et Maire) Gordon, agent du Bayoud, Algérie.

Mahdi N., 2011. Essai de lutte biologique contre la Fusariose vasculaire du Palmier Dattier (*Phoenix dactylifera* L.). Master en Phytopathologie. Faculté des Sciences Biologiques et Sciences Agronomiques. Université Mouloud Mammeri de Tizi Ouzou, 103 pp.

Malamy J. & Klessig D., 1992. Salicylic acid and plant defense resistance. Plant Journal, 2: 643-654.

Malamy J., Carr J.P., Klessig D.F. & Raskin I., 1990. Salicylic acid a likely endogenous signal in the resistance response of tobacco to viral infection. Science, 250: 1002-1004.

Martinez C., Montillet J.L., Bresson E., Agnel J.P., Dai G.H., Daniel J.F., Geiger J.P. & Nicole M., 1998. Apoplastic peroxidase generates superoxide anions in cells of cotton cotyledons undergoing the hypersensitive reaction to *Xanthomonas campestris* pv. *malvacearum* race 18. Molecular Plant-Microbe Interactions, 11: 1038-1047.

Martinez G.E., Albarracin N., Arcia A., Subero L. & Albarracin M., 1996. Basal rot of garlic caused by *Fusarium oxysporum*. Agronomia Tropical, 46: 265-273.

Martinez R.A., Di Pietro L.A., Ruiz-Roldán M.C. & Roncero M.I.G., 2008. Ctf1, a transcriptional activator of cutinase and lipase genes in *Fusarium oxysporum* is dispensable for virulence. Molecular Plant Pathology, 9: 293-304.

Maslouhy A., 1989. Contribution à l'étude *in vitro* et *in situ* des antagonistes de *Fusarium oxysporum* f. sp. *albedinis*, agent causal du Bayoud. Diplôme des Etudes Supérieures. Université Cadi Ayyad, Marrakech.

Mauch F., Mauch-Mani B. & Boller T., 1988. Antifungal hydrolases in pea: Inhibition of fungal growth by combinations of chitinase and ß-1,3-glucanase. Plant Physiology, 88: 936-942.

Mazzola M., Granatstein D.M., Elfving D.C. & Mullinix K., 2001. Suppression of specific apple root pathogens by *Brassica napus* seed meal amendment regardless of glucosinolate content. Phytopathology, 91: 673-679.

McQuilken M.P., Whipps J.M. & Lynch J.M., 1994. Effects of water extracts of a composted manure-straw mixture on the plant pathogen *Botrytis cinerea*. World journal of microbiology and biotechnology, 10: 20-28.

Mebarki L., Kaid Harche M., Benlarbi L., Amina R. & Aicha S., 2013. Phytochemical Analysis and Antifungal Activity of *Anvillea Radiata*. World Applied Sciences Journal, 26(2): 165-171.

Mebarki L., Kaid Harche M., Benlarbi L., Hamza K. & Mohamed M., 2015. *Bubonium graveolens* extracts for controlling *Fusarium oxysporum* f. sp. *albedinis*. Romanian Biotechnological Letters, 20(1): 10026-10035.

Mebarki L., Kaid Harche M., Benlarbi L., Rahmani A. & Sarhani A., 2013. Phytochemical analysis and antifungal activity of *Anvillea radiata*. World Applied Sciences Journal, 26(2): 165-171.

Meera C.R., Syama C., Rakhi J., Wilsy W., Anjana J.C. & Ruveena T.N., 2011. Antimicrobial and Anti-Oxidant Activities of Polysaccharides Isolated from an Edible Mushroom, *Pleurotus florida*. Advanced Biotech, 10(8): 12-13.

Mehdy M.C., 1994. Active oxygen species in plant defense against pathogens. Plant Physiology, 105: 467-472.

Mercado-Blanco J. & Bakker P.A.H.M., 2007. Interactions between plants and beneficial *Pseudomonas* spp.: exploiting bacterial traits for crop protection. Antonie Van Leeuwenhoek, 92: 367-389.

Messian C.M., Blancard D., Rouxel F. & Lafon R., 1991. Les maladies des plantes maraichéres. 3[éme] édition, INRA, 552 pp.

Métraux J.P., Signer H., Ryals J., Ward E., Wyss-Benz M., Gaudin J., Raschdorf K., Schmid E., Blum W. & Inverardi B., 1990. Increase in salicylic acid at the onset of systemic acquired resistance in cucumber. Science, 250: 1004-1006.

Middleton E. & Kandaswami C., 1992. Effects of flavonoids on immune and inflammatory cell functions. Biochemical Pharmacology, 43: 1167-1179.

Mikolajczyk M., Awotunde O.S., Muszynska G. et al. 2000. Osmotic stress induces rapid activation of a salicylic acid-induced protein kinase a homolog of protein kinase ASK1 in tobacco cell. Plant Cell, 12: 165-178.

Miranda M., Ralph S.G., Mellway R., White R., Heath M.C., Bohlmann J. & Constabel C.P., 2007. The transcriptional response of hybrid poplar (*Populus trichocarpa* x *P. deltoides*) to infection by *Melampsora medusae* leaf rust involves induction of flavonoid pathway genes leading to the accumulation of proanthocyanidins. Molecular Plant-Microbe Interactions, 20: 816-831.

Mitchell J.E., 1979. The dynamics of the inoculum potential of populations of soil-borne plant pathogens in the soil ecosystem. *In*: Soil-Borne Plant Pathogen (Eds. Schippers B. & Gams W.). Academic press, London, 3-30 pp.

Mittler R., Vanderauwera S., Gollery M. & Van Breusegem F., 2004. Reactive oxygen gene network of plants. Trends in Plant Science, 9: 490-498.

Mizuno T., Sakai T. & Chihara G., 1995. Health foods and medicinal usage of mushrooms. Food Reviews International, 11(1): 69-81.

Montealegre J.R., Reyes-Perez L.M., Herrera R., Silva P. & Besoain X., 2003. Selection of bio-antogonistic bacteria to be used in biological control of *Rhizoctonia solani* in tomato. Electronic Journal of Biotechnology, 6: 115-127.

Mou Z., Fan W. & Dong X., 2003. Inducers of plant systemic acquired resistance regulate NPR1 function through redox changes. Cell, 113: 935-944.

Mouria B., Ouazzani-Touhami A. & Douira A., 2014. Effets *in vitro* et *in vivo* du compost sur *Verticillium dahliae*, agent causal de la verticilliose de la tomate. Bulletin de la Société Royale des Sciences de Liège, 83: 10-34.

Muhialdin B.J. & Hassan Z., 2011. Screening of Lactic Acid Bacteria for Antifungal Activity against *Aspergillus oryzae*. American Journal of Applied Sciences, 8: 447- 451.

Mustin M., 1987. Le compost, Gestion de la matière organique. François Dubusc, 954 pp.

Neuenschwander U., Vernooij B., Friedrich L., Uknes S., Kessmann H. & Ryals J., 1995. 1s hydrogen peroxide a second messenger of salicylic acid in systemic acquired resistance? Plant Journal, 8: 227-233.

Nicolás C., Hermosa R., Rubio B., Mukherjee P.K. & Monte E., 2014. *Trichoderma* genes in plants for stress tolerance- status and prospects. Plant Science, 228: 71-78.

Niderman T., Genetet I., Bruyere T., Gees R., Stintzi A., Legrand M., Fntig B. & Mosinger E., 1995. Pathogenesis-related PR-1 proteins are antifungd: Isolation and characterization of three 14-kilodalton proteins of tomato and of a basic PR-1 of tobacco with inhibitory activity against *Phytophthora infestans*. Plant Physiology, 108: 17-27.

Nixon W. & Furr J., 1965. Problems and progress in date breeding. Ann. Date Growers Inst. FAO, 42: 2-5.

OEPP/EPPO, 1990. Exigences spécifiques de quarantaine. Document technique de l'OEPP N°1008.

Oihabi A., 1991. Etude de l'influence des mycorhizes à V.A. sur le Bayoud et la nutrition du palmier dattier. Thèse de Doctorat, Université Cady Ayad Marrakech Maroc.

Oihabi A., Hatimi A. & Amir H., 1992. Etude de la réceptivité au Bayoud de deux sols de palmeraies marocaines. Phytopathologia Mediterranea, 31: 19-27.

Ouinten M., 1996. Diversité et structure génétiques des populations algériennes de *Fusarium oxysporum* f. sp. *albedinis*, agent de la fusariose vasculaire (Bayoud) du palmier dattier. Thèse PhD, Université Montpellier II, Montpellier, 170 pp.

Owusu E. & Wild A., 1979. Autoradiography of the depletion zone of phosphate around onion roots in the presence of vesicular-arbuscular mycorrhiza. New Phytologist, 84: 327-328.

Painter T.J., 1991. Lindow man, tollund man and other peat-bog bodies: the preservative and antimicrobial action of Sphagnan, a reactive glycuronoglycan with tanning and sequestering properties. Carbohydrate Polymers, 15(2): 123-142.

Panina Y.S., Gerasimova N.G., Chalenko G.I., Vasyukova N.I. & Ozeretskovskaya O.L., 2004. Salicylic Acid and Phenylalanine Ammonia-Lyase in Potato Plants Infected with the Causal Agent of Late Blight. Russian Journal of Plant Physiology, 52: 511-515.

Papavizas G.C., 1968. Survival of root-infecting fungi in soil: Effect of amendments on bean root rot caused by *Thielaviopsis basicola* and on inoculum density of the causal organism. Phytopathology, 58: 421-428.

Param J.S. & Mehpotra R.S., 1980. Biological control of Rhizoctonia hataticola on Gram by coating seedwilth *Bacillus* and *Streptomyces* sp. and their influence on plant growth. Plant and soil, 56: 475-488.

Park C., Paultz J. & Baker R., 1988. Biocontrol of *Fusaruim* wilt of cucumber resulting from interactions between *Pseudomonas putida* and non pathogenic isolates of *Fusarium oxysporum*. Phytopathology, 78: 190-194.

Patricio F.R.A., Sinigaglia C., Barros B.C., Freitas S.S., Neto J.T., Cantarella H. & Ghini R., 2006. Solarization and fungicides for the control of drop, bottom rot and weeds in lettuce. Crop Protection, 25: 31-38.

Patrick Z.A. & Toussoun T.A., 1965. Plant residues and organic amendments in relation to biological control: Ecology of soil Borne Plant Pathogens; Prelude to Biological control. *In*: Baker K.F. & Snyder W.C. (Eds.). University of California Press, 440-459 pp.

Pera J. & Calvet C., 1989. Suppression of *Fusarium* wilt of carnation in a composted pine bark and a composted olive pomace. Plant Disease, 73: 699-700.

Pérez-Jiménez R.M., 2008. Significant avocado diseases caused by fungi and oomycetes. European Journal of Plant Science and Biotechnology, 2: 1-24.

Pérez-Piqueres A., Edel-Hermann V., Alabouvette C. & Steinberg C., 2006. Response of soil microbial communities to compost amendments. Soil Biology & Biochemistry, 38: 460-470.

Phae C.G. & Shoda M., 1990. Expression of the suppressive effect of *Bacillus subtilis* on phytopathogens in inoculated composts. Journal of Fermentation and Bioengineering, 6: 409-414.

Pinkerton J.N., Ivors K.L., Miller M.L. & Moore L.W., 2000. Effect of soil solarization and cover crops on populations of selected soil-borne plant pathogens in western Oregon. Plant Disease, 84: 952-960.

Pitt J.I., 2000. Toxigenic fungi and mycotoxins. British Medical Bulletin, 56(1): 184-192.

Porras M., Barrau C., Arroyo F.T., Santos B., Blanco C. & Romero F., 2007. Reduction of *Phytophthora cactorum* in strawberry fields by *Trichoderma* spp. and soil solarization. Plant Disease, 91: 142- 146.

Postma J., Montanari M. & Van Den Boogert P.H.J.F., 2003. Microbial enrichment to enhance the disease suppressive activity of compost. European Journal of Soil Biology, 39: 157-163.

Pradhanang P.M., Momol M.T., Olson S.M. & Jones J.B., 2003. Effects of plant essentialoils on *Ralstonia solanacearum* population density and bacterial wilt incidence in tomato. Plant disease, 87: 423-427.

Pugliese M., Liu B., Gullino M. & Garibaldi A., 2008. Selection of antagonists from compost to control soil-borne pathogens. Journal of Plant Diseases and Protection, 115(5): 220-228.

Quenzar B., Trifi M., Bouachrine B., Hartmann C., Marrakchi M., Benslimane A. & Rode A., 2001. A mitochondrial molecular marker of resistance to bayoud disease in date palm. Theoretical and Applied Genetics, 103: 366-370.

Raj H. & Bhardwaj M.L., 2000. Soil solarization for controlling soil-borne pathogens in vegetable crops. Indian Journal of Agricultural Sciences, 70: 305-307.

Raskin I., 1992. Role of salicylic acid in plants. Annual Review of Plant Physiology and Plant Molecular Biology, 43: 439-463.

Rauscher M., Ádám A.L., Wirtz S., Guggenheim R., Mendgen K. & Deising H.B., 1999. PR-1 protein inhibits the differentiation of rust infection hyphae in leaves of acquired resistant broad bean. Plant Journal, 19: 625-633.

Rhouma A., 2019. Étude de quelques approches de la lutte biologique intégrée vis-à-vis du dépérissement des Cucurbitacées à *Monosporascus cannonballus*. Thèse de doctorat. Institut Supérieur Agronomique de Chott-Mariem, Sousse, Université de Sousse, Tunisie, 336 pp.

Rhouma A., Ben Salem I., Boughalleb-M'Hamdi N. & Gomez J.I.R.G., 2016. Efficacy of two fungicides for the management of *Phytophthora infestans* on potato through different applications methods adopted in controlled conditions. International Journal of Applied and Pure Science and Agriculture, 2(12): 39-45.

Rhouma A., Ben Salem I., M'Hamdi M. & Boughalleb-M'Hamdi N., 2018. Antagonistic potential of certain soilborne fungal bioagents against *Monosporascus* root rot and vine decline of watermelon and promotion of its growth. Novel Research in Microbiology Journal, 2: 85-100. https://doi.org/10.21608/NRMJ.2018.17864.

Robert A. & Benkhalifa A., 1991. Progression de la fusariose du palmier dattier en Algérie. Sécheresse, 2(2): 119-128.

Rocher F., 2004. Lutte chimique contre les champignons pathogènes des plantes : évaluation de la systémie phloémienne de nouvelles molécules à effet fongicide et d'activateurs de réactions de défense. Thèse de doctorat. Faculté des Sciences Fondamentales et Appliquées, université de Poitiers, France, 164 pp.

Rouxel F., 1978. Etude de la résistance microbiologique des sols aux fusarioses vasculaires : Application aux sols de la basse vallée de la Durance. Thèse doctorat, Université de Dijon, 151 pp.

Rouxel F., Alabouvette C. & Louvet J., 1979. Recherches sur la résistance des sols aux maladies. IV : Mise en évidence du rôle des *Fusarium* autochtones dans la résistance d'un sol à la fusariose vasculaire du melon. Annales de phytopathologie, 2: 199-207.

Rüffer M., Steipe B. & Zenk M.H., 1995. Evidence against specific binding of salicylic acid to plant catalase. FEBS Letters, 377: 175-180.

Ryals J., Weymann K., Lawton K., Friedrich L., Ellis D. et al. 1997. The Arabidopsis NIM1 protein shows homology to the mammalian transcription factor inhibitor IB. Plant Cell, 9: 425-439.

Saaidi M. & Rodet J.R., 1974. Lutte contre le Bayoud. II Efficacité de 2 fongicides sur *Fusarium oxysporum* f. sp. *albedinis*, agent du Bayoud «*In vitro*». El Awamia, 53: 123-132.

Saaidi M., 1979. Contribution à la lutte contre le bayoud, fusariose vasculaire du palmier dattier. Thèse de doctorat, université Dijon-France, 140 pp.

Saaidi M., 1990. Amélioration génétique du palmier dattier critères de sélection, techniques et résultats. Options Méditerranéennes, 11: 133-154.

Saaidi M., 1992. Comportement au champ de 32 cultivars de palmier dattier vis-à-vis du Bayoud : 25 ans d'observations. Agronomie, 12: 259-370.

Sabaou N., 1979. Le palmier dattier et la fusariose. IV : Antagonisme d'*Aspergillus Flavus* vis-à-vis du *Fusarium oxysporum* f. sp. *albedinis*. Bulletin de la Société d'Histoire Naturelle de l'Afrique du Nord, 68: 37-44.

Sabaou N., 1980. Antagonisme de deux Actilomycètes vis-à-vis du *Fusarium oxysporum* f. sp. *albedinis* (Killian et Maire) Gordon et d'autres champignons. Thèse magister, USTHB, Alger.

Sabaou N., Amir H. & Bounaga D., 1980. Le palmier dattier et la fusariose. X: dénombrement des Actinomycètes de la Rhizosphère, leur antagonisme vis-à-vis du *Fusarium oxysporum* f. sp. *albedinis*. Annales de Phytopathologie, 12: 253-257.

Sahu K.C. & Narain A., 1995. Viability of sclerotia of *Sclerotium rolfsii* in soil at different temperature and moisture levels. Environment and Ecology, 13: 300-303.

Salzman R.A., Tikhonova I., Bordelon B.P., Hasegawa P.M. & Bressan R.A., 1998. Coordinate accumulation of antifungal proteins and hexoses constitutes a developmentally controlled defense response during fruit ripening in grape. Plant Physiology, 117: 465-472.

Schonfeld J., Gelsomino A., Van Overbeek L.S., Gorissen A., Smalla K. & Van Elsas J.D., 2003. Effect of compost addition and simulated solarisation on the fate of *Ralstonia solanacearum* biovar 2 and indigenous bacteria in soil. FEMS Microbiology Ecology, 43: 63-74.

Sedra M.H. & Rouxel F., 1989. Résistance des sols aux maladies. Mise en évidence de résistance d'un sol de la palmeraie de Marrakech aux fusarioses vasculaires. Al Awamia, 66: 35-54.

Sedra M.H., 1993. Lutte contre le Bayoud, Fusariose vasculaire du palmier dattier causée par *Fusarium oxysporum* f. sp. *albedinis*: sélection des cultivars et clones de qualité résistants et réceptivité des sols de palmeraies à la maladie. Thèse de doctorat d'état, Université Cadi Ayyad, Marrakech, Maroc, 128 pp.

Sedra M.H., 1994a. Mise au point d'une méthode pour l'évaluation rapide de la résistance au Bayoud de plantules du palmier dattier issues de semis. Al Awamia, 86: 21-41.

Sedra M.H., 1994b. Évaluation de la résistance à la maladie du Bayoud causé par *Fusarium oxysporum* f. sp. *albedinis* chez le palmier dattier: Recherche d'une méthode fiable d'inoculation expérimentale en pépinière et en plantation. Agronomie, 14: 445-452.

Sedra M.H., 1995. Problèmes phytosanitaires du palmier dattier en Mauritanie et propositions de moyens de lutte. Rapport de mission d'expertise effectuée en Mauritanie du 8 au 16 juin 1995. Réseau de recherche & développement du palmier dattier Bi, Fiad, Fades, Acsad, Syrie.

Sedra M.H., 2003. Le bayoud du palmier dattier en Afrique du nord, FAO, RNE/SNEA-Tunis. Edition FAO sur la protection des plantes, 125 pp.

Sedra M.H., 2005a. La maladie du Bayoud du palmier dattier en Afrique du Nord: Diagnostic et caractérisation. *In*: Boulanouar B. & Kradi C. (Eds.). Actes du symposium International sur le développement Durable des Systémes oasiens du 08 au 10 mars. Erfoud Maroc.

Sedra M.H., 2005b. Caractérisation des clones sélectionnés du palmier dattier et prometteurs pour combattre la maladie du Bayoud. *In*: Boulanouar B. & Kradi C. (Eds.). Actes du symposium International sur le développement Durable des Systémes oasiens du 08 au 10 mars. Erfoud Maroc.

Sedra M.H., 2015. Date palm status and perspective in Mauritania. Date Palm Genetic Resources, Cultivar Assessment, Cultivation Practices and Novel Products. *In*: Al-Khayri J.M., Jain S.M. & Johnson D.V. (Eds.). Africa and the Americas, Springer, Netherlands, Dordrecht, 225-268 pp.

Sedra My.H. & Bah N., 1993. Développement saprophytique et comportement du *Fusarium oxysporum* f. sp. *albedinis* des différents sols de palmeraies. Al Awamia, 82: 53-70.

Selvaraj J.C., 1978. Systemic fungicides in the control of Bayoud diseases of date palm. World crops, 30: 116-119.

Senechkin I.V., Van Overbeek L.S. & Van Bruggen A.H.C., 2014. Greater *Fusarium* wilt suppression after complex than after simple organic amendments as affected by soil pH, total carbon and ammoniaoxidizing bacteria. Applied Soil Ecology, 3: 148-155.

Serra-Wettling C., Houot S., Alabouvette C. & Rouxel F., 1997. Supressiveness of municipal solid waste composts to plant diseases induced by soilborne pathogens. Modern Agriculture and the Environment, 373-381.

Serra-Wittling C., 1995. Valorisation de composts d'ordures ménagères en protection des cultures: Influence de l'apport de composts sur le développement des maladies d'origine tellurique et le comportement de pesticides dans un sol. Thèse de doctorat, INA-PG, 220 pp.

Serra-Wittling C., Barriuso E. & Houot S., 1996. Impact of composting type on composts organic matter characteristics: The Science of composting. *In*: Bertoldi et al. (Eds.). Blackie Academic and Professionnal, Bologne.

Sghir F., Touati J., Chliyeh M., Mouria B., Touhami A.O., Filali-Maltouf A., El Modafar C., Moukhli A., Benkirane R. & Douira A., 2015. Effect of *Trichoderma harzianum* and endomycorrhizae on the suppression of *Fusarium* wilt in plants of two date palm varieties: Majhoul and Boufeggous. International Journal of Advances in Pharmacy, Biology and Chemistry, 4: 378 -396.

Sghir F., Touati J., Mouria B., Touhami A.O., Filali-Maltouf A., El Modafar C., Moukhli A., Benkirane R. & Douira A., 2016. Variation in pathogenicity of *Fusarium oxysporum* f. sp. *albedinis* on two cultures associated with date palm of Moroccan oasis. World Journal of Pharmaceutical and Life Sciences, 2(3): 56-68.

Shachaf T.D., Austerweil M. & Steiner B., 2007. Generation and dissipation of methyl isothiocyanate in soils following metam sodium fumigation: impact on *Verticillium* control and potato yield. Plant Disease, 91: 497-503.

Shah J., 2003. The salicylic acid loop in plant defense. Current Opinion in Plant Biology, 6: 365-371.

Shah J., Tsui F. & Klessig D.F., 1997. Characterization of a salicylic acid-insensitive mutant (sai1) of Arabidopsis thaliana identified in a selective screen utilizing the SA-inducible expression of the tms2 gene. Molecular Plant-Microbe Interactions Journal, 10: 69-78.

Sharma A. & Sharma S.K., 2005. Effect of soil solarization on soilborne pathogens and soil microbial population in apple nurseries. Plant Disease Research, 20: 138-142.

Sidaoui A., 2019. Biodiversité morphologique et moléculaire des isolats de *Fusarium oxysporum* f. sp. *albedinis*. Thèse de doctorat (Filière: Biologie; Spécialité: Microbiologie Appliquée). Sciences de la Nature et de la Vie, Université d'Oran, 138 pp.

Simon D., Richard F., Bellanger M., Denimal D., Goubert C. & Jeuffrault E., 1994. La protection des cultures. Les pratiques d'aujourd'hui et de demain en protection des cultures.

Simoussa L., Belabid L., Tadjeddine A., Bellahcene M. & Bayaa B., 2010. Effect of some botanical extracts on the population of *Fusarium oxysporum* f. sp. *albedinis*, the causal agent of bayoud disease in Algeria. Arab Journal of Plant Protection, 28: 71-79.

Singha I.M., Kakoty Y., Unni B.G., Kalita M.C., Das J., Naglot A., Wann S.B. & Singh L., 2011. Control of *Fusarium* wilt of tomato caused by *Fusarium oxysporum* f. sp. *lycopersici* using leaf extract of *Piper betle* L.: a preliminary study. World Journal of Microbiology and Biotechnology, 27(11): 2583-2589.

Smith J.E, Rowan N.J. & Sullivan R., 2002. Immunomodulatory activities of mushroom glucans and polysaccharide-protein complexes in animals and humans. *In*: Medicinal Mushrooms: Their therapeutic properties and current medical usage with special emphasis on cancer treatments. University of Strathclyde and Cancer Research UK: Glasgow, UK, 106-141 pp.

Soro S., Ouattara D., Zirihi G.N., Kanko C., N'guessan E.K., Kone D., Kouadio J.Y. & Ake S., 2010. Effet Inhibiteur in Vitro et in Vivo de l'extrait de Poudre et de l'huile Essentielle de *Xylopia Aethiopica* (Dunal) A. Rich. (*Annonaceae*) sur *Fusarium oxysporum* f. sp. *Radicis-lycopersici* (Forl), Champignon Parasite des Cultures de Tomate. European Journal of Scientific Research, 30(4): 279-288.

Souna F., Chafi A., Chakroune K., Himri I., Bouakka M. & Hakkou A., 2010. Effect of mycorhization and compost on the growth and the protection of date palm (*Phoenix dactylifera* L.) against Bayoud disease. American-Eurasian Journal of Sustainable Agriculture, 4(2): 260-267.

Souna F., Himri I., Benabbas R., Fethi F., Chaib C., Bouakka M. & Hakkou A., 2012. Evaluation of *Trichoderma harzianum* as a biocontrol agent against vascular fusariosis of date palm (*Phoenix dactylifera* L.). Australian Journal of Basic and Applied Sciences, 6(5): 105-114.

Stapleton J.J. & Vay J.E.D., 1995. Soil solarization: A natural mechanism of integrated pest management: Novel Approaches to Integrated Pest Management. *In*: Reuveni R. Edition: Lewis Publishers, Boca Raton, Florida, USA, 309-322 pp.

Steinberg C., Edel-Hermann V., Guillemaut C., Perez-Piqueres A., Singh P. & Alabouvette C., 2004. Impact of organic amendments on soil suppressiveness to diseases. Multitrophic Interactions in Soil and Integrated Control, 27: 259-266.

Stevens C., Khan V.A., Rodriguez-Kabana R., Ploper L.D., Backman P.A., Collins D.J., Brown J.E., Wilson M.A. & Igwegbe E.C.K., 2003. Integration of soil solarization with chemical, biological and cultural control for the management of soil-borne diseases of vegetables. Plant and Soil, 253: 493-506.

Ström K., 2005. Fungal inhibitory lactic acid bacteria characterization and application of *Lactobacillus plantarum* Mi LAB 393. Thèse de doctorat, Swedish University of Agricultural Sciences, Uppsala.

Surico G., 1977. Sul possible uso del Benomyl nella lotta contro il Bayoud (indotto da *Fusarium oxysporum* f. sp. *albedinis*) della palma da dattero. II. Assorbimento e distrbucione del Benomyl in piante e risultati di lotta in serra. Phytopathologia Mediterranea, 16: 69-74.

Szczech M. & Smolinska U., 2001. Comparison of suppressiveness of vermicomposts produced from animal manures and sewage sludge against *Phytophthora nicotianae* Breda de Haan var. *nicotianae*. Journal of Phytopathology, 149: 77-82.

Tabuc C., 2007. Flore fongique de différents substrats et conditions optimales de production des mycotoxines. Thèse de doctorat de l'Institut National Polytechnique de Toulouse et de l'Université de Bucarest, France.

Tamietti G. & Valentino D., 2001. Soil solarization: a useful tool for control of *verticillium* wilt and weeds in eggplant crops under plastic in the Po Valley. Journal of Plant Pathology, 83: 173-180.

Tamietti R. & Pramotton R., 1990. La résistance du sol aux fusarioses vasculaires: Rapports entre la résistance et la microflore autochtone avec référence particulière aux *Fusarium* non pathogène. Agronomie, 10: 77-84.

Tantaoui A. & Boisson C., 1991. Compatibilité Végétative d'Isolats du *Fusarium oxysporum* f. sp. *albedinis* et de *Fusarium oxysporum* de la Rhizosphère du Palmier Dattier et des Sols de Palmeraies. Phytopathologie méditerranéenne, 30: 155-163.

Tenuta M. & Lazarovits G., 2004. Soil properties associated with the variable effectiveness of meat and bone meal to kill microsclerotia of *Verticillium dahliae*. Applied Soil Ecology, 25: 219-236.

Tenuta M., Conn K.L. & Lazarovits G., 2002. Volatile fatty acids in liquid swine manure can kill microsclerotia of *Verticillium dahlia*. Phytopathology, 92: 548-552.

Tims E.C., 1932. An Actinomycete antagonistic to a *Pythium* root parasit of sugar caue. Phytopathologie, 22: 17.

Tinker P.B., 1975. Effect of vesicular-arbuscular mycorrhizas on plant growth. *In*: "Endomycorrhizas"(Eds. Fe Sanders B.M. & Tinker P.B. Academic Press, London and New York, 353-371 pp.

Tiwari R.K.S., Vinay S. & Parihar S.S., 1997. Soil solarization using different colour plastic mulches for the control of collar rot of tomato caused by *Sclerotium rolfsii*. Vegetable Science, 24: 49-51.

Torres M.A. & Dangl J.L., 2005. Functions of the respiratory burst oxidase in biotic interactions, abiotic stress and development. Current Opinion in Plant Biology, 8: 397-403.

Torres M.A., Jones J.D. & Dangl J.L., 2006. Reactive oxygen species signaling in response to pathogens. Plant Physiology, 141: 373-78.

Torres-Zabala M., Truman W., Bennett M.H., Lafforgue G., Mansfield J.W., Rodriguez E.P. et al. 2007. *Pseudomonas syringae* pv. *tomato* hijacks the Arabidopsis abscisic acid signalling pathway to cause disease. Journal of the European Molecular Biology Organization, 26: 1434–43.

Touam D., Gaceb-Terrak R. & Rahmania F., 2006. Contribution à la connaissance des interactions palmier dattier (*Phoenix dactylifera* L) – agent causal du bayoud (*Fusarium oxysporum* f. sp. *albedinis*) par analyses phytochimiques des lipides et des phenylpropanoides. Thèse Doctorat d'état. Facultés des Sciences Biologiques. Université des Sciences et de la Technologie Houari Boumediene, Alger, 185 pp.

Toutain G. & Louvet J., 1974. Lutte contre le Bayoudh. Orientations de la lutte au Maroc. Al Awamia, 53: 114-162.

Toutain G., 1965. Note sur l'épidémiologie du Bayoud en Afrique du Nord. Al Awamia, 15: 37-45.

Tramier R. & Bettachini A., 1977. Mise en évidence d'une souche de *Fusarium oxysporum* f. sp. *dianthi*, résistante aux fongicides systémiques. Annales de phytopathologie, 6: 221-231.

Treutter D., 2005. Etude phytochimique et évaluation biologique de *Derris ferruginea* Benth. (*Fabaceae*). Thèse de doctorat, Université d'Angers.

Trujillo M., Kogel K.H. & Huckelhoven R., 2004. Superoxide and hydrogen peroxide play different roles in the non-host interaction of barley and wheat with inappropriate formae speciales of *Blumeria graminis*. Molecular Plant-Microbe Interactions Journal, 17: 304-312.

Tzianabos A., 2000. Polysaccharide immunomodulators as therapeutic agents: structural aspects and biologic function. Clinical Microbiology Reviews, 13(4): 523-533.

Van Bruggen A.S. & Duineveld T.L.J., 1995. Proceedings of a workshop on biological and integrated control of root diseases in soiless cultures. Dijon, France, 184-188 pp.

Vanachter A., 1989. Strategies for the control of bayoud disease of the date palm caused by *Fusarium oxysporum* f. sp. *albedinis*. Series H: Cell Biology, 28: 501-513.

Vasyukova N.I. & Ozeretskovskaya O.L., 2007. Induced Plant Resistance and Salicylic Acid: A Review. Applied Biochemistry and Microbiology, 43: 367-373.

Vasyukova N.I., Gerasimova N.G. & Ozeretskovskaya O.L., 1999. Prikl Biokhim Mikrobiol. Applied Biochemistry and Microbiology, 35(5): 557-563.

Veeken A.H.M., Blok W.J., Curci F., Coenen G.C.M., Termorshuizen A.J. & Hamelers H.V.M., 2005. Improving quality of composted biowaste to enhance disease suppressiveness of compost-amended, peat-based potting mixes. Soil Biology & Biochemistry, 37: 2131-2140.

Vernooij B., Friedrich L., Morse A., Reist R., Kolditz-Jahwar R., Ward E., Uknes S., Kessmann H. & Ryals J., 1994. Salicylic acid is not the translocated signal responsible for inducing systemic acquired resistance but is required in signal transduction. Plant Cell, 6: 959-965.

Viana F.M.P., Kobori R.F., Bettiol W. & AthaydeSobrinho C., 2000. Control of damping off in bean plant caused by *Sclerotinia sclerotiorum* by the incorporation of organic matter in the substrate. Summa Phytopathologica, 26: 94-97.

Waller J.M. & Lenné J.M., 2002. Disease Resistance. *In*: Plant pathologist's pocketbook. 3rd edition, CABI Publishing, 328-335 pp.

Wang D., Weaver N.D., Kesarwani M. & Dong X., 2005. Induction of protein secretory pathway is required for systemic acquired resistance. Science, 308: 1036-1040.

Ward E.R., Uknes S.J., Williams S.C., Dincher S.S., Wiederhold D.L., Alexer D.C., Ahl-Goy P., Métraux J.P. & Ryals J.A., 1991. Coordinate gene activity in response to agents that induce systemic acquired resistance. Plant Cell, 3: 1085-1094.

Weltzein H.C., 1990. The use of composted materials for leaf disease suppression in field crops. Appropriate Technology Transfer for Rural Areas.

Widmer T.L., Graham J.H. & Mitchell D.J., 1998. Composted municipal waste reduces infection of citrus seedlings by *Phytophthora nicotianae*. Plant Disease, 82: 683-688.

Wojtaszek P., 1997. Oxidative burst: an early plant response to pathogen infection. Biochemical Journal, 322: 681-692.

Xie H., Yan D., Mao L., Wang Q., Li Y., Ouyang C. et al. 2015. Evaluation of methyl bromide alternatives efficacy against soilborne pathogens, nematodes and soil microbial community. Plos One. https://doi.org/10.1371/journal.pone.0117980

Yan Z., Reddy M.S., Ryu C.M, McInroy J.A., Wilson M. & Kloepper J.W., 2002. Induced systemic protection against tomato late blight elicited by plant growth promoting rhizobacteria. Phytopathology Journal, 92: 1329-1333.

Yao S., Merwin I.A., Abawi G.S. & Thies J.E., 2006. Soil fumigation and compost amendment alter soil microbial community composition but do not improve tree growth or yield in an apple replant site. Soil Biology & Biochemistry, 38: 587-599.

Yogev A., Laor Y., Katan J., Hadar Y., Cohen R., Medina S. & Raviv M., 2011. Does organic farming increase soil suppression against *Fusarium* wilt of melon? Organic Agriculture, 4: 203-216.

Yogev A., Raviv M., Hadar Y., Cohen R. & Katan J., 2006. Plant waste-based composts suppressive to diseases caused by pathogenic *Fusarium oxysporum*. European Journal of Plant Pathology, 116: 267-278.

Zebboudj N., 2014. Étude du profil enzymatique du *Fusarium oxysporum* f. sp. *albedinis* et essai de lutte par des bactéries lactiques. Magister en Microbiologie Appliquée. Faculté des Sciences de la Nature et de la Vie. Université d'Oran, Algerie, 132 pp.

Zhang S., Du H. & Klessig D.F., 1998. Activation of the tobacco SIP kinase by both a cell wall-derived carbohydrate elicitor purified proteinaceous elicitins from *Phytophthora* spp. Plant Cell, 3: 435-450.

Zhang Y., Fan W., Kinkema M., Li X. & Dong X., 1999. Interaction of NPR1 with basic leucine zipper protein transcription factors that bind sequences required for salicylic acid induction of the PR-1 gene. Proceedings of the National Academy of Sciences USA, 96: 6523-6528.

Zinati G., 2000. Finding an alternative to the methyl bromide system. Biocycle, 41(8): 66-67.

Znaidi I.E.A., 2002. Etude et évaluation du compostage de différents types de matières organiques et des effets des jus de composts biologiques sur les maladies des plantes. Master de "science degree mediterranien organic agriculture", 104 pp.

Conclusion générale

Nombreux sont les exemples d'adaptation de l'homme à des environnements particulièrement difficiles qu'il se voit contraint de modifier afin de mener des activités agricoles. L'un des environnements les plus hostiles à l'agriculture est le désert. Malgré les limites environnementales de ce type d'habitat, dues aux températures élevées, à la rareté de l'eau de source et aux faibles précipitations, dans certaines régions, les agriculteurs ont réussi à s'installer dans des oasis sahariennes qui n'ont cessé de jouer un rôle essentiel sur les plans socioéconomique et écologique.

Les oasis, de par leurs atouts écologiques et leur riche diversité représentent un réservoir de biodiversité, de savoirs et de savoir-faire qu'il revient à la communauté internationale de préserver, valoriser et protéger. La conservation de la diversité des oasis est d'une grande importance pour limiter les retombées des tendances de la modernisation des pratiques agricoles qui engendrent souvent un glissement vers les monocultures et la réduction de la diversité variétale. Ce type d'évolution représente un grand danger pour la résilience des agro-écosystèmes oasiens. Le développement durable des milieux oasiens nécessite de trouver un équilibre entre la préservation du système traditionnel de gestion de la palmeraie et l'intégration des oasis dans une économie de marché, dans le contexte de la mondialisation.

La durabilité de l'écosystème oasien où le palmier dattier constitue la composante principale est devenue primordiale. Il est aujourd'hui nécessaire d'améliorer les conditions de production et les circuits de commercialisation; de valoriser et d'accroître la production dattière; de renforcer le soutien aux programmes de recherche et de transfert de technologies; d'encourager et de renforcer l'organisation professionnelle.

La création de palmeraies modernes et l'installation de vergers pilotes deviennent une priorité, de même que la sensibilisation des phœniciculteurs sur les techniques performantes d'entretien pour les aider à réussir les nouvelles plantations réalisées à partir de *vitro*-plants et de rejets de palmier dattier de variétés nobles et de variétés résistantes au bayoud. Aussi, la lutte contre l'ensablement et la désertification est largement recommandée, facteurs qui constituent une menace permanente quant à l'existence d'oasis et de palmeraies en zones sahariennes et subsahariennes.

Parallèlement, la protection du palmier dattier des différents stress abiotiques et biotiques présente un intérêt certain pour le développement des régions sahariennes du fait que ces stress affectent sa physiologie, son fonctionnement biochimique et par conséquent sa productivité.

Plusieurs études ont mis en exergue l'efficacité et le rôle des champignons mycorhiziens dans la tolérance du palmier dattier au déficit hydrique et à la fusariose vasculaire. C'est ainsi que l'utilisation de la mycorhization pourrait être une composante intégrante des programmes d'amélioration de la résistance du palmier dattier aux contraintes biotiques et abiotiques. En effet, l'utilisation de ces champignons confère à cette espèce de meilleures croissances, nutrition minérale, absorption d'eau et fournit la tolérance à diverses situations de stress comme les maladies, la chaleur, la salinité, la sécheresse et les températures extrêmes.

Par ailleurs, puiser de la riche diversité variétale existante du palmier dattier constitue une alternative fondamentale dans l'élaboration des stratégies de protection intégrée de ses différents cultivars. Au même titre, la durabilité de l'agroécosystème oasien, bien que fragile, dépend, en grande partie, de sa base génétique très diversifiée. Une multitude de travaux se sont orientés vers l'amélioration génétique du palmier dattier mettant en évidence l'expression, de degrés variables de résistance et/ou tolérance par de nombreux cultivars, aux stress biotiques et abiotiques.

Le recours à la valorisation des savoirs et savoir-faire locaux tissés pendant des siècles autour du palmier dattier sera d'une grande utilité pour guider aussi bien les programmes de sélection que la gestion des palmeraies. Dans ce sens, des études ont montré l'action directe des «modes agricoles anciens» dans l'atténuation de la sévérité des maladies et des ravageurs dans les palmeraies et qui se basent essentiellement sur l'installation des cultures intercalaires, la diversité génétique et la densité de plantation.

Cependant, des nombreux problèmes d'origine biotique demeurent encore sans issue à l'image du bayoud, une épiphytie qui a provoqué la mort d'environ 20 millions de palmiers depuis un siècle, dans les oasis du Maroc et de Mauritanie et celles de l'Ouest, du Sud et du centre algérien. Cette maladie représente une menace constante non seulement à cause de l'absence de traitement curatif chimique ou biologique, assez efficace et moins risqué à grande échelle mais aussi en raison de l'ampleur de la circulation des rejets de palmiers sur de vastes étendues sans contrôle rigoureux ce qui n'aide guère à freiner la propagation de cette maladie. La stratégie de lutte contre le bayoud s'articule autour de certaines mesures dont les plus importantes sont essentiellement prophylactiques et dont l'application permet d'éviter la contamination de nouvelles palmeraies. C'est une sorte de lutte préventive qui consiste en l'interdiction de transports de plants de palmier, d'objets fabriqués à partir des sous-produits de palmier, ou de terre en provenance des zones contaminées. Ces mesures accompagnées de prospection, surveillance, mise en quarantaine et éradication des foyers bayoudés ne feront que ralentir la maladie mais ne pourront jamais l'arrêter.

En tout état de cause, il reste clair que les méthodes utilisées pour le contrôle du bayoud permettent de résoudre épisodiquement le problème de cette maladie contre laquelle une seule méthode de lutte est retenue actuellement et qui consiste en la sélection de palmiers résistants de haute qualité dattière. Il s'avère donc impératif de poursuivre la recherche en vue d'établir les meilleures combinaisons des différents traitements et outils de lutte susceptibles de conférer une protection définitive et maximale au palmier dattier contre la maladie de la fusariose vasculaire du palmier dattier tout en garantissant la durabilité de l'agrosystème oasien.

Printed by Books on Demand GmbH, Norderstedt / Germany